安徽省“十三五”规划教材

大学物理教程

DAXUE WULI JIAOCHENG

（下册）

王　悦　仰振东　高　干　主　编
沈　陵　李伟艳　章成文　李胜强　董德智　副主编

合肥工業大學出版社

内容简介

本书以物理学的基本概念、定律和方法为核心，在保证物理学知识体系完整的同时，重点突出以物理学的思想和方法来分析问题、解决问题的综合能力的培养和训练。下册讲述电磁学、波动光学和量子物理三篇，介绍真空中的静电场、静电场中的导体与电介质、恒定电流的磁场、电磁感应、电磁波、波动光学基础、量子物理基础、量子力学原理在工程技术中的应用等内容。每章习题都给出了参考答案。

本书可作为高等院校的物理教材，也可作为高职院校、大专及成人教育相应专业的教材和自学用书。

图书在版编目(CIP)数据

大学物理教程．下册/王悦，仰振东，高干主编．—合肥：合肥工业大学出版社，2019.12

ISBN 978-7-5650-4712-1

Ⅰ.①大…　Ⅱ.①王…②仰…③高…　Ⅲ.①普通物理学—高等学校—教材　Ⅳ.①O4

中国版本图书馆 CIP 数据核字(2019)第 260488 号

大学物理教程(下册)

王　悦　仰振东　高　干　主　编　　　　责任编辑　张择瑞　汪　钵

出　版	合肥工业大学出版社	版　次	2019 年 12 月第 1 版
地　址	合肥市屯溪路 193 号	印　次	2020 年 9 月第 1 次印刷
邮　编	230009	开　本	710 毫米×1010 毫米　1/16
电　话	理工编辑部：0551-62903204	印　张	23.25　**彩插**　0.75 印张
	市场营销部：0551-62903198	字　数	408 千字
网　址	www.hfutpress.com.cn	印　刷	合肥现代印务有限公司
E-mail	hfutpress@163.com	发　行	全国新华书店

ISBN 978-7-5650-4712-1　　　　定价：52.00 元

该图是一张真实照片，在观景台欣赏赤杉国家公园时，这位女士发觉她的头发居然从头上竖了起来，她的弟弟觉得有趣，就拍下了这张照片，他们离去后5分钟，雷电轰击了观景台，造成一死七伤。

那么，是什么让该女士的头发竖了起来呢？

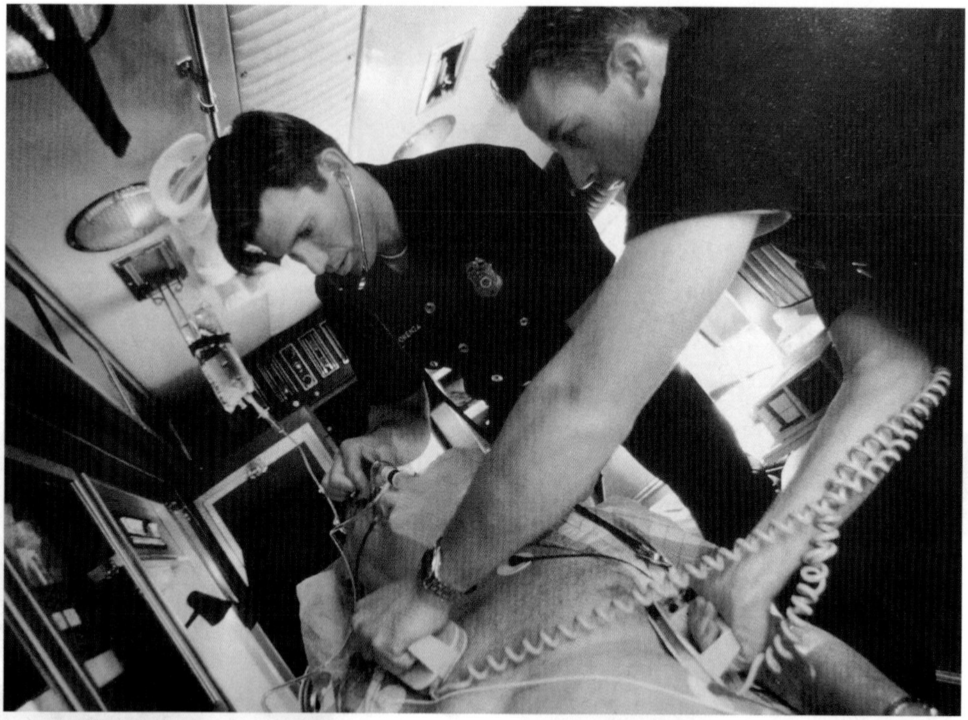

心室纤维性颤动是一种常见的心脏病，发病期间由于心脏腔体的肌肉纤维不规则地收缩和扩张，它们不能正常抽运血液，此时患者的情况非常危急。要救治心室纤维性颤动患者，必须电击心肌以使其心脏恢复正常节奏。为此，必须使20 A的电流通过胸腔，并在2 ms内传输200 J的电能，这就要求电功率达到约100 kW。

这样的要求在医院里很容易满足，但在救护车上或者偏僻地区，该如何提供用于消除心室纤维性颤动所需的能量呢？

壁虎脚趾的精巧结构能产生巨大的分子引力。壁虎利用每根刚毛与物体表面分子间的较弱的电性吸引力（也就是所谓范德瓦尔斯力）粘在墙上。从2014年起，美国国防高级研究计划局（DARPA）的Z-Man Project计划开始研发可爬墙的“壁虎手套”！

现实版“壁虎手套”已经应用到金属外壳烟囱的维修中。维修工作人员可以采用电磁控制的手套和鞋子，通过控制电流来控制磁场，从而自由地攀爬。

极光这一术语来源于拉丁文伊欧斯一词。传说伊欧斯是希腊神话中“黎明”（指的是晨曦和朝霞）的化身，是希腊神泰坦的女儿，太阳神和月亮女神的妹妹。

极光多种多样，五彩缤纷，形状不一，绮丽无比，在自然界中还没有哪种现象能与之媲美，被视为自然界中较漂亮的奇观之一。

早在2000多年前，中国就开始观测极光，有着丰富的极光记录。极光有时出现时间极短，犹如节日的焰火在空中闪现一下就消失得无影无踪，有时却可以在苍穹之中辉映几个小时。极光有时像一条彩带，有时像一团火，有时又像一张五光十色的巨大银幕，仿佛在上映一场球幕电影，给人视觉上美的享受。

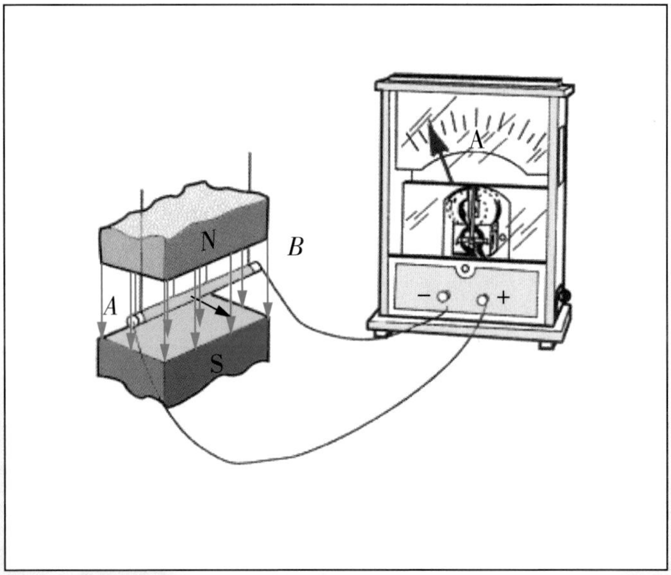

从电磁感应实验到无处不在的电磁场，电和磁正悄悄改变着人们的生产和生活……

乍一看，Morpho蝴蝶翅膀的表面是单纯的蓝绿色，然而这种颜色有点怪，不像其他物体的颜色，它几乎只是闪现微光，如果改变观察的方向或者蝴蝶扇动它的翅膀，这种颜色还会发生改变。Morpho蝴蝶翅膀的颜色被说成是“彩虹色”。人们看到的蓝绿色掩盖了在翅膀底面出现的“真正的”暗棕色。

那么，显示如此令人炫目的色彩的翅膀表面有什么特殊之处呢？

大亚特岛上的星期天中午（Georges Seurat）

Georges Seurat画过一幅著名的画——大亚特岛上的星期天中午，他不是运用通常意义上的笔画这幅画的，而是运用无数的彩色小点，这种画法现在称为点画法。当你离画足够近时，可以看到这些点；当你远离这幅画时，这些彩色小点会混合起来而不能被分辨，同时，看到的画面上任何给定位置的颜色都会改变——这就是Seurat用点来作画的原因。

那么，是什么使颜色发生了这种变化呢?

未加偏振片的拍摄结果

加装偏振片的拍摄结果

对比上面两张图片，你发现有什么不同吗？

在使用相机拍摄水面的景物时，为什么在镜头前加上偏振片可以消除水面的倒影，同时使得水中的景象变得更加清晰、突出？

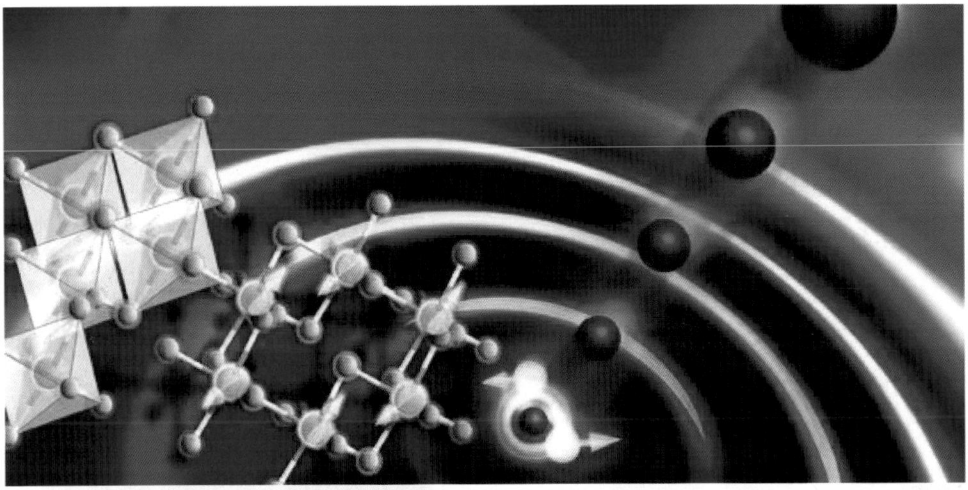

量子力学是描写原子和亚原子尺度的物理学理论。该理论形成于20世纪初期，彻底改变了人们对物质组成成分的认识。量子世界里，粒子不是台球，而是跳跃的概率云，它们不只存在于一个位置，也不会从点*A*通过一条单一路径到达点*B*。

根据量子理论，粒子的行为常常像波，用于描述粒子行为的“波函数”预测一个粒子可能的特性，诸如它的位置和速度，而非确定的特性。物理学中有些怪异的概念，诸如纠缠和不确定性原理，就源于量子力学。

量子的纠缠，是量子通信和量子计算的基础。在多光子纠缠领域，我国一直在国际上保持领先地位，目前，我国已经实现了18个光量子的纠缠。利用国际一路领先的多光子纠缠和干涉技术，我国团队在2017年实现了第一台在“波色取样”这个特定任务上超越最早期的两台经典计算机的光量子计算机原型机。

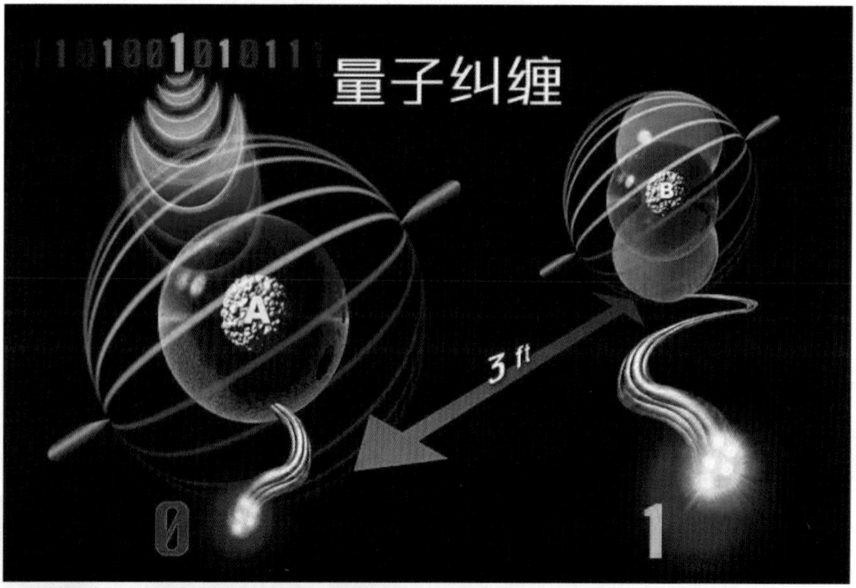

量子密码——战无不胜！

想知道什么是真正的瞬时通信吗？

前　言

进入 21 世纪后，我国的高等教育已经从精英教育走向大众教育，为了适应当下科学技术的发展对培养人才的新要求，高等教育越来越强化基础课程的教育，注重培养学生的综合素质。另外，随着科学技术的发展，物理已经成为技术创新的动力，很多新技术的产生都来源于物理的发展。学科之间的交叉与结合尤为突出，物理学正进一步向生物学、化学、材料科学、医学等学科领域渗透与发展，因此，良好的物理基础是学好其他自然科学与工程技术科学的基本保障。物理学所阐述的原理、规律、知识、思想和方法，不仅是学生学习后续专业课的基础，也是全面提高学生科学素质、科学思维方法和科学研究能力的重要内容。大学物理课程的学习不只是具有实用的意义，更重要的是通过学习物理可以提高学生的推理能力、理性思考能力，养成学生良好的思维习惯。

本丛书分为上、下两册教程以及思考题与习题解析，讲述力学、热学、振动与波动、电磁学、波动光学和量子物理共六篇内容，力求完整、科学、系统地叙述大学物理课程。每章开头设计“本章疑问”，提出一个有趣的疑难问题，配以精美插图，并在该章适当处给予解答，以激发学生的学习兴趣；每章结尾都有相应的“本章小节”。这种通过设问、叙述、解答的方式，不仅可以使学生在生动有趣的环境中知道学习了什么，还可以通过这种方式教会学生怎样学习，从而使其掌握科学的学习方法，有益于学生扩大深化物理知识，提高学习技能。

课后的思考题和习题也是本书的一个特色，习题丰富，题型多样，不仅有为初学者编写的题目，也有一些对有普通物理基础的学习者而言有一定挑战性的题目。学生通过思考题以及习题的分析和练习可以加深理解，掌握方法。每章习题都给出了参考答案。

本册书的第十二、十六、十七和十八章由仰振东老师编写;第十九、二十章由李伟艳老师编写;第十一、十三、十四、十五章、前言、目录和习题答案由王悦老师编写。最后由王悦老师对书稿进行了统一整理,并对部分内容做了必要的修改和补充。

在本书的编写过程中,我们得到了沈陵老师、高干老师、章成文老师、李胜强老师和董德智老师的大力帮助,同时也得到合肥工业大学的大力支持,获得了很多宝贵的资料,在此一并表示感谢!

本丛书为理工科非物理专业大学物理课程的教材,适用学时数为90～120,书中带"*"号部分内容可根据实际教学课时量处理,选择讲授或让学生自己阅读。

由于编者学识和教学经验有限,书中难免存在不当和疏漏之处,恳请各位读者批评指正。

编　者

2019年9月

目　　录

第四篇　电磁学

第四篇　电磁学

本篇讲解的电磁学是研究电和磁相互作用现象及其规律和应用的物理学分支。根据近代物理学的观点，磁的现象是由运动电荷所产生的，因而在电学的范围内必然不同程度地包含磁学的内容。正因为如此，电磁学和电学的内容很难划分开，所以电学有时就作为电磁学的简称。

电磁相互作用是自然界中已知的四种基本相互作用之一。电磁现象是自然界中普遍存在的一种现象，它涉及的内容很广泛，从本质上讲，我们周围发生的许多现象都与电磁相互作用的规律密切相关。

电磁学从原来互相独立的两门科学（电学、磁学）发展成为物理学中一个完整的分支学科，主要是基于两个重要的实验发现，即电流的磁效应和变化磁场的电效应。一般情况下，运动的电荷会在其周围同时激发电场和磁场，即电场和磁场相互关联。麦克斯韦在总结大量实验研究成果的基础上，提出了变化的电场激发磁场和变化的磁场激发电场的假设，从而奠定了整个电磁学的理论基础，发展了对现代文明有着重大影响的电工和电子技术等学科。

本篇要研究的内容主要包括：静电场、稳恒磁场、电磁感应以及电磁场的规律和特点等。下面就让我们从电荷及场的概念讲起。

该图是一张真实照片，在观景台欣赏赤杉国家公园时，这位女士发觉她的头发居然从头上竖了起来，她的弟弟觉得有趣，就拍下了这张照片，他们离去后 5 分钟，雷电轰击了观景台，造成一死七伤。

那么，是什么引起该女士的头发竖了起来？答案就在本章中。

第十一章　真空中的静电场

人类对电的认识最早起源于自然界的闪电现象(见图 11－1) 和摩擦起电。把物体经摩擦后能够吸引羽毛、纸片等轻微物体的状态称为带电,并说物体带有**电荷**。

自然界存在两种电荷,一种是丝绸与玻璃棒摩擦后玻璃棒所带的电荷,称为正电荷,常用“+”表示;另一种是毛皮与橡胶棒摩擦后橡胶棒所带的电荷,称为负电荷,常用“−”表示。

电荷与电荷之间存在相互作用力,静止电荷之间的相互作用力称为**静电力**。对于静止电荷,同种电荷之间存在相互排斥的力,异种电荷之间存在相互吸引的力。静电力与万有引力相似,但万有引力总是相互吸引的,而静电力却因电荷的正负有吸引与排斥之分。如图 11－2 所示。

本章主要研究真空中与观察者相对静止的电荷所激发的电场特性。

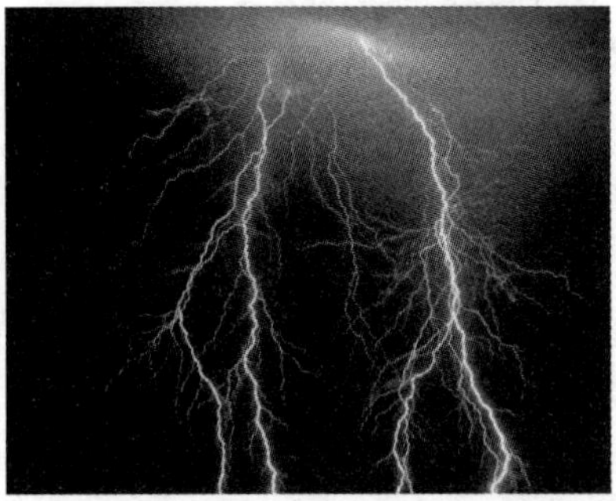

图 11－1　闪电

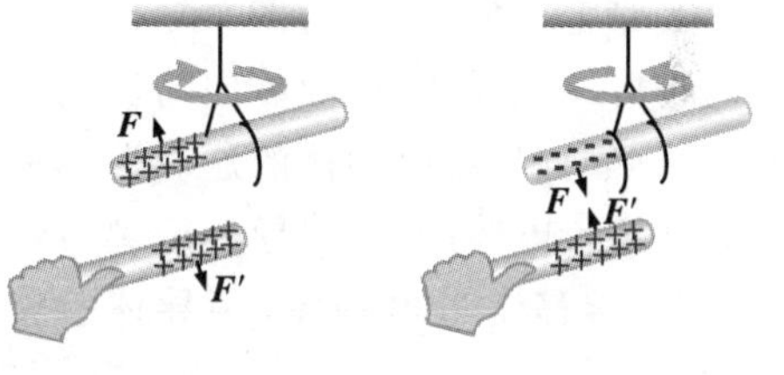

(a) 同种电荷相互排斥　(b) 异种电荷相互吸引

图 11－2　电荷间的相互作用力

§11－1　物质的电结构　库仑定律

一、电荷

物质是由分子组成的,分子由原子组成,而原子由原子核和核外电子组成。原子核由质子和中子组成,核外电子按层分布。质子带正电荷,电子带负电荷,中子不带电。原子核最外层电子容易脱离原子核成为自由电子。摩擦起电实际上就是电子的转移。两个物体相互摩擦时,一个物体上的电子会转移到另一个物体上,得到电子的物体带负电,失去电子的物体带正电。

电荷定向运动形成电流。影响电流的一个因素是物质的导电性能。决定导电性能的主要因素是物体内自由电荷的数量密度。按导电性能优劣,物质可分为超导体、导体、半导体和绝缘体。常温下,金属内有许多自由电子,它是导电性能比较好的导体,在导体内很容易产生电流。绝缘体是导电性能很差的材料,它的自由电荷数量密度非常小,通常情况下可认为是不导电的,也就是说,绝缘体内可认为没有电流。半导体的导电性能介于导体与绝缘体之间。超导体有极好的导电性能。不同导电性能的物体有不同的用途。

电荷的多少称为**电荷量**,简称**电量**,常用字母 q 或 Q 表示。电量的国际单位制单位是库仑(C)。1库仑等于导线中通过1安培电流时,1秒内通过导线横截面的电量。

一个电子的电量为 -1.60×10^{-19} C,一个质子的电量为 $+1.60\times10^{-19}$ C。

研究表明,物体的电荷量与它的运动状态无关,这种特性称为**电荷量的相对论不变性。**

二、电荷守恒定律

摩擦起电时,电子从一个物体转移到另一个物体,引起一个物体上电子数目减少而另一物体上电子数目增加,但两个物体上电荷的总和保持不变。

原来不带电的两个导体各自固定在绝缘支架上,它们相互接触,如图 11－3(a)所示。当带电物体靠近时,两个导体上的电荷会重新分布,如图 11－3(b) 所示。带正电的物体靠近导体时,导体中的负电荷受到吸引力,被吸引到靠近带正电物体的一端,导体靠近带正电物体的这一端就带负电荷。导体中的正电荷受到排斥力,被排斥到远离带电体的一端,导体远离带电体的一端就带正电荷。如果此时把两个导体分开,再移走带电物体,两导体就会分别带等量异号的电荷,如图 11－3(c)所示。

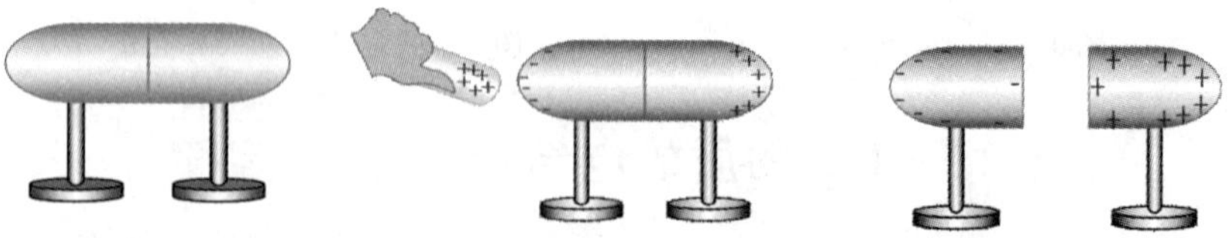

(a) 不带电的两个导体　(b) 静电感应时的两个导体　(c) 静电感应后的两个导体

图 11－3　感应起电

带电体靠近导体,使导体上的电荷重新分布的现象称为**静电感应**。由静电感应出现的电荷称为**感应电荷**。用静电感应方法使物体带电称为**感应起电**。

科学实验表明,**在一个与外界没有电荷交换的系统内,不论系统内发生什么过**

程，系统内正负电荷的代数和始终保持不变，这一结论称为**电荷守恒定律**。摩擦起电、感应起电都遵守电荷守恒定律。不管是宏观过程还是微观过程，不管是物理过程、化学过程、生物过程还是其他过程，都遵守电荷守恒定律。电荷守恒定律是自然界的一条基本定律。

三、电荷的量子化

二十世纪初，著名的密立根油滴实验证实电荷具有量子性。实验表明，自然界存在最小的电荷单元，称为基元电荷，常用 e 表示。任何带电物体所带的电量只能是基元电荷的整数倍，即物体的电荷量为

$$Q = ne(n = \pm 1, \pm 2, \cdots) \tag{11-1}$$

实验测得基元电荷的电量为

$$e = 1.60217733 \times 10^{-19}\ \text{C} \tag{11-2}$$

一般计算中，取 $e = 1.60 \times 10^{-19}$ C。

电荷量的这种只能取分立的、不连续量值的性质，称为电荷的**量子化**。量子化是微观世界的一个基本概念，不仅电荷量是量子化的，能量、角动量等也是量子化的。

一个电子或一个质子的带电量数值上就等于基元电荷。摩擦起电，实际上就是电子从一个物体转移到另一个物体。所以，摩擦起电时物体带电量只能是电子电量的整数倍。

二十世纪五十年代开始，包括我国理论物理工作者在内的各国物理工作者陆续提出了物质结构更深层次的模型，认为强子(质子、中子、介子等)是由夸克(或称为层子)组成的，不同种类的夸克带有不同的分数电荷量，夸克的电荷量是基元电荷的 $\pm\frac{1}{3}$ 或 $\pm\frac{2}{3}$。

质子由两个带电量为 $+\frac{2}{3}e$ 的上夸克和一个带电量为 $-\frac{1}{3}e$ 的下夸克组成，总电荷量为 e。中子由一个带电量为 $+\frac{2}{3}e$ 上夸克和两个带电量为 $-\frac{1}{3}e$ 下夸克组成，总电荷量为零。到 1995 年，各种夸克被实验发现，但到目前为止还没有发现自由状态的夸克。

尽管电荷是量子化的，但由于宏观物体带电量满足 $q \gg e$，e 的量值非常小，在宏观现象中常将物体的带电量看作是连续变化的，带电物体上的电荷分布也看作是连续的。

四、库仑定律

物体带电后的主要特征是带电体之间存在相互作用的电作用力。从十八世纪

中期开始,不少人着手研究电荷之间相互作用的定量规律。研究静止电荷之间的相互作用的理论学科叫作**静电学**。静止电荷之间的相互作用称为**静电力**,两个静止点电荷之间的相互作用的规律是由法国物理学家库仑(Charles Coulomb,1736—1806,图 11-4)通过**扭秤**(见图 11-5)实验总结出来,并于1785年首先公布的,所以称为**库仑定律**。静电力也称为**库仑力**。

图 11-4　库仑

图 11-5　扭秤

实验表明,实际带电物体之间的相互作用力与所带电荷有关,也与带电物体间距有关,还与带电物体的形状、体积、电荷在物体上的分布及周围物质的性质有关。所以在研究实际带电物体之间的相互作用时显得非常复杂。

为了让初学者更容易学习和理解这类问题,与力学中引入质点、刚体模型一样,我们在这里引入点电荷的模型,首先学习点电荷之间的相互作用规律,再研究任意带电物体间的相互作用规律。

1. 点电荷

当带电物体的线度与带电物体之间的距离相比小得多时,带电物体的体积、形状对所研究问题的影响可以忽略,这时,我们把这个带电物体看作带有电荷量的点,称为**点电荷**。在具体问题中,点电荷概念只具有相对意义,它本身不一定是很小的带电体。

点电荷是一个理想化的物理模型,一般的带电物体不能看作点电荷,但可以把它看作是许多点电荷的集合体。

2. 库仑定律

真空中两个静止点电荷之间相互作用力的大小与这两个点电荷的电荷量的乘积成

正比,与这两个点电荷之间的距离的平方成反比,作用力的方向沿着这两个点电荷的连线方向,同种电荷相互排斥,异种电荷相互吸引,这就是**库仑定律**。这两个电荷之间的作用力常称为库仑力。用数学表达式表示两个点电荷间库仑力 F 的大小为

$$F = k\frac{q_1 q_2}{r^2} \tag{11-3}$$

式中,q_1 和 q_2 分别表示两个点电荷的电荷量,r 表示两个点电荷之间的距离,比例系数 k 由实验测定。在国际单位制中,$k = 8.99\times10^9\ \mathrm{N\cdot m^2/C^2}$。

由于力是矢量,我们可以用矢量表达式来表示库仑定律。用 $\boldsymbol{e}_r$ 表示点电荷指向受力点电荷的单位矢量,则一个点电荷所受的静电力可表示为

$$\boldsymbol{F} = k\frac{q_1 q_2}{r^2}\boldsymbol{e}_r \tag{11-4}$$

两个点电荷间的库仑力可用图 11-6 表示。当用 $\boldsymbol{F}$ 表示 q_1 所受的力,式中 $\boldsymbol{e}_r$ 是点电荷 q_2 指向受力点电荷 q_1 的单位矢量。当用 $\boldsymbol{F}'$ 表示 q_2 所受的力,式中 $\boldsymbol{e}_r$ 就是点电荷 q_1 指向受力点电荷 q_2 的单位矢量。

用式(11-3)计算静电力时,电量 q_1 和 q_2 可以带正、负号。计算结果为正值表示排斥力,计算结果为负值表示吸引力。

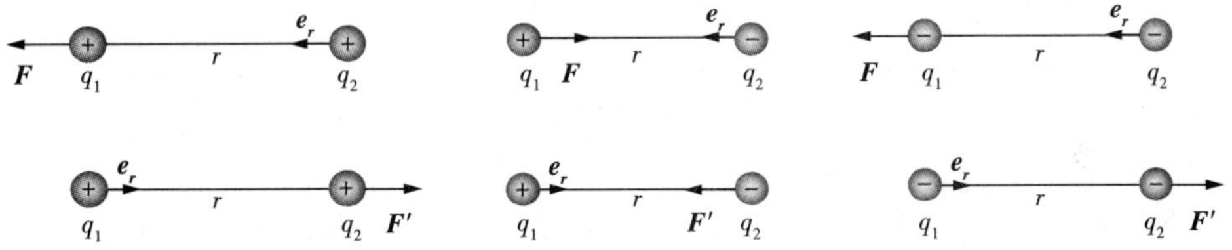

(a) 两个正点电荷间的库仑力　(b) 两个异号点电荷间的库仑力　(c) 两个负点电荷间的库仑力

图 11-6　两个点电荷间的库仑力

两个静止点电荷之间的静电力也满足牛顿运动第三定律,即 $\boldsymbol{F} = -\boldsymbol{F}'$。

在国际单位制中,通常引入常数 ε_0,将 k 写成

$$k = \frac{1}{4\pi\varepsilon_0}$$

于是,库仑定律就写成

$$\boldsymbol{F} = \frac{1}{4\pi\varepsilon_0}\frac{q_1 q_2}{r^2}\boldsymbol{e}_r \tag{11-5}$$

式中,$\varepsilon_0 = 8.85\times10^{-12}\ \mathrm{C^2/(N\cdot m^2)}$,称为**真空的介电常数**或**真空的电容率**。

库仑定律仅适用于真空中的两个静止点电荷,即真空、静止和点电荷三个条件必须同时满足。

库仑定律表达式中引入 4π 因子,这种做法称为**单位制的有理化**。看上去库仑定律表达式变得复杂了,但由库仑定律导出的许多其他定理或规律的表达式却因为没有 4π 因子而变得简洁。

从数学表达式看,库仑定律与牛顿万有引力定律形式上完全一样,这种物理规律的相似性源于自然界的相似性。

自然界中存在四种基本的相互作用,它们分别是引力相互作用、电磁相互作用、弱相互作用和强相互作用。弱相互作用和电磁相互作用已经统一,而把四种基本的相互作用统一起来是物理工作者梦寐以求的事情。

库仑定律是由实验总结得到的,是静电场理论的基础,也是整个电磁理论的基础。距离平方反比规律的精确性一直是物理学家关心的问题,随着实验仪器的精度不断提高,不断有人进行实验的测定。现代精密实验测得距离平方反比中二次方的误差已经不超过10^{-16}。

例 11－1　按照玻尔的氢原子理论,氢原子中的核外电子快速地绕原子核(质子)运动,见例 11－1 图。在基态时,电子的轨道半径为 $r=0.529\times10^{-10}$ m。试计算氢原子内电子和质子间的库仑力与万有引力之比。(电子质量 $m_e=9.11\times10^{-31}$ kg,电子的电量 $e=1.60\times10^{-19}$ C,质子的质量 $m_p=1.67\times10^{-27}$ kg,万有引力常数 $G_0=6.67\times10^{-11}\text{N}\cdot\text{m}^2/\text{kg}^2$)

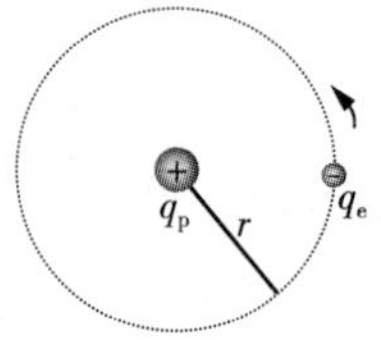

例 11－1 图
电子绕质子运动

解:氢原子内电子和质子的电量相等,都是 e。它们之间的库仑力为

$$f_e=\frac{q_e q_p}{4\pi\varepsilon_0 r^2}=\frac{e^2}{4\pi\varepsilon_0 r^2}$$

它们之间的万有引力为

$$f_g=G_0\ \frac{m_e m_p}{r^2}$$

库仑力与万有引力之比为

$$\frac{f_e}{f_g}=\frac{e^2}{4\pi\varepsilon_0 G_0 m_e m_p}$$

代入数值计算,得

$$\frac{f_e}{f_g}\approx 2.27\times10^{39}$$

可见,原子内电子和质子间的库仑力远比万有引力大。因此,在处理此类问题时,万有引力可忽略不计。

同样,我们可以计算原子核内两个质子间的静电力,由于原子核内质子之间的距离非常小,所以原子核内质子间存在着非常大的静电排斥力。一般物质内部的原子核都处于稳定状态,说明原子核内必然存在一种平衡静电力的另外一种力,这种力就是**核力**,核力比静电力更强大。在力学中,我们研究的宏观物体之间的弹力、摩擦力等实际上是由静电力引起的。

五、静电力的叠加原理

实验证明:两个点电荷间的相互作用并不因为第三个点电荷的存在而有所改变。因此,点电荷系对一个点电荷的作用力等于点电荷系中各个点电荷单独存在时对该点电荷的作用力的矢量和。这个结论称为**静电力的叠加原理**。

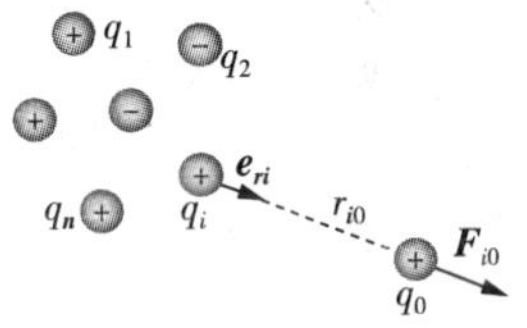

图 11－7　静电力的叠加原理

如图 11－7 所示,点电荷系中有 n 个点电荷,电荷量分别为 $q_1, q_2, \cdots, q_n$,附近有一个点电荷 q_0,按照静电力的叠加原理,我们可以先求出各点电荷单独存在时对点电荷 q_0 的静电力,它们分别是

q_1 对 q_0 的作用力为

$$\boldsymbol{F}_{10} = \frac{1}{4\pi\varepsilon_0} \frac{q_1 q_0}{r_{10}^2} \boldsymbol{e}_{r1}$$

式中,r_{10} 是 q_1 和 q_0 之间的距离,$\boldsymbol{e}_{r1}$ 是 q_1 指向 q_0 的单位矢量。

q_2 对 q_0 的作用力为

$$\boldsymbol{F}_{20} = \frac{1}{4\pi\varepsilon_0} \frac{q_2 q_0}{r_{20}^2} \boldsymbol{e}_{r2}$$

式中,r_{20} 是 q_2 和 q_0 之间的距离,$\boldsymbol{e}_{r2}$ 是 q_2 指向 q_0 的单位矢量。

以此类推,q_n 对 q_0 的作用力为

$$\vdots$$

$$\boldsymbol{F}_{n0} = \frac{1}{4\pi\varepsilon_0} \frac{q_n q_0}{r_{n0}^2} \boldsymbol{e}_{rn}$$

式中,r_{n0} 是 q_n 和 q_0 之间的距离,$\boldsymbol{e}_{rn}$ 是 q_n 指向 q_0 的单位矢量。

以上各个力的矢量和就等于点电荷系对点电荷 q_0 的静电力 $\boldsymbol{F}$,即

$$\boldsymbol{F} = \boldsymbol{F}_{10} + \boldsymbol{F}_{20} + \cdots + \boldsymbol{F}_{n0} \tag{11-6}$$

或

$$\boldsymbol{F}=\sum_{i=1}^{n}\frac{1}{4\pi\varepsilon_0}\frac{q_iq_0}{r_{i0}^2}\boldsymbol{e}_{ri} \tag{11-7}$$

例 11-2 如图(a)所示,边长为l的等边三角形,三个顶点a,b和c各有一个点电荷,它们的电荷量分别为q,$-q$和q_0。求点电荷q_0受到的静电力。

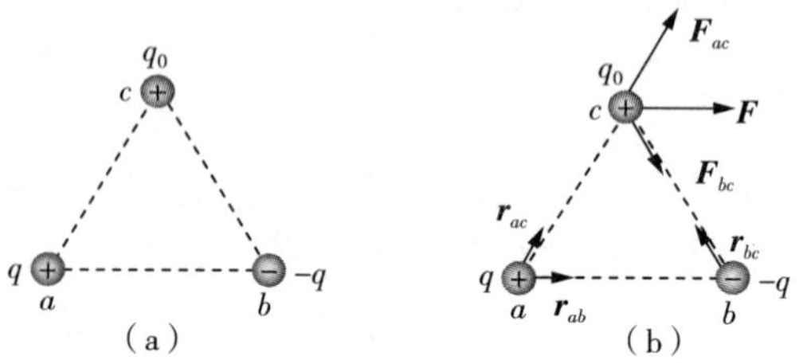

例 11-2 图

解:根据库仑定律,先分别求出点电荷q,$-q$单独存在时对点电荷q_0的静电力。

点电荷q对点电荷q_0的静电力$\boldsymbol{F}_{ac}$,如图(b)所示。

$$\boldsymbol{F}_{ac}=\frac{1}{4\pi\varepsilon_0}\frac{qq_0}{r_{ac}^2}\boldsymbol{e}_{r_{ac}}=\frac{1}{4\pi\varepsilon_0}\frac{qq_0}{l^2}\boldsymbol{e}_{r_{ac}}$$

点电荷$-q$对点电荷q_0的静电力$\boldsymbol{F}_{bc}$,如图(b)所示。

$$\boldsymbol{F}_{bc}=\frac{1}{4\pi\varepsilon_0}\frac{-qq_0}{r_{bc}^2}\boldsymbol{e}_{r_{bc}}=\frac{1}{4\pi\varepsilon_0}\frac{-qq_0}{l^2}\boldsymbol{e}_{r_{bc}}$$

根据静电力的叠加原理,点电荷q_0受到的静电力$\boldsymbol{F}$等于上面两个力的矢量和,如图(b)所示,即

$$\begin{aligned}\boldsymbol{F}&=\boldsymbol{F}_{ac}+\boldsymbol{F}_{bc}\\&=\frac{1}{4\pi\varepsilon_0}\frac{qq_0}{l^2}\boldsymbol{e}_{r_{ac}}+\frac{1}{4\pi\varepsilon_0}\frac{-qq_0}{l^2}\boldsymbol{e}_{r_{bc}}\\&=\frac{1}{4\pi\varepsilon_0}\frac{qq_0}{l^2}(\boldsymbol{e}_{r_{ac}}-\boldsymbol{e}_{r_{bc}})\\&=\frac{1}{4\pi\varepsilon_0}\frac{qq_0}{l^2}\boldsymbol{e}_{r_{ab}}\end{aligned}$$

要想求出连续带电物体对点电荷的静电力,可将连续带电物体看作是由许多无限小的点电荷组成的集合,这些无限小的点电荷称为**电荷元**。每个电荷元对点

电荷的静电力可以用库仑定律求出，最后用静电力的叠加原理求出带电物体对点电荷的总静电力。

如图 11－8 所示，任意带电物体 Ω 对附近点电荷 q_0 的静电力可以这样求得，将带电体划分成无数个无限小的电荷元，取任意电荷元 $\mathrm{d}q$(图中阴影小块)，电荷元 $\mathrm{d}q$ 对点电荷 q_0 的静电力为

$$\mathrm{d}\boldsymbol{F}=\frac{1}{4\pi\varepsilon_0}\frac{q_0\mathrm{d}q}{r^2}\boldsymbol{e}_r \tag{11-8}$$

式中 $\boldsymbol{e}_r$ 是电荷元 $\mathrm{d}q$ 指向受力点电荷 q_0 的单位矢量。利用静电力的叠加原理，带电物体对点电荷 q_0 的静电力 $\boldsymbol{F}$ 等于式(11－8)对带电体的积分，即

$$\boldsymbol{F}=\int\mathrm{d}\boldsymbol{F}=\int_\Omega\frac{1}{4\pi\varepsilon_0}\frac{q_0\mathrm{d}q}{r^2}\boldsymbol{e}_r \tag{11-9}$$

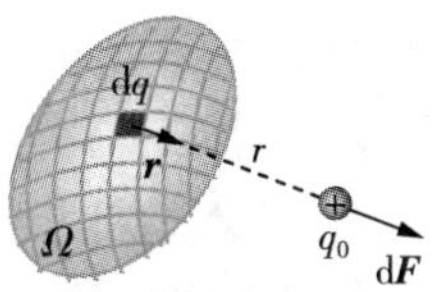

图 11－8　带电物体对点电荷的静电力

用类似的方法也可以计算带电物体与带电物体之间的静电力。这些问题通常都要进行复杂的积分运算。静电力的计算还可以通过引入电场强度概念，用电场强度来计算，这种计算方法将在下一节中学习。

§11－2　静电场　电场强度

一、电场

上一节，我们分析了静止电荷间的作用力，电荷与电荷之间是存在距离的，而且处于真空中，那么它们之间的作用力是通过什么方式传递的呢？

历史上有过这样一种观点：电荷间的作用力不需要任何物质来传递，且这种力的传递也不需要任何时间，即所谓的超距作用。人们经过长期的实验研究后发现，这种观点是错误的。

实验表明，电荷周围存在一种特殊的物质，电荷之间的作用力就是通过这种特殊物质来传递的，这种物质称为**电场**。静止电荷在其周围激发的电场称为**静电场**。

我们先来分析小灯点亮后发光的现象。小灯点亮后，灯的四周都有光，离灯越近光越强，离灯越远光越弱。在相同距离的地方，灯的功率越大光越强，灯的功率越小光越弱。

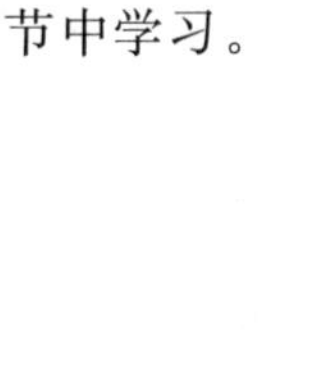
图 11－9　电荷周围的电场

电荷与电场的关系就好像是灯与灯光的关系。如图 11－9 所示，电荷在其周围激发电场，电荷周围充满了电场，离电荷越近电场越强(颜色越深)，离电荷越远电场越

弱(颜色越浅)。同样距离的地方,电荷量越多电场越强,电荷量越少电场越弱。

实际上,我们根本看不见电场,但我们可以通过其他的办法来知道电场的存在。

本章中提到的电荷在没有特别说明的情况下都指静止的电荷,对应的电场是静电场。

物理理论认为,电荷在其周围激发电场,电场对电荷具有作用力,这种作用力称为电场力,也就是说电荷间的作用力是通过电场来传递。

如图 11-10 所示,电荷 q_1 在周围激发电场,电荷 q_2 在该电场中,电场中的电荷 q_2 就会受到电场力 $\boldsymbol{F}$。

同样,如图 11-11 所示,电荷 q_2 在周围激发电场,电荷 q_1 在该电场中,电场中的电荷 q_1 就会受到电场力 $\boldsymbol{F}'$。$\boldsymbol{F}$ 和 $\boldsymbol{F}'$ 就是两个电荷之间的相互作用力。如果它们是两个真空中的静止点电荷,那么它们之间的相互作用力 $\boldsymbol{F}$ 和 $\boldsymbol{F}'$ 就可以用库仑定律来计算。

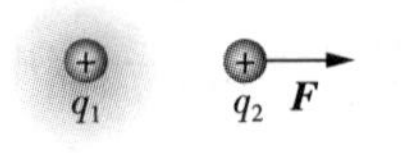

图 11-10　电场对电荷的作用力

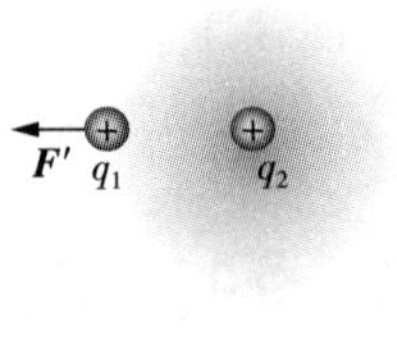

图 11-11　电场对电荷的作用力

两个电荷之间的作用力可以用下面的框图 11-12 表示。电荷 1 激发电场,该电场对电荷 2 产生作用力。相应地,电荷 2 激发电场,该电场对电荷 1 产生作用力。

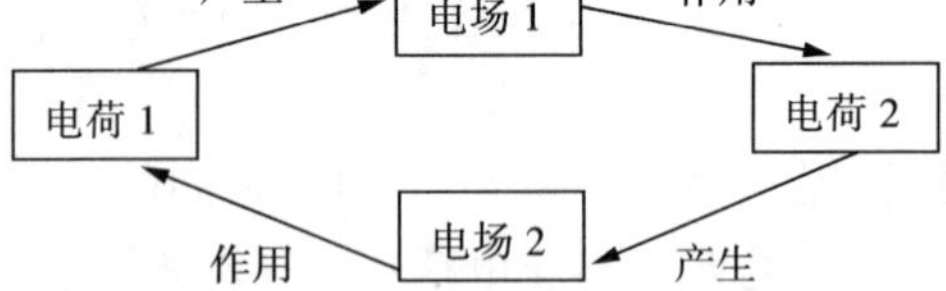

图 11-12　电荷与场的作用

现代物理理论和实验已经证实,场是物质存在的一种形式。电荷在电场中,受到电场力作用,那么当电荷在电场中移动时,电场力会做功,所以电场具有能量,由相对论质能关系可知,电场有质量。当电荷运动,其周围的电场也会发生变化,变化的电场以光速传递,因此变化的电场还具有动量。这都体现了场是一种物质。电场具有力的性质,我们可以用电场强度来描述。电场具有能的性质,我们可以用电场能来描述。

二、电场强度

为了研究电场的性质，我们首先介绍试验电荷的概念，然后将试验电荷放入要研究的电场中，测量电场中各处试验电荷所受的电场力。根据试验电荷的受力特点再引入电场强度的概念。

1. 试验电荷

试验电荷是一个电荷量很小的点电荷。这里说的电荷量很小是指当试验电荷放入要研究的电场中时，试验电荷对所研究的电场影响很小，可以忽略不计。即所要研究的电场不会因为放入试验电荷而发生变化。我们用 q_0 表示试验电荷的电量。

2. 电场强度

试验电荷 q_0 放在电场中不同地方时，它所受的力一般都不相同，这说明各点的电场不同。如图 11－13 所示，将试验电荷 q_0 放入带电物体 Ω 的电场中的 a 点时，受到的电场力为 $\boldsymbol{F}_a$。将试验电荷 q_0 放在 b 点时，受到的电场力为 $\boldsymbol{F}_b$。实验表明，一般情况下 $\boldsymbol{F}_a \neq \boldsymbol{F}_b$。

对于电场中同一点来说，比如图 11－14 中 a 点。当 a 点换另一个试验电荷 q_0' 时，受到的电场力变为 $\boldsymbol{F}_a'$，如图 11－14 所示。实验表明，试验电荷在 a 点所受的电场力只与试验电荷的电量多少和电荷的正负有关，试验电荷所受的电场力与它的电量之比是不变的矢量，即

$$\frac{\boldsymbol{F}_a'}{q_0'}=\frac{\boldsymbol{F}_a}{q_0}=\cdots=\text{恒矢量}$$

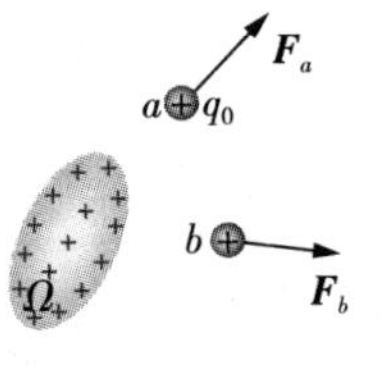

图 11－13　电场力

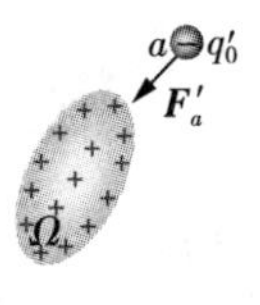

图 11－14　电场力

试验电荷在电场中的任一点所受的电场力矢量与试验电荷的电量（含正负号）的比是一个恒矢量，与试验电荷无关。那么该恒矢量只与该点的电场有关，我们就用这个恒矢量来表示这一点电场的力的性质，称为**电场强度**，通常用 $\boldsymbol{E}$ 表示。

假设试验电荷 q_0 放在某点时所受的电场力为 $\boldsymbol{F}$，定义该点的电场强度为

$$\boldsymbol{E}\equiv\frac{\boldsymbol{F}}{q_0} \tag{11-10}$$

可见,电场中某点的**电场强度就等于单位正电荷在该点所受的电场力**。必须强调,电场中某点的电场强度只与该点的电场有关,与该点是否有试验电荷无关,与该点的试验电荷电量无关。

电场强度是矢量,它的方向是正试验电荷放在该点时受力的方向。在国际单位制中,电场强度的单位为**牛顿每库仑**(N/C)或**伏特每米**(V/m)。电场强度简称**场强**。

如图11-15所示,将试验电荷q_0放在a点时受到的电场力为$\boldsymbol{F}_a$,根据电场强度的定义有

$$\frac{\boldsymbol{F}_a}{q_0}=\boldsymbol{E}_a$$

若a点换成试验电荷q_0',受到的电场力为$\boldsymbol{F}_a'$,如图11-16所示,根据电场强度的定义有

$$\frac{\boldsymbol{F}_a'}{q_0'}=\boldsymbol{E}_a$$

若a点没有电荷,a点的电场强度还是$\boldsymbol{E}_a$。

电场强度是描述电场的量。一般电场中各点的电场强度大小方向都不同,如图11-17所示,a点和b点的电场强分别是$\boldsymbol{E}_a$和$\boldsymbol{E}_b$。通常我们用矢量函数$\boldsymbol{E}$才能完整描述电场强度在空间的分布,如果某区域内电场强度的大小和方向处处都相同,该区域称为**均匀电场**或**匀强电场**。

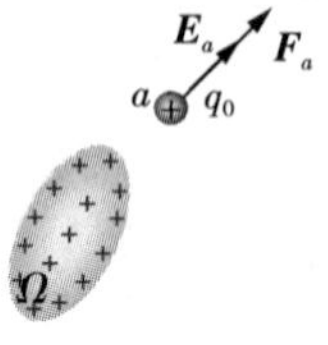

图11-15 电场强度

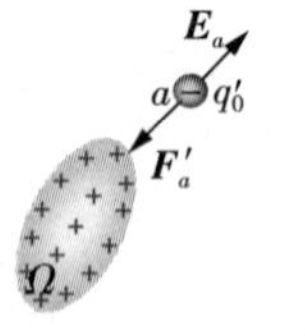

图11-16 电场强度

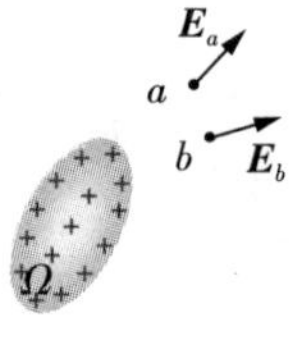

图11-17 电场强度

如果电场中各点的电场强度都已经知道,把试验电荷放入该电场中,试验电荷所受的电场力就可以用电场强度来计算,即

$$\boldsymbol{F}=q_0\boldsymbol{E} \tag{11-11}$$

利用上式和力的叠加原理可计算任意带电物体在电场中所受的电场力。

3. 电场对电荷的作用力

假设电场中有一个点电荷 q 处于 a 点，a 点的电场强度为 $\boldsymbol{E}$，根据电场强度的定义，单位正电荷在 a 点所受的电场力为 $\boldsymbol{E}$，那么**点电荷 q 在 a 点所受的电场力**

$$\boldsymbol{F}=q\boldsymbol{E} \tag{11-12}$$

式(11-12)中的 $\boldsymbol{E}$ 是点电荷 q 位于 a 点时 a 点的电场强度。(要注意，由于静电感应等原因，点电荷 q 放入 a 点的前后可能会引起 a 点电场强度的变化)

用式(11-12)计算时，q 可以带正、负号。我们也可以计算任意带电物体所受的电场力。如图 11-18 所示，任意带电物体 Ω 处于电场中，Ω 上各点的电场强度 $\boldsymbol{E}$ 是已知的函数。在带电物体 Ω 上取任意体积元 $\mathrm{d}V$ 作为电荷元，其带电量为 $\mathrm{d}q$(图中阴影小块)，体积元 $\mathrm{d}V$ 处的电场强度为 $\boldsymbol{E}$，则电荷元 $\mathrm{d}q$ 所受的电场力为

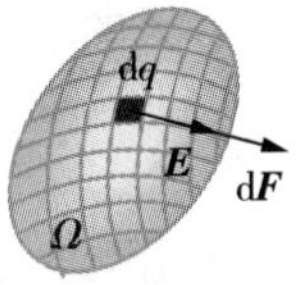

图 11-18
电场力计算

$$\mathrm{d}\boldsymbol{F}=\boldsymbol{E}\mathrm{d}q$$

整个带电物体 Ω 所受的电场力 $\boldsymbol{F}$ 等于电荷元所受电场力 $\mathrm{d}\boldsymbol{F}$ 在整个带电物体范围的积分，即

$$\boldsymbol{F}=\int_{\Omega}\mathrm{d}\boldsymbol{F}=\int_{\Omega}\boldsymbol{E}\mathrm{d}q \tag{11-13}$$

理论上说，只要已知电场的分布($\boldsymbol{E}$ 的函数)，任何带电物体在电场中所受的电场力都可以用式(11-13)计算。

4. 电偶极子在匀强电场中受的力和力矩

带等量异号电荷的两个点电荷相隔一定距离，实际问题中观察点到点电荷的距离通常远大于两个点电荷的间距，这两个带等量异号电荷的点电荷系称为**电偶极子**。通过两点电荷的直线称为电偶极子的**轴线**。

假设电偶极子两点电荷的电量分别为 $-q$ 和 $+q$，用 $\boldsymbol{l}$ 表示负点电荷指向正点电荷的位置矢量，我们可以用电偶极矩 $\boldsymbol{p}_{\mathrm{e}}$ 来表示这个电偶极子，定义电偶极矩

$$\boldsymbol{p}_{\mathrm{e}}=q\boldsymbol{l} \tag{11-14}$$

电偶极矩 $\boldsymbol{p}_{\mathrm{e}}$ 是个矢量，它的方向由负点电荷指向正点电荷，数值等于点电荷电量的绝对值与两点电荷间的距离乘积。用 θ 表示电偶极矩 $\boldsymbol{p}_{\mathrm{e}}$ 与电场强度 $\boldsymbol{E}$ 两矢量的夹角，如图11-19所示。

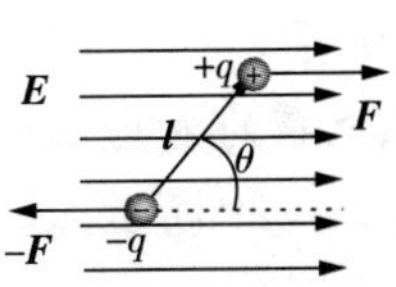

图 11-19　匀强电场中的电偶极子

下面计算电偶极子在匀强电场中所受的力

和力矩。

（1）电偶极子在匀强电场中所受的力

由于电偶极子两点电荷带等量异号电荷，所以两个点电荷在匀强电场中所受电场力等值反向，它们的矢量和为零。根据力学中的质心运动定理，电偶极子的质心没有加速度，静止的电偶极子在匀强电场中质心保持静止。

（2）电偶极子在匀强电场中所受的力矩

电偶极子两点电荷在匀强电场中所受的电场力等值反向，这两个力组成一个**力偶**。力偶的力矩大小为

$$M = F \cdot l\sin\theta = qE \cdot l\sin\theta = p_e E\sin\theta$$

如果电偶极子可以自由转动，在匀强电场中的电偶极子会受到力矩而发生转动，最终电偶极矩的方向与电场的方向趋于一致。当电偶极矩方向与电场方向相同时，所受的力矩为零。考虑到电场强度是矢量，电偶极矩也是矢量，电偶极子在匀强电场中所受的力矩矢量与电偶极矩矢量、电场强度矢量的关系可以写成

$$\boldsymbol{M} = \boldsymbol{p}_e \times \boldsymbol{E} \tag{11-15}$$

物质中的分子是由原子组成的，原子由原子核和核外电子组成。原子核带正电荷，核外电子带负电荷。通常一个分子的正电荷总量与负电荷总量相等，但分子的正电荷中心与负电荷中心不一定重合。分子的正电荷中心与负电荷中心不重合时，分子相当于电偶极子，这类分子称为**有极分子**。

有极分子在匀强电场中受到电场的力矩而转动，引起分子按电偶极矩有序排列。如果电场是非匀强电场，有极分子不仅受到力矩，而且分子中正、负电荷所受电场力的矢量和不为零。因此，有极分子在电场中不仅会转动，其质心也可能会移动。

三、电场强度的计算

我们首先利用电场强度的定义求得点电荷的电场强度表达式，再导出点电荷系的电场强度计算方法 —— 电场强度的叠加原理，最后得到一般带电物体电场强度的计算方法。

1. 点电荷的电场强度

如图 11-20 所示，真空中有一个静止的电荷量为 q 的点电荷位于 a 点处，点电荷 q 在其周围激发了电场。现在要计算电场中任意一点 p 处的电场强度。

p 点通常称为**场点**，点电荷 q 通常称为**场源电荷**。$\boldsymbol{e}_r$ 表示场源电荷 q 指向场点 p 的位置矢量，用 r 表示位置矢量 $\boldsymbol{r}$ 的模，即场源电荷到场点的距离。利用电场强度

的定义可求得点电荷 q 在 p 激发的电场强度。

如图 11-21 所示，在场点 p 放入试验电荷 q_0，q_0 受到电场力 $\boldsymbol{F}$，该电场力是两个点电荷间的作用力，可以由库仑定律来表示，即 $\boldsymbol{F}=\frac{1}{4\pi\varepsilon_0}\frac{q_0 q}{r^2}\boldsymbol{e}_r$。根据电场强度的定义，$p$ 点的电场强度就等于电场力 $\boldsymbol{F}$ 与试验电荷 q_0 之比，即

$$\boldsymbol{E}=\frac{\boldsymbol{F}}{q_0}=\frac{\frac{1}{4\pi\varepsilon_0}\frac{q_0 q}{r^2}\boldsymbol{e}_r}{q_0}$$

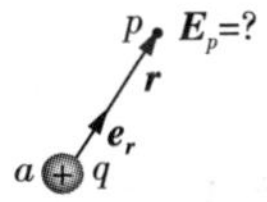

图 11-20　点电荷

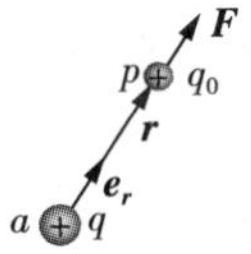

图 11-21　试验电荷受到的电场力

上式整理，得

$$\boldsymbol{E}=\frac{1}{4\pi\varepsilon_0}\frac{q}{r^2}\boldsymbol{e}_r \tag{11-16}$$

式(11-16) 就是**点电荷电场强度表达式**。图 11-22 中画出了 p 点的电场强度，电场强度的大小为

$$E=\frac{1}{4\pi\varepsilon_0}\frac{q}{r^2} \tag{11-17}$$

由式(11-16) 可知，点电荷的电场强度具有球对称性。如图 11-23 所示，场源电荷是正点电荷的电场(图中用箭头表示电场强度) 分布图，该电场是以点电荷为球心的球对称图形(图中箭头所示)，与点电荷距离相同的地方电场强度大小都相等，越靠近点电荷电场越强。电场强度的方向与该球对称图形的表面垂直，即电场强度的方向沿该球对称图形表面的外法线。

若场源电荷为负点电荷，电场中电场强度的大小同正点电荷相同，电场强度的方向与正点电荷的电场方向相反，即电场强度的方向沿球对称图形表面的内法线(指向负点电荷)。

用点电荷电场强度的计算方法也可以求出点电荷系所激发的电场强度。

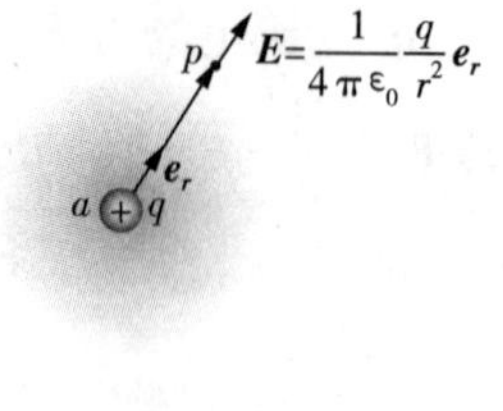

图 11-22　点电荷的电场强度

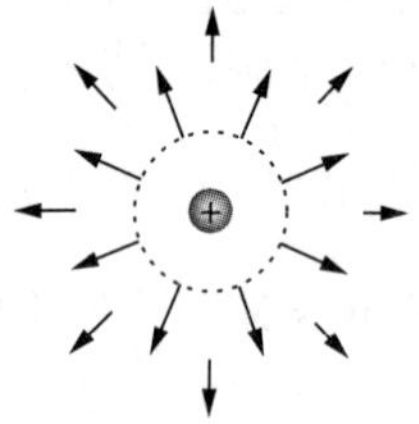

图 11-23　正点电荷的电场分布

2. 点电荷系的电场强度和电场强度的叠加原理

如图 11-24 所示,真空中任意 n 个静止的点电荷组成点电荷系,各点电荷的电荷量分别为 $q_1,q_2,\cdots,q_i,\cdots,q_n$,求任意 p 点处的电场强度。我们用电场强度的定义来求。

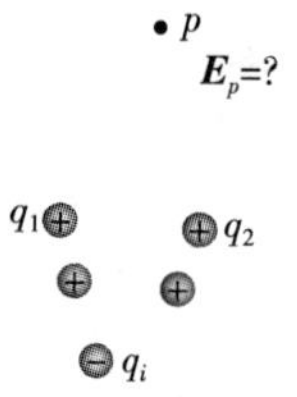

图 11-24　点电荷系

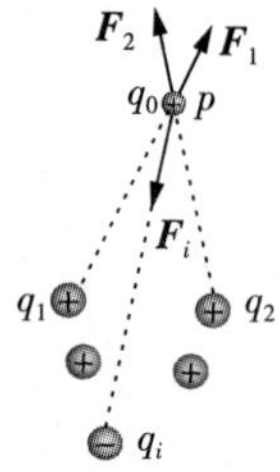

图 11-25　试验电荷在电场中受到电场力

在 p 点放置一个试验电荷 q_0,如图 11-25 所示。点电荷系的每个电荷对试验电荷都有作用力,我们可以根据力的叠加原理求得 q_0 所受的合力 $\boldsymbol{F}$,即

$$\boldsymbol{F}=\boldsymbol{F}_1+\boldsymbol{F}_2+\cdots+\boldsymbol{F}_i+\cdots+\boldsymbol{F}_n \tag{11-18}$$

其中 $\boldsymbol{F}_i$ 是点电荷 q_i 对试验电荷 q_0 的作用力。

根据电场强度的定义,p 点处的电场强度为

$$\boldsymbol{E}=\frac{\boldsymbol{F}}{q_0} \tag{11-19}$$

将式(11-18) 代入式(11-19),得

$$\boldsymbol{E}=\frac{\boldsymbol{F}_1+\boldsymbol{F}_2+\cdots+\boldsymbol{F}_i+\cdots+\boldsymbol{F}_n}{q_0}$$

或

$$\boldsymbol{E}=\frac{\boldsymbol{F}_1}{q_0}+\frac{\boldsymbol{F}_2}{q_0}+\cdots+\frac{\boldsymbol{F}_i}{q_0}+\cdots+\frac{\boldsymbol{F}_n}{q_0} \tag{11-20}$$

根据电场强度的定义，式中$\frac{\boldsymbol{F}_1}{q_0}$等于点电荷$q_1$在$p$点激发的电场强度$\boldsymbol{E}_1$，$\frac{\boldsymbol{F}_2}{q_0}$等于点电荷$q_2$在$p$点激发的电场强度$\boldsymbol{E}_2$……

所以，式(11－20)可以写成

$$\boldsymbol{E}=\boldsymbol{E}_1+\boldsymbol{E}_2+\cdots+\boldsymbol{E}_i+\cdots+\boldsymbol{E}_n \tag{11-21}$$

可简写成

$$\boldsymbol{E}=\sum_{i=1}^{n}\boldsymbol{E}_i \tag{11-22}$$

式(11－22)表明，**点电荷系在某点激发的总电场强度等于各个点电荷单独存在时在该点激发的电场强度的矢量和**，如图11－26所示。这个规律称为**电场强度的叠加原理**，它是电场的基本性质之一。

用r_i表示点电荷q_i到p点的距离，$\boldsymbol{e}_{ri}$表示点电荷q_i指向p点的单位矢量，如图11－27所示。那么点电荷q_i在p点激发的电场强度为

$$\boldsymbol{E}_i=\frac{1}{4\pi\varepsilon_0}\frac{q_i}{r_i^2}\boldsymbol{e}_{ri} \tag{11-23}$$

将式(11－23)代入式(11－22)，点电荷系在p点激发的总电场强度

$$\boldsymbol{E}=\sum_{i=1}^{n}\frac{1}{4\pi\varepsilon_0}\frac{q_i}{r_i^2}\boldsymbol{e}_{ri} \tag{11-24}$$

式(11－24)就是**点电荷系的电场强度计算公式**。

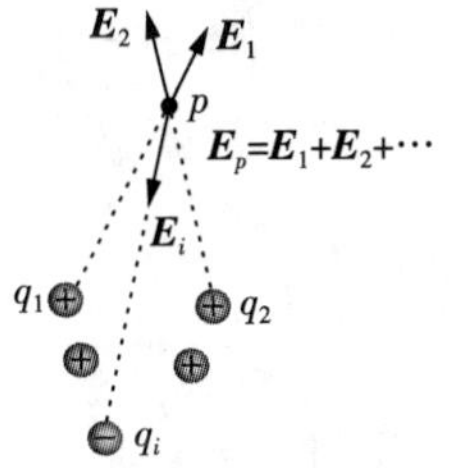

图11－26　电场强度的叠加原理

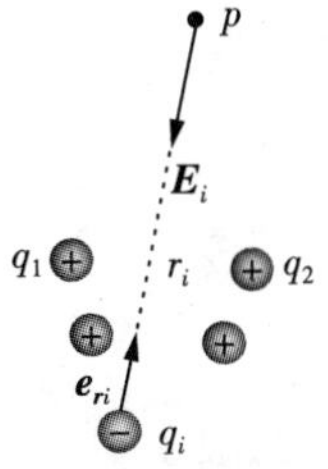

图11－27　点电荷系的电场强度

例11－3　求电偶极子轴线上和中垂线上任一点的电场强度。

解：(1)求电偶极子轴线上任一点的电场强度。如例11－3图(a)所示，电偶极子两个点电荷的电量分别为$-q$和$+q$，负点电荷指向正点电荷的矢量为$\boldsymbol{l}$，则电偶极子的电偶极矩为$\boldsymbol{p}_e=q\boldsymbol{l}$。取两点电荷连线中点为坐标原点$o$，沿电偶极矩方向为

x 轴正方向。

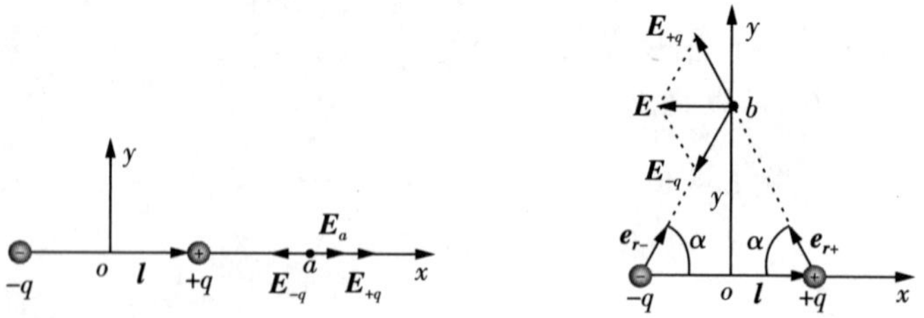

(a) 电偶极子轴线上的电场强度　　(b) 电偶极子中垂线上的电场强度

例 11-3 图

a 为电偶极子轴线上任一点，其坐标为$(x,0)$。由点电荷电场强度表达式 $\boldsymbol{E}=\frac{1}{4\pi\varepsilon_0}\frac{q}{r^2}\boldsymbol{e}_r$ 可知，点电荷 $+q$ 在 a 点激发的电场强度为

$$\boldsymbol{E}_{+q}=\frac{1}{4\pi\varepsilon_0}\frac{q}{\left(x-\frac{l}{2}\right)^2}\boldsymbol{e}_r$$

点电荷 $-q$ 在 a 点激发的电场强度为

$$\boldsymbol{E}_{-q}=\frac{1}{4\pi\varepsilon_0}\frac{-q}{\left(x+\frac{l}{2}\right)^2}\boldsymbol{e}_r$$

a 点的总电场强度为

$$\begin{aligned}\boldsymbol{E}_a&=\boldsymbol{E}_{+q}+\boldsymbol{E}_{-q}\\&=\frac{1}{4\pi\varepsilon_0}\frac{q}{\left(x-\frac{l}{2}\right)^2}\boldsymbol{e}_r+\frac{1}{4\pi\varepsilon_0}\frac{-q}{\left(x+\frac{l}{2}\right)^2}\boldsymbol{e}_r\\&=\frac{1}{4\pi\varepsilon_0}\frac{2qlx}{\left(x+\frac{l}{2}\right)^2\left(x-\frac{l}{2}\right)^2}\boldsymbol{e}_r\end{aligned}$$

通常 $x\gg l$，则 $x\pm\frac{l}{2}\approx x$，上式中分母 $\left(x+\frac{l}{2}\right)^2\left(x-\frac{l}{2}\right)^2\approx x^4$。则 a 点的总电场强度为

$$\boldsymbol{E}_a\approx\frac{1}{4\pi\varepsilon_0}\frac{2ql}{x^3}\boldsymbol{e}_r=\frac{1}{4\pi\varepsilon_0}\frac{2\boldsymbol{p}_{\mathrm{e}}}{x^3}$$

可见，a 点的总电场强度方向与电偶极矩方向相同，a 点的总电场强度大小与电偶极矩大小成正比，与距离的三次方成反比。

(2) 求电偶极子中垂线上任一点的电场强度。如例 11-3 图(b)所示，b 为电偶极子中垂线上任一点，沿中垂线由 o 指向 b 为 y 轴正方向，b 点坐标为$(0,y)$。由点电荷电场强度表达式 $\boldsymbol{E}=\frac{1}{4\pi\varepsilon_0}\frac{q}{r^2}\boldsymbol{e}_r$ 可知，点电荷 $+q$ 在 b 点激发的电场强度为

$$\boldsymbol{E}_{+q}=\frac{1}{4\pi\varepsilon_0}\frac{q}{\left(y^2+\frac{l^2}{4}\right)}\boldsymbol{e}_{r+}$$

式中 $\boldsymbol{e}_{r+}$ 表示点电荷 $+q$ 指向 b 点的单位矢量。在直角坐标系中，写为

$$\begin{aligned}\boldsymbol{E}_{+q}&=-E_{+q}\cos\alpha\boldsymbol{i}+E_{+q}\sin\alpha\boldsymbol{j}\\&=-\frac{1}{4\pi\varepsilon_0}\frac{q}{\left(y^2+\frac{l^2}{4}\right)}\cos\alpha\boldsymbol{i}+\frac{1}{4\pi\varepsilon_0}\frac{q}{\left(y^2+\frac{l^2}{4}\right)}\sin\alpha\boldsymbol{j}\end{aligned}$$

点电荷 $-q$ 在 b 点激发的电场强度为

$$\boldsymbol{E}_{-q}=\frac{1}{4\pi\varepsilon_0}\frac{q}{\left(y^2+\frac{l^2}{4}\right)}\boldsymbol{e}_{r-}$$

式中 $\boldsymbol{e}_{r-}$ 表示点电荷 $-q$ 指向 b 点的单位矢量。在直角坐标系中，写为

$$\begin{aligned}\boldsymbol{E}_{-q}&=-\boldsymbol{E}_{-q}\cos\alpha\boldsymbol{i}-\boldsymbol{E}_{-q}\sin\alpha\boldsymbol{j}\\&=-\frac{1}{4\pi\varepsilon_0}\frac{q}{\left(y^2+\frac{l^2}{4}\right)}\cos\alpha\boldsymbol{i}-\frac{1}{4\pi\varepsilon_0}\frac{q}{\left(y^2+\frac{l^2}{4}\right)}\sin\alpha\boldsymbol{j}\end{aligned}$$

由于 $\cos\alpha=\frac{\frac{l}{2}}{\sqrt{y^2+\frac{l^2}{4}}}$，所以 b 点的总电场强度为

$$\boldsymbol{E}_b=\boldsymbol{E}_{+q}+\boldsymbol{E}_{-q}=-2\times\frac{1}{4\pi\varepsilon_0}\frac{q}{y^2+\frac{l^2}{4}}\frac{\frac{l}{2}}{\sqrt{y^2+\frac{l^2}{4}}}\boldsymbol{i}=-\frac{1}{4\pi\varepsilon_0}\frac{ql}{\left(y^2+\frac{l^2}{4}\right)^{\frac{3}{2}}}\boldsymbol{i}$$

通常 $y\gg l$，则 $y^2+\frac{l^2}{4}\approx y^2$，上式分母 $\left(y^2+\frac{l^2}{4}\right)^{\frac{3}{2}}\approx y^3$，所以 b 点的总电场强度为

$$\boldsymbol{E}_b\approx-\frac{1}{4\pi\varepsilon_0}\frac{ql}{y^3}\boldsymbol{i}=-\frac{1}{4\pi\varepsilon_0}\frac{\boldsymbol{p}_\text{e}}{y^3}$$

可见，b 点的总电场强度方向与电偶极矩方向相反，b 点的总电场强度大小与电

偶极矩大小成正比,与距离的三次方成反比。

3. 电荷连续分布的电场强度

当我们近距离观察研究带电物体时,带电物体不能看作点电荷,但可以把带电物体看作由无数个无限小微元组成,这些微元称为**电荷元**。电荷元可以看成点电荷,带电物体就是这些点电荷的集合,带电物体所激发的电场就是这些电荷元所激发电场的叠加。

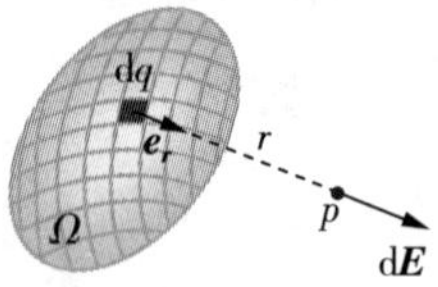

图 11-28　电荷元的电场强度

任意带电物体Ω,如图 11-28 所示,把Ω划分成无数个无限小电荷元,取任一电荷元,其电荷量为 dq(图中阴影小块)。根据点电荷的电场强度表达式,该电荷元在任意 p 点所激发的电场强度

$$\mathrm{d}\boldsymbol{E}=\frac{1}{4\pi\varepsilon_0}\frac{\mathrm{d}q}{r^2}\boldsymbol{e}_r \tag{11-25}$$

式中,r表示电荷元 dq 到场点 p 的距离,$\boldsymbol{e}_r$ 表示电荷元 dq 指向场点 p 的单位矢量。

根据电场强度的叠加原理,带电物体在 p 点所激发的电场强度 $\boldsymbol{E}$ 等于电荷元 dq 在 p 点所激发的电场强度 d$\boldsymbol{E}$ 对整个带电物体Ω 的积分,即

$$\boldsymbol{E}=\int_{\Omega}\frac{1}{4\pi\varepsilon_0}\frac{\mathrm{d}q}{r^2}\boldsymbol{e}_r \tag{11-26}$$

式中,r和$\boldsymbol{e}_r$ 通常都是变量,随电荷元 dq 的位置变化而变化。Ω表示积分范围,是整个带电物体Ω所有电荷分布的范围。根据电荷分布不同,积分可能是线积分、面积分或体积分,这些积分通常都比较复杂。

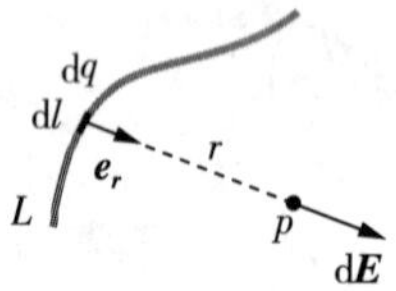

图 11-29　带电线的电场强度

若电荷只分布在线上,如图 11-29 所示,用**电荷线密度** λ 表示该带电线 L 单位长度上的电荷量。在带电线上取无限小线元 dl 作为电荷元,该电荷元的电量 d$q=\lambda$dl。将 d$q=\lambda$dl 代入式(11-25),得

$$\mathrm{d}\boldsymbol{E}=\frac{1}{4\pi\varepsilon_0}\frac{\lambda\mathrm{d}l}{r^2}\boldsymbol{e}_r \tag{11-27}$$

整个带电线在 p 点所激发的电场强度等于式(11-27)沿带电线 L 的线积分,即

$$\boldsymbol{E}=\int_{L}\frac{1}{4\pi\varepsilon_0}\frac{\lambda\mathrm{d}l}{r^2}\boldsymbol{e}_r \tag{11-28}$$

通常带电线上各处的电荷线密度是变化的,即λ是个函数,只有已知λ函数,才能对式(11-28)进行积分运算。式(11-28)是矢量的线积分,计算通常比较复

杂。当电荷均匀分布时，λ 是常数，λ 可以提到积分号外，积分就要简单些。

若电荷只分布在表面上，如图 11－30 所示，用**电荷面密度** σ 表示该带电面 S 单位面积上的电量。在带电面上取无限小面积元 $\mathrm{d}S$ 作为电荷元，该电荷元的电量 $\mathrm{d}q=\sigma\mathrm{d}S$。将 $\mathrm{d}q=\sigma\mathrm{d}S$ 代入式(11－25)，得

$$\mathrm{d}\boldsymbol{E}=\frac{1}{4\pi\varepsilon_0}\frac{\sigma\mathrm{d}S}{r^2}\boldsymbol{e}_r \tag{11-29}$$

整个带电面在 p 点所激发的电场强度等于式(11－29)沿带电面 S 的面积分，即

$$\boldsymbol{E}=\int_S\frac{1}{4\pi\varepsilon_0}\frac{\sigma\mathrm{d}S}{r^2}\boldsymbol{e}_r \tag{11-30}$$

式(11－30)沿带电面的积分通常是二重积分，比线积分更复杂。

通常带电面上各处的电荷面密度是变化的，即 σ 是个函数，只有已知了 σ 函数，才能对式(11－30)进行积分运算。式(11－30)是矢量的面积分，计算通常很复杂。只有当电荷均匀分布时，σ 是常数，σ 可以提到积分号外，积分就要简单些。

一般情况下，带物体上的电荷分布在三维空间，如图 11－31 所示，用**电荷体密度** ρ 表示带电物体 V 上单位体积内的电量。在 V 上取无限小体元 $\mathrm{d}V$ 作为电荷元，该电荷元的电量 $\mathrm{d}q=\rho\mathrm{d}V$。将 $\mathrm{d}q=\rho\mathrm{d}V$ 代入 $\mathrm{d}\boldsymbol{E}=\frac{1}{4\pi\varepsilon_0}\frac{\mathrm{d}q}{r^2}\boldsymbol{e}_r$ 得

$$\mathrm{d}\boldsymbol{E}=\frac{1}{4\pi\varepsilon_0}\frac{\rho\mathrm{d}V}{r^2}\boldsymbol{e}_r \tag{11-31}$$

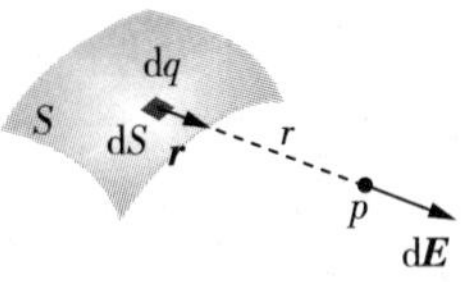

图 11－30　带电面的电场强度

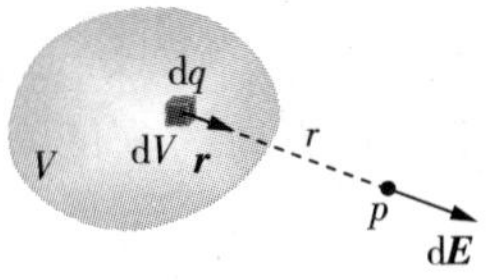

图 11－31　带电体的电场强度

整个带电体在 p 点所激发的电场强度等于式(11－31)沿带电物体 V 的体积分，即

$$\boldsymbol{E}=\int_V\frac{1}{4\pi\varepsilon_0}\frac{\rho\mathrm{d}V}{r^2}\boldsymbol{e}_r \tag{11-32}$$

式(11－32)是矢量的体积分，计算一般非常复杂。通常带电体上各处的电荷体密度是变化的，即 ρ 是个函数，只有已知了 ρ 函数，才能对式(11－32)进行积分运算。当电荷均匀分布时，ρ 是常数，ρ 可以提到积分号外，积分就要简单些。

下面举几个例子，计算带电体所激发电场的电场强度。先计算带电直线，再计

算带线曲线,最后计算带电平面。

对于带电曲面和电荷分布在三维空间的带电体,由于积分运算太复杂,这节中我们只作计算方法的分析。这些问题,我们以后用其他方法来计算。

例 11-4 电荷线密度为 λ 的均匀带电直线,求直线外任意点的电场强度。

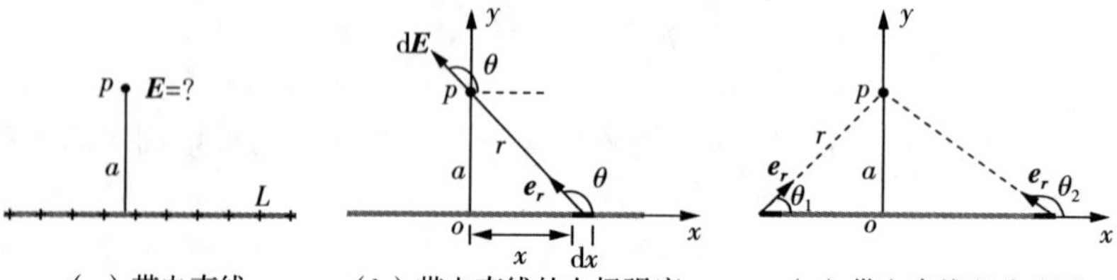

(a) 带电直线　(b) 带电直线的电场强度　(c) 带电直线积分范围

例 11-4 图

解: 如图(a)所示的带电直线 L。附近取任意一点 p,p 点到带电线的垂直距离为 a。求 p 点的电场强度 $\boldsymbol{E}$。

由 p 点向带电线作垂线,垂足为坐标原点 o,o 点指向 p 点为 y 轴正方向,沿带电线为 x 轴方向,建立如图(b)所示的平面直角坐标系。

在带电线上取无限小长度 $\mathrm{d}x$ 的线元为电荷元,其电量为 $\mathrm{d}q=\lambda\mathrm{d}x$。由点电荷的电场强度表达式 $\mathrm{d}\boldsymbol{E}=\frac{1}{4\pi\varepsilon_0}\frac{\mathrm{d}q}{r^2}\boldsymbol{e}_r$,该电荷元 $\mathrm{d}q$ 在 p 点所激发的电场强度为

$$\mathrm{d}\boldsymbol{E}=\frac{1}{4\pi\varepsilon_0}\frac{\lambda\mathrm{d}x}{r^2}\boldsymbol{e}_r$$

假设,带电线上的电荷都是正电荷,单位矢量 $\boldsymbol{e}_r$ 与 x 轴正方向的夹角为 θ。那么,$\mathrm{d}\boldsymbol{E}$ 沿两个坐标轴方向的分量为

$$\mathrm{d}E_x=\frac{1}{4\pi\varepsilon_0}\frac{\lambda\mathrm{d}x}{r^2}\cos\theta$$

$$\mathrm{d}E_y=\frac{1}{4\pi\varepsilon_0}\frac{\lambda\mathrm{d}x}{r^2}\sin\theta$$

整个带电线在 p 点所激发的电场强度为

$$\begin{aligned}\boldsymbol{E}&=\int_L\mathrm{d}\boldsymbol{E}\\&=\int_L(\mathrm{d}E_x\boldsymbol{i}+\mathrm{d}E_y\boldsymbol{j})\\&=\left(\int_L\mathrm{d}E_x\right)\boldsymbol{i}+\left(\int_L\mathrm{d}E_y\right)\boldsymbol{j}\end{aligned}$$

其分量为

$$E_x = \int_{\mathrm{L}} \mathrm{d}E_x = \int_L \frac{1}{4\pi\varepsilon_0} \frac{\lambda \mathrm{d}x}{r^2} \cos\theta \mathrm{d}x$$

$$E_y = \int_{\mathrm{L}} \mathrm{d}E_y = \int_L \frac{1}{4\pi\varepsilon_0} \frac{\lambda \mathrm{d}x}{r^2} \sin\theta \mathrm{d}x$$

为了便于计算积分，将上面两个式子统一变量为 θ。由图中几何关系得

$$r = \frac{a}{\sin(\pi - \theta)} = \frac{a}{\sin\theta}$$

$$x = \frac{a}{\tan(\pi - \theta)} = -\frac{a}{\tan\theta}$$

上式两边微分，得

$$\mathrm{d}x = \frac{a}{\sin^2\theta} d\theta$$

对 θ 变量，积分范围是从 θ_1 到 θ_2，如图(c)所示。将以上关系代入电场强度 x 分量积分表达式，得

$$E_x = \int_{\theta_1}^{\theta_2} \frac{1}{4\pi\varepsilon_0} \frac{\lambda\cos\theta}{\dfrac{a^2}{\sin^2\theta}} \frac{a}{\sin^2\theta} \mathrm{d}\theta$$

整理后

$$E_x = \frac{\lambda}{4\pi\varepsilon_0 a} \int_{\theta_1}^{\theta_2} \cos\theta \mathrm{d}\theta$$

积分得电场强度 x 分量

$$E_x = \frac{\lambda}{4\pi\varepsilon_0 a}(\sin\theta_2 - \sin\theta_1) \tag{11-33}$$

同样，电场强度 y 分量为

$$E_y = \frac{\lambda}{4\pi\varepsilon_0 a}(\cos\theta_1 - \cos\theta_2) \tag{11-34}$$

p 点的电场强度为

$$\begin{aligned} \boldsymbol{E} &= E_x \boldsymbol{i} + E_y \boldsymbol{j} \\ &= \frac{\lambda}{4\pi\varepsilon_0 a}(\sin\theta_2 - \sin\theta_1)\boldsymbol{i} + \frac{\lambda}{4\pi\varepsilon_0 a}(\cos\theta_1 - \cos\theta_2)\boldsymbol{j} \end{aligned}$$

讨论：

如果带电线为无限长，即 $\theta_1 \to 0, \theta_2 \to \pi$，那么 $E_x = 0$，

$$E_y = \frac{\lambda}{2\pi\varepsilon_0 a} \tag{11-35}$$

或者，写成矢量式

$$\boldsymbol{E} = \frac{\lambda}{2\pi\varepsilon_0 a}\boldsymbol{j} \tag{11-36}$$

半无限长均匀带电直线的电场是无限长的一半。

上式表明，**无限长均匀带电直线的电场具有轴对称性**。附近任意一点的电场强度方向垂直于带电线（带正电时电场强度方向垂直离开带电直线，带负电时电场强度方向垂直指向带电直线），电场强度大小与到带电直线的距离 a 成反比。如图 11－32 所示，无限长均匀带正电直线。作一个与带电线同轴的圆柱面，圆柱面侧面上的电场强度大小处处相等，电场强度方向处处沿圆柱面表面的外法线方向，即与表面垂直。

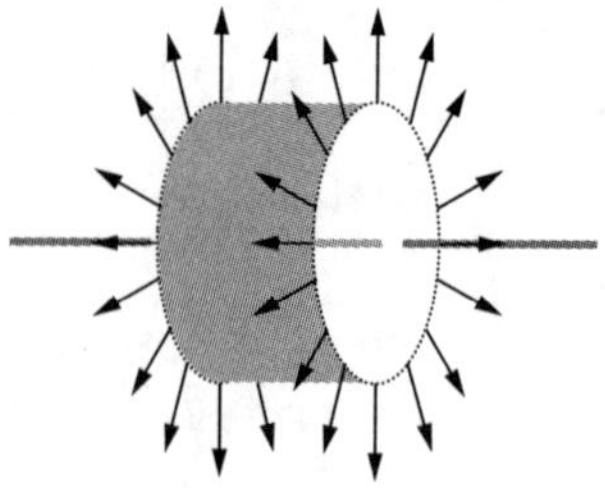

图 11－32　无限长带电直线周围电场的对称性

例 11-5　半径为 R、带电量为 q 的均匀带电细圆环，求垂直于圆环平面的轴线上任意点的电场强度。

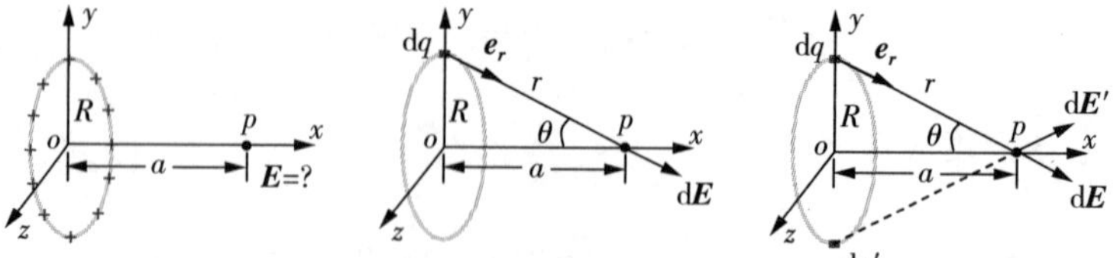

（a）均匀带电圆环　（b）带电圆环的电场强度　（c）带电圆环的电场强度

例 11－5 图

解：如图(a) 所示，以细圆环中心为坐标原点，沿垂直于细圆环平面的轴线为 x 轴，细圆环所在平面为 yz 平面，建立三维直角坐标系。p 为轴线（x 轴）上任意一点，到坐标原点 o 的距离为 a，求 p 点的电场强度 $\boldsymbol{E}$。

设细圆环上电荷线密度为λ。如图(b)所示，在带电细圆环上取无限小长度$\mathrm{d}l$的线元为电荷元，其电量$\mathrm{d}q=\lambda\mathrm{d}l$。则$\mathrm{d}q$在$p$点所激发的电场强度

$$\mathrm{d}\boldsymbol{E}=\frac{1}{4\pi\varepsilon_0}\frac{\mathrm{d}q}{r^2}\boldsymbol{e}_r$$

其大小为

$$\mathrm{d}E=\frac{1}{4\pi\varepsilon_0}\frac{\mathrm{d}q}{r^2}=\frac{1}{4\pi\varepsilon_0}\frac{\lambda\mathrm{d}l}{r^2}$$

整个带电细圆环在p点所激发的电场强度为

$$\boldsymbol{E}=\int_L\mathrm{d}\boldsymbol{E}$$

写成分量的积分为

$$\boldsymbol{E}=\left(\int_L\mathrm{d}E_x\right)\boldsymbol{i}+\left(\int_L\mathrm{d}E_y\right)\boldsymbol{j}+\left(\int_L\mathrm{d}E_z\right)\boldsymbol{k}$$

其中，p点的电场强度沿x轴的分量为

$$E_x=\int_L\mathrm{d}E_x=\int_L\mathrm{d}E\cdot\cos\theta$$

将第二个式子代入上式，得

$$E_x=\int_L\frac{1}{4\pi\varepsilon_0}\frac{\lambda\mathrm{d}l}{r^2}\cdot\cos\theta$$

将常量提到积分号外面，得

$$E_x=\frac{\lambda\cos\theta}{4\pi\varepsilon_0r^2}\int_L\mathrm{d}l$$

积分$\int_L\mathrm{d}l=2\pi r$，所以

$$E_x=\frac{\lambda\cos\theta}{4\pi\varepsilon_0r^2}2\pi r$$

由图(c)中几何关系，得$\cos\theta=\frac{a}{r}$，$r=\sqrt{R^2+a^2}$，代入上式，并利用$q=2\pi r\lambda$，得

$$E_x=\frac{qa}{4\pi\varepsilon_0(R^2+a^2)^{3/2}}$$

如图(c)所示，在电荷元$\mathrm{d}q$所在圆环直径的另一端，取电荷量相等的电荷元

dq',dq'在p点激发的电场强度$d\boldsymbol{E}'$与$d\boldsymbol{E}$的矢量和必然沿x轴,所以整个带电圆环在p点激发的电场强度$\boldsymbol{E}$沿x轴,沿y轴和z轴的分量均为零,即

$$E_y = 0, E_z = 0$$

得p点的电场强度为

$$\boldsymbol{E} = \frac{qa}{4\pi\varepsilon_0 (R^2 + a^2)^{3/2}}\boldsymbol{i} \tag{11-37}$$

可见,均匀带电细圆环在圆环平面的垂直轴线上任意点的电场强度方向沿轴线方向,即电场强度方向与圆环平面垂直。

讨论:

当场点p离开带电圆环很远时,即$a \gg R$,有$R^2 + a^2 \approx a^2$。将$R^2 + a^2$用a^2代入式(11-37),得

$$\boldsymbol{E} = \frac{q}{4\pi\varepsilon_0 a^2}\boldsymbol{i}$$

上式实际上就是点电荷的电场强度表达式。

可见,当场点距离带电圆环很远时,带电圆环可看作点电荷来处理。

例 11-6 如图(a)所示,半径为R、电荷面密度为σ的均匀带电圆平面,求圆平面垂直轴线上任意点的电场强度。

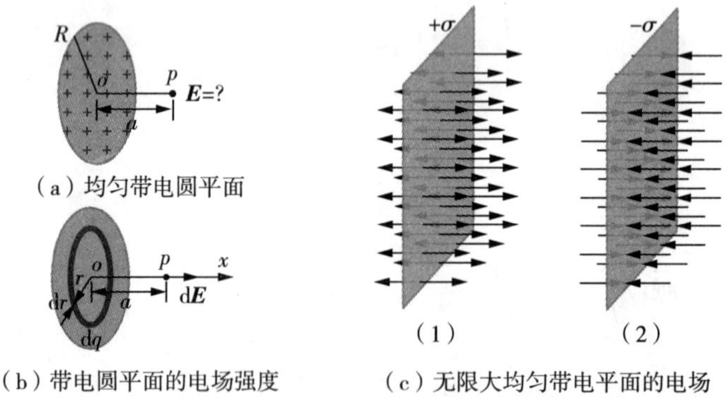

(a) 均匀带电圆平面

(b) 带电圆平面的电场强度

(c) 无限大均匀带电平面的电场

例 11-6 图

解:均匀带电圆平面可看作由无数个同心带电细圆环组成,利用例 11-5 计算结果,再应用电场强度的叠加原理,即可求得圆平面垂直轴线上任意点p的电场强度。

如图(b) 所示,在圆平面上取半径为r、宽度为dr与圆平面同心的细圆环作为

带电细圆环，该细圆环的电荷量为 $\mathrm{d}q=\sigma\cdot 2\pi r\mathrm{d}r$，参考 $\boldsymbol{E}=\frac{qa}{4\pi\varepsilon_0(R^2+a^2)^{3/2}}\boldsymbol{i}$，电量为 $\mathrm{d}q$ 的细圆环在 p 点激发的电场强度为

$$\mathrm{d}\boldsymbol{E}=\frac{a\mathrm{d}q}{4\pi\varepsilon_0(r^2+a^2)^{3/2}}\boldsymbol{i}$$

将 $\mathrm{d}q=\sigma\cdot 2\pi r\mathrm{d}r$ 代入上式，得

$$\mathrm{d}\boldsymbol{E}=\frac{a\sigma\cdot 2\pi r\mathrm{d}r}{4\pi\varepsilon_0(r^2+a^2)^{3/2}}\boldsymbol{i}$$

整个带电圆平面在 p 点的电场强度是上面 $\mathrm{d}\boldsymbol{E}$ 的积分，即

$$\boldsymbol{E}=\int\mathrm{d}\boldsymbol{E}=\int\frac{a\sigma\cdot 2\pi r\mathrm{d}r}{4\pi\varepsilon_0(r^2+a^2)^{3/2}}\boldsymbol{i}$$

将常量从积分号内提出来，确定积分范围是 $0\sim R$，整理

$$\boldsymbol{E}=\frac{2\pi\sigma a}{4\pi\varepsilon_0}\boldsymbol{i}\int_0^R\frac{r\mathrm{d}r}{(r^2+a^2)^{3/2}}$$

对上式积分得

$$\boldsymbol{E}=\frac{\pi}{2\varepsilon_0}\left[1-\frac{a}{(R^2+a^2)^{1/2}}\right]\boldsymbol{i}$$

讨论：

(1) 当圆平面的半径无限大时，$R\to\infty$，$\frac{a}{(R^2+a^2)^{1/2}}\to 0$，例 11－6 的结论为

$$\boldsymbol{E}=\frac{\sigma}{2\varepsilon_0}\boldsymbol{i} \tag{11-38}$$

可见，无限大均匀带电平面所激发的电场，在其两侧都是均匀电场，电场强度大小相等，方向垂直于带电平面，带电平面两侧电场方向相反。如图(c) 中(1) 是平面带正电时电场强度方向，电场方向总是垂直离开带电平面。图(c) 中(2) 是平面带负电时电场强度方向，电场方向总是垂直指向带电平面。

如图 11－33 所示是两块带等量异号电荷的无限大均匀带电平行平面的电场。它的电场可以利用两块无限大均匀带电平面所激发的电场的叠加得到。两平面外侧电场强度为零，两平面之间电场强度大小为 $\frac{\sigma}{\varepsilon_0}$，方向垂直于平面由带正电荷的平面指向带负电荷的平面，两带电平面间是均匀电场。

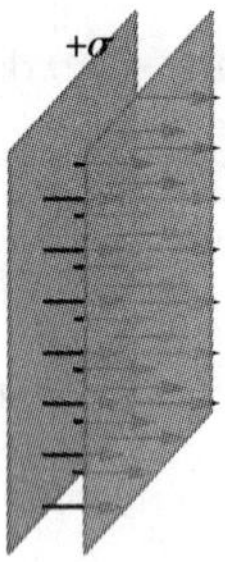

图 11-33　两块带等量异号电荷的无限大均匀带电平行平面的电场

(2) 当场点离开带电平面很远时,$R \ll a$, $\frac{a}{(R^2+a^2)^{1/2}} = \left(1+\frac{R^2}{a^2}\right)^{-1/2} \approx 1-\frac{1}{2}\left(\frac{R}{a}\right)^2$,例 11-6 的结论为

$$\boldsymbol{E} = \frac{\sigma R^2}{4\varepsilon_0 a^2}\boldsymbol{i} = \frac{q}{4\pi\varepsilon_0 a^2}\boldsymbol{i}$$

上式就是点电荷的电场强度表达式。可见,当带电圆平面离开场点很远时,带电圆平面可作为点电荷来处理。

下面对几个典型的电场问题作计算方法的分析:

(1) 如图 11-34 所示,半径为 R 电荷面密度为 σ 的均匀带电球面。求任意 p 点的电场强度。

以带电球面球心 o 为坐标原点,o 指向 p 为 x 轴正方向,如图 11-35 所示。在球面上取半径为 r 的细圆环(图中圆环),细圆环平面垂直于 x 轴,环心 o' 到 p 点的距离为 a。由细圆环上任意一点与球心 o 作一条连线,连线长度就是球的半径 R,连线与 x 轴夹角为 θ。细圆环的宽度为 $R\mathrm{d}\theta$。细圆环的电量为电荷面密度与细环面积的乘积,即 $\mathrm{d}q=\sigma \cdot \mathrm{d}S=\sigma \cdot 2\pi r \cdot R\mathrm{d}\theta$。该细圆环是均匀带电圆环,参考例 11-6 的计算结果。该细圆环在 p 点所激发的电场强度为

$$\mathrm{d}\boldsymbol{E} = \frac{a\mathrm{d}q}{4\pi\varepsilon_0 (r^2+a^2)^{3/2}}\boldsymbol{i}$$

整个带电球面在 p 点所激发的电场强度就是上式对整个球面的积分,即 $\boldsymbol{E} = \int_S \mathrm{d}\boldsymbol{E}$。

计算结果:**均匀带电球面内电场强度处处为零;球面外电场强度的表达式与点电荷电场强度表达式相同,**即

$$\boldsymbol{E} = \frac{1}{4\pi\varepsilon_0}\frac{q}{r^2}\boldsymbol{i} = \frac{1}{4\pi\varepsilon_0}\frac{q}{r^2}\boldsymbol{e}_r \tag{11-39}$$

式中q是球面的总电量，r是球心到场点p的距离，$\boldsymbol{e}_r$是球心指向场点p的单位矢量。可见，**均匀带电球面的电场强度在空间的分布具有球对称性。在球面外，与带电球面同心的任一球面上，电场强度的大小处处相等，电场强度的方向处处沿该处球面的法线方向。**图 11-36 所示是带正电的均匀带电球面外，离球心距离为r的球上的电场强度分布。球面带负电时，电场方向与图中相反。

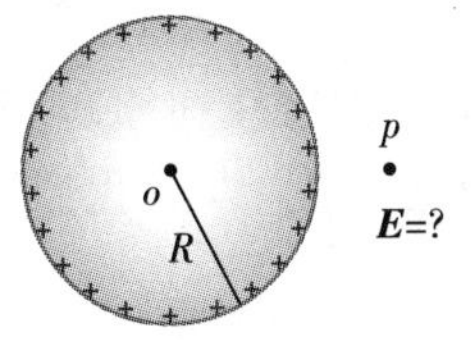

图 11-34　均匀带电球面

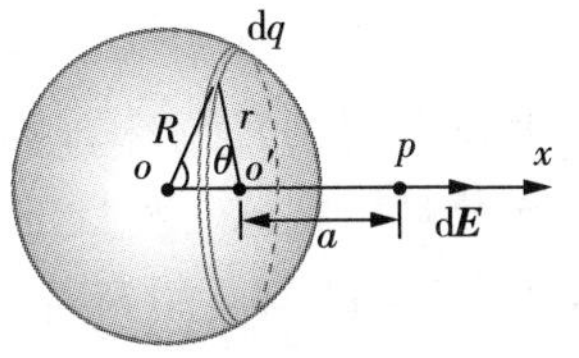

图 11-35　均匀带电球面的电场

(2) 如图 11-37 所示，两个均匀带电同心球面，半径分别是R_1和R_2($R_1 < R_2$)，带电量分别是q_1和q_2。求任意p点的电场强度。

可以利用均匀带电球面电场强度表达式，再应用电场强度的叠加原理求得。

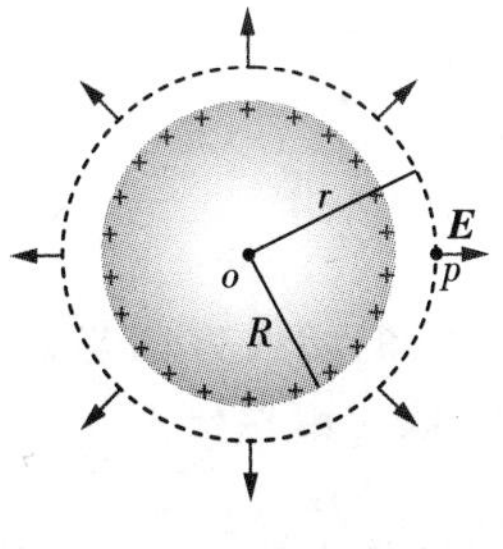

图 11-36　均匀带正电球面的电场强度分布

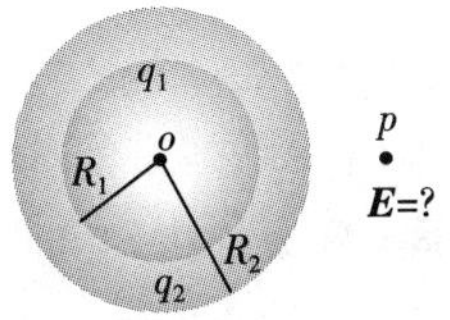

图 11-37　两个同心均匀带电球面的电场强度

设p点到球心的距离为r，两个带电球面在p点所激发的电场强度分别为$\boldsymbol{E}_1$和$\boldsymbol{E}_2$，p点的总电场强度为$\boldsymbol{E}=\boldsymbol{E}_1+\boldsymbol{E}_2$。电场强度分三个区域表达：

当$r<R_1$时，$\boldsymbol{E}_1=\boldsymbol{0}$，$\boldsymbol{E}_2=\boldsymbol{0}$，所以$\boldsymbol{E}=\boldsymbol{E}_1+\boldsymbol{E}_2=\boldsymbol{0}$。

当$R_1<r<R_2$时，$\boldsymbol{E}_1=\dfrac{1}{4\pi\varepsilon_0}\dfrac{q_1}{r^2}\boldsymbol{e}_r$，$\boldsymbol{E}_2=\boldsymbol{0}$，所以$\boldsymbol{E}=\boldsymbol{E}_1+\boldsymbol{E}_2=\dfrac{1}{4\pi\varepsilon_0}\dfrac{q_1}{r^2}\boldsymbol{e}_r$。

当$r>R_2$时，$\boldsymbol{E}_1=\dfrac{1}{4\pi\varepsilon_0}\dfrac{q_1}{r^2}\boldsymbol{e}_r$，$\boldsymbol{E}_2=\dfrac{1}{4\pi\varepsilon_0}\dfrac{q_2}{r^2}\boldsymbol{e}_r$，所以$\boldsymbol{E}=\boldsymbol{E}_1+\boldsymbol{E}_2=\dfrac{1}{4\pi\varepsilon_0}\dfrac{q_1+q_2}{r^2}\boldsymbol{e}_r$。

可见,**有电场的地方,电场强度的表达式与点电荷电场强度表达式相同。**

(3) 电荷体密度为 ρ,半径为 R 的均匀带电球体。求任意 p 点的电场强度。

在带电球上取半径为 r、厚度为 dr 的球形薄层作为带电球面,其电量为 $dq=\rho\cdot dV=\rho\cdot 4\pi r^2\cdot dr$。利用均匀带电球面在任意 p 点所激发的电场强度表达式,再应用电场强度的叠加原理,即可求得任意 p 点的电场强度。实际计算要进行积分运算,计算结果表明,**有电场的地方,电场强度的表达式与点电荷电场强度表达式相同**。

类似上述电荷具有特殊对称分布的带电体,可以通过叠加原理(积分式)求得。对于电荷具有特殊对称性的带电体所激发的电场强度,以后我们还可以用高斯定理来求解,有些问题用高斯定理计算更简单。

§11-3　电场线　电场强度通量

为了形象、直观地描绘电场,我们引入电场线的概念,再利用电场线引入电通量概念。

一、电场线

1. 电场线的概念

在电场中画出一系列带箭头的曲线,**曲线上任意一点的切线方向与该点的电场强度方向相同**,箭头的指向与电场方向相同,这些曲线称为**电场线**。

如图 11-38 所示的曲线是电场线,p 是电场线 $\overset{\frown}{apb}$ 上的任意一点,p 点的切线方向表示该点的电场方向(即电场强度 $\boldsymbol{E}$ 的方向)。

为了让电场线能够形象地表示电场强度的大小,我们规定电场线的疏密。**在电场中,垂直于电场方向的单位面积上所通过的电场线条数等于该处的电场强度大小。**电场线密的地方电场强度数值就大,电场线疏的地方电场强度数值就小。

如图 11-39 所示,在电场中任意一点 p 处,垂直于电场方向取任意无限小面积元 $dS_\perp$,通过面积元 $dS_\perp$ 的电场线条数为 dN。按照电场线疏密的规定,该面积元上单位面积的电场线条数就等于该处电场强度大小 E,即

$$\frac{dN}{dS_\perp}=E \qquad (11-40)$$

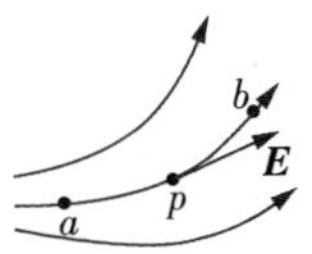

图 11-38　电场线

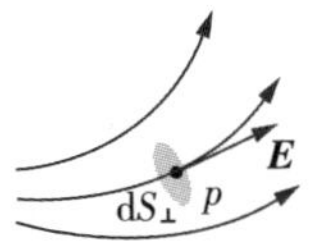

图 11-39　电场线密度

根据电场线疏密的规定，我们可以直观地从电场线图上看到电场中电场强度大小的分布。如图 11-38 所示，a 点处的电场线比 b 点处的密，因此 a 点处电场强度数值比 b 点处的大。

一般情况下，电场线是一系列的曲线。对于均匀电场（即匀强电场）来说，电场线是一系列平行的等间距的直线，如图 11-40 所示是两块带等量异号电荷的无限大均匀带电平行平面，两带电平面之间是均匀电场。

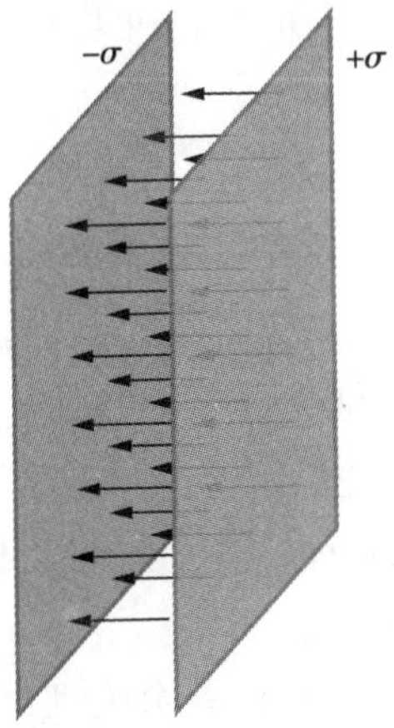

图 11-40　两块带等量异号电荷的无限大均匀带电平行平面的均匀电场

2. 常见的几种静电场的电场线

图 11-41(a) 所示是正点电荷的电场线，该电场线具有球对称性，电场线是起始于正点电荷的射线。图 11-41(b) 所示是负点电荷的电场线，该电场线与正点电荷一样也具有球对称性，但电场线是终止在负点电荷的直线。

图 11-41(c) 所示是一对等量异号点电荷的电场线，除了两点电荷的连线方向的电场线是直线外，其余的电场线都是曲线。

图 11-41(d) 所示是一对带等量异号电荷的均匀带平板的电场线，在平板间的中部区域（虚线框内）电场线是平行的等间距的直线，该区域是**均匀电场**（即匀强电场）。工程技术上要用到均匀电场，通常都是这种装置。

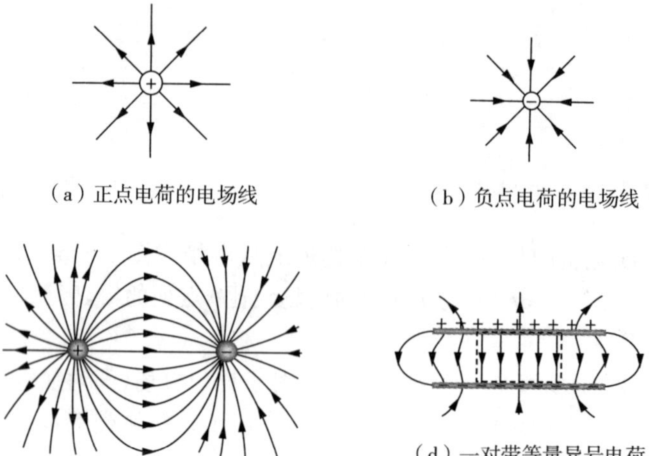

(a) 正点电荷的电场线

(b) 负点电荷的电场线

(c) 一对等量异号点电荷的电场线

(d) 一对带等量异号电荷的均匀带平板的电场线

图 11－41　几种常见电场的电场线图

3. 电场线的特点

静电场的电场线有以下特点：

(1) 电场线起始于正电荷(或来自无限远处)，终止于负电荷(或终止于无限远处)，不会在没有电荷的地方中断(电场强度为零的奇点除外)。

(2) 电场线不会构成闭合曲线。

(3) 任意两条电场线不会相交。

前两个特点是静电场性质的反映，我们以后再证明。最后一个特点是电场中某点的电场强度唯一性的必然结果。

应当注意，当点电荷处于电场中时，就会受到电场力，电场力的方向就是该处电场线的切线方向。在电场力作用下，点电荷并不一定沿电场线运动，也就是说电场线并不是点电荷在电场中的运动轨迹。

下面我们借助电场线来引入电场强度通量的概念。这样做的目的是让初学者具体、形象地理解电场强度通量的概念。

二、电场强度通量

按照电场线的规定，均匀电场(匀强电场)的电场线是一系列平行的、等间距的直线。

如图 11－42(a) 所示的均匀电场中，在垂直于电场方向取一个面积为 S 的平面，通过该平面的电场线条数就等于电场线密度(即电场强度大小 E)与面积 S 的乘积。

我们把通过面积 S 的电场线条数称为通过面积 S 的电场强度通量(简称电通

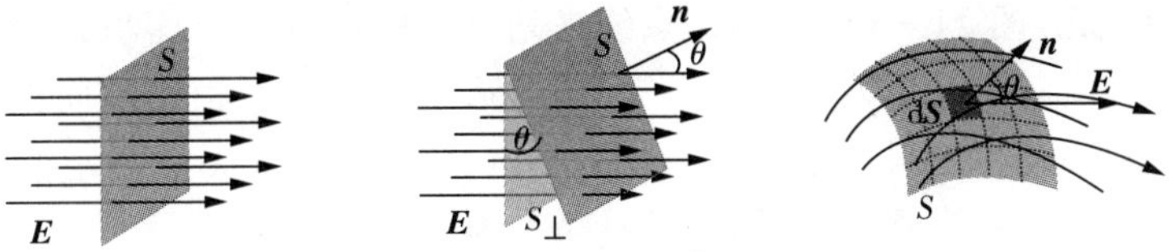

图 11-42　电通量

量或 E 通量)，通常用 Φ_E 表示，即

$$\Phi_E = ES \tag{11-41}$$

当 S 面与电场方向不垂直，如图 11-42(b) 所示。我们可以先将 S 面投影到垂直于电场方向上，其投影面积为 $S_\perp$，用 θ 表示投影面与 S 面的夹角，则 $S_\perp = S\cos\theta$。由于是均匀电场，通过 S 面的电场线条数与通过 $S_\perp$ 面的相等，也就是通过 S 面的电通量与通过 $S_\perp$ 面的相等，即通过 S 面的电通量为

$$\Phi_E = ES_\perp = ES\cos\theta \tag{11-42}$$

为了更加简洁地表示式(11-42) 中电通量 Φ_E 跟电场强度 $\boldsymbol{E}$、平面面积 S 之间的关系，我们引入面积矢量 $\boldsymbol{S}$ 的概念。面积矢量的大小(面积矢量的模) 等于该平面的面积，面积矢量的方向是该平面的法线方向。用 $\boldsymbol{n}$ 表示该平面的法向单位矢量，如图 11-42(b) 所示，面积矢量表示为 $\boldsymbol{S} = S\boldsymbol{n}$。

引入面积矢量后，面积矢量 $\boldsymbol{S}$ 与电场强度矢量 $\boldsymbol{E}$ 的夹角 θ 等于投影面 $S_\perp$ 与 S 面的夹角。这样，式(11-42) **电通量 $\boldsymbol{\Phi_E}$ 就等于电场强度 $\boldsymbol{E}$ 与面积矢量 $\boldsymbol{S}$ 的标量积**(两个矢量的点积)，即

$$\Phi_E = \boldsymbol{E} \cdot \boldsymbol{S} \tag{11-43}$$

式(11-43) 就是均匀电场中通过一个平面的电通量的定义。它是两个矢量标量积(点积) 的运算结果，电通量是标量。电通量可以是正的，可以是负的，也可以是零。当两矢量的夹角 θ 为锐角，电通量为正；当 θ 为钝角，电通量为负；当 θ 为直角，电通量为零，此时电场线平行于平面，电场线没有通过该平面。电通量的绝对值就等于通过该平面面积的电场线条数，电场线条数是没有负的。要注意，电通量跟电场线条数实际上是不同的。

1. 电场强度通量的定义

一般情况下电场是不均匀的，几何面也是任意曲面。下面给出一般情况下电通量的定义。

如图 11-42(c) 所示的任意电场中，有一任意曲面 S，曲面 S 上电场强度大小、方向处处都不同。现在，我们要计算通过 S 曲面的电通量，先把曲面划分成无数个

无限小的面积元,图 11－42(c) 中用点线来划分。取任意一个面积元(图中阴影小块),其面积为 dS,法向单位矢量为 $\boldsymbol{n}$,规定**面元** d$\boldsymbol{S}$ = d$S\boldsymbol{n}$。由于该面积为无限小,可以看作是平面,在无限小的面积元 dS 上电场强度可以认为处处相同(均匀电场)。参考 $\Phi_E = \boldsymbol{E} \cdot \boldsymbol{S}$,通过面元 d$\boldsymbol{S}$ 的电通量为

$$\mathrm{d}\Phi_E = \boldsymbol{E} \cdot \mathrm{d}\boldsymbol{S} \tag{11-44}$$

电通量是标量,整个曲面 S 上所有无限小面积元的电通量的代数和(实际是积分运算) 就是任意曲面 S 的电通量,即

$$\Phi_E = \iint_S \boldsymbol{E} \cdot \mathrm{d}\boldsymbol{S} \tag{11-45}$$

式(11－45) 就是**电通量的一般定义**。积分是对整个曲面 S,一般情况下是二重积分。

当曲面 S 闭合时,式(11－45) 积分写成

$$\Phi_E = \oiint_S \boldsymbol{E} \cdot \mathrm{d}\boldsymbol{S} \tag{11-46}$$

对于闭合曲面的电通量,我们规定面元 dS 的方向是该处曲面的外法线方向,即法向单位矢量 n 的方向由曲面内指向曲面外。这样规定以后,**闭合曲面上电场线由曲面内向外穿出时**(如图 11－43 中闭合曲面 S 上 a 处,$\boldsymbol{E}$ 和 d$\boldsymbol{S}$ 的夹角是锐角),**该处的电通量为正值;闭合曲面上电场线由曲面外向内穿进时**(如图 11－43 中闭合曲面 b 处,E 和 dS 的夹角是钝角),**该处的电通量为负值**。整个闭合曲面电通量为正值表示穿出闭合曲面的电场线条数较多,整个闭合曲面电通量为负值表示穿进闭合曲面的电场线条数较多,整个闭合曲面电通量为零值表示穿进、穿出闭合曲面的电场线条数一样多。

2. 点电荷及点电荷系电场的电通量

下面根据电通量的定义和电场线的特点计算点电荷电场中的电通量。

如图 11－44 所示,在电量为 q 的正点电荷的电场中,作半径为 r 的球面 S,点电荷位于球心处,计算通过该球面的电通量。

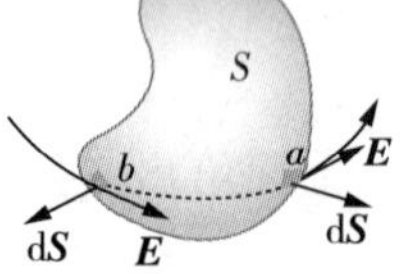

图 11－43　电场线与电通量

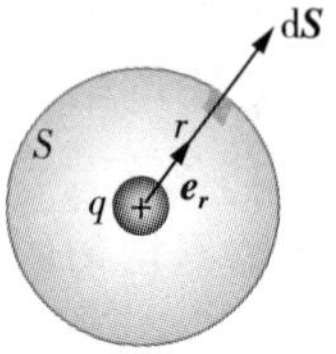

图 11－44　正点电荷在球心处通过面元的电通量

首先，在球面上任意位置取无限小面元 d$\boldsymbol{S}$，该处电场强度 $\boldsymbol{E}=\dfrac{1}{4\pi\varepsilon_0}\dfrac{q}{r^2}\boldsymbol{e}_r$，把 $\boldsymbol{E}$ 的表达式代入闭合曲面电通量的计算式 $\Phi_E=\oiint_S \boldsymbol{E}\cdot \mathrm{d}\boldsymbol{S}$。在球面 S 上积分时，单位矢量 $\boldsymbol{e}_r$ 与面元 d$\boldsymbol{S}$ 处处同方向，所以两个矢量的标量积（点积）为 $\boldsymbol{e}_r\cdot \mathrm{d}\boldsymbol{S}=\mathrm{d}S$。在球面 S 上积分时，$\dfrac{1}{4\pi\varepsilon_0}\dfrac{q}{r^2}$ 为常量，可以提到积分号外。最后 $\oiint_S \mathrm{d}S$ 等于积分球面的面积，具体计算过程如下：

$$\Phi_E=\oiint_S \boldsymbol{E}\cdot \mathrm{d}\boldsymbol{S}=\oiint_S \frac{1}{4\pi\varepsilon_0}\frac{q}{r^2}\boldsymbol{e}_r\cdot \mathrm{d}\boldsymbol{S}=\oiint_S \frac{1}{4\pi\varepsilon_0}\frac{q}{r^2}\mathrm{d}S=\frac{1}{4\pi\varepsilon_0}\frac{q}{r^2}\oiint_S \mathrm{d}S$$

$$=\frac{q}{4\pi\varepsilon_0 r^2}\cdot 4\pi r^2=\frac{q}{\varepsilon_0}$$

计算结果表明，通过球面 S 的电通量与球心处点电荷的电量成正比，与球面的半径无关。

结合电通量与电场线的关系可以得到，无论球面半径多少，都有 $\dfrac{q}{\varepsilon_0}$ 条电场线由球面内向外穿出，如图 11－45 所示。

如图 11－46 所示，当球面半径无限小时，球面就到达点电荷处，通过这个无限小球面的电通量还是 $\dfrac{q}{\varepsilon_0}$。所以说，电场线是由正点电荷发出并一直延伸到无限远处。

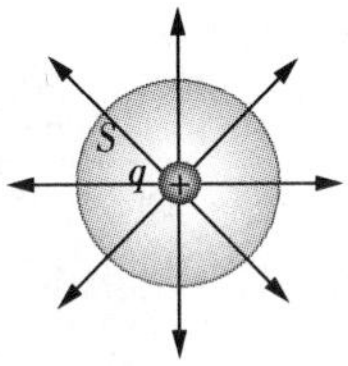

图 11－45　正点电荷在球心处通过球面的电通量

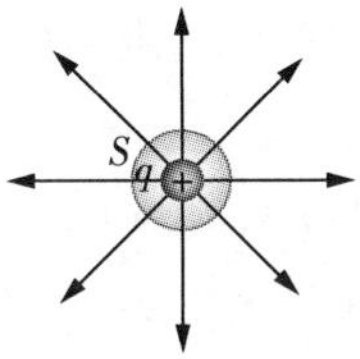

图 11－46　正点电荷在球心处通过球面的电通量

当点电荷带负电时（$q<0$），上面积分为负值，电场线穿进闭合曲面，有 $\dfrac{|q|}{\varepsilon_0}$ 条电场线由球面外向内穿入，最后终止在负点电荷上，如图 11－47 所示。

如图 11－48 所示，当球面 S 变形成任意闭合曲面 S_1，点电荷还处于闭合曲面 S_1 内，通过曲面 S_1 的电通量与通过球面 S 的电通量相等。

如图 11－49 所示，当球面 S 变形成任意闭合曲面 S_2，点电荷处于闭合曲面 S_2 外，穿入闭合曲面 S_2 的电场线条数与穿出的条数相等，通过闭合曲面 S_2 的电通量为零。

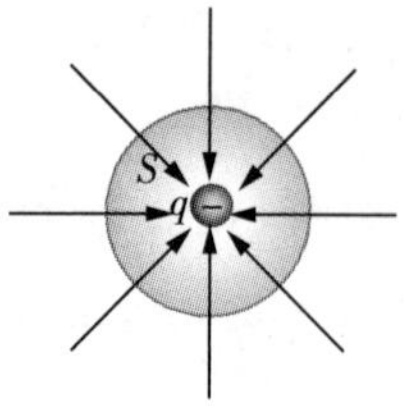

图 11-47　负点电荷在球心处通过球面的电通量

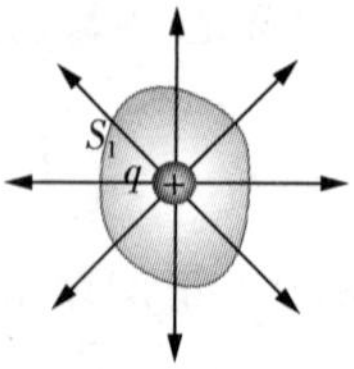

图 11-48　任意闭合曲面包围点电荷的电通量

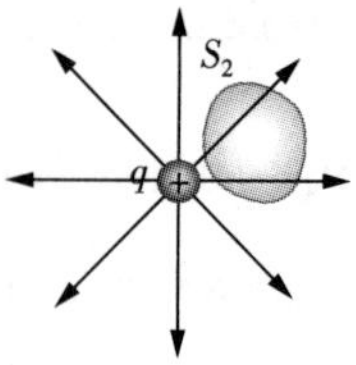

图 11-49　任意闭合曲面不包围点电荷的电通量

综上所述,在一个点电荷的电场中,任意闭合曲面 S 的电通量只有两种结果:

(1) 闭合曲面 S 包围点电荷时,电通量为

$$\Phi_E = \oint\!\!\!\oint_S \boldsymbol{E} \cdot \mathrm{d}\boldsymbol{S} = \frac{q}{\varepsilon_0} \tag{11-47}$$

(2) 闭合曲面 S 不包围点电荷时,电通量为

$$\Phi_E = \oint\!\!\!\oint_S \boldsymbol{E} \cdot \mathrm{d}\boldsymbol{S} = 0 \tag{11-48}$$

上面我们计算了一个点电荷的电场中任意闭合曲面的电通量,计算结果非常简单,只有两种可能。**不论闭合曲面是什么形状,只要闭合曲面把点电荷包围在内,闭合曲面的电通量就等于点电荷的电量 q(可以正,可以负)除以真空中的介电常数 ε_0,闭合曲面没有把点电荷包围在内,闭合曲面的电通量就等于零。**

现在我们来计算点电荷系的电场中任意闭合曲面的电通量。

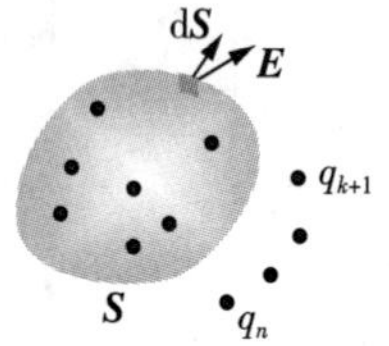

图 11-50
点电荷系的电通量

如图 11-50 所示,点电荷系由任意 n 个点电荷组成,它们的电量分别为 $q_1, q_2, \cdots, q_n$。在电场中作任意闭合曲面 S,电量分别为 $q_1, q_2, \cdots, q_k$ 的点电荷处于闭合曲面 S 内,电量分别为 $q_{k+1}, q_{k+2}, \cdots, q_n$ 的点电荷处于闭合曲面 S 外。

通过闭合曲面 S 的电通量为

$$\Phi_E = \oint\!\!\!\oint_S \boldsymbol{E} \cdot \mathrm{d}\boldsymbol{S}$$

上式中 $\mathrm{d}\boldsymbol{S}$ 为闭合曲面 S 上的任意无限小面元矢量,$\boldsymbol{E}$ 是面元 $\mathrm{d}\boldsymbol{S}$ 处的电场强度。根据电场强度的叠加原理,则

$$\boldsymbol{E} = \boldsymbol{E}_1 + \boldsymbol{E}_2 + \cdots + \boldsymbol{E}_n$$

上式中,任意一项 $\boldsymbol{E}_i$ 表示电量为 q_i 的点电荷在 $\mathrm{d}\boldsymbol{S}$ 处激发的电场强度。将上式代入电通量计算式,得

$$\Phi_{\boldsymbol{E}}=\oint\!\!\!\oint_S \boldsymbol{E}_1\cdot \mathrm{d}\boldsymbol{S}+\oint\!\!\!\oint_S \boldsymbol{E}_2\cdot \mathrm{d}\boldsymbol{S}+\cdots+\oint\!\!\!\oint_S \boldsymbol{E}_n\cdot \mathrm{d}\boldsymbol{S} \tag{11-49}$$

式中 $\boldsymbol{E}_1$ 表示点电荷 q_1 单独存在时激发的电场强度，上式第一项 $\oint\!\!\!\oint_S \boldsymbol{E}_1\cdot \mathrm{d}\boldsymbol{S}$ 表示点电荷 q_1 激发的电场通过闭合曲面 S 的电通量。由于 q_1 在闭合曲面 S 内，参考 $\Phi_E=\oint\!\!\!\oint_S \boldsymbol{E}\cdot \mathrm{d}\boldsymbol{S}=\dfrac{q}{\varepsilon_0}$ 得

$$\oint\!\!\!\oint_S \boldsymbol{E}_1\cdot \mathrm{d}\boldsymbol{S}=\frac{q_1}{\varepsilon_0}$$

同样，得

$$\oint\!\!\!\oint_S \boldsymbol{E}_2\cdot \mathrm{d}\boldsymbol{S}=\frac{q_2}{\varepsilon_0}$$

$$\vdots$$

$$\oint\!\!\!\oint_S \boldsymbol{E}_k\cdot \mathrm{d}\boldsymbol{S}=\frac{q_k}{\varepsilon_0}$$

由于 q_{k+1} 在闭合曲面 S 外，参考 $\Phi_{\boldsymbol{E}}=\oint\!\!\!\oint_S \boldsymbol{E}\cdot \mathrm{d}\boldsymbol{S}=0$ 得

$$\oint\!\!\!\oint_S \boldsymbol{E}_{k+1}\cdot \mathrm{d}\boldsymbol{S}=0$$

同样，得

$$\oint\!\!\!\oint_S \boldsymbol{E}_{k+2}\cdot \mathrm{d}\boldsymbol{S}=0$$

$$\vdots$$

$$\oint\!\!\!\oint_S \boldsymbol{E}_n\cdot \mathrm{d}\boldsymbol{S}=0$$

式(11－49)的计算结果为 $\dfrac{q_1}{\varepsilon_0}+\dfrac{q_2}{\varepsilon_0}+\cdots+\dfrac{q_k}{\varepsilon_0}$，这个结果可以表示为 $\dfrac{\sum\limits_{S内} q_i}{\varepsilon_0}$。$\sum\limits_{S内} q_i$ 表示闭合曲面 S 所包围的电荷量的代数和。

综上所述，点电荷系的静电场中，任意闭合曲面 S 的电通量等于闭合曲面所包围的电荷量的代数和除以真空中的介电常数 ε_0，即

$$\Phi_E = \oint\!\!\!\oint_S \boldsymbol{E} \cdot \mathrm{d}\boldsymbol{S} = \frac{\sum\limits_{S内} q_i}{\varepsilon_0} \tag{11-50}$$

对于连续电荷分布的带电体,可以看作是无数点电荷的集合,上式也适用。

式(11-50)适用于任意静电场,它就是下一节要学习的高斯定理。这条定理可以通过库仑定律和电场强度叠加原理推导出来。

§11-4　静电场的高斯定理

一、高斯定理的描述

在真空中,通过任意闭合曲面的电通量等于该曲面内电荷量的代数和除以真空中的介电常数,数学表达式为

$$\oint\!\!\!\oint_S \boldsymbol{E} \cdot \mathrm{d}\boldsymbol{S} = \frac{\sum\limits_{S内} q_i}{\varepsilon_0}$$

就是上节的式(11-50),高斯定理中所说的闭合曲面,通常称为**高斯面**。

讨论:

(1) 高斯定理是反映静电场性质(有源性)的基本定理。

若无限小闭合曲面内存在正电荷,则通过闭合曲面的电通量为正,表明有电场线从闭合曲面内穿出,即电场线由正电荷发出;若无限小闭合曲面内存在负电荷,则通过闭合曲面的电通量为负,表明有电场线从闭合曲面外穿入,即电场线终止于负电荷;若无限小闭合曲面内没有电荷,则通过闭合曲面的电通量为零,电场线穿入多少就穿出多少,说明在没有电荷的区域内电场线不会中断。

高斯定理告诉我们正电荷是电场线起始的源头,负电荷是电场线终止的归宿(负源头)。**静电场是有源场**,它是静电场的基本性质之一。

(2) 高斯定理是在库仑定律(平方反比定律)的基础上得出的,但它的应用范围比库仑定律更为广泛。

高斯定理与库仑定律并不是互相独立的规律,而是以不同形式表示了电场与电荷之间关系的同一客观规律。库仑定律把电场强度与电荷直接联系起来,而高斯定理将闭合曲面电场强度的通量与该曲面内的电荷联系在一起。库仑定律只适用于静电场,高斯定理不仅适用于静电场,也适用于变化的电场。高斯定理是电磁场理论的基本方程之一。

(3) 高斯定理中的 $\boldsymbol{E}$ 是(闭合曲面内、外) 所有电荷共同产生的,但闭合曲面的电通量只跟闭合曲面内的电荷代数和有关,闭合曲面外的电荷对电通量没有贡献。

(4) 若高斯面内电荷量代数和为零,只表示通过高斯面的电通量为零,闭合曲面上各处的电场强度并不一定为零。

(5) 闭合曲面的电通量为零,只表示高斯面内电荷量代数和为零,并不一定表示高斯面内没有电荷。

(6) 有电荷连续分布带电体时,闭合曲面内电荷量代数和 $\sum\limits_{S内} q_i$ 一般要进行积分运算。

二、高斯定理应用

1. 用高斯定理计算电通量

如图 11-51(a) 所示,电荷量为 q 的点电荷位于边长为 a 的立方体顶角处,计算通过立方体每个正方形面的电通量。

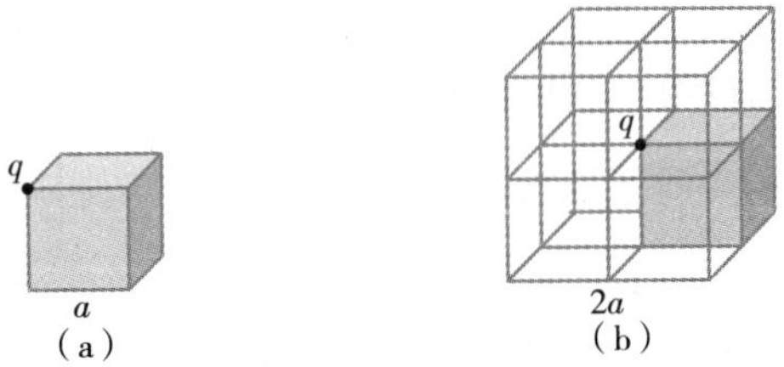

图 11-51　立方体表面的电通量

很明显,立方体的三个正方形面相交于点电荷 q 所处的顶点,这三个面的电通量均为零。另外三个面的电通量都相等,如果用电通量的定义直接积分运算是比较复杂的,用高斯定理计算就非常简单。

用边长为 a 的八个小立方体组成一个边长为 $2a$ 的大立方体,如图 11-51(b),点电荷 q 位于大立方体正中央。大立方体的每个大正方形面由四个小正方形组成,二十四个小正方形面组成大立方体表面(闭合曲面)。由高斯定理,通过大立方体表面电通量等于 $\frac{q}{\varepsilon_0}$,根据电场的对称性,通过每个小正方形的电通量等于大立方体表面电通量的二十四分之一,即 $\frac{q}{24\varepsilon_0}$。

2. 用高斯定理计算电场强度大小

以下两种情况可以用高斯定理计算电场强度大小。

第一种情况,高斯面 S 上电场强度大小处处相等,电场强度方向处处沿着高斯面 S 的法线方向。

高斯面 S 的电通量计算式为 $\Phi_E=\oint_S \boldsymbol{E}\cdot\mathrm{d}\boldsymbol{S}$。如果电场强度方向处处沿着高斯面的法线方向,即 $\mathrm{d}\boldsymbol{S}$ 与 $\boldsymbol{E}$ 处处平行,有 $\boldsymbol{E}\cdot\mathrm{d}\boldsymbol{S}=\pm\boldsymbol{E}\cdot\mathrm{d}\boldsymbol{S}$。同时高斯面上电场强度大小又处处相等,$E$ 是常量从积分号中提出来,积分 $\oint_S \mathrm{d}\boldsymbol{S}$ 等于高斯面 S 的面积,该面积一般可以用几何方法计算。

具体计算过程如下:

$$
\begin{aligned}
\Phi_E &= \oint_S \boldsymbol{E}\cdot\mathrm{d}\boldsymbol{S}\\
&= \oint_S \pm E\mathrm{d}S\\
&= \pm E\oint_S \mathrm{d}S
\end{aligned}
$$

接下来计算高斯面内电荷量的代数和 $\sum\limits_{S内} q_i$,通常不难计算。

以上计算结果代入高斯定理表达式,求得高斯面 S 上电场强度大小

$$
E=\pm\frac{\sum\limits_{S内} q_i}{\varepsilon_0\oint_S \mathrm{d}S} \tag{11-51}
$$

第二种情况,高斯面 S 可分成两部分,一部分面 S_1 上符合第一种情况,其余部分面 S_2 上电场强度方向处处沿着高斯面的切线方向(或电场强度处处为零),面 S_2 上的电通量为零。

高斯面 S 的电通量 $\Phi_E=\oint_S \boldsymbol{E}\cdot\mathrm{d}\boldsymbol{S}$ 的计算分两部分进行,即 $\Phi_E=\iint_{S_1}\boldsymbol{E}\cdot\mathrm{d}\boldsymbol{S}+\iint_{S_2}\boldsymbol{E}\cdot\mathrm{d}\boldsymbol{S}$。在部分面 S_1 上电场强度方向处处沿着表面法线方向,有 $\boldsymbol{E}\cdot\mathrm{d}\boldsymbol{S}=\pm E\cdot\mathrm{d}S$,且面 S_1 上电场强度大小处处相等,E 为常量,从积分号中提出来,最后,积分 $\iint_{S_1}\mathrm{d}S$ 等于 S_1 的面积,符合上述第一种情况。其余部分面 S_2 上电场强度方向处处沿着表面的切线方向(或电场强度处处为零),面 S_2 上的电通量为零。具体计算过程如下:

$$
\Phi_E=\oint_S \boldsymbol{E}\cdot\mathrm{d}\boldsymbol{S}=\iint_{S_1}\boldsymbol{E}\cdot\mathrm{d}\boldsymbol{S}+\iint_{S_2}\boldsymbol{E}\cdot\mathrm{d}\boldsymbol{S}=\iint_{S_1}\pm E\mathrm{d}S+0=\pm E\iint_{S_1}\mathrm{d}S
$$

计算出高斯面内电荷量的代数和 $\sum_{S内} q_i$，代入高斯定理表达式，求得面 S_1 上电场强度的大小

$$E = \pm \frac{\sum_{S内} q_i}{\varepsilon_0 \iint_{S_1} \mathrm{d}S} \tag{11-52}$$

以上两种情况的电场都具有特殊的对称性，只有电荷分布具有特殊对称性时，电场才具有特殊对称性，问题的关键是通过电荷分布的对称性得到电场分布的对称性，最后选择合适的高斯面求得电场强度。满足以上两种情况的问题不多，下面我们以电荷分布球对称、轴对称和面对称为例，应用高斯定理计算电场强度大小。

例 11-7　如图(a)所示，半径为 R、电荷面密度为 σ 的均匀带电球面(总电荷量 $q=\sigma \cdot 4\pi R^2$)，求空间电场强度的分布。

解：如图(b)所示，o 为带电球面的球心，作半径为 r 与带电球同心的球面 S 为高斯面(图中外层球面)。

根据电荷分布的球对称性，高斯面 S 上电场强度大小处处相等，电场强度方向处处沿着高斯面的法线方向。符合我们前面所说的可以应用高斯定理计算电场强度的第一种情况。

假设，带电球所带的是正电荷(即 $\sigma > 0$)，高斯面上的电场方向指向高斯面的外法线方向，$\boldsymbol{E} \cdot \mathrm{d}\boldsymbol{S} = E \cdot \mathrm{d}S$，$\oiint_S \mathrm{d}S$ 等于高斯面的面积 $4\pi r^2$。

高斯面 S 的电通量计算过程如下：

$$\Phi_{\boldsymbol{E}} = \oiint_S \boldsymbol{E} \cdot \mathrm{d}\boldsymbol{S} = \oiint_S E\mathrm{d}S = E\oiint_S \mathrm{d}S = E \cdot 4\pi r^2$$

(1) 带电球面外的电场。$r > R$，高斯面内电荷量的代数和等于带电球的电荷量，即

$$\sum_{S内} q_i = q = \sigma \cdot 4\pi R^2$$

以上计算结果代入高斯定理式(11-50)得

$$E \cdot 4\pi r^2 = \frac{q}{\varepsilon_0}$$

即

$$E = \frac{1}{4\pi\varepsilon_0} \frac{q}{r^2} \tag{11-53}$$

式(11-53)中 $q=\sigma \cdot 4\pi R^2$，是高斯面内的电荷量的代数和。可见，均匀带电球面

外，电场的分布与点电荷的电场分布完全相同，电场强度大小与均匀带电球面电荷量成正比，与离开球心的距离 r 的平方成反比。

将 $q=\sigma\cdot 4\pi R^2$ 代入式(11－53)，得

$$E=\frac{\sigma R^2}{\varepsilon_0 r^2} \tag{11-54}$$

均匀带电球面外无限靠近球面处($r\rightarrow R$)，电场强度大小 $E\rightarrow\frac{\sigma}{\varepsilon_0}$。这个结果表明，均匀带电球面外表面附近的电场强度大小与带电球面上电荷面密度成正比。

(2) 带电球面内的电场。$r<R$，如图(c)所示，图中箭头线是电场线，图中内球面是高斯面 S，高斯面 S 内没有电荷，即 $\sum_{S内}q_i=0$。

将计算结果代入高斯定理式(11－50)得 $E\cdot 4\pi r^2=\frac{0}{\varepsilon_0}$，即

$$E=0$$

可见，**均匀带电球面内，电场强度处处为零，即没有电场。**

电场强度大小沿径向 r 的分布如图(e)所示。

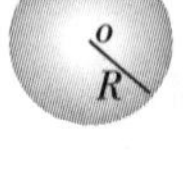

(a) 均匀带电球面

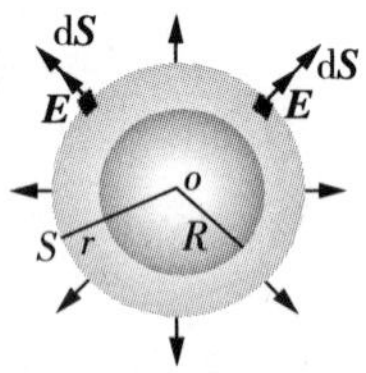

(b) 均匀带正电球面外的电场

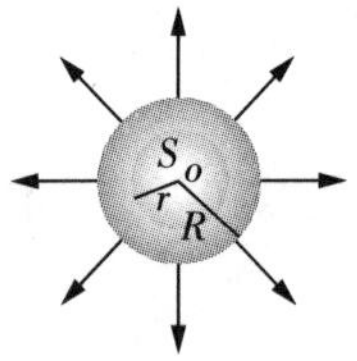

(c) 均匀带正电球面内的电场

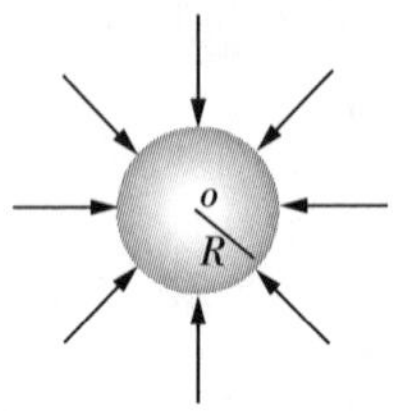

(d) 均匀带负电球面内的电场线

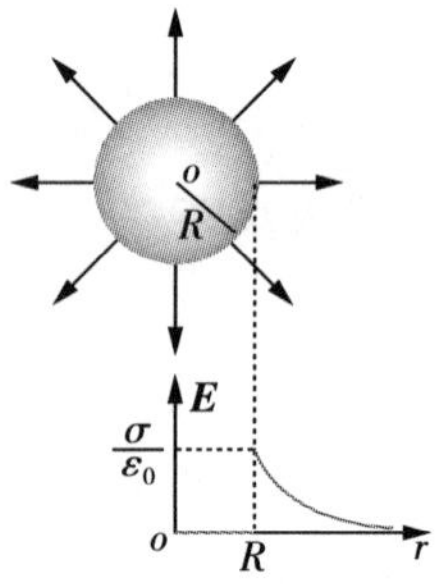

(e) 均匀带正电球面的电场分布

例 11－7 图

电场强度分布用矢量表示如下

$$\boldsymbol{E}=0, r<R$$

$$\boldsymbol{E}=\frac{1}{4\pi\varepsilon_0}\frac{q}{r^2}\boldsymbol{e}_r, r>R$$

式中，$\boldsymbol{e}_r$ 是球心指向场点的单位矢量。**均匀带电球面外的电场分布与点电荷电场相同。**

当均匀带电球面所带电荷为负电，如例 11－7 图(d)，电场强度大小分布与带正电时相同，球外电场强度方向与带正电时相反，电场强度的表达式完全相同。上式中 $q<0$ 就是均匀带负电球面的电场强度。

如果有几个均匀带电球面，只要利用均匀带电球面电场分布的结论，再结合电场强度的叠加原理(电场强度矢量和)就可以求得电场强度的分布。

例 11－8　如图所示，半径分别为 R_1 和 $R_2(R_1<R_2)$ 的两个均匀带电同心球面，带电荷量分别为 q_1 和 q_2。求空间电场强度的分布。

解：求解时可分为三个区域，小球内 $r<R_1$、两球之间 $R_1<r<R_2$ 和大球外 $r>R_2$。利用上一例题均匀带电球面电场分布的结论，分别把两个球面各自所带电荷在三个区域所激发的电场强度表达式写出来，再利用电场强度叠加原理(电场强度的矢量和)求得结果。下面用列表的方法表示本题电场强度的分布。

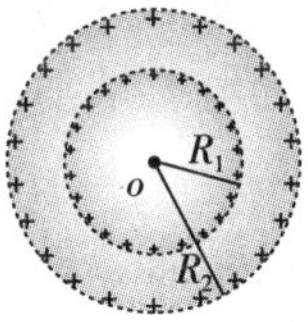

例 11－8 图

当两个均匀带电球面带等量异号电荷($q_1=-q_2$)时，不仅小球面($r<R_1$)内电场强度处处为零，大球面外($r>R_2$)的电场强度也处处为零。电场只分布在两球面之间，电场强度 $\boldsymbol{E}=\frac{1}{4\pi\varepsilon_0}\frac{q_1}{r^2}\boldsymbol{e}_r(R_1<r<R_2)$。

区域	R_1 球面电荷 q_1 激发的电场 $\boldsymbol{E}_1$	R_2 球面电荷 q_2 激发的电场 $\boldsymbol{E}_2$	两个球面电荷 q_1，q_2 激发的合电场 $\boldsymbol{E}=\boldsymbol{E}_1+\boldsymbol{E}_2$
$r<R_1$	0	0	0
$R_1<r<R_2$	$\frac{1}{4\pi\varepsilon_0}\frac{q_1}{r^2}\boldsymbol{e}_r$	0	$\frac{1}{4\pi\varepsilon_0}\frac{q_1}{r^2}\boldsymbol{e}_r$
$r>R_2$	$\frac{1}{4\pi\varepsilon_0}\frac{q_1}{r^2}\boldsymbol{e}_r$	$\frac{1}{4\pi\varepsilon_0}\frac{q_2}{r^2}\boldsymbol{e}_r$	$\frac{1}{4\pi\varepsilon_0}\frac{q_1+q_2}{r^2}\boldsymbol{e}_r$

本题也可以应用高斯定理求电场强度的分布。实际计算时，可分为三个区域分别计算。

电荷分布具有球对称性，电荷密度是半径 r(离开球心的距离)的函数，这类问

题都可用类似例题 11-7 的求解方法,应用高斯定理求得电场强度的分布。实际计算中,根据电荷分布函数的分段区间,相应分几个区域分别进行计算。不同区间高斯面的大小不同,高斯面内的电荷代数和(一般要积分运算)通常也不同,电场强度大小的表达式也不一样。

下面我们来计算电荷轴对称分布的问题。

例 11-9 如图(a)所示,半径为R的均匀带正电(无限)长直圆柱面,电荷面密度为$\sigma(\sigma>0)$。求空间电场强度分布。

解:圆柱面单位长度上的电荷量$\lambda=\sigma\cdot 2\pi R$。如图(b)所示,作半径为$r$长度为$l$与带电圆柱面同轴的圆柱面$S$为高斯面(图中最外侧圆柱面)。高斯面$S$由圆柱面侧面$S_{侧}$、上底面$S_{上底}$和下底面$S_{下底}$三部分组成。

根据电荷分布的轴对称性,高斯面S的圆柱面侧面$S_{侧}$上电场强度大小处处相等,电场强度(图中箭头)方向处处沿着面的外法线方向。圆柱面侧面$S_{侧}$上,$\boldsymbol{E}\cdot \mathrm{d}\boldsymbol{S}=E\mathrm{d}S$,$\iint_{S_{侧}}\mathrm{d}S=2\pi rl$。

高斯面S的上底面$S_{上底}$或下底面$S_{下底}$上电场强度方向与两底面处处平行,两底面的电通量都等于零。

高斯面S上符合我们前面所说的可以应用高斯定理计算电场强度的第二种情况。高斯面S的电通量为

$$\Phi_E=\oiint_S \boldsymbol{E}\cdot \mathrm{d}\boldsymbol{S}=\iint_{S_{侧}}\boldsymbol{E}\cdot \mathrm{d}\boldsymbol{S}+\iint_{S_{上底}}\boldsymbol{E}\cdot \mathrm{d}\boldsymbol{S}+\iint_{S_{下底}}\boldsymbol{E}\cdot \mathrm{d}\boldsymbol{S}=\iint_{S_{侧}}E\mathrm{d}S+0+0$$

$$=E\iint_{S_{侧}}\mathrm{d}S=E\cdot 2\pi rl$$

(1) 在带电圆柱面外,$r>R$,高斯面内电荷代数和等于带电圆柱l长度上的电荷量,即$\sum\limits_{S内}q_i=\lambda l=\sigma\cdot 2\pi Rl$。

将以上计算结果代入高斯定理式(11-50),得

$$E\cdot 2\pi rl=\frac{\lambda l}{\varepsilon_0}$$

即

$$E=\frac{\lambda}{2\pi\varepsilon_0 r} \tag{11-55}$$

式中λ是圆柱面单位长度上的电荷量。可见,带电圆柱面外电场的分布与无

限长均匀带电直线的电场分布 $E_y=\dfrac{\lambda}{2\pi\varepsilon_0 a}$ 完全相同，电场强度大小与带电圆柱面单位长度的电荷量成正比，与离开轴线的距离 r 的平方成反比。

将 $\lambda=\sigma\cdot 2\pi R$ 代入上式，得

$$E=\frac{\sigma R}{\varepsilon_0 r} \tag{11-56}$$

带电圆柱面外无限靠近柱面处（$r\to R$），电场强度大小 $E\to\dfrac{\sigma}{\varepsilon_0}$。这个结果表明，均匀带电圆柱面外表面附近的电场强度大小与带电柱面上电荷面密度成正比。

(2) 在带电圆柱面内，$r<R$，如图(c) 所示。图中小点的圆柱面是高斯面 S，高斯面内没有电荷，$\sum\limits_{S内}q_i=0$。

将上面计算结果代入高斯定理式(11－50)，得

$$E\cdot 2\pi rl=\frac{0}{\varepsilon_0}$$

得 $E=0$。

均匀带电圆柱面内，电场强度处处为零。电场强度大小沿径向 r 的分布如例 11－9 图(d) 所示。电场强度分布用矢量表示如下：

$$\begin{cases}\boldsymbol{E}=0 & r<R\\[2ex] \boldsymbol{E}=\dfrac{\lambda}{2\pi\varepsilon_0 r}\boldsymbol{e}_r & r>R\end{cases}$$

式中，$\boldsymbol{e}_r$ 是轴线上一点垂直指向场点的单位矢量。

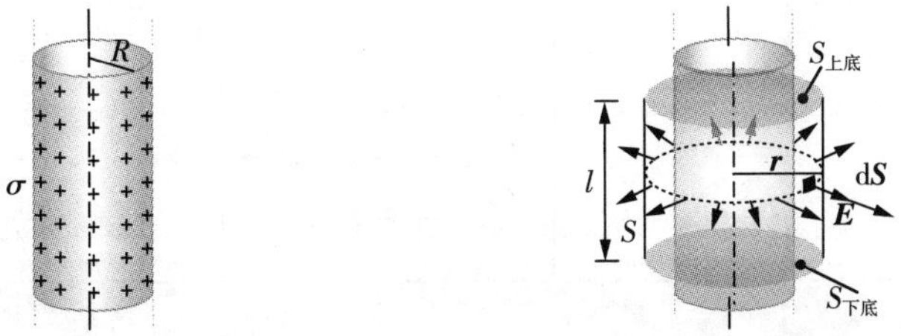

(a) 无限长均匀带正电圆柱面　　(b) 无限长均匀带正电圆柱面外的电场

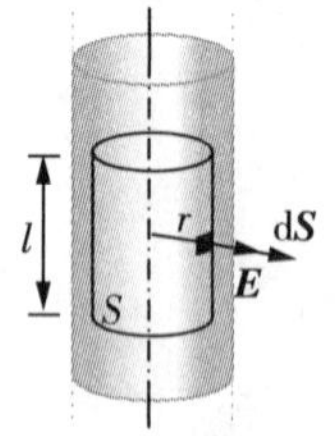

(c) 无限长均匀带正电圆柱面内的电场

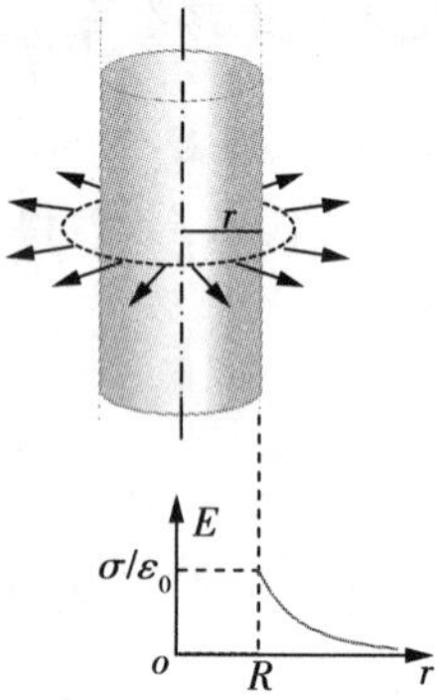

(d) 无限长均匀带正电圆柱面的电场分布

例 11-9 图

当均匀带电圆柱面所带电荷为负电,电场强度大小分布与带正电时相同,电场强度方向与带正电时相反。

如果有几个均匀带电圆柱面,只要利用上面的结论,结合电场强度的叠加原理就可以求得电场强度的分布。

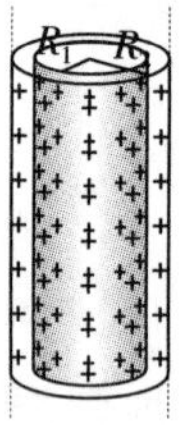

例 11-10 图

例 11-10 如图所示,半径分别为 R_1 和 $R_2(R_1 < R_2)$ 的两个同轴无限长均匀带电圆柱面,圆柱面沿轴线方向单位长度上的电荷量分别为 λ_1 和 λ_2。求空间电场强度的分布。

解:求解时可分为三个区域,小圆柱面内 $r < R_1$、两圆柱面之间 $R_1 < r < R_2$ 和大圆柱面外 $r > R_2$。利用上一例题的结论分别把两个圆柱面各自所带电荷在三个区域所激发的电场强度表达式写出来,然后用电场强度叠加原理(矢量和)求得结果。下面用列表的方法表示本题电场强度的分布:

区域	R_1 圆柱面电荷激发的电场 $\boldsymbol{E}_1$	R_2 圆柱面电荷激发的电场 $\boldsymbol{E}_2$	两个圆柱面电荷激发的合电场 $\boldsymbol{E}=\boldsymbol{E}_1+\boldsymbol{E}_2$
$r < R_1$	0	0	0
$R_1 < r < R_2$	$\dfrac{\lambda_1}{2\pi\varepsilon_0 r}\boldsymbol{e}_r$	0	$\dfrac{\lambda_1}{2\pi\varepsilon_0 r}\boldsymbol{e}_r$
$r > R_2$	$\dfrac{\lambda_1}{2\pi\varepsilon_0 r}\boldsymbol{e}_r$	$\dfrac{\lambda_2}{2\pi\varepsilon_0 r}\boldsymbol{e}_r$	$\dfrac{\lambda_1+\lambda_2}{2\pi\varepsilon_0 r}\boldsymbol{e}_r$

当两个均匀带电圆柱面带等量异号电荷时,不仅小圆柱面内($r < R_1$)电场强度处处为零,大圆柱面外($r > R_2$)的电场强度也处处为零,电场只分布在两个圆柱面之间。

本题也可以参考例 11－8,应用高斯定理求得电场强度的分布。实际计算可分三个区域进行。

电荷分布具有轴对称性,电荷密度是半径 r(离开轴线的距离)的函数,这类问题都可用类似例 11-8 的求解方法,应用高斯定理求得电场强度的分布。实际计算中,根据电荷分布函数的分段区间,相应分几个区域分别计算,不同区间高斯面大小不同,高斯面内的电荷代数和(一般要积分运算)一般也不同,电场强度大小的表达式也不一样。

下面我们来计算电荷面对称分布的问题。

例 11-11　如图(a)所示,电荷面密度为 $\sigma(\sigma>0)$ 的无限大均匀带电平面。求空间电场强度的分布。

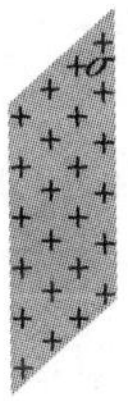

(a) 无限大均匀带正电平面

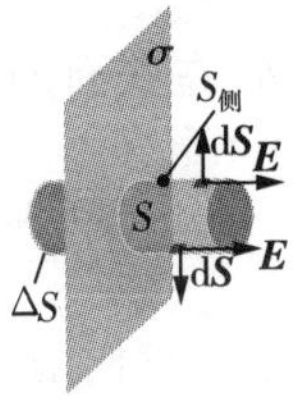

(b) 圆柱侧面的电通量为零

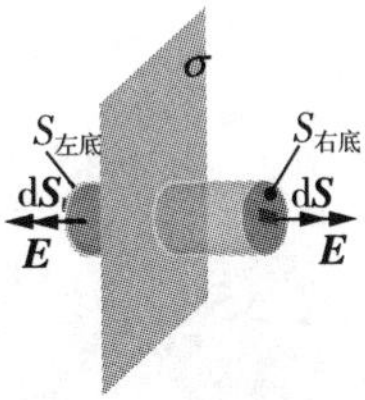

(c) 圆柱左右两底面的电通量

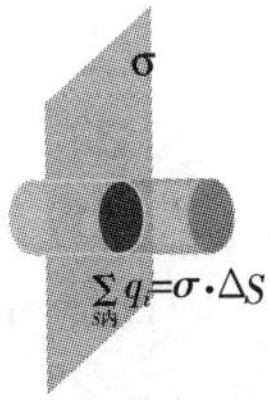

(d) 高斯面内的电荷量

例 11－11 图

解:如图(b)所示,作底面积为 ΔS 的圆柱面作为高斯面 S(图中的圆柱面)。该圆柱面两个底面平行于带电平面,两个底面到带电平面的距离相等。

根据电荷分布的对称性,电场方向垂直于带电平面。在圆柱形高斯面 S 的侧面($S_{侧}$)上,电场强度的方向处处与该处面的法线方向垂直,即侧面的电通量为零

$$\iint_{S_{侧}} \boldsymbol{E} \cdot \mathrm{d}\boldsymbol{S}=0$$

根据电荷分布的对称性,在圆柱形高斯面 S 的右底面($S_{右底}$)上,电场强度方向处处沿着底面的外法线方向,如图(c)所示。所以右底面的电通量

$$\iint_{S_{右底}} \boldsymbol{E} \cdot \mathrm{d}\boldsymbol{S}=\iint_{S_{右底}} E \cdot \mathrm{d}S$$

右底面($S_{右底}$)上,电场强度大小 E 处处相等,E 提到积分号外,即

$$\iint_{S_{右底}} \boldsymbol{E} \cdot \mathrm{d}\boldsymbol{S} = E\iint_{S_{右底}} \mathrm{d}S$$

积分 $\iint_{S_{右底}} \mathrm{d}S$ 等于圆柱底面积 ΔS,所以

$$E\iint_{S_{右底}} \mathrm{d}S = E\Delta S$$

最后,得到右底面的电通量为

$$\iint_{S_{右底}} \boldsymbol{E} \cdot \mathrm{d}\boldsymbol{S} = E\Delta S$$

同样计算,得到左底面的电通量为

$$\iint_{S_{左底}} \boldsymbol{E} \cdot \mathrm{d}\boldsymbol{S} = E\Delta S$$

圆柱形高斯面 S 符合我们前面所说的可以应用高斯定理计算电场强度的第二种情况。

高斯面 S 的电通量为

$$\Phi_E = \oiint_S \boldsymbol{E} \cdot \mathrm{d}\boldsymbol{S} = \iint_{S_{侧}} \boldsymbol{E} \cdot \mathrm{d}\boldsymbol{S} + \iint_{S_{左底}} \boldsymbol{E} \cdot \mathrm{d}\boldsymbol{S} + \iint_{S_{右底}} \boldsymbol{E} \cdot \mathrm{d}\boldsymbol{S} = 2E \cdot \Delta S$$

如图(d)所示,圆柱形高斯面 S 包围了一块面积为 ΔS 的一块带电面,高斯面 S 内电荷量的代数和 $\sum\limits_{S内} q_i = \sigma \cdot \Delta S$。

将以上计算结果代入高斯定理式(11-50),得

$$2E \cdot \Delta S = \frac{\sigma \cdot \Delta S}{\varepsilon_0}$$

即

$$E = \frac{\sigma}{2\varepsilon_0} \tag{11-57}$$

可见,无限大均匀带电平面两侧都是均匀电场,两侧的电场方向相反并垂直于带电平面。带电平面所带为正电荷,电场强度方向由带电平面垂直指向无限远处;带电平面所带为负电荷,电场强度方向由无限远处垂直指向带电平面,式(11-57)中 σ 可直接用负值代入计算。

以带电平面上任意一点为坐标原点，垂直于带电平面向右为 x 轴的正方向。电场强度分布用矢量表示如下：

$$\boldsymbol{E}=\frac{\sigma}{2\varepsilon_0}\boldsymbol{i},x>0$$

$$\boldsymbol{E}=-\frac{\sigma}{2\varepsilon_0}\boldsymbol{i},x<0$$

电场线分布如例 11－6 图(c) 所示。对比例 11－6，用高斯定理计算更简单。

如果有几个均匀带电平面，只要利用上面的结论，结合电场强度的叠加原理就可以求得电场强度的分布。

例 11－12　电荷面密度分别为 σ_1 和 σ_2 的两块无限大均匀带电平面，相互平行。求空间电场强度的分布。

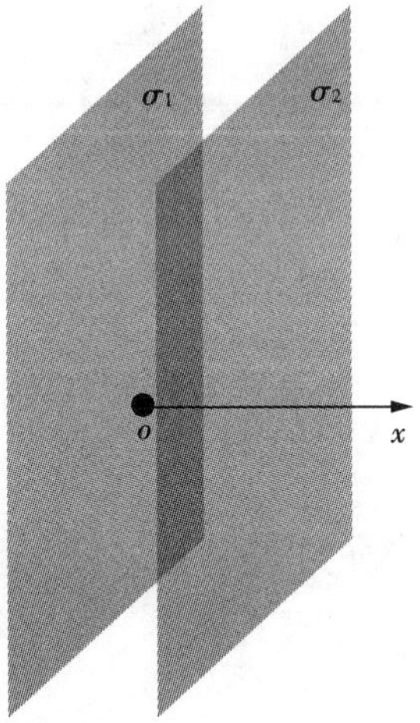

例 11－12 图　两块相互平行的无限大均匀带电平面的电场

解：设带电平面之间的距离为 d。以电荷面密度 σ_1 的带电平面上任意一点为坐标原点 o，垂直指向另一带电平面为 x 轴的正方向，如图所示。

求解时可分为三个区域，$x<0$，$0<x<d$ 和 $x>d$，利用上一例题的结论分别把两个带电平面各自在三个区域所激发的电场强度表达式写出来，再用电场强度叠加原理(矢量和) 求得结果。

当两块无限大均匀带电平面的电荷面密度等量异号时，两带电平面之间是均匀电场，电场方向垂直于带电平面，由带正电的平面指向带负电的平面，其他地方电场处处为零，电场线分布如图 11－32 所示。

本题也可以用类似例 11－6 的求解方法，应用高斯定理求得电场强度的分布。实际计算可分三个区域进行。

电荷分布具有平面对称性,电荷密度是垂直于平面的坐标 x 的函数,这类问题都可用类似例 11-6 的求解方法,应用高斯定理求得电场强度的分布。 实际计算中,根据电荷分布函数的分段区间,相应分几个区域分别计算,不同区间高斯面大小不同,高斯面内的电荷代数和(一般要积分运算)一般也不同,电场强度大小的表达式也不一样。

电场强度的求解方法我们已经学习了两种。第一种方法用电场强度的叠加原理,第二种方法用高斯定理。等我们学习了电势以后,电场强度还有第三种方法求解。

下面用列表的方法表示本题电场强度的分布:

区域	σ_1 平面上电荷激发的电场 $\boldsymbol{E}_1$	σ_2 平面上电荷激发的电场 $\boldsymbol{E}_2$	两个平面上电荷激发的合电场 $\boldsymbol{E}=\boldsymbol{E}_1+\boldsymbol{E}_2$
$x<0$	$-\dfrac{\sigma_1}{2\varepsilon_0}\boldsymbol{i}$	$-\dfrac{\sigma_2}{2\varepsilon_0}\boldsymbol{i}$	$-\dfrac{\sigma_1+\sigma_2}{2\varepsilon_0}\boldsymbol{i}$
$0<x<d$	$\dfrac{\sigma_1}{2\varepsilon_0}\boldsymbol{i}$	$-\dfrac{\sigma_2}{2\varepsilon_0}\boldsymbol{i}$	$\dfrac{\sigma_1-\sigma_2}{2\varepsilon_0}\boldsymbol{i}$
$x>d$	$\dfrac{\sigma_1}{2\varepsilon_0}\boldsymbol{i}$	$\dfrac{\sigma_2}{2\varepsilon_0}\boldsymbol{i}$	$\dfrac{\sigma_1+\sigma_2}{2\varepsilon_0}\boldsymbol{i}$

§11-5 电场力的功 静电场环路定理

前面从电荷在电场中受到电场力出发,引入了电场强度 $\boldsymbol{E}$ 来描述电场特性。本节从静电场力做功特点入手,揭示静电场是一个保守力场,引入电势能的概念,并用电势来描述电场的特征。

一、静电场力的功

如图 11-52(a) 所示,点电荷 q 的静电场中,有一试验电荷 q_0 从 a 点经任意路径 L(图中曲线)移到 b 点。试验电荷 q_0 移动时,受到点电荷 q 的作用力 $\boldsymbol{F}$,根据功的定义,可以计算出试验电荷 q_0 从 a 点经路径 L 移到 b 点的过程,电场力 $\boldsymbol{F}$ 所做的功。

任意时刻 t,试验电荷 q_0 在 p 点处,p 点的电场强度为 $\boldsymbol{E}$,试验电荷受到的电场力为

$$\boldsymbol{F}=q_0\boldsymbol{E} \tag{11-58}$$

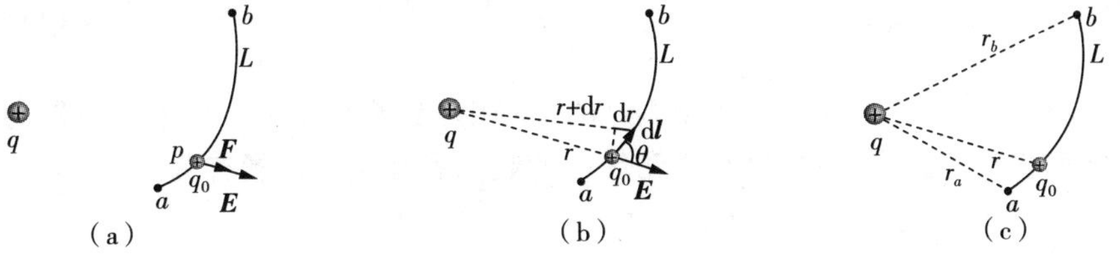

图 11－52　点电荷电场中,电场力的功

试验电荷 q_0 发生无限小元位移 $\mathrm{d}\boldsymbol{l}$,电场力所做的元功 $\mathrm{d}A$ 等于力矢量 $\boldsymbol{F}$ 与元位移 $\mathrm{d}\boldsymbol{l}$ 的点积,即

$$\mathrm{d}A=\boldsymbol{F}\cdot\mathrm{d}\boldsymbol{l} \tag{11-59}$$

将 $\boldsymbol{F}=q_0\boldsymbol{E}$ 代入式(11－59),用 θ 表示电场强度 $\boldsymbol{E}$ 和元位移 $\mathrm{d}\boldsymbol{l}$ 的夹角,$\boldsymbol{E}\cdot\mathrm{d}\boldsymbol{l}=E\mathrm{d}l\cdot\cos\theta$,所以

$$\mathrm{d}A=q_0E\mathrm{d}l\cdot\cos\theta \tag{11-60}$$

由图 11－52(b) 中几何关系看出,试验电荷 q_0 与点电荷 q 间距离的增量 $\mathrm{d}\boldsymbol{r}$ 为

$$\mathrm{d}\boldsymbol{r}=\mathrm{d}\boldsymbol{l}\cdot\cos\theta \tag{11-61}$$

利用式(11－61),式(11－60) 写成

$$\mathrm{d}A=q_0E\mathrm{d}r \tag{11-62}$$

将点电荷 q 在 p 点的电场强度大小 $E=\dfrac{1}{4\pi\varepsilon_0}\dfrac{q}{r^2}$ 代入式(11－62),得

$$\mathrm{d}A=q_0\frac{1}{4\pi\varepsilon_0}\frac{q}{r^2}\mathrm{d}r \tag{11-63}$$

式(11－63) 表示试验电荷 q_0 在点电荷 q 的电场中发生位移 $\mathrm{d}\boldsymbol{l}$ 时,电场力所做的功。

试验电荷 q_0 从 a 点经任意路径 L 移到 b 点电场力的做功等于式(11－63) 沿路径 L 的线积分,即

$$A_{\widehat{ab}}=\int_L\boldsymbol{F}\cdot\mathrm{d}\boldsymbol{l}=\int_{r_a}^{r_b}q_0\frac{1}{4\pi\varepsilon_0}\frac{q}{r^2}\cdot\mathrm{d}r \tag{11-64}$$

式(11－64) 中 r_a 和 r_b 分别表示试验电荷 q_0 在路径 L 的起点和终点处与点电荷 q 的距离,如图 11－52(c) 所示。式(11－64) 积分得

$$A_{\widehat{ab}} = qq_0 \frac{1}{4\pi\varepsilon_0}\left(\frac{1}{r_a} - \frac{1}{r_b}\right) \tag{11-65}$$

式(11-65)表明，**在静止点电荷 q 的电场中，电场力对试验电荷 q_0 所做的功与试验电荷移动的路径无关，只与移动路径的起点和终点的位置有关。**

1. 点电荷系电场中电场力做的功

如图 11-53(a) 所示的点电荷系，各点电荷的带电量分别为 $q_1, q_2, \cdots, q_i, \cdots, q_n$。

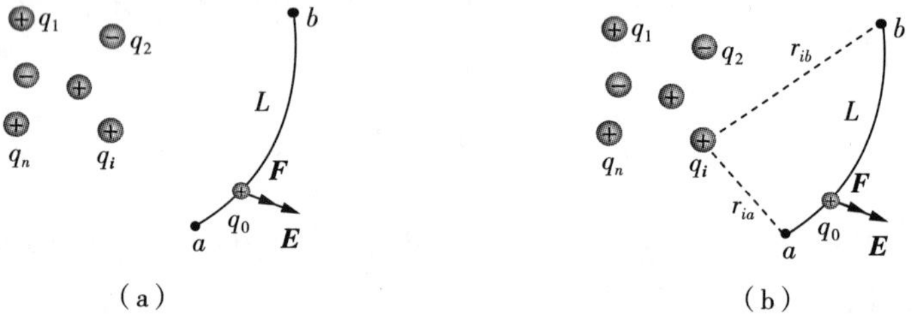

图 11-53　点电荷系电场中，电场力的功

在这个点电荷系的静电场中，试验电荷 q_0 从 a 点经任意路径 L 移到 b 点。试验电荷 q_0 移动过程中受到点电荷系的电场力 $\boldsymbol{F}$ 作用。

根据功的定义，我们可以计算出 q_0 从 a 点经路径 L 移到 b 点的过程，电场力 $\boldsymbol{F}$ 所做的功，如图 11-53(b)，即

$$A_{\widehat{ab}} = \int_L \boldsymbol{F} \cdot \mathrm{d}\boldsymbol{l} = \int_L q_0 \boldsymbol{E} \cdot \mathrm{d}\boldsymbol{l} = q_0 \int_L \boldsymbol{E} \cdot \mathrm{d}\boldsymbol{l} \tag{11-66}$$

式(11-66)中，$\boldsymbol{E}$ 表示试验电荷 q_0 所在处($\mathrm{d}\boldsymbol{l}$ 处)的电场强度。

用 $\boldsymbol{E}_1, \boldsymbol{E}_2, \cdots, \boldsymbol{E}_n$ 分别表示点电荷 $q_1, q_2, \cdots, q_i, \cdots, q_n$ 在试验电荷 q_0 所在处的电场强度，根据电场强度叠加原理

$$\boldsymbol{E} = \boldsymbol{E}_1 + \boldsymbol{E}_2 + \cdots + \boldsymbol{E}_n$$

代入式(11-66)，得

$$A_{\widehat{ab}} = q_0 \int_L (\boldsymbol{E}_1 + \boldsymbol{E}_2 + \cdots + \boldsymbol{E}_n) \cdot \mathrm{d}\boldsymbol{l} \tag{11-67}$$

式(11-67)写成各项积分

$$A_{\widehat{ab}} = q_0 \int_L \boldsymbol{E}_1 \cdot \mathrm{d}\boldsymbol{l} + q_0 \int_L \boldsymbol{E}_2 \cdot \mathrm{d}\boldsymbol{l} + \cdots + q_0 \int_L \boldsymbol{E}_n \cdot \mathrm{d}\boldsymbol{l} \tag{11-68}$$

式(11-68)表明，电场力的功是 n 项积分的代数和。其中第一项积分 $q_0 \int_L \boldsymbol{E}_1 \cdot \mathrm{d}\boldsymbol{l}$

表示试验电荷 q_0 在 q_1 所激发的电场 $\boldsymbol{E}_1$ 中，从 a 点经路径 L 移到 b 点的过程电场力所做的功 A_1。A_1 的计算结果可参考式(11－66)，将 q 换成 q_1，r_a 和 r_b 分别换成 r_{1a} 和 r_{1b}（r_{1a} 表示 a 点到点电荷 q_1 的距离，r_{1b} 表示 b 点到点电荷 q_1 的距离），得

$$A_1 = q_0\int_L \boldsymbol{E}_1 \cdot \mathrm{d}\boldsymbol{l} = q_1 q_0 \frac{1}{4\pi\varepsilon_0}\left(\frac{1}{r_{1a}} - \frac{1}{r_{1b}}\right) \tag{11-69}$$

类似的方法计算出第二项积分为

$$A_2 = q_0\int_L \boldsymbol{E}_2 \cdot \mathrm{d}\boldsymbol{l} = q_2 q_0 \frac{1}{4\pi\varepsilon_0}\left(\frac{1}{r_{2a}} - \frac{1}{r_{2b}}\right)$$

其余各项也可作类似的计算，各项代数和为

$$A_{\widehat{ab}} = A_1 + A_2 + \cdots + A_n \tag{11-70}$$

得

$$A_{\widehat{ab}} = \sum_{i=1}^{n} \frac{q_i q_0}{4\pi\varepsilon_0}\frac{1}{r_{ia}} - \sum_{i=1}^{n} \frac{q_i q_0}{4\pi\varepsilon_0}\frac{1}{r_{ib}} \tag{11-71}$$

式(11－71)中 r_{ia} 和 r_{ib} 分别表示试验电荷 q_0 在移动路径 L 起点 a 和终点 b 与点电荷 q_i 的距离，如图 11－53(b) 所示。

式(11－71)表明，**在静止点电荷系的电场中，电场力对试验电荷 q_0 所做的功与试验电荷移动的路径无关，只与移动路径的起点和终点的位置有关。**

2. 任意带电体电场中电场力做的功

若将点电荷系换成电荷连续分布的任意带电物体，如图 11－54 所示。计算电场力所做的功时，可把电荷连续分布的带电物体看作是无数个无限小电荷元（点电荷）的集合。

实际计算表达式，只要将式(11－71)中 q_i 对应改成电荷元 $\mathrm{d}q$，r_{ia} 和 r_{ib} 分别改成 r_a 和 r_b，求和改成积分，即

$$A_{\widehat{ab}} = \int_\Omega \frac{q_0}{4\pi\varepsilon_0}\frac{1}{r_a}\mathrm{d}q - \int_\Omega \frac{q_0}{4\pi\varepsilon_0}\frac{1}{r_b}\mathrm{d}q \tag{11-72}$$

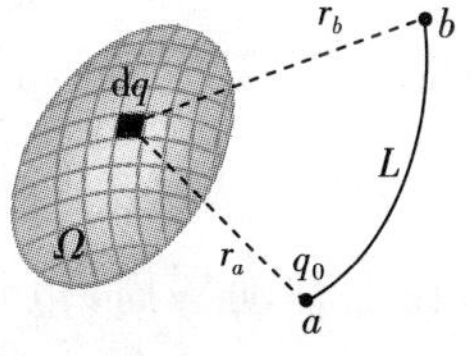

图 11－54　任意带电体电场中，电场力的功

式中 Ω 表示积分范围,实际上就是带电物体电荷分布的范围。r_a 和 r_b 分别表示试验电荷 q_0 在路径 L 的起点 a 和终点 b 处时 q_0 与电荷元 $\mathrm{d}q$ 的距离。

电荷元 $\mathrm{d}q$ 在带电物体上的不同位置时,它的 r_a 和 r_b 是不同的,也就是说式(11-72) 积分时,r_a 和 r_b 是变量。

在试验电荷 q_0 的电量和带电物体的电荷分布给定的条件下,式(11-72) 的两部分积分中,第一部分积分 $\int_\Omega \frac{q_0}{4\pi\varepsilon_0}\frac{1}{r_a}\mathrm{d}q$ 决定于 a 点的位置,我们把积分结果记作 W_a,第二部分积分 $\int_\Omega \frac{q_0}{4\pi\varepsilon_0}\frac{1}{r_b}\mathrm{d}q$ 决定于 b 点的位置,我们把积分结果记作 W_b。这样式(11-72) 可以简写成

$$A_{\widehat{ab}} = W_a - W_b \tag{11-73}$$

说明,**在任意静电场中,电场力对试验电荷 q_0 所做的功与试验电荷移动的路径无关,只与移动路径的起点和终点的位置有关。所以静电场力是保守力,静电场称为保守力场。**

由于静电场力所做的功与移动的路径无关,在积分计算时,原则上可以沿任意路径,实际计算中,我们可选择一条积分比较简单的路径进行。书写这个积分时,可以不写路径,只写积分的起点和终点位置,即

$$A_{ab} = \int_a^b q_0 \boldsymbol{E} \cdot \mathrm{d}\boldsymbol{l} \tag{11-74}$$

二、静电场的环路定理

我们知道了静电场力做功的特点,这种特点可以用数学表达式表示出来。

如图 11-55(a) 所示,任意静电场中,试验电荷 q_0 从 a 点出发,经 $acbda$ 闭合路径 L 移动一周,回到出发点。

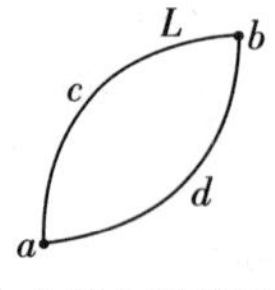

(a) 静电场的环流

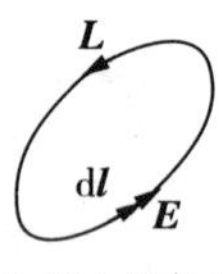

(b) 静电场的环流

图 11-55　任意带电体电场中,电场力的功

试验电荷 q_0 在这个闭合路径上移动一周,电场力所做的功可分成两段来计算。第一段试验电荷 q_0 从 a 点出发沿 acb 到达 b 点,第二段由 b 点出发沿 bda 回到 a 点,即

$$A_{acbda}=\int_{acb} q_0 \boldsymbol{E}\cdot \mathrm{d}\boldsymbol{l}+\int_{bda} q_0 \boldsymbol{E}\cdot \mathrm{d}\boldsymbol{l}$$

这两段路径的起点与终点正好做了交换。由于静电场力所做的功只与路径的起点和终点有关，与移动路径无关，所以两段路径上电场力所做的功绝对值相等，但正、负相反，两段路径上功的总和为零，即

$$A_{acbda}=\int_{acbda} q_0 \boldsymbol{E}\cdot \mathrm{d}\boldsymbol{l}=0 \tag{11-75}$$

用 L 表示路径 $acbda$，用积分符号上的圆圈表示积分路径 L 是闭合路径，式(11－75) 写成

$$A=\oint_L q_0 \boldsymbol{E}\cdot \mathrm{d}\boldsymbol{l}=0 \tag{11-76}$$

式(11－76) 就是静电场力做功的特点的数学表达式，也可写成

$$A=q_0\oint_L \boldsymbol{E}\cdot \mathrm{d}\boldsymbol{l}=0 \tag{11-77}$$

试验电荷的电量 $q_0\neq 0$，所以

$$\oint_L \boldsymbol{E}\cdot \mathrm{d}\boldsymbol{l}=0 \tag{11-78}$$

很明显，上式与试验电荷无关，只跟静电场有关，是任何静电场都必须遵守的规律。通常把积分$\oint_L \boldsymbol{E}\cdot \mathrm{d}\boldsymbol{l}$ 称为**电场强度的环流**。

式(11－78) 表示，**在静电场中，电场强度沿任意闭合路径的线积分(电场强度的环流)恒为零**，这个规律称为**静电场的环路定理**。式(11－78) 就是静电场环路定理的数学表达式，它是静电场的基本方程之一。

上一节，我们学习了用电场线来描述静电场，静电场的电场线是不可能形成闭合曲线的，式(11－78) 就说明了这一点。如图 11－55(b) 所示，假设静电场的电场线(图中闭合曲线) 是闭合曲线(涡旋线)，我们可以沿这条闭合电场线计算电场强度的环流$\oint_L \boldsymbol{E}\cdot \mathrm{d}\boldsymbol{l}$，$\boldsymbol{E}$ 和 $\mathrm{d}\boldsymbol{l}$ 处处同方向，处处有 $\boldsymbol{E}\cdot \mathrm{d}\boldsymbol{l}>0$，这个环流$\oint_L \boldsymbol{E}\cdot \mathrm{d}\boldsymbol{l}$ 必然不为零。因此，前面的假设不成立。式(11－78) 说明静电场线不是闭合曲线，所以**静电场是无旋场**。

§11-6　电势　电势梯度与电场强度

一、电势

1. 电势能

在力学中,对保守力的功我们引入了势能的概念,重力对应重力势能,弹力对应弹性势能。静电场力是保守力,同样可以引入势能的概念,静电场力对应的势能称为**电势能**。

保守力的功与势能的关系是保守力的功等于势能增量的负值(或势能的减少),即**静电场力的功等于电势能的减少。**

参考 $A_{\widehat{ab}}=W_a-W_b$,式中 W 就是电势能,W_a 表示试验电荷 q_0 在 a 点时系统的电势能,W_b 表示试验电荷 q_0 在 b 点时系统的电势能,如图 11-56 试验电荷 q_0 从 a 点移到 b 点时,电场力所做的功 A_{ab} 等于电势能的减少 W_a-W_b,即

$$A_{ab}=q_0\int_a^b \boldsymbol{E}\cdot \mathrm{d}\boldsymbol{l}=W_a-W_b \qquad (11-79)$$

我们知道,势能的量值是相对的,为了确定电势能的数值,必须选择一个电势能的零点(也称为参考点),原则上电势能的零点是任意的。对于**电荷分布在有限空间的电场,通常取试验电荷在无限远处为电势能的零点。**

如果以 b 点为电势能的零点($W_b=0$),由式(11-79)得

$$W_a=q_0\int_a^{\text{零点}} \boldsymbol{E}\cdot \mathrm{d}\boldsymbol{l} \qquad (11-80)$$

表示,**试验电荷 q_0 在 a 点时的电势能 W_b 数值上等于将试验电荷 q_0 从 a 点移到电势能的零点(即 b 点)时,电场力所做的功。**

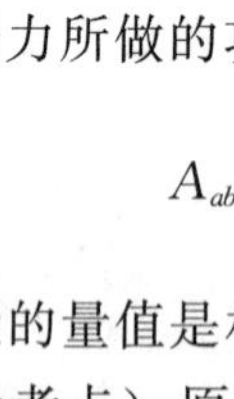

图 11-56　电场力的功与电势能

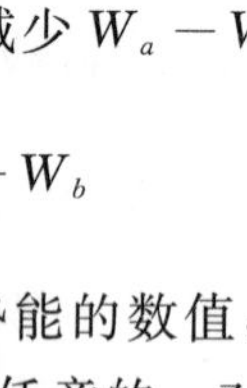

图 11-57　电场强度与电势

由此我们得知,电势能不仅与电场有关,还与试验电荷 q_0 有关,所以电势能是电荷 q_0 与电场所共有的,电势能并不能反映电场自身能量的性质。

电势能 W_a 与试验电荷电量 q_0 的比值与试验电荷无关，它可以用来表示电场能量的性质，数值上等于单位正电荷的电势能，它反映了电场能量的性质，这就是下面要学习的电势概念。

2. 电势

静电场中某点的电势在数值上等于单位正电荷置于该点时的电势能，也等于单位正电荷从该点经任意路径移到电势能零点时电场力所做的功。

试验电荷的电量为 q_0，根据电势的定义，a 点处的电势 V_a 等于电势能 W_a 与电量 q_0 的比，即

$$V_a = \frac{W_a}{q_0} \tag{11-81}$$

式(11-81)是电势的定义式，电势也叫**电位**。将 $W_a = q_0\int_a^{零点} \boldsymbol{E} \cdot \mathrm{d}\boldsymbol{l}$ 代入式(11-81)，得

$$V_a = \int_a^{零点} \boldsymbol{E} \cdot \mathrm{d}\boldsymbol{l} \tag{11-82}$$

由式(11-82)可见，电势也可以通过电场强度求出。如果电势已知，反过来可以用式(11-81)计算试验电荷在电场中的电势能 $W_a = q_0 V_a$，还可以计算试验电荷在电场中移动时电场力的功 $A_{ab} = W_a - W_b$。因此，解决静电场能量问题的关键就是电势。下面说明如何用式(11-82)计算电势。

如图 11-57，由 a 点出发取任意路径 L（图中曲线）到电势零点（b 点）作为积分路径，式中 $\mathrm{d}\boldsymbol{l}$ 是积分路径上任意无限小元位移，$\boldsymbol{E}$ 是元位移 $\mathrm{d}\boldsymbol{l}$ 处的电场强度。将 $\boldsymbol{E}$ 的表达式代入式(11-82)，沿路径 L 积分就得到结果。实际计算中，选择一条最容易积分的路径 L 进行运算。

电势是标量，在国际单位制中，电势的单位为**伏特(V)**。由于电势能是相对的，所以电势也是相对的，**电势的零点就是电势能的零点。**原则上，电势的零点也是任意的。通常，对于**电荷分布在有限空间的电场，取无限远处为电势的零点。**

在实际问题中，常取地面(地球)为电势的零点。这样做可以给我们带来方便，因为地球可以看作是一个很大的导体球，地球上增减一些电荷对地球的电势影响很小，因此地球的电势比较稳定。工程上用得多的不是电势而是电势差。

3. 电势差

电场中两点的电势之差称为电势差。电势差也叫**电位差**，在电路中也叫**电压**，常用 U 表示。如果静电场中任意两点 a，b 的电势分别为 V_a，V_b，则 a，b 两点的电势差为

$$U_{ab}=V_a-V_b \tag{11-83}$$

电势差用双下标来表示,两个下标次序不能颠倒,否则会改变电势差的正负,即 $U_{ab}=-U_{ba}$。

将 a,b 两点的电势 $V_a=\int_a^{零点}\boldsymbol{E}\cdot \mathrm{d}\boldsymbol{l}$ 和 $V_b=\int_b^{零点}\boldsymbol{E}\cdot \mathrm{d}\boldsymbol{l}$ 代入式(11-82),得

$$U_{ab}=\int_a^{零点}\boldsymbol{E}\cdot \mathrm{d}\boldsymbol{l}-\int_b^{零点}\boldsymbol{E}\cdot \mathrm{d}\boldsymbol{l} \tag{11-84}$$

将第二项积分的上、下限调换,积分结果变为原来的负值:

$$U_{ab}=\int_a^{零点}\boldsymbol{E}\cdot \mathrm{d}\boldsymbol{l}+\int_{零点}^{b}\boldsymbol{E}\cdot \mathrm{d}\boldsymbol{l}$$

由于上式中积分与路径无关,两项积分合在一起写成

$$U_{ab}=\int_a^{b}\boldsymbol{E}\cdot \mathrm{d}\boldsymbol{l} \tag{11-85}$$

此时说明,**电势差与电势的零点无关**。

如图 11-57 所示,a,b 在同一条电场线上,电场线方向由 a 指向 b,式(11-85)积分结果总是正值,即 a 点的电势大于 b 点的电势($V_a>V_b$)。这时,我们说 a 点的电势高,b 点的电势低。

式(11-85)还表明,**电场线的指向也是电势降低的方向**。

将式(11-85)代入 $W_a=q_0\int_a^{零点}\boldsymbol{E}\cdot \mathrm{d}\boldsymbol{l}$,得

$$A_{ab}=q_0\int_a^{b}\boldsymbol{E}\cdot \mathrm{d}\boldsymbol{l}=q_0U_{ab} \tag{11-86}$$

即试验电荷 q_0 从 a 点移到 b 点时,**静电场力所做的功等于试验电荷的电量 q_0 与 a,b 两点的电势差 U_{ab} 的乘积。** 正电荷沿电场线方向移动,电场力做正功,电势能减少;负电荷沿电场线方向移动,电场力做负功,电势能增加。

电势差不仅可以通过计算得到,还可以通过仪器直接测量得到。所以,电场力的功或电势差通常用式(11-86)计算。

计算微观粒子能量时,常用**电子伏特**单位,它就是由式(11-86)推导出来的。假设一个电子通过电场中电势差为1伏特的两点,电场力对电子所做的功就是1电子伏特,即

$$A=q_0U_{ab}=1.60\times 10^{-19}\times 1=1.60\times 10^{-19}\,(\mathrm{J})$$

电子伏特用符号 eV 表示,则

$$1\ \mathrm{eV}=1.60\times10^{-19}\ \mathrm{J}$$

微观粒子能量通常比 1 eV 大很多，常用兆电子伏特(MeV)、吉电子伏特(GeV) 等单位。$1\ \mathrm{MeV}=10^{6}\ \mathrm{eV}$，$1\ \mathrm{GeV}=10^{9}\ \mathrm{eV}$。

二、电势的计算

1. 点电荷电场中的电势

如图 11－58(a) 所示，电量为 q 的点电荷位于坐标原点，求电场中任意 a 点处的电势。

设 a 点的位置矢量为 $\boldsymbol{r}_a$，以无限远处为电势的零点。由 a 点出发，沿 $\boldsymbol{r}_a$ 的延长线到无限远处为积分路径 L，如图 11－58(b) 所示直线。由 $V_a=\int_a^{\text{零点}}\boldsymbol{E}\cdot\mathrm{d}\boldsymbol{r}$ 计算电势，式中 $\mathrm{d}\boldsymbol{l}$ 是积分路径上的无限小线元，现在用 $\mathrm{d}\boldsymbol{r}$ 表示，如图 11－58(c) 所示。有

$$V_a=\int_a^{\text{零点}}\boldsymbol{E}\cdot\mathrm{d}\boldsymbol{r}\tag{11-87}$$

式中 $\boldsymbol{E}$ 是点电荷 q 在 $\mathrm{d}\boldsymbol{r}$ 处的电场强度，如果 $\mathrm{d}\boldsymbol{r}$ 处的位置矢量为 $\boldsymbol{r}$，那么

$$\boldsymbol{E}=\frac{1}{4\pi\varepsilon_0}\frac{q}{r^2}\boldsymbol{e}_r\tag{11-88}$$

将式(11－88) 代入式(11－87)，得

$$V_a=\int_a^{\text{零点}}\frac{1}{4\pi\varepsilon_0}\frac{q}{r^2}\boldsymbol{e}_r\cdot\mathrm{d}\boldsymbol{r}$$

$$=\int_{r_a}^{\infty}\frac{1}{4\pi\varepsilon_0}\frac{q}{r^2}\mathrm{d}r=\frac{1}{4\pi\varepsilon_0}\frac{q}{r_a}$$

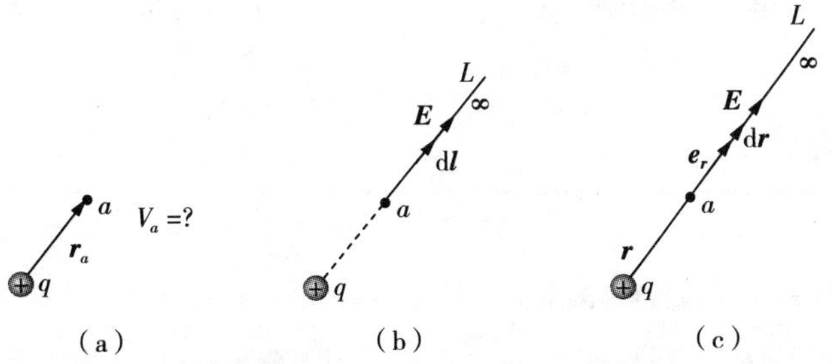

图 11－58　点电荷电场中的电势

由于 a 是任意一点，可把 r_a 改写成 r，V_a 改写成 V，式(11－88) 写成

$$V=\frac{1}{4\pi\varepsilon_0}\frac{q}{r} \tag{11-89}$$

式(11-89)称为**点电荷电场的电势公式**(前提是无限远处为电势零点)。

由此可知,点电荷q的电场中,任意一点的电势与该点到点电荷q的距离r成反比。以点电荷q为球心的同一球面上电势都相等,由式(11-89)我们发现,$q>0$时,总有$V>0$,即正点电荷的电场中电势恒为正值,越靠近正点电荷处电势越高(大),越远离正点电荷处电势越低(小),无限远处电势为零。$q<0$时,总有$V<0$,即负点电荷的电场中电势恒为负值,越靠近负点电荷处电势越低(负值越大),越远离负点电荷处电势越高(负值越小),无限远处电势为零。

点电荷系电场中的电势可以用类似的方法计算。

2. 点电荷系电场中的电势

如图11-59所示,点电荷系由n个点电荷组成,电量分别为$q_1,q_2,\cdots,q_n$。求电场中任意a点处的电势。

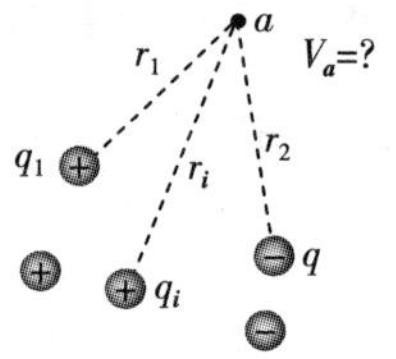

图11-59　点电荷系电场中的电势

由$V_a=\int_a^{零点}\boldsymbol{E}\cdot\mathrm{d}\boldsymbol{l}$计算电势,以无限远处为电势零点。由电场强度叠加原理,电场强度$\boldsymbol{E}=\boldsymbol{E}_1+\boldsymbol{E}_2+\cdots+\boldsymbol{E}_n$,代入上式,积分可分成$n$项:

$$V_a=\int_a^{\infty}\boldsymbol{E}_1\cdot\mathrm{d}\boldsymbol{l}+\int_a^{\infty}\boldsymbol{E}_2\cdot\mathrm{d}\boldsymbol{l}+\cdots+\int_a^{\infty}\boldsymbol{E}_n\cdot\mathrm{d}\boldsymbol{l}$$

上式中,$\boldsymbol{E}_1$表示点电荷q_1激发的电场强度。对比点电荷电场中电势的计算,积分$\int_a^{\infty}\boldsymbol{E}_1\cdot\mathrm{d}\boldsymbol{l}$就是点电荷$q_1$在$a$点的电势,记作$V_{1a}$,$V_{1a}=\frac{1}{4\pi\varepsilon_0}\frac{q_1}{r_{1a}}$。同理,积分$\int_a^{\infty}\boldsymbol{E}_2\cdot\mathrm{d}\boldsymbol{l}$就是点电荷$q_2$在$a$点的电势,记作$V_{2a}$,$V_{2a}=\frac{1}{4\pi\varepsilon_0}\frac{q_2}{r_{2a}}$,等等。积分$\int_a^{\infty}\boldsymbol{E}_n\cdot\mathrm{d}\boldsymbol{l}$就是点电荷$q_n$在$a$点的电势,记作$V_{na}$,$V_{na}=\frac{1}{4\pi\varepsilon_0}\frac{q_n}{r_{na}}$。上式改写成

$$\begin{aligned}V_a&=V_{1a}+V_{2a}+\cdots+V_{na}\\&=\frac{1}{4\pi\varepsilon_0}\frac{q_1}{r_{1a}}+\frac{1}{4\pi\varepsilon_0}\frac{q_2}{r_{2a}}+\cdots+\frac{1}{4\pi\varepsilon_0}\frac{q_n}{r_{na}}\end{aligned}$$

a是电场中的任意一点,省略a下标,上式写成

$$\begin{aligned}V&=V_1+V_2+\cdots+V_n\\&=\frac{1}{4\pi\varepsilon_0}\frac{q_1}{r_1}+\frac{1}{4\pi\varepsilon_0}\frac{q_2}{r_2}+\cdots+\frac{1}{4\pi\varepsilon_0}\frac{q_n}{r_n}\end{aligned}$$

简写成

$$V=\sum_{i=1}^{n}V_i=\sum_{i=1}^{n}\frac{1}{4\pi\varepsilon_0}\frac{q_i}{r_i} \tag{11-90}$$

式中 r_i 表示点电荷 q_i 到场点 a 的距离，V_i 表示点电荷 q_i 单独在 a 点所激发的电势。

式(11－90)表明，**在点电荷系的电场中，某点的电势等于每个点电荷单独在该点所激发的电势的代数和。**电势的这一性质称为**电势叠加原理**。

电势叠加原理(代数和)比电场强度叠加原理(矢量和)计算要简单。理论上说，利用叠加原理可以求得任意带电物体电场中的电势。

3. 连续分布电荷电场中的电势

带电物体看作是无数无限小电荷元的集合，带电物体所激发的电势就是这些电荷元所激发的电势的叠加(积分)。

如图 11－60 所示，在带电物体 Ω 上取任一电荷元，其电量为 $\mathrm{d}q$(图中阴影小块)。根据点电荷的电势公式 $V=\frac{1}{4\pi\varepsilon_0}\frac{q}{r}$，电荷元 $\mathrm{d}q$ 在任意 p 点所激发的电势为

$$\mathrm{d}V=\frac{1}{4\pi\varepsilon_0}\frac{\mathrm{d}q}{r} \tag{11-91}$$

r 表示电荷元 $\mathrm{d}q$ 到场点 p 的距离。根据电势的叠加原理，整个带电物体 Ω 在 p 点所激发的电势 V 等于 Ω 上所有电荷元在 p 点所激发的电势 $\mathrm{d}V$ 的叠加(积分)，即

$$V=\int_{\Omega}\frac{1}{4\pi\varepsilon_0}\frac{\mathrm{d}q}{r} \tag{11-92}$$

式(11－92)中，r 通常是变量，随电荷元 $\mathrm{d}q$ 位置变化而变化。积分的范围是整个带电物体 Ω 电荷分布的范围，根据电荷分布不同，实际积分可能是线积分、面积分或体积分。

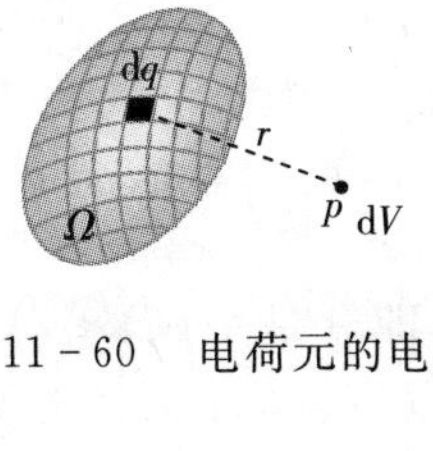

图 11－60 电荷元的电势

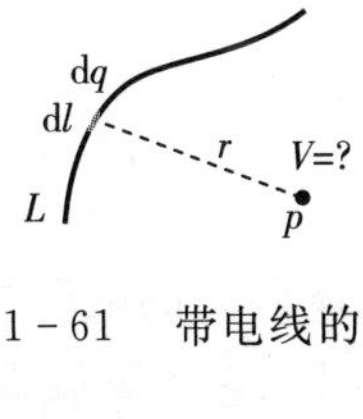

图 11－61 带电线的电势

如果电荷只分布在一条曲线 L 上，我们用**电荷线密度** λ 表示该带电线单位长度上的电量。在带电线上取无限小线元 $\mathrm{d}l$ 作为电荷元，该电荷元的电量 $\mathrm{d}q=\lambda\mathrm{d}l$。

式(11-92)的积分就变成沿带电线L的线积分,整个带电线在p点所激发的电势为

$$V=\int_L \frac{1}{4\pi\varepsilon_0}\frac{\lambda \mathrm{d}l}{r} \tag{11-93}$$

通常,带电线上各处的电荷线密度是变化的,即λ是个函数。只有当电荷均匀分布时,λ才是常数,它才可以提到积分号外。式(11-93)是沿带电线的积分,通常计算比较复杂。

如果电荷只分布在一个物体的表面S上,如图11-62,σ表示该带电面单位面积上的电量,在带电面上取无限小面积元$\mathrm{d}S$作为电荷元,该电荷元的电量$\mathrm{d}q=\sigma\mathrm{d}S$。式(11-93)的积分就变成沿带电面$S$的面积分,整个带电面在$p$点所激发的电势为

$$V=\int_S \frac{1}{4\pi\varepsilon_0}\frac{\sigma \mathrm{d}S}{r} \tag{11-94}$$

通常带电面上各处的电荷面密度是变化的,即σ是个函数。只有当电荷均匀分布时,σ才是常数,它才可以提到积分号外。式(11-94)的面积分通常是二重积分,比线积分更复杂。

一般情况下,电荷分布在三维空间,如图11-63所示,ρ表示该带电体单位体积内的电量,在带电物体上取无限小体积元$\mathrm{d}V$(注意不要与电势的符号混淆)作为电荷元,该电荷元的电量$\mathrm{d}q=\rho\mathrm{d}V$。$V=\int_\Omega \frac{1}{4\pi\varepsilon_0}\frac{\mathrm{d}q}{r}$的积分就是在带电物体$V$范围的体积分,整个带电物体在$p$点所激发的电势为

$$V=\int_V \frac{1}{4\pi\varepsilon_0}\frac{\rho \mathrm{d}V}{r} \tag{11-95}$$

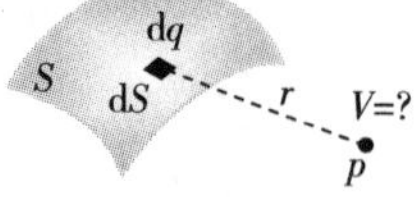

图 11-62　带电面的电势

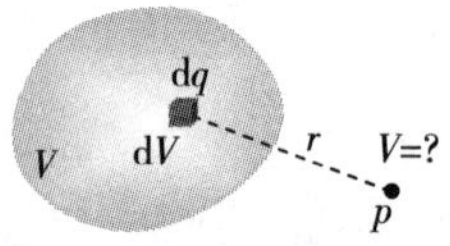

图 11-63　带电体的电势

通常带电物体各处的电荷体密度是变化的,即ρ是个函数。只有当电荷均匀分布时,ρ才是常数,它才可以提到积分号外。式(11-95)的体积分通常是三重积分,比线积分复杂得多。

上面给大家介绍了电势计算的一般方法,下面举几个例子来计算带电物体所

激发的电势。

电势的计算方法有两种：方法一，由 $V_a=\int_a^{零点}\boldsymbol{E}\cdot d\boldsymbol{l}$，通过电场强度沿路径的线积分求得；方法二，由电势叠加原理求得。

例 11-13　如图(a)所示，半径为 R、带电量为 q 的均匀带电细圆环，求圆环平面垂直轴线上任意点的电势。

解：如图(b)所示，以圆环中心为坐标原点 o，圆环平面的垂直轴线为 x 轴，圆环所在平面为 yz 平面，建立图示直角坐标系。

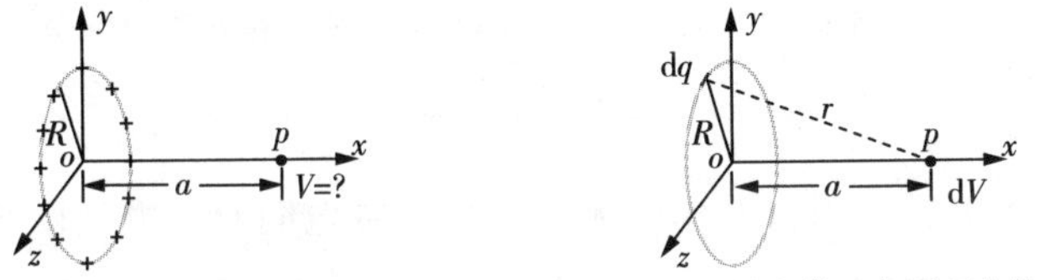

(a) 均匀带正电圆环　　(b) 均匀带正电圆环电势

例 11-13 图

圆环上电荷线密度为 $\lambda=\dfrac{q}{2\pi R}$。在带电圆环上取无限小长度 dl 的线元为电荷元(图中小段)，其电量 $dq=\lambda dl$。p 为轴线上任意一点，p 点到坐标原点的距离为 a，电荷元 dq 到 p 点的距离为 r，由几何关系得 $r=\sqrt{R^2+a^2}$。dq 在 p 点所激发的电势为

$$dV=\frac{1}{4\pi\varepsilon_0}\frac{dq}{r}=\frac{1}{4\pi\varepsilon_0}\frac{\lambda dl}{r}$$

根据电势叠加原理，带电圆环在 p 点激发的电势为

$$V=\int_L\frac{1}{4\pi\varepsilon_0}\frac{\lambda dl}{r}$$

上式积分时，λ 和 r 都是不变的常量，把所有常量提到积分号外，积分成为

$$V=\frac{1}{4\pi\varepsilon_0}\frac{\lambda}{r}\int_L dl$$

上式中，积分 $\int_L dl$ 等于圆环的周长 $2\pi R$，而且 $2\pi R\cdot\lambda=q$，计算积分，得

$$V=\frac{1}{4\pi\varepsilon_0}\frac{\lambda}{r}2\pi R=\frac{1}{4\pi\varepsilon_0}\frac{q}{r}\tag{11-96}$$

或

$$V=\frac{1}{4\pi\varepsilon_0}\frac{q}{(R^2+a^2)^{1/2}} \tag{11-97}$$

例 11-14 如图(a)所示,半径为R,带正电量为q的均匀带正电圆平面。求圆平面垂直轴线上任意点的电势。

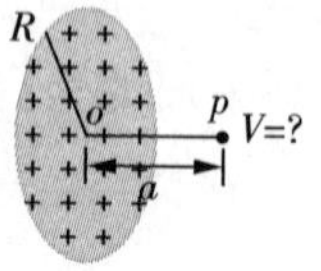

(a)均匀带正电圆平面

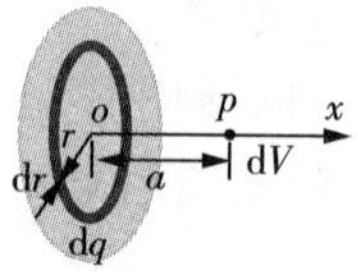

(b)均匀带正电圆平面的电势

例 11-14 图

解:均匀带正电圆平面可看作由无数个均匀带电同心带电细圆环组成,利用例11-13计算结果$V=\frac{1}{4\pi\varepsilon_0}\frac{q}{(R^2+a^2)^{1/2}}$,再利用电势的叠加原理,即可求得圆平面垂直轴线上任意点p的电势。

圆平面上的电荷面密度$\sigma=\frac{q}{\pi R^2}$。如图(b)所示,在圆平面上取半径为r、宽度为$\mathrm{d}r$与带电圆平面同心的细圆环(图中圆环),该细圆环的面积为$2\pi r\mathrm{d}r$,电量$\mathrm{d}q=\sigma\cdot 2\pi r\mathrm{d}r$,电量为$\mathrm{d}q$的细圆环在$p$点的电势为

$$\mathrm{d}V=\frac{\mathrm{d}q}{4\pi\varepsilon_0(r^2+a^2)^{1/2}}$$

根据电势叠加原理,整个均匀带电圆平面在p点电势等于上式沿圆平面的面积分,即

$$V=\int_S\frac{\mathrm{d}q}{4\pi\varepsilon_0(r^2+a^2)^{1/2}}$$

将$\mathrm{d}q=\sigma\cdot 2\pi r\mathrm{d}r$代入上式,积分变量变为$r$,$r$的积分范围为$0\sim R$,即

$$V=\int_0^R\frac{\sigma\cdot 2\pi r\mathrm{d}r}{4\pi\varepsilon_0(r^2+a^2)^{1/2}}$$

上式积分,得

$$V=\frac{\sigma}{2\varepsilon_0}[(R^2+a^2)^{1/2}-a]$$

例 11-15 如图(a)所示,半径为R、带正电量为q的均匀带电球面,求电势分布。

这个问题可以用两种方法来求解。第一种方法，如图(b) 所示，将球面看作是由无数的同轴圆环组成，利用例 11－13 计算得到的均匀带电圆环的电势公式，应用电势的叠加原理即可求得。

第二种方法，利用 $V_a=\int_a^{零点}\boldsymbol{E}\cdot \mathrm{d}\boldsymbol{l}$，电场强度沿路径的线积分求得电势。下面以第二种方法为例进行具体计算。

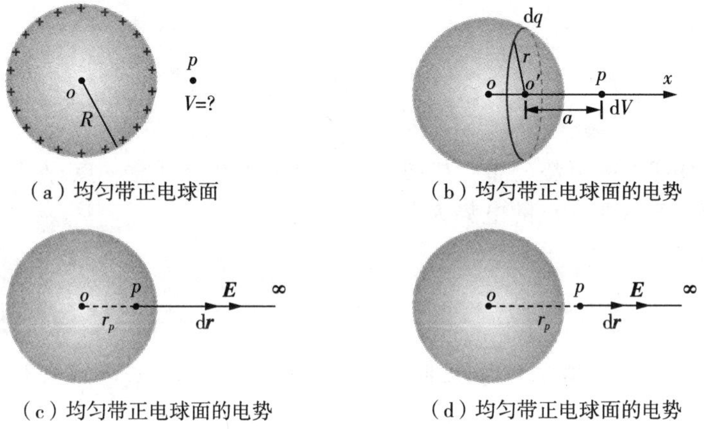

例 11－15 图

解：以无限远处为电势零点。把电场分成球内、球外两个区域。参考例 11－7，由高斯定理求得电场强度分布为

$$\boldsymbol{E}=\begin{cases}0, r<R\\ \dfrac{1}{4\pi\varepsilon_0}\dfrac{q}{r^2}\boldsymbol{r}, r>R\end{cases}$$

(1) 计算球内的电势分布。如图(c) 所示，p 为球内任意一点，p 点到球心的距离为 r_p($r_p<R$)，p 点的电势为

$$V_p=\int_p^{零点}\boldsymbol{E}\cdot \mathrm{d}\boldsymbol{l}$$

积分路径由 p 点出发沿 op 延伸长线到无限远处。在这个路径上，电场强度是分段函数，上式积分分成 p 点到球面和球面到无限远两段计算，即

$$V_p=\int_p^{球面}\boldsymbol{E}\cdot \mathrm{d}\boldsymbol{r}+\int_{球面}^{\infty}\boldsymbol{E}\cdot \mathrm{d}\boldsymbol{r}$$

p 点到球面一段积分为零(这一段的电场强度为零)，即

$$\int_{p}^{球面} \boldsymbol{E} \cdot \mathrm{d}\boldsymbol{r} = \int_{p}^{球面} 0 \cdot \mathrm{d}\boldsymbol{r} = 0$$

球面到无限远一段积分时,将 $\boldsymbol{E} = \frac{1}{4\pi\varepsilon_0} \frac{q}{r^2} \boldsymbol{e}_r$ 代入进行积分计算,即

$$\int_{R}^{\infty} \boldsymbol{E} \cdot \mathrm{d}\boldsymbol{r} = \int_{R}^{\infty} \frac{1}{4\pi\varepsilon_0} \frac{q}{r^2} \boldsymbol{e}_r \cdot \mathrm{d}\boldsymbol{r} = \frac{1}{4\pi\varepsilon_0} \frac{q}{R}$$

所以

$$V_p = \frac{1}{4\pi\varepsilon_0} \frac{q}{r_p} \tag{11-98}$$

(2) 计算球外的电势分布。如图(d) 所示,p 为球外任意一点,p 点到球心的距离为 $r_p(r_p > R)$,则 p 点的电势为

$$V_p = \int_{p}^{零点} \boldsymbol{E} \cdot \mathrm{d}\boldsymbol{l}$$

积分路径由 p 点出发沿 op 延伸长线到无限远处。$\boldsymbol{E} = \frac{1}{4\pi\varepsilon_0} \frac{q}{r^2} \boldsymbol{e}_r$ 代入再进行积分计算,即

$$\int_{p}^{\infty} \boldsymbol{E} \cdot \mathrm{d}\boldsymbol{r} = \int_{p}^{\infty} \frac{1}{4\pi\varepsilon_0} \frac{q}{r^2} \boldsymbol{e}_r \cdot \mathrm{d}\boldsymbol{r} = \int_{r_p}^{\infty} \frac{1}{4\pi\varepsilon_0} \frac{q}{r^2} \mathrm{d}r = \frac{1}{4\pi\varepsilon_0} \frac{q}{r_p}$$

所以

$$V_p = \frac{1}{4\pi\varepsilon_0} \frac{q}{r_p}$$

p 为球外任意一点,省略下标 p,球外的电势为

$$V = \frac{1}{4\pi\varepsilon_0} \frac{q}{r} \tag{11-99}$$

可以看出,**均匀带电球面激发的电场中,球外的电势分布数值上等效于将电荷集中在球心时点电荷的电势分布;球内的电势处处相等,数值上也等于球表面上的电势。**

例 11-16 如图(a) 所示,电荷线密度为 λ 的无限长均匀带电直线,求电势分布。

解: 利用式 $V_a = \int_{a}^{零点} \boldsymbol{E} \cdot \mathrm{d}\boldsymbol{l}$,电场强度沿路径的线积分求电势。

如图(b) 所示，p 点为电场中任意点，由 p 点向带电直线作垂线，垂足为 o，由 o 点指向 p 点作单位矢量 $\boldsymbol{e}_r$。由高斯定理可求得电场分布 $\boldsymbol{E}=\dfrac{\lambda}{2\pi\varepsilon_0 r}\boldsymbol{e}_r$，式中 r 是场点到带电直线的垂直距离。

以 op 延长线上任意 b 点为电势零点，p 点的电势为

$$V_p=\int_p^{\text{零点}}\boldsymbol{E}\cdot\mathrm{d}\boldsymbol{l}=\int_p^b\boldsymbol{E}\cdot\mathrm{d}\boldsymbol{r}$$

积分沿 pb 直线，将 $\boldsymbol{E}=\dfrac{\lambda}{2\pi\varepsilon_0 r}\boldsymbol{e}_r$ 代入上式，积分得

$$V_p=\int_{r_p}^{r_b}\frac{\lambda}{2\pi\varepsilon_0 r}\mathrm{d}r=\frac{\lambda}{2\pi\varepsilon_0}\ln\frac{r_b}{r_p}$$

从本题计算结果看，电势零点不能取无限远处。在实际问题中，当带电物体电荷量是无限分布时，一般不取无限远处为电势零点，否则电场中电势为无限大。

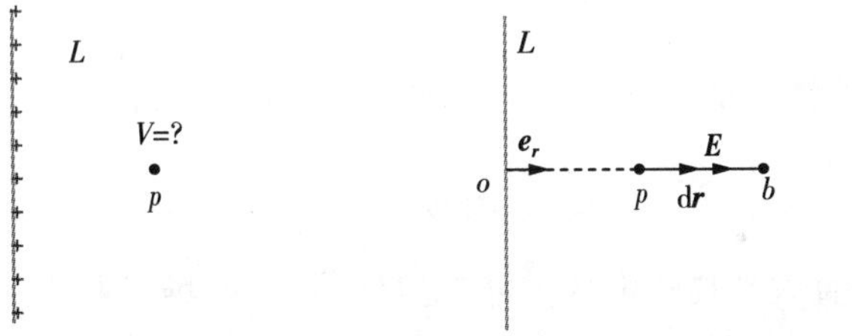

(a) 无限长带正电直线　　(b) 无限长带正电直线的电势

例 11-16 图

三、电势梯度

到目前，我们已经学习了描述电场的两个物理量：电场强度和电势。电场强度是矢量，我们可以用电场线来形象地描绘。电势是标量，我们可以用等势面来形象地描绘。

以电荷量为 q 的正点电荷为例，电场强度表达式如下：

$$\boldsymbol{E}=\frac{q}{4\pi\varepsilon_0 r^2}\boldsymbol{e}_r$$

图 11-64 中的射线是它的电场线。

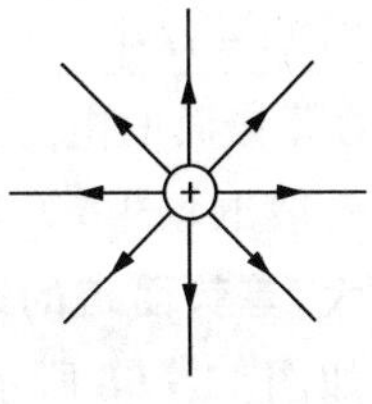

图 11-64　正点电荷的电场线

电荷量为 q 的正点电荷的电势表达式为

$$V=\frac{1}{4\pi\varepsilon_0}\frac{q}{r}$$

由上式可见,离开点电荷相同距离的地方电势都相等。如图 11-65 所示,以点电荷为球心的同心球面是几个等势面,半径越大的等势面电势越小。

一般电场中,电场线是曲线,等势面是曲面。如图 11-66 所示的曲线是电场线,曲面是等势面。

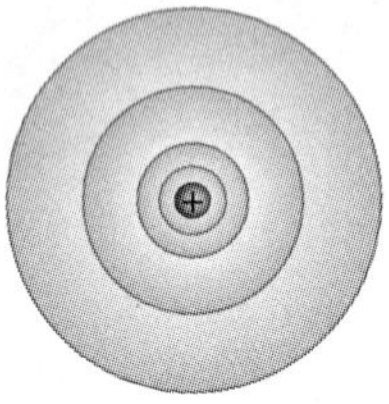

图 11-65　正点电荷的等势面

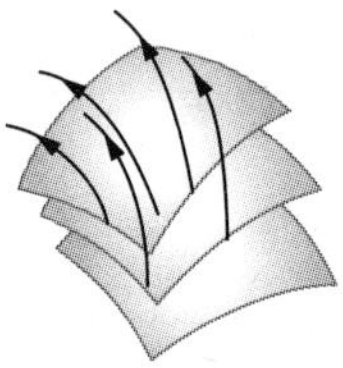

图 11-66　等势面与电场线

理论上说,电场中的等势面有无数个,为了让等势面也能反映电场的分布,我们必须对等势面作密度的规定。

电场线和等势面都是用来形象描绘电场的,可以证明电场线与等势面处处正交。

1. 等势面

为了形象、直观地描述电场中电势的分布,在电场中画出一系列的曲面,每个曲面上所有点的电势都相等,即**等势面是电场中电势相等的点连在一起所构成的面**。

在纸平面上,等势面通常只能画成曲线,如图 11-67 所示的虚线是电场中的等势线(等势面与纸平面的交线)。电场中 a,p 和 b 三点处于三个不同的等势面上。

为了让等势面的分布能够反映电场强度的大小,我们这样规定等势面的疏密:**电场中任意两个相邻等势面间的电势差都相等**。

图 11-67 中,过 a 点的等势面的电势为 V,过 p 点的等势面的电势为 $V+\mathrm{d}V$,过 b 点的等势面的电势为 $V+2\mathrm{d}V$,相邻两个等势面的电势差均为 $\mathrm{d}V$。

一般电场中,等势面的疏密是变化的。可以证明,**等势面密的地方电场强度数值就大,等势面疏的地方电场强度数值就小**。

如图 11-68 所示,我们把在电场中等势面(虚线)和电场线(带箭头的实线)都画了出来。可以证明**电场线与等势面处处正交**。电场线箭头指向就是电势降低的方向。

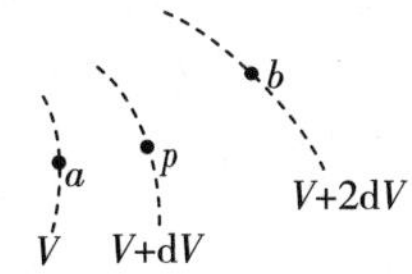

图 11－67　等势线(面)

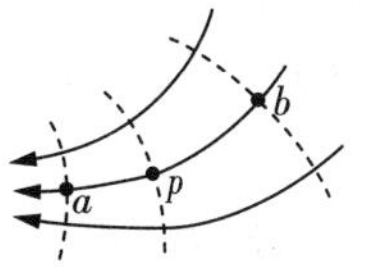

图 11－68　等势面(线)与电场线

点电荷电场中的电势表达式为 $V=\frac{1}{4\pi\varepsilon_0 r^2}\,\frac{q}{r}$，可看出 r 相等的地方电势相等，即以点电荷为球心的同心球面都是等势面。

如图 11－69 是正点电荷电场中的电场线和等势面(线)，带箭头的实线是电场线，虚线是等势面(线)。可见，电场线与等势面处处正交。

如图 11－70 是均匀电场(匀强电场)，电场线是一系列平行的等间距的直线，等势面是一系列的等间距的平行平面(虚线)。等势面与电场线是相互垂直的。

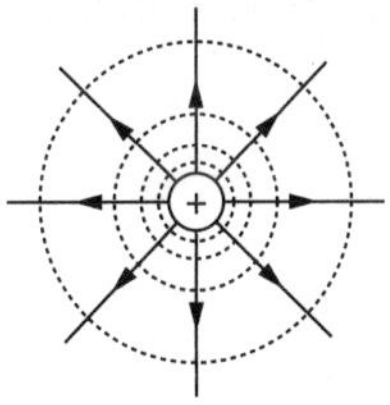

图 11－69　正点电荷的电场线和等势面(线)

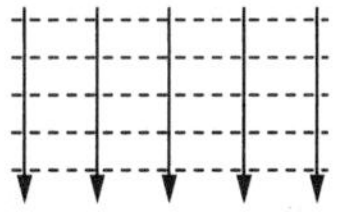

图 11－70　匀强电场中电场线与等势面(线)

根据电势的计算式 $V_a=\int_a^{\text{零点}}\boldsymbol{E}\cdot \mathrm{d}\boldsymbol{l}$ 可知，电场强度矢量与电势是积分关系。由于微分和积分互为逆运算，电场强度矢量与电势还可以写成微分关系，这就是我们将要学习的电场强度与电势梯度的关系。

2. 电势梯度与电场强度的关系

如图 11－71(a) 所示的电场中，电势分别为 V 和 $V+\mathrm{d}V$ 的两个无限靠近的等势面与一条电场线分别相交于 p_1 和 p_2 两点。

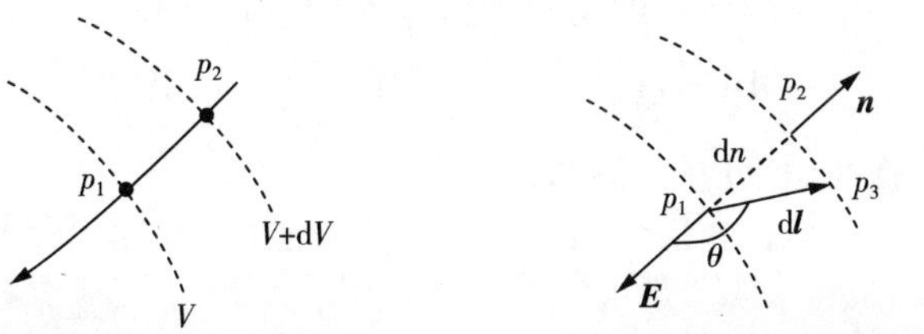

(a) 等势面(线)与电场线　　(b) 电场强度与电势梯度

图 11－71　电势梯度与电场强度的关系

$\boldsymbol{E}$ 是 p_1 处的电场强度，$\mathrm{d}n$ 是 p_1 和 p_2 两点的距离，如图 11-71(b) 所示。$\boldsymbol{n}$ 是 p_1 指向 p_2 的单位矢量，它的方向与 $\boldsymbol{E}$ 的方向相向，p_3 是电势为 $V+\mathrm{d}V$ 的等势面上任意一点，$\mathrm{d}\boldsymbol{l}$ 是 p_1 指向 p_3 的位置矢量，它的长度为 $\mathrm{d}l$。$\boldsymbol{E}$ 和 $\mathrm{d}\boldsymbol{l}$ 的夹角为 θ，则 $\boldsymbol{n}$ 和 $\mathrm{d}\boldsymbol{l}$ 的夹角为 $\pi-\theta$，所以

$$\mathrm{d}n=\mathrm{d}l\cos(\pi-\theta)=-\mathrm{d}l\cos\theta \tag{11-100}$$

利用式(11-100)，就有

$$\frac{\mathrm{d}V}{\mathrm{d}l}=-\frac{\mathrm{d}V}{\mathrm{d}n}\cos\theta \tag{11-101}$$

可见，当 $\theta=0$ 或 $\theta=\pi$ 时，$\frac{\mathrm{d}V}{\mathrm{d}l}$ 的数值最大，最大值就等于 $\frac{\mathrm{d}V}{\mathrm{d}n}$。$\frac{\mathrm{d}V}{\mathrm{d}n}$ 是电势沿等势面法线方向($\boldsymbol{n}$ 方向)的变化率，$\frac{\mathrm{d}V}{\mathrm{d}l}$ 是电势沿 $\mathrm{d}\boldsymbol{l}$ 方向的变化率。式(11-101)告诉我们，电势沿等势面法线方向的变化率最大。我们定义电势梯度矢量来描述电势沿等势面法线方向的变化。电势梯度常用符号 $\mathrm{grad}\,V=\frac{\mathrm{d}V}{\mathrm{d}n}\boldsymbol{n}$ 表示。定义

$$\mathrm{grad}\,V=\frac{\mathrm{d}V}{\mathrm{d}n}\boldsymbol{n} \tag{11-102}$$

电势梯度是个矢量，电势梯度的数值等于电势沿等势面法线方向的变化率：

$$\mathrm{grad}\,V=\left|\frac{\mathrm{d}V}{\mathrm{d}n}\right|$$

电势梯度的方向就是电势增加最快的方向($\boldsymbol{n}$ 方向)。

很明显，电势梯度的方向与电场强度方向相反。可以证明电势梯度的大小就等于电场强度的大小。

假想将一试验电荷 q_0 从 p_1 点移到 p_3 点，电场力的功为

$$\mathrm{d}A=\boldsymbol{F}\cdot\mathrm{d}\boldsymbol{l}=q_0\boldsymbol{E}\cdot\mathrm{d}\boldsymbol{l}=q_0E\mathrm{d}l\cos\theta$$

电场力的功也可以用移动的电量与电势差的乘积计算，

$$\mathrm{d}A=q_0[V-(V+\mathrm{d}V)]=-q_0\mathrm{d}V$$

两种方法计算的结果应该相等，即

$$q_0E\mathrm{d}l\cos\theta=-q_0\mathrm{d}V$$

整理，得

$$E=-\frac{\mathrm{d}V}{\mathrm{d}l\cos\theta} \tag{11-103}$$

将式(11-100)代入式(11-103),得

$$E=\frac{\mathrm{d}V}{\mathrm{d}n} \tag{11-104}$$

这就证明了,电场强度大小等于电势梯度的大小。结合电场强度方向与 $\boldsymbol{n}$ 方向(电势梯度方向)相反,就有

$$\boldsymbol{E}=-\frac{\mathrm{d}V}{\mathrm{d}n}\boldsymbol{n}=-\operatorname{grad}V \tag{11-105}$$

式(11-105)就是电势梯度与电场强度的关系。**静电场中某点的电场强度等于该点的电势梯度的负值。**

如果电场中的电势分布函数已知,只要进行梯度运算就能求出电场强度。

下面我们讨论在直角坐标系中怎样求梯度。从图11-71(b)看出,电场强度沿 $\mathrm{d}\boldsymbol{l}$ 方向的分量满足

$$E_l<E\cos\theta$$

将 $E=-\frac{\mathrm{d}V}{\mathrm{d}l\cos\theta}$ 代入式(11-16)中,得

$$E_l=-\frac{\mathrm{d}V}{\mathrm{d}l} \tag{11-106}$$

电场强度沿 x 的分量,就是将上式 l 改成 x,即

$$E_x=-\frac{\mathrm{d}V}{\mathrm{d}x}$$

上式中 V 是空间坐标(x,y,z)的函数,所以,上式实际应当写成 x 的偏导数,即

$$E_x=\frac{\partial V}{\partial x} \tag{11-107}$$

同样,电场强度沿 y 分量和 z 分量分别为

$$E_y=\frac{\partial V}{\partial y} \tag{11-108}$$

$$E_z=\frac{\partial V}{\partial z} \tag{11-109}$$

在直角坐标系中,$\boldsymbol{E}=E_x\boldsymbol{i}+E_y\boldsymbol{j}+E_z\boldsymbol{k}$,所以

$$\boldsymbol{E}=-\frac{\partial V}{\partial x}\boldsymbol{i}-\frac{\partial V}{\partial y}\boldsymbol{j}-\frac{\partial V}{\partial z}\boldsymbol{k} \tag{11-110}$$

式(11-110)是直角坐标系中由电势求电场强度的计算公式。

将式(11-110)与 $\boldsymbol{E}=-\frac{\mathrm{d}V}{\mathrm{d}n}\boldsymbol{n}=-\operatorname{grad}V$ 对比,得到直角坐标系中电势梯度:

$$\operatorname{grad}V=\frac{\partial V}{\partial x}\boldsymbol{i}+\frac{\partial V}{\partial y}\boldsymbol{j}+\frac{\partial V}{\partial z}\boldsymbol{k} \tag{11-111}$$

描述电场可以用电场强度和电势两个量,如果一个问题中两个量都要计算,可以考虑先计算电势,因为它是标量,计算比较简单,求得电势后再进行梯度运算,得到电场强度。

电势梯度的单位与电场强度单位相同。

现在我们就能解释本章开篇的照片中的现象了。因为这个女士站在连接到山腰的平台上,她处于约与山腰相同的电势。在头上,强烈带电的云系已向她移动,并围绕她和山腰形成一个强电场,电场强度 $\boldsymbol{E}$ 如图 11-72 所示,从她和山腰指向外部。由这个场造成的静电力驱动这个女士身上导电的电子通过她的身体向下传入地,留下她的头发带正电。$\boldsymbol{E}$ 虽然很大,但小于导致空气分子电击穿的约 3×10^6 V/m 的值(以后当闪电袭击平台时,该值会被短暂超越)。

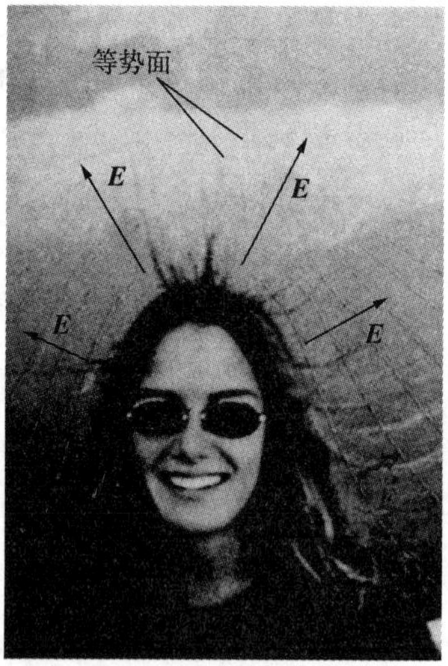

图 11-72 “怒发冲冠”

从女士的头发可以推知等势面,电场强度 $\boldsymbol{E}$ 显然在她的头顶正上方处最大(这里等势面显然排得最密集),因为此处头发比侧面的头发伸出更远。

例 11-17 如图所示,半径为 R、带电量为 q 的均匀带电细圆环,用电势梯度法求圆环平面垂直轴线上任意点 p 的电场强度。

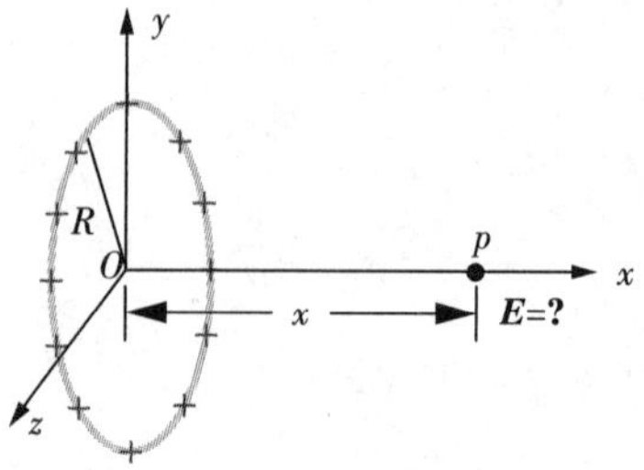

例 11-17 图 均匀带正电细圆环

解:参考例 11－13,由电势叠加原理,求得 p 点的电势为

$$V=\frac{1}{4\pi\varepsilon_0}\frac{q}{(R^2+x^2)^{1/2}}$$

根据电荷分布的对称性可知,p 点的电场强度方向沿平行 x 轴方向,也就是说,p 点的电场强度在图示的直角坐标系中只有 x 轴方向的分量,即

$$\boldsymbol{E}=E_x\boldsymbol{i}$$

由 $E_x=-\dfrac{\partial V}{\partial x}$,求 x 的偏导数得

$$E_x=-\frac{\partial V}{\partial x}=\frac{1}{4\pi\varepsilon_0}\frac{qx}{(R^2+x^2)^{1/2}}$$

所以

$$\boldsymbol{E}=E_x\boldsymbol{i}=\frac{1}{4\pi\varepsilon_0}\frac{qx}{(R^2+x^2)^{3/2}}\boldsymbol{i}$$

与例 11－5 比较,本题的求解方法比电场强度叠加原理要简单得多。

本 章 小 结

本章我们主要讨论的是静电场的基本性质和规律。静电场的基本规律主要是指从库仑定律出发导出的两个基本定理:高斯定理和静电场的环路定理,它们各自反映出静电场的一方面性质:有源性和无旋性。根据这些规律和性质,我们又研究了静电场中电势、电势能等概念,现总结如下。

1. 库仑定律

$$\boldsymbol{F}=\frac{1}{4\pi\varepsilon_0}\frac{q_1q_2}{r^2}\boldsymbol{e}_r$$

2. 电场强度

(1) 电场强度定义式:$\boldsymbol{E}=\dfrac{\boldsymbol{F}}{q_0}$

(2) 点电荷的电场强度:$\boldsymbol{E}=\dfrac{1}{4\pi\varepsilon_0}\dfrac{q}{r^2}\boldsymbol{e}_r$

(3) 电场强度叠加原理

点电荷系：$\boldsymbol{E}=\boldsymbol{E}_1+\boldsymbol{E}_2+\cdots+\boldsymbol{E}_n=\sum_{i=1}^{n}\boldsymbol{E}_i$

连续带电体：$\boldsymbol{E}=\int_{\Omega}\frac{1}{4\pi\varepsilon_0}\frac{\mathrm{d}q}{r^2}\boldsymbol{e}_r$

(4) 几个常用的给定电荷分布的带电体电场的实例：

“无限长”均匀带电直线外一点的电场强度：$\boldsymbol{E}=\frac{\lambda}{2\pi\varepsilon_0 a}\boldsymbol{j}$

“半无限长”带电直线过其端点的垂线上一点的电场强度大小：$|E_x|=|E_y|=\frac{\lambda}{4\pi\varepsilon_0 a}$

均匀带电圆环轴线上一点的电场强度大小：$E_x=\frac{qa}{4\pi\varepsilon_0(R^2+a^2)^{3/2}}$

“无限大”均匀带电平面($R\gg x$)外一点的电场强度：$\boldsymbol{E}=\frac{\sigma}{2\varepsilon_0}\boldsymbol{i}$

3. 静电场的高斯定理

$$\oiint_S \boldsymbol{E}\cdot\mathrm{d}\boldsymbol{S}=\frac{\sum\limits_{S内}q_i}{\varepsilon_0}$$

此定理说明静电场是有源场。

4. 静电场的环路定理与电势能

(1) 静电力做功

$$A_{\overline{ab}}=\int_{\Omega}\frac{q_0}{4\pi\varepsilon_0}\frac{1}{r_a}\mathrm{d}q-\int_{\Omega}\frac{q_0}{4\pi\varepsilon_0}\frac{1}{r_b}\mathrm{d}q$$

$$A_{ab}=\int_a^b q_0\boldsymbol{E}\cdot\mathrm{d}\boldsymbol{l}$$

(2) 静电场的环路定理

$$\oint_L \boldsymbol{E}\cdot\mathrm{d}\boldsymbol{l}=0$$

此定理说明静电场是无旋场。

(3) 电势能

$$W_a-W_b=A_{ab}=q_0\int_a^b\boldsymbol{E}\cdot\mathrm{d}\boldsymbol{l}$$

（4）电势能和电场强度的关系

$$W_a = q_0 \int_a^{零点} \boldsymbol{E} \cdot \mathrm{d}\boldsymbol{l}$$

（5）电势与电场强度的积分关系

$$V_a = \int_a^{零点} \boldsymbol{E} \cdot \mathrm{d}\boldsymbol{l}$$

（6）电势差与电场强度的关系

$$U_{ab} = V_a - V_b = \int_a^b \boldsymbol{E} \cdot \mathrm{d}\boldsymbol{l}$$

（7）电势差与做功的关系

$$A_{ab} = q_0 \int_a^b \boldsymbol{E} \cdot \mathrm{d}\boldsymbol{l} = q_0 U_{ab} = q_0 (V_a - V_b)$$

（8）点电荷的电势(无穷远为势能零点)

$$V = \frac{1}{4\pi\varepsilon_0} \frac{q}{r}$$

（9）电场强度与电势的微分关系

$$\boldsymbol{E} = -\operatorname{grad} V = -\frac{\partial V}{\partial x}\boldsymbol{i} - \frac{\partial V}{\partial y}\boldsymbol{j} - \frac{\partial V}{\partial z}\boldsymbol{k}$$

思　考　题

11-1　根据点电荷的场强公式 $\boldsymbol{E} = \frac{q}{4\pi\varepsilon_0 r^2}\boldsymbol{e}_r$，当所考察的点和点电荷的距离 $r \to 0$ 时，则场强 $E \to \infty$，这是没有意义的，对这一问题应如何解释？

11-2　把一点电荷放在一电场中，如果除静电力外不受其他力的作用，把它由静止状态释放，问此电荷是否沿着电力线运动？

11-3　能否直接从库仑定律导出高斯定理？如果库仑定律中 r 的指数不是恰好为 2，高斯定理是否仍能成立？

11-4　Q，R 相同的均匀带电球面和非均匀带电球面，二者球内外的电场强度和电势分布是否相同？球心处的电势是否相同？(设无限远处的电势为零)

11-5　有两个半径相同的导体球 A 和 B，都带负电，但 A 球比 B 球电势高，用细导线把两球连接起来后，电子怎样流动？

11-6　如果只知道电场中某点的场强，能否求出该点的电势？如果只知道电场中某点的电势，能否求出该点的场强？为什么？

11-7　在真空中有 A，B 两平行板，相对距离为 d，板面积为 S，其带电量分别为 $+q$ 和 $-q$，则这两板之间有相互作用力 f，有人说 $f=\dfrac{q^2}{4\pi\varepsilon_0 d^2}$，又有人说，因为 $f=qE$，$E=\dfrac{q}{\varepsilon_0 S}$，所以 $f=\dfrac{q^2}{\varepsilon_0 S}$。试问这两种说法对吗？为什么？$f$ 应该等于多少？

习　　题

一、选择题

11-1　电荷面密度均为 $+\sigma$ 的两块“无限大”均匀带电的平行平板如下面左图放置，其周围空间各点电场强度 $\boldsymbol{E}$(设电场强度方向向右为正、向左为负) 随位置坐标 x 变化的关系曲线为(　　)。

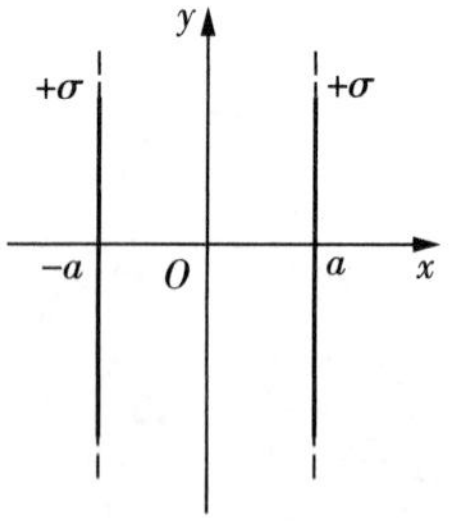

习题 11-1 图

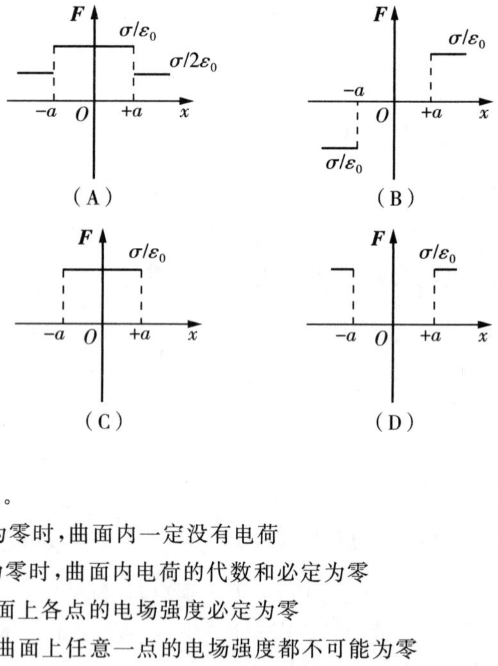

11-2　下列说法正确的是(　　)。

(A) 闭合曲面上各点电场强度都为零时，曲面内一定没有电荷

(B) 闭合曲面上各点电场强度都为零时，曲面内电荷的代数和必定为零

(C) 闭合曲面的电通量为零时，曲面上各点的电场强度必定为零

(D) 闭合曲面的电通量不为零时，曲面上任意一点的电场强度都不可能为零

11-3　下列说法正确的是(　　)。

(A) 电场强度为零的点，电势也一定为零

(B) 电场强度不为零的点，电势也一定不为零

(C) 电势为零的点，电场强度也一定为零

(D) 电势在某一区域内为常量，则电场强度在该区域内必定为零

11-4　在一个带负电的带电棒附近有一个电偶极子，其电偶极矩 $\boldsymbol{p}_e$ 的方向如图所示。当电偶极子被释放后，该电偶极子将(　　)。

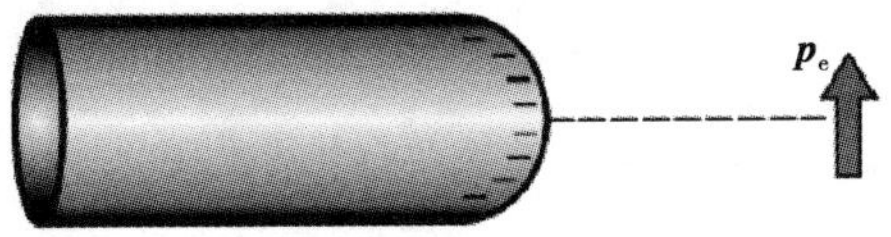

习题 11-4 图

(A) 沿逆时针方向旋转直到电偶极矩 $\boldsymbol{p}_e$ 水平指向棒尖端而停止

(B) 沿逆时针方向旋转至电偶极矩 $\boldsymbol{p}_e$ 水平指向棒尖端，同时沿电场线方向朝着棒尖端移动

(C) 沿逆时针方向旋转至电偶极矩 $\boldsymbol{p}_e$ 水平指向棒尖端，同时逆电场线方向远离棒尖端移动

(D) 沿顺时针方向旋转至电偶极矩 $\boldsymbol{p}_e$ 水平方向沿棒尖端朝外，同时沿电场线方向朝着棒尖端移动

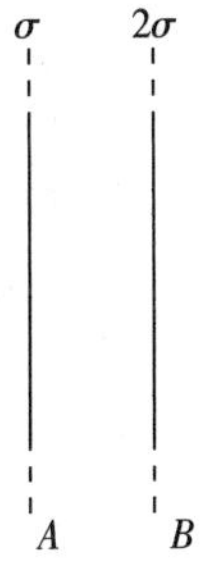

习题 11-5 图

11-5　一"无限大"均匀带电平面 A 的附近放一与它平行的"无限大"均匀带电平面 B，如图所示。已知 A 上的电荷面密度为 σ，B 的电荷面密度为 2σ，如果设向右为正方向，则两平面之间以及平面 B 外的电场强度分别为(　　)。

(A) $\frac{\sigma}{\varepsilon_0},\frac{2\sigma}{\varepsilon_0}$　　(B) $\frac{\sigma}{\varepsilon_0},\frac{\sigma}{\varepsilon_0}$　　(C) $-\frac{\sigma}{2\varepsilon_0},\frac{3\sigma}{2\varepsilon_0}$　　(D) $-\frac{\sigma}{\varepsilon_0},\frac{\sigma}{2\varepsilon_0}$

11-6　一均匀电场 $\boldsymbol{E}$ 的方向与 x 轴同向，如图所示，则通过图中半径为 R 的半球面的电场强度的通量为(　　)。

(A) 0　　(B) $\pi R^2 E/2$　　(C) $2\pi R^2 E$　　(D) $\pi R^2 E$

11-7　如图所示，在点电荷 q 的电场中，在以 q 为中心、R 为半径的球面上，若选取 P 处作电势零点，则与点电荷 q 距离为 r 的 P' 点的电势为(　　)。

(A) $\frac{q}{4\pi\varepsilon_0}\cdot\left(\frac{1}{R}-\frac{1}{r}\right)$　　(B) $\frac{q}{4\pi\varepsilon_0}\cdot\left(\frac{1}{r}-\frac{1}{R}\right)$

(C) $\frac{q}{4\pi\varepsilon_0(r-R)}$　　(D) $\frac{q}{4\pi\varepsilon_0 r}$

11-8　如图，实线为某电场中的电场线，虚线表示等势(位)面，由图可看出(　　)。

(A) $E_A < E_B < E_C, U_A > U_B > U_C$　　(B) $E_A < E_B < E_C, U_A < U_B < U_C$

(C) $E_A > E_B > E_C, U_A > U_B > U_C$　　(D) $E_A > E_B > E_C, U_A < U_B < U_C$

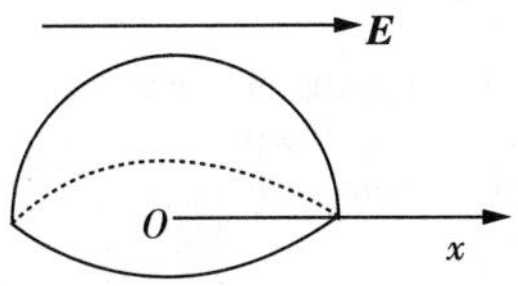

习题 11-6 图

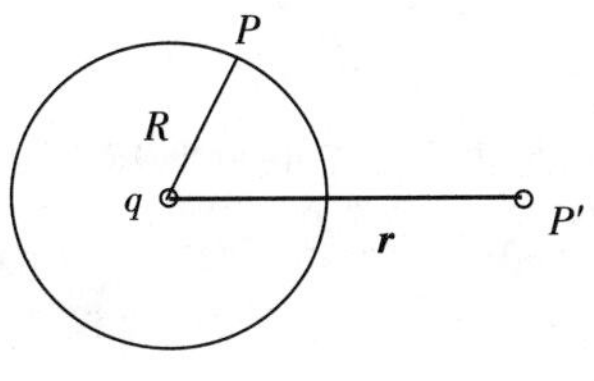

习题 11-7 图

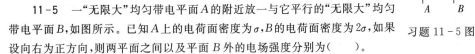

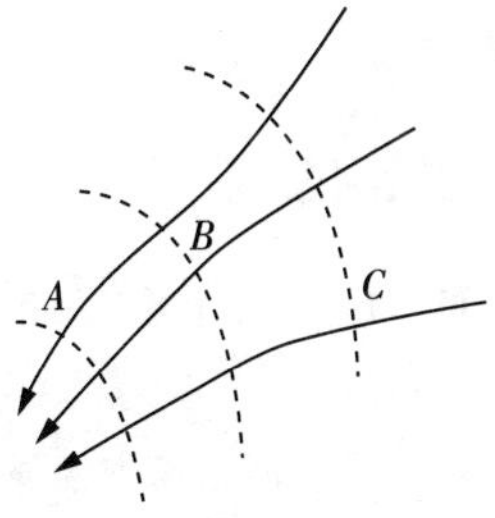

习题 11-8 图

二、填空题

11-9　根据电场强度的定义,静电场中某点的电场强度为________置于该点时所受的电场力。

11-10　电量为 4×10^{-9} C的试验电荷放在电场中某点时,受到 8×10^{-9} N的向下的力,则该点的电场强度大小为________,方向________。

11-11　A,B 为真空中两个平行的"无限大"的均匀带电平面,已知两平面间的电场强度大小为 E_0,两平面外侧电场强度大小都为 $E_0/3$,方向如图所示,则 A,B 两平面上的电荷面密度分别为 σ_A = ________,σ_B = ________。

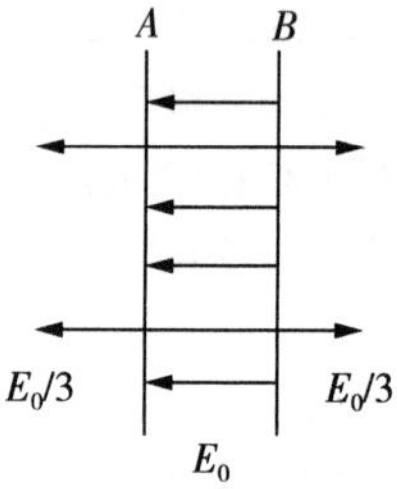

习题 11-11 图

11-12　如图所示,试验电荷 q 在点电荷 $+Q$ 产生的电场中,沿半径为 R 的 3/4 圆弧轨道由 a 点移到 b 点,再从 b 点移到无穷远处的过程中,电场力做的功为________。

11-13　如图所示,在静电场中,一电荷 $q=1.6\times10^{-9}$ C沿 1/4 圆弧轨道从 A 点移到 B 点,电场力做功 3.2×10^{-15} J,当质子沿 3/4 圆弧轨道从 B 点回到 A 点时,电场力做功 A = ________,设 B 点电势为零,则 A 点的电势 V = ________。

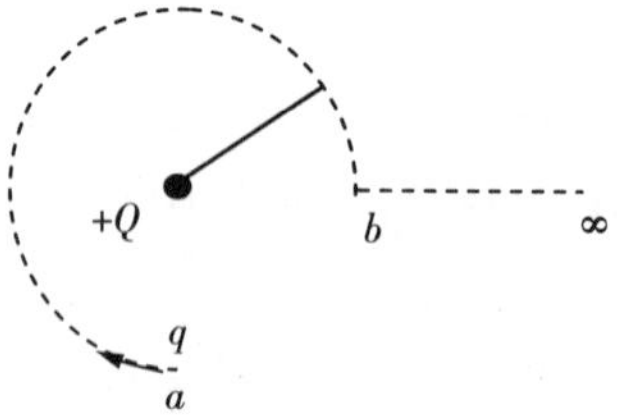

习题 11-12 图

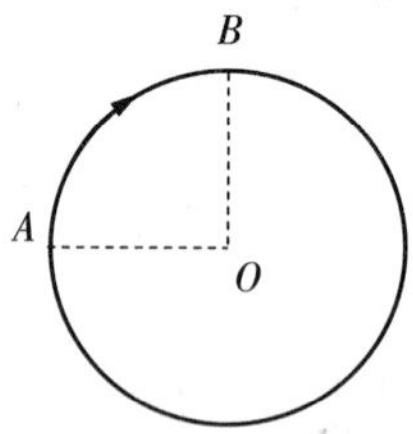

习题 11-13 图

11-14　一均匀静电场,电场强度 $\boldsymbol{E}=(50\boldsymbol{i}+20\boldsymbol{j})$ V/m,则点 $a(4,2)$ 和点 $b(2,0)$ 之间的电势差为________。(点的坐标 x,y 以 m 计)

11-15　正在点电荷 q 和 $9q$ 连线之间放一电荷 Q,若使三个电荷受力平衡,该电荷电量 Q 与 q 的关系是________,一定是________。(填:正电荷或负电荷)

三、判断题

11-16　两个电量相等符号相反的点电荷距离一定,在它们连线的中点处场强为零。(　　)

11-17　静电场中场强的环流等于零说明静电力是保守力。(　　)

11-18　若通过闭合曲面的电通量为零,则闭合曲面上各点的场强一定为零。(　　)

11-19　以一点电荷为中心、R 为半径的球面上各处的场强一定相同。(　　)

四、计算题

11-20　均匀带电球壳内半径为 6 cm，外半径为 10 cm，电荷体密度为 2×10^{-5} C/m^3，求距球心 5 cm，8 cm，12 cm 各点的场强。

11-21　半径为 R_1 和 R_2（$R_2>R_1$）的两无限长同轴圆柱面，单位长度上分别带有电量 λ 和 $-\lambda$，试求：$r<R_1$，$R_1<r<R_2$，$r>R_2$ 处各点的场强。

11-22　两无限大的平行平面都均匀带电，电荷的面密度分别为 σ_1 和 σ_2，求空间各处场强。

11-23　一电偶极子由 $q=1.0\times10^{-6}$ C 的两个异号点电荷组成，两电荷距离 $d=0.2$ cm，把这电偶极子放在 1.0×10^{5} N/C 的外电场中，求外电场作用于电偶极子上的最大力矩。

11-24　两点电荷 $q_1=1.5\times10^{-8}$ C，$q_2=3.0\times10^{-8}$ C，相距 $r_1=42$ cm，要把它们之间的距离变为 $r_2=25$ cm，需做多少功？

11-25　如图所示，在 A，B 两点处放有电量分别为 $+q$，$-q$ 的点电荷，AB 间距离为 $2R$，现将另一正试验点电荷 q_0 从 O 点经过半圆弧移到 C 点，求移动过程中电场力做的功。

11-26　如图所示，根据电场强度 $\boldsymbol{E}$ 与电势差的关系 $U_{ab}=V_a-V_b=\int_a^b \boldsymbol{E}\cdot \mathrm{d}\boldsymbol{l}$，以及无穷远为势能零点时，点电荷电势大小 $V=\dfrac{1}{4\pi\varepsilon_0}\dfrac{q}{r}$，求下列各处的电场强度：(1) 点电荷 q 的电场；(2) 总电量为 q，半径为 R 的均匀带电圆环轴上一点；(3) 电偶极子 $\boldsymbol{p}_e=q\boldsymbol{l}$ 的 $r\gg l$ 处。

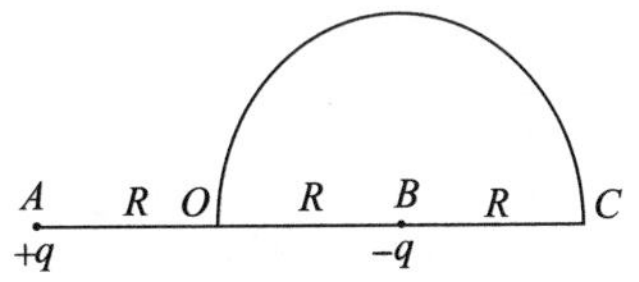

习题 11-25 图

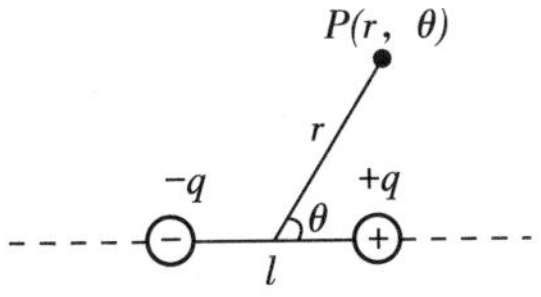

习题 11-26 图

11-27　已知均匀带电长直线附近的电场强度近似为 $\boldsymbol{E}=\dfrac{\lambda}{2\pi\varepsilon_0 r}\boldsymbol{e}_r$，其中 λ 为电荷线密度。(1) 求在 $r=r_1$ 和 $r=r_2$ 两点间的电势差；(2) 在点电荷的电场中，我们曾取 $r\to\infty$ 处的电势为零，若求均匀带电长直线附近的电势，能否也这样取？试说明。

11-28　水分子的电偶极矩 $\boldsymbol{p}_e$ 的大小为 6.20×10^{-30} C·m。求在下述情况下，距离分子为 $r=5.00\times10^{-9}$ m 处的电势。(1)$\theta=0°$；(2)$\theta=45°$；(3)$\theta=90°$，θ 为 $\boldsymbol{r}$ 与 $\boldsymbol{p}_e$ 之间的夹角。

11-29　一个球形雨滴半径为 0.40 mm，带有电量 1.6 pC，它表面的电势有多大？两个这样的雨滴相遇后合并为一个较大的雨滴，这个雨滴表面的电势又是多大？

11-30　如图所示，一圆盘半径 $R=3.00\times10^{-2}$ m。圆盘均匀带电，电荷面密度 $\sigma=2.00\times10^{-5}$ C/m^2。(1) 求轴线上的电势分布；(2) 根据电场强度与电势梯度的关系求电场分布；(3) 计算离盘心 30 cm 处的电势和电场强度。

11-31　在一次典型的闪电中，两个放电点间的电势差约为 10^9 V，被迁移的电荷约为 30 C。(1) 如果释放出来的能量都用来使 0 ℃ 的冰融化成 0 ℃ 的水，则可溶解多少冰？（冰的融

化热 $L = 3.34 \times 10^5$ J·kg)(2) 假设每一个家庭一年消耗的能量为 300 kW·h,则可为多少个家庭提供一年的能量消耗?

11-32 如图所示的绝缘细线上均匀分布着线密度为 λ 的正电荷,两直导线的长度和半圆环的半径都等于 R。试求环中心 O 点处的场强和电势。

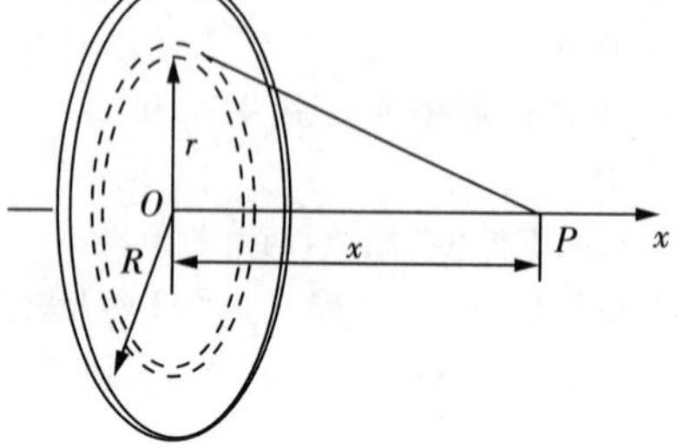

习题 11-30 图

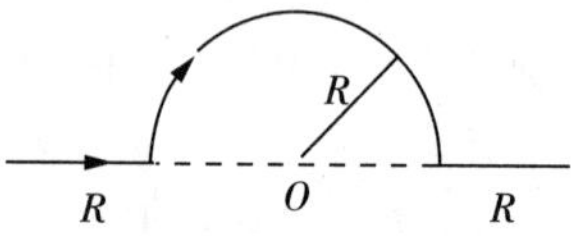

习题 11-32 图

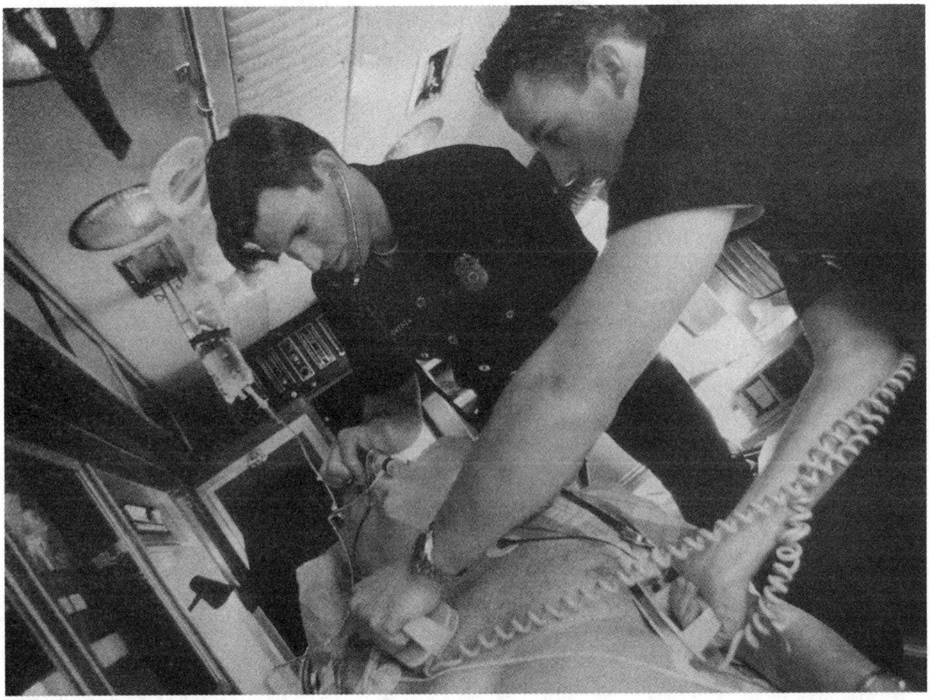

心室纤维性颤动是一种常见的心脏病，发病期间由于心脏腔体的肌肉纤维不规则地收缩和扩张，它们不能正常抽运血液，此时患者的情况非常危急。要救治心室纤维性颤动患者，必须电击心肌以使心脏能恢复正常节奏。为此，必须使 20 A 的电流通过胸腔，在约 2 ms 内传输 200 J 的电能，这要求达到约 100 kW 的电功率。

这样的要求在医院里很容易满足，但在救护车上或者偏僻地区，该如何提供用于消除心室纤维性颤动所需的能量呢？

答案就在本章中。

第十二章　静电场中的导体和电介质

前面一章讨论了真空中的静电场。当电场中有导体或者电介质时，电场将给它们以影响，反过来，导体和电介质也将影响电场。本章讨论导体和电介质在电场中的表现以及它们对电场的影响，同时介绍导体组成的一种重要构件——电容器。

§12－1　静电场中的导体

一、导体的静电平衡

具有大量能够自由移动的带电粒子，能够很好地传导电流的物质称为导体。常见的导体有依靠电子导电的导体，如金属，称为**第一类导体**；依靠离子导电的导体，如酸、碱、盐的溶液等，称为**第二类导体**。其中金属导体是由带正电的晶格点阵和带负电的自由电子组成。当导体不带电也不受电场的作用时，尽管自由电子在导体内不断地作无规则热运动，但对整个导体或者对导体中某一小部分而言，其自由电子所带负电荷与晶格点阵所带正电荷的数量相等，导体呈电中性。这时导体中负电荷和晶格点阵所带的正电荷均匀分布，除了微观热运动外，没有宏观电荷运动。

当把一个不带电的导体放入静电场中，情况将发生变化。在最初极短暂的时间（约10^{-6} s数量级）内，导体内部存在电场。在电场力的作用下，自由电子相对于晶格点阵作宏观的定向运动，从而引起导体中正负电荷的重新分布，使得金属板的两端出现了等量异号电荷。由此引起导体中电荷的重新分布，这种现象称为静电感应现象。导体表面所带的电荷称为感应电荷。静电感应改变了导体内的电荷分布并削弱了导体内的电场强度，最终使得导体内部的电场强度等于零。其过程如图12－1所示，在均匀静电场中放入一块金属导体，电场将深入导体内部，方向如图12－1(a)中的$\boldsymbol{E}_0$所示。在电场$\boldsymbol{E}_0$的作用下，导体内的自由电子将向左做宏观定向运动，使得导体的左端带负电，右端带正电，这些正负电荷在导体内建立起一附加电场$\boldsymbol{E}'$，方向和$\boldsymbol{E}_0$相反，导体内部电场$\boldsymbol{E}$是$\boldsymbol{E}_0$和$\boldsymbol{E}'$的叠加，如图12－1(b)所示。

开始时 $\boldsymbol{E}' < \boldsymbol{E}_0$，导体内部的电场强度不为零，自由电子会不断地向左做定向移动，从而使 $\boldsymbol{E}'$ 增大，直到 $\boldsymbol{E}'$ 增大到使导体内部合场强 $\boldsymbol{E} = \boldsymbol{E}_0 + \boldsymbol{E}' = \boldsymbol{0}$ 时，自由电子的宏观定向运动才完全停止，如图 12-1(c) 所示。这时导体内部和表面上任何一部分都没有宏观电荷运动，我们就称**导体处于静电平衡状态**。通过上面的讨论，导体在静电场中达到静电平衡时具有以下重要性质：

(1) 导体内部场强处处为零。若导体内部电场强度不为零，则导体内部的电荷将受到电场力而产生宏观定向运动，这与导体处于静电平衡状态相矛盾，所以导体处在静电平衡时，导体内部的电场强度处处为零。

(2) 导体表面的场强处处与导体表面垂直。在静电平衡时，不仅仅导体内部没有电荷的定向移动，导体表面也没有电荷的定向移动。在导体内部场强处处为零，导体表面的场强可以不为零，但电场必须处处与导体表面垂直，否则，场强 $\boldsymbol{E}$ 的切向分量将使电荷沿着导体表面做定向运动，导体就没有达到静电平衡状态。因此，在静电平衡时，导体表面的场强处处与导体表面垂直。

(3) 导体内各点电势相等。导体是等势体，导体表面是等势面。由于处于静电平衡状态下的导体内部的场强处处为零。在导体内部任意取两点 a，b，则有 $V_a - V_b = \int_a^b \boldsymbol{E} \cdot \mathrm{d}\boldsymbol{l} = 0$，即导体内部电势处处相等。若 a，b 在导体表面上，由于导体表面的电场处处与导体表面垂直，所以 $V_a - V_b = \int_a^b \boldsymbol{E} \cdot \mathrm{d}\boldsymbol{l} = 0$。即处于静电平衡状态下导体是等势体，导体表面是等势面。

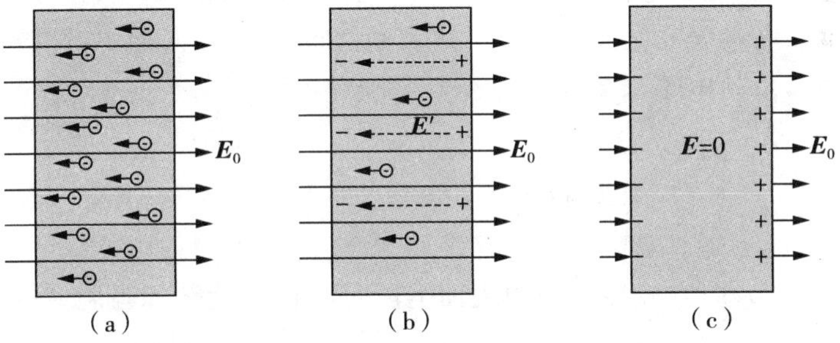

图 12-1　导体的静电感应过程

二、静电平衡条件下导体上的电荷分布

当带电导体处于静电平衡状态时，导体上电荷分布规律可以由高斯定理导出。对于处于静电平衡的实心导体而言，其内部各处净电荷为零，电荷只能分布在导体表面。如图 12-2 所示，在导体内部任取一闭合曲面 S，根据静电平衡条件，导体内部各点场强为零。所以通过这一闭合曲面的电通量必为零，即 $\oint_S \boldsymbol{E} \cdot \mathrm{d}\boldsymbol{S} = 0$。

又根据高斯定理$\oiint_S \boldsymbol{E}\cdot \mathrm{d}\boldsymbol{S}=\frac{1}{\varepsilon_0}\sum q_{内}$,故$\sum q_{内}=0$,即闭合曲面内的所包围电荷代数和为零。由于闭合曲面 S 的选取具有任意性,所以可以得出在整个实心导体内部各处净电荷为零,电荷只能分布在导体表面。

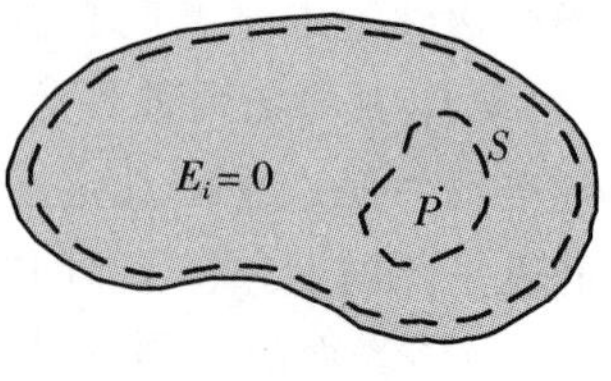

图 12-2　证明带电导体内无净电荷

对于空腔导体而言,若空腔中没有带电体,静电平衡时,不仅导体内部没有净电荷,空腔的内表面也没有净电荷,电荷只能分布在空腔的外表面。如图 12-3 所示,在导体壳内、外表面之间选取一曲面 S,S 把整个空腔包围起来,根据静电平衡条件,导体内部各点场强为零,以及高斯定理$\oiint_S \boldsymbol{E}\cdot \mathrm{d}\boldsymbol{S}=0=\frac{1}{\varepsilon_0}\sum q_{内}$,又根据导体内部各处净电荷为零以及空腔内没有带电体这一已知条件,所以$\sum q_{内}$等于空腔内表面上的电荷代数和,即$\sum q_{内}=0$。根据空腔内表面上的电荷代数和为零可以得出以下两种可能:① 空腔内表面没有净电荷。② 空腔内表面带电,有一部分是正电荷,而另外一部分是等量的负电荷。其中情况 ② 与静电平衡状态下的导体是等势体相矛盾。因为电场线由正电荷指向负电荷,且同一根电场线上不同点的电势不相等,所以情况 ② 下,空腔导体将不再是等势体。空腔内表面没有净电荷,电荷只能分布在空腔的外表面。若空腔内有带电体,静电平衡时,导体壳内表面上所带的电荷的代数和与腔体内电荷的代数和等值异号。如图 12-4 所示,在导体腔内设有带电体,带电量为 q,在导体壳内、外表面之间作一高斯面 S,设腔体内表面所带电荷量为 q',由静电平衡条件以及高斯定理可得

$$\oiint_S \boldsymbol{E}\cdot \mathrm{d}\boldsymbol{S}=0=\frac{q+q'}{\varepsilon_0}$$

所以 $q'=-q$,即空腔导体壳内表面上所带电荷的代数和与腔体内电荷的代数和等值异号。

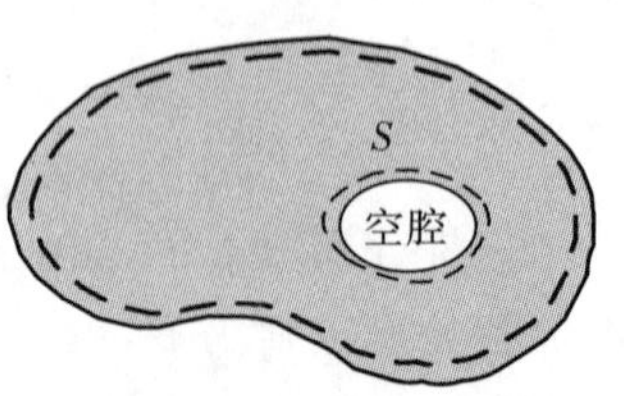

图 12-3　空腔导体内无带电体

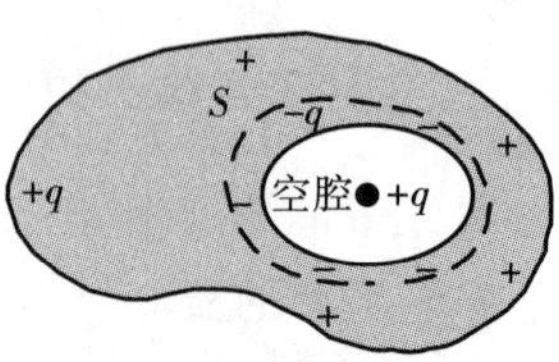

图 12-4　空腔导体内有带电体

三、尖端放电

首先讨论导体表面电荷与导体表面外侧电场间的关系。由高斯定理可以求出导体表面附近的电场强度与该表面处电荷面密度的关系。在导体表面外无限靠近表面处任取一点 P，过 P 作一个很小的圆柱形高斯面，使得圆柱的轴线垂直于导体表面，它的上下两个底面与导体表面平行，底面积为 ΔS，下底面深入在导体内，如图 12－5 所示。

因导体内部电场强度处处为零，导体表面的电场强度与表面垂直，圆柱面的侧面的法线方向与电场强度方向垂直，所以通过下底面和侧面的 $\boldsymbol{E}$ 通量都为零，故有

$$\oiint_S \boldsymbol{E} \cdot \mathrm{d}\boldsymbol{S} = E\Delta S$$

再由高斯定理可得

$$\oiint_S \boldsymbol{E} \cdot \mathrm{d}\boldsymbol{S} = E\Delta S = \frac{\sigma \Delta S}{\varepsilon_0}$$

则

$$E = \frac{\sigma}{\varepsilon_0}$$

上式表明带电导体表面附近的电场强度与该表面的电荷面密度成正比，电场强度方向垂直于表面。

通过上述分析，可以看到导体表面的场强与导体表面各点的电荷面密度 σ 密切相关。通常处于静电平衡状态的导体，电荷在外表面的分布一般是不均匀的，它与导体的形状以及外界条件有关。但对于孤立导体而言，孤立导体的电荷分布只取决于导体的表面形状，在导体表面曲率为正值且较大的地方，电荷面密度大；在曲率比较小的地方，电荷面密度小；当表面曲率为负值时，电荷面密度更小。只有孤立球形导体，因各部分的曲率相同，球面电荷才均匀分布。例如两个半径分别为 R_A 和 R_B 且相距非常远的导体球，它们周围没有其他带电体或者导体，现用一根很长的细导线连接，如图 12－6 所示。若使这个导体组带电，电势为 V，求两球表面的电荷面密度与曲率的关系。

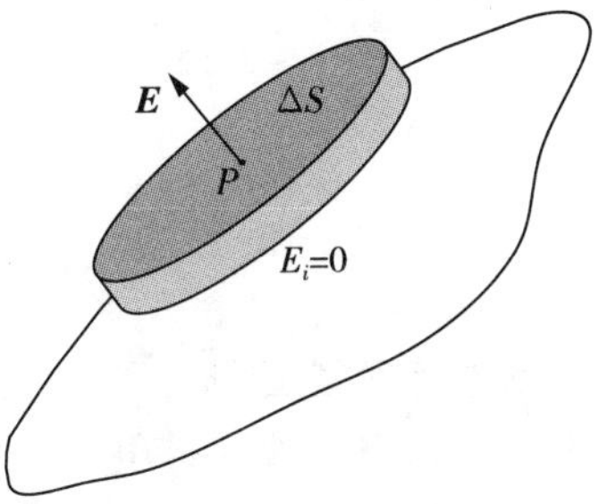

图 12－5　带电导体附近的场

两个导体所组成的整体可看成是一个孤立导体系统，由于两个球相距很远，使

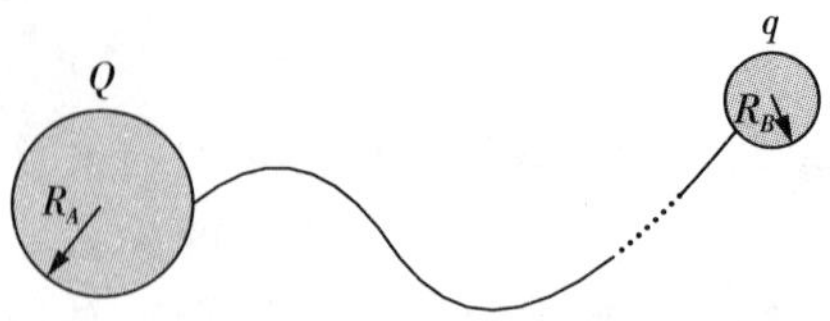

图 12-6　带电导体上的电荷面密度与曲率的关系

得两小球相互之间的影响可忽略不计,所以每个金属球可以看成是孤立导体,其表面电荷分布各自都是均匀的。设大球所带电荷量为 Q,小球所带电量为 q,则两球表面的电荷面密度分别为

$$\sigma_A=\frac{Q}{4\pi R_A^2},\sigma_B=\frac{q}{4\pi R_B^2}$$

两金属球表面的电荷面密度之比为

$$\frac{\sigma_A}{\sigma_B}=\frac{R_B^2 Q}{R_A^2 q}$$

两金属球由细导线相连接,它们的电势相等,为

$$V=\frac{Q}{4\pi R_A}=\frac{q}{4\pi R_B}$$

即

$$\frac{Q}{q}=\frac{R_A}{R_B}$$

所以

$$\frac{\sigma_A}{\sigma_B}=\frac{R_B}{R_A}$$

可见电荷面密度和曲率半径成反比,即曲率半径愈小(或曲率愈大),电荷面密度愈大。对具有尖端的带电体,因为尖端的曲率很大,分布的电荷面密度极高,其周边的电场很强,空气中的残留离子受到这个强电场的作用与空气其他分子剧烈碰撞而产生大量的离子,和导体上电荷同号的离子被排斥而离开尖端,异号的离子被吸引到尖端上,与导体上的电荷相中和后,又带上与尖端同号电荷而被排斥离开尖端,又使其他空气分子电离,这种使得空气被"击穿"而产生的放电现象称为**尖端放电**。避雷针就是根据尖端放电的原理制造的,当雷电发生时,利用尖端放电使原强大的放电电流从与避雷针连接并接地良好的粗导线中流过,从而避免了建筑物遭受雷击的破坏。

四、静电屏蔽

当导体空腔处在外电场中，达到静电平衡时，导体空腔上的电荷仅仅分布在导体空腔的外表面，在导体内部以及空腔里面的场强处处为零。这是由于在外电场的作用下，导体外表面的电荷分布发生了变化，这些重新分布的外表面电荷在空腔内产生的电场正好抵消了外电场，如果外部电场发生变化，那么导体空腔外表面的电荷分布也会发生变化，最后使得导体空腔内的电场强度始终为零，如图 12－7 所示。因此，将一物体放在导体空腔内，该物体不会受到任何外电场的影响。

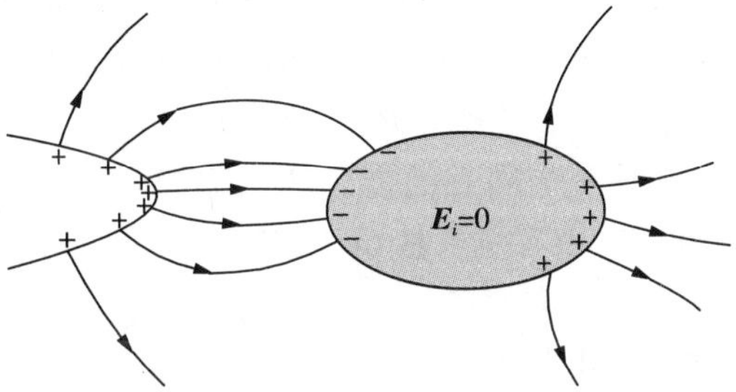

图 12－7　空腔内电场强度等于零

如果在金属壳内放一带电体 A，如图 12－8(a) 所示，由于静电感应，在金属壳的内表面感应等量的异号电荷，同时根据电荷守恒定律，金属壳外表面将感应等量的同号电荷。因此，腔内带电体所发出的电场线将全部终止在金属壳内表面的感应电荷，电场线不会穿过导体。金属壳外表面的电荷所产生的感应电荷将对外界产生影响。金属壳带电体的位置只会改变金属空壳内表面的电荷分布，不会改变金属壳外表面的电荷分布以及金属壳外的电场分布情况。当把金属壳接地时，如图 12－8(b) 所示，金属壳外表面的感应电荷因接地而被中和，金属壳外电场也随之消失，即带电体 A 的电场对金属壳外不再产生影响。

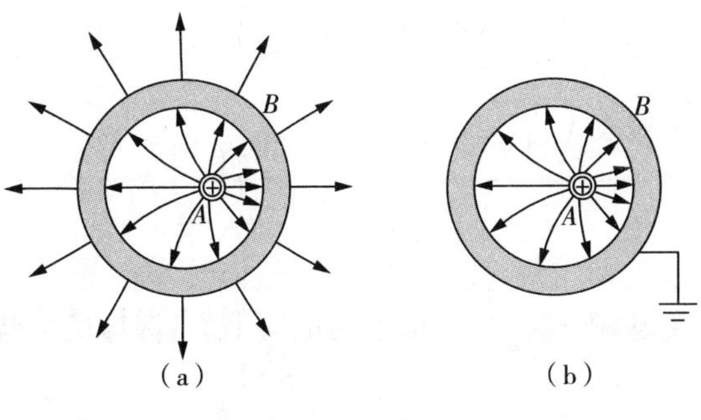

图 12－8　腔内有带电体时腔内外的电场分布

由此可见,在静电平衡状态下,空腔导体外面的带电体不会影响空腔内部的电场分布,接地的空腔导体,空腔内的带电体对腔外的物体不会产生影响。这种使导体空腔内的电场不受外界的影响或利用接地的空腔导体将腔内带电体对外界的影响隔绝的现象,称为**静电屏蔽**。静电屏蔽的原理在生产技术上有许多应用。例如,为了使一些精密的电磁测量仪器不受外界电场的干扰,或者为了避免一些高压电器设备的电场对外界的影响,一般在仪器外面都安装有接地的金属网罩;传送弱信号的连接导线,为了避免外界的干扰,也往往在导线外面包一层金属编织的屏蔽线层。又如作为全波整流或桥式整流的电源变压器,在初级绕组和次级绕组之间包上金属薄片或绕上一层漆包线并使之接地,都是为了起屏蔽作用。在高压带电作业中,工人穿上用金属丝或导电纤维织成的均压服,可以对人体起屏蔽保护作用。

例 12-1 如图所示,一个半径为 R_1 的金属球 A,带有总电量 q,在它外面有一个同心的金属球壳 B,其内、外半径分别为 R_2 和 R_3,带有总电量 Q,试求:

(1) 该系统的电场大小分布情况;

(2) 小球与球壳之间的电势差;

(3) 若球壳接地,小球与球壳之间的电势差。

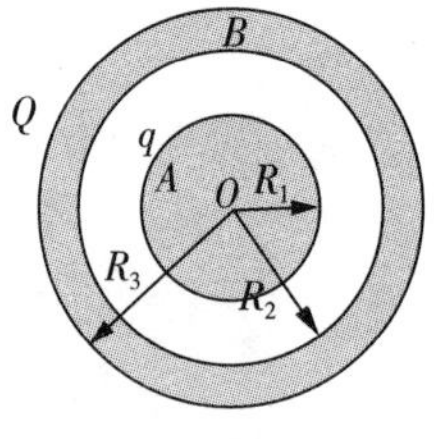

例 12-1 图

解:(1) 因为导体所带电荷只能分布在导体表面,所以金属球 A 表面所带电荷量为 q。由于静电感应效应,导体球壳内、外表面上将感应出 $-q$ 和 $+q$ 的电荷,而 Q 只能分布在球壳的外表面,故球壳外表面的电荷量为 $Q+q$,利用高斯定理可得空间电场大小的分布:

$$E_1 = 0 \qquad (0 < r < R_1)$$

$$E_2 = \frac{q}{4\pi\varepsilon_0 r^2} \qquad (R_1 < r < R_2)$$

$$E_3 = 0 \qquad (R_2 < r < R_3)$$

$$E_4 = \frac{Q+q}{4\pi\varepsilon_0 r^2} \qquad (R_3 < r)$$

(2) 由电势差计算公式可得小球与球壳之间的电势差为

$$U_A - U_B = \int_{R_1}^{R_2} \boldsymbol{E} \cdot \mathrm{d}\boldsymbol{l} = \frac{q}{4\pi\varepsilon_0}\left(\frac{1}{R_1} - \frac{1}{R_2}\right)$$

(3) 若外球壳接地,则球壳外表面上的电荷消失,两球的电势分别为

$$V_{R_1} = \frac{q}{4\pi\varepsilon_0}\left(\frac{1}{R_1} - \frac{1}{R_2}\right)$$

$$V_{R_2}=V_{R_3}=0$$

两球之间的电势差仍为

$$U_A-U_B=\frac{q}{4\pi\varepsilon_0}\left(\frac{1}{R_1}-\frac{1}{R_2}\right)$$

§12-2　静电场中的电介质

电介质是电阻率很大、导电性能很差的物质，其主要特征在于组成电介质物质的分子或者原子中的电子与原子核之间的相互作用很强，电子处于束缚状态。因此理想的电介质内部几乎没有可以自由移动的电子。但在外电场的作用下，尽管不能使组成电介质的原子或分子内部的正负电荷产生宏观上的运动，但能影响带电粒子在微观范围内的运动。即在外电场的作用下，电介质中无论是原子中的电子，还是分子中的离子或者晶体点阵上的带电粒子，都会在原子大小的范围内移动，当达到静电平衡时，在电介质表面层或者电介质内部出现极化电荷。

一、电介质的分类和极化

尽管在分子中带正电的原子核和分布在核外的电子系都在做复杂的运动，但它们基本分布在线度为 10^{-10} m 数量级的体积内。当从远大于分子线度的距离上观察，分子中全部负电荷对这些地方的影响和一个单独的负点电荷等效，这个等效负点电荷的位置称为这个分子的负电荷中心。同理，每个分子的全部正电荷也具有一个相应的正电荷中心。对于中性分子而言，其正负电荷的电荷量相等，所以每个分子都可以看成一个由正、负电荷相隔一定距离所组成的电偶极子。设分子中正电荷中心和负电荷中心之间的距离为 $\boldsymbol{l}$，方向由负电荷中心指向正电荷中心，分子中全部正电荷或负电荷的总电荷量为 q，则该分子等效电偶极矩为 $\boldsymbol{p}=q\boldsymbol{l}$。整个电介质可以看成是无数电偶极子的集合。通常按照电介质的分子内部结构的不同，可以将电介质分为两大类：在没有外加电场时，分子的正负电荷中心重合的分子，这类分子没有固定的电偶极矩，称为**无极分子**，如图 12-9(a) 所示。由无极分子所构成的电介质称为无极分子电介质，例如 He、N_2、O_2、CH_4 等。在没有外加电场时，分子的正负电荷中心不重合的分子，这类分子有固定的电偶极矩称为**有极分子**。由有极分子所构成的电介质称为有极分子电介质，如图 12-9(b) 所示，例如 HCl、H_2O、CO、SO_2 等。

基于有极分子和无极分子内部的电结构不同，它们对外电场的响应也不相同。如图 12-10(a) 所示，无极分子电介质处在外电场中，在电场的作用下分子中的正负电荷中心所受的电场力的方向不同,其正负电荷中心将发生相对位移,形成一个电偶极子,该电偶极距的方向沿着外电场的方向。若电介质是均匀的,分子电偶极距在电介质中规律排列,电介质内部的正负电荷相互抵消,介质内部没有净电荷,但在电介质的两个和外电场相互垂直的表面层将分别出现正电荷和负电荷,这些电荷既不能离开电介质,也不能自由移动,我们称之为**极化电荷**或者**束缚电荷**。这种在外电场作用下,电介质中出现极化电荷的现象叫作**电介质的极化**。显然外电场越强,正负电荷中心被拉开的距离越大,其电偶极矩越大,电介质两表面出现的极化电荷越多,被极化的程度越高。这种无极分子由于分子正负电荷中心相对位移引起的极化称为**位移极化**。

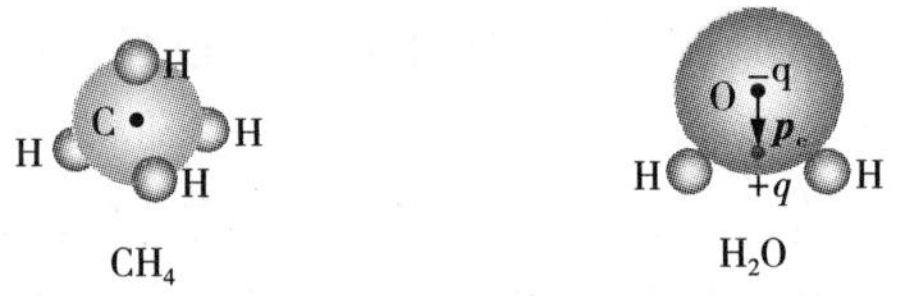

(a) 无极分子的电结构　　(b) 有极分子的电结构

图 12-9　分子的电结构

如图 12-10(b) 所示,对于有极分子电介质而言,每个分子本身就等效为一个电偶极子,在没有外加电场时,虽然每个分子的等效电偶极矩不为零,但由于分子的无规则热运动,各分子电偶极矩的取向杂乱无章,所以不论是从整体来看,还是从电介质中某一小体积元来看,其中所有分子的电偶极矩矢量和等于零,电介质呈现电中性。加上外电场后,在外电场的作用下,有极分子将受到电场力矩的作用,使得每个分子电偶极矩 $\boldsymbol{p}$ 转向电场的方向,但由于分子热运动的存在,使得分子电偶极矩不可能全部都按照电场的方向整齐排列,外电场越强温度越低的情况下,分子电偶极矩沿着电场方向取向排列的概率越大。这样,从宏观上看,在电介质与外电场垂直的两表面也会产生极化电荷。这种由于分子电偶极矩转向外电场方向而引起的极化称为**取向极化**。一般说来,分子在产生取向极化的同时也会产生位移极化,但是对于有极分子电介质而言,在静电场的作用下,取向极化效应比位移极化效应强得多,因而其主要的极化机理是取向极化。

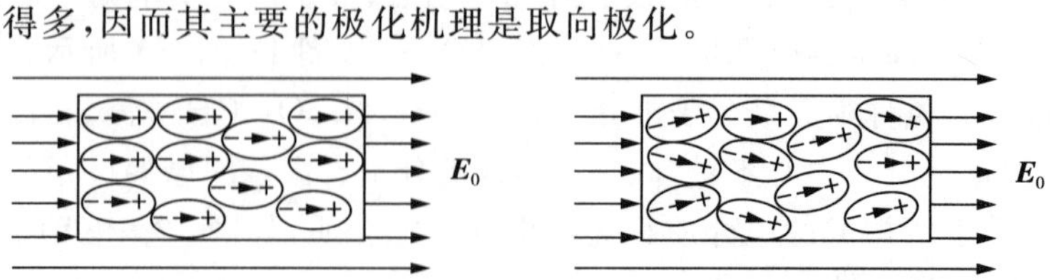

(a) 位移极化　　(b) 取向极化

图 12-10　电介质的极化

二、电极化强度

无极分子电介质和有极分子电介质在外电场的作用下，被极化的微观机制有所不同，但其宏观效果都是在均匀电介质的两个相对的表面出现异号的极化电荷，均匀电介质内部仍表现为电中性。因此从宏观上来描述电介质的极化时，不必分两种电介质来讨论。

在电介质中取一宏观小体积元 ΔV，当外加电场为零时，该体积元内所有分子的电偶极矩的矢量和等于零。但是，当外加电场不为零，由电介质的极化效应，体积元内所有分子的电偶极矩的矢量和将不等于零，且外界电场强度愈强，电介质被极化程度愈高，体积元内所有分子的电偶极矩的矢量和也愈大。因此，为了定量地描述电介质内各处极化程度，引入电极化强度矢量 $\boldsymbol{P}$，它的定义是：在电介质中单位体积内所有分子的电偶极矩矢量和，即

$$\boldsymbol{P}=\frac{\sum \boldsymbol{p}}{\Delta V} \tag{12-1}$$

$\boldsymbol{P}$ 是用来量度电介质的电极化程度和极化方向的物理量，在国际单位制中，电极化强度 $\boldsymbol{P}$ 的单位是 $\mathrm{C\cdot m^{-2}}$。

极化电荷是由于电介质极化产生的，因此电极化强度与极化电荷之间必定存在一定的联系。假设在均匀电场 $\boldsymbol{E}$ 中，有一厚为 l、底面积为 ΔS 的电介质薄片（见图 12－11），那么在介质薄片两表面将产生极化电荷，薄片的电极化强度 $\boldsymbol{P}$ 平行于电场强度 $\boldsymbol{E}$。设两个表面出现的极化电荷面密度分别为 $+\sigma'$ 和 $-\sigma'$，则从宏观角度来看，该电介质薄片的总电偶极矩大小为

$$\sum \boldsymbol{p}=\sigma'\Delta Sl$$

又因电介质薄片的体积 $\Delta V=\Delta Sl$，根据电极化强度矢量 $\boldsymbol{P}$ 定义可知

$$|\boldsymbol{P}|=\frac{\left|\sum \boldsymbol{p}\right|}{\Delta V}=\sigma' \tag{12-2}$$

因此，电介质薄片表面的极化电荷面密度等于电极化强度的大小。这里假设了薄片的表面与电极化强度 $\boldsymbol{P}$ 垂直，一般情况下有

$$\sigma'=\boldsymbol{P}\cdot\boldsymbol{e}_n=P_n \tag{12-3}$$

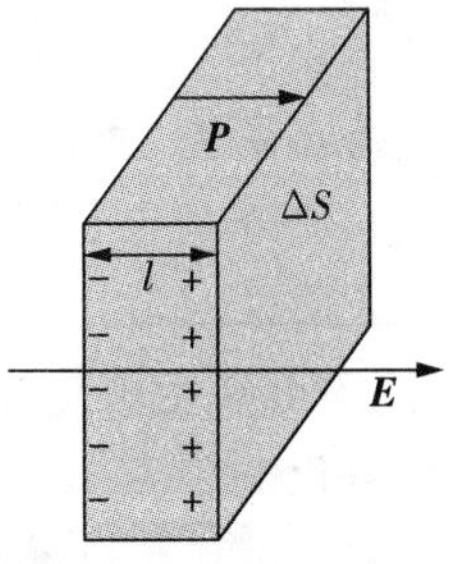

图 12－11　极化电荷面密度和电极化强度

即介质极化所产生的极化电荷面密度等于电极化强度沿介质表面外法线的分量。

三、电介质中的电场

电介质在外电场 $\boldsymbol{E}_0$ 中被极化后将出现极化电荷,对于均匀电介质,极化电荷仅出现在电介质的表面,若电介质是非均匀介质,存在极化体电荷,这些极化电荷也要在电介质内部产生一附加电场 $\boldsymbol{E}'$,因此根据电场强度叠加原理,电介质内部的合场强 $\boldsymbol{E}$ 应等于外加电场 $\boldsymbol{E}_0$ 与附加电场 $\boldsymbol{E}'$ 的矢量和,即

$$\boldsymbol{E}=\boldsymbol{E}_0+\boldsymbol{E}' \tag{12-4}$$

由于在电介质中,极化电荷所产生的电场方向总是和外电场的方向相反,所以在电介质中的合场强与外加电场相比较明显被削弱了。

实验表明,在电介质中的电场 $\boldsymbol{E}$ 不是很强时,各向同性电介质的电极化强度矢量 $\boldsymbol{P}$ 与电介质内合场强 $\boldsymbol{E}$ 成正比且方向相同。在国际单位制中,其关系可以表示为

$$\boldsymbol{P}=\chi_e\varepsilon_0\boldsymbol{E} \tag{12-5}$$

式中的比例因子 χ_e 和电介质的性质有关,叫作电介质的**电极化率**,是一个没有单位的纯数。不同的电介质,其电极化率具有不同的值。对于真空,$\chi_e=0$ 表示在真空中没有极化现象的出现;对于均匀介质,χ_e 是一个常量;对于非均匀介质,χ_e 是与介质中各点位置相关的函数。

为了定量地分析电介质内部电场强度被削弱的情况,现就以下特例进行分析。如图 12-12 所示,两块相距很近的无限大平行导体板间充有电极化率为 χ_e 的均匀电介质,设两极板上的自由电荷面密度分别为 $+\sigma_0$ 和 $-\sigma_0$,则自由电荷在两板之间产生匀强电场,其场强为 $E_0=\sigma_0/\varepsilon_0$,方向自上而下,图中用实线表示。由于电介质是均匀介质,所以只会产生极化面电荷,而不会产生极化体电荷。以 $+\sigma'$ 和 $-\sigma'$ 分别表示电介质表面的极化电荷面密度。极化电荷所产生的附加电场强度为 $E'=\sigma'/\varepsilon_0$,方向自下而上,如图中虚线所示。根据电场强度叠加原理,电介质中的合场强的大小为

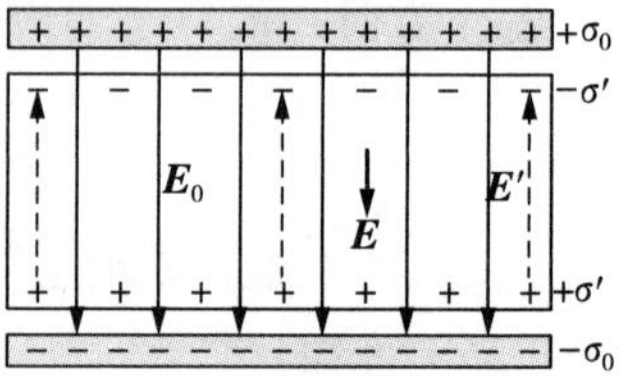

图 12-12 电介质中的电场

$$E=E_0-E'=E_0-\sigma'/\varepsilon_0 \tag{12-6}$$

考虑到极化电荷面密度和电极化强度之间的关系 $\sigma'=P_n=P=\chi_e\varepsilon_0 E$,极板之

间的电介质中的合场强大小又可以写为

$$E=E_0-\chi_e E$$

$$E=\frac{E_0}{1+\chi_e} \tag{12-7}$$

即电介质内部的电场 E 被削弱为外电场 E_0 的 $1/(1+\chi_e)$，需要说明的是该结论不是普遍成立的，但电介质内部的电场强度被削弱这一现象则是普遍成立的。

§12-3　电位移矢量　有电介质时的高斯定理

在有电介质的电场中，高斯定理依然成立，但总电荷应理解为闭合曲面以内所有电荷的代数和，包括自由电荷和极化电荷。因此，在有电介质存在的情况下，高斯定理可写为

$$\oint\!\!\oint_S \boldsymbol{E}\cdot \mathrm{d}\boldsymbol{S}=\frac{1}{\varepsilon_0}\left(\sum q_0+\sum q'\right) \tag{12-8}$$

式中 $\sum q_0$ 和 $\sum q'$ 分别表示 S 面内自由电荷量的代数和与极化电荷的代数和。

下面以均匀电场中充满均匀的各向同性电介质为例进行分析。如图 12-13 所示，平行板电场中充满均匀介质，其中两极板所带的自由电荷面密度分别为 $\pm\sigma_0$，电介质极化后，电介质中接近平行板电容器两极板的电介质表面分别产生极化电荷，其面密度为 $\pm\sigma'$。作长方体高斯面(图中虚线是闭合面的截面)，高斯面的上下端面与极板平行，其中上端面 S_1 在导体极板内，下端面 S_2 紧贴电介质的上表面，上下端面的面积均为 S，则对所选取的高斯面应用高斯定理，得

$$\oint\!\!\oint_S \boldsymbol{E}\cdot \mathrm{d}\boldsymbol{S}=\frac{1}{\varepsilon_0}(\sigma_0 S-\sigma' S) \tag{12-9}$$

又因电极化强度矢量 $\boldsymbol{P}$ 的方向与电介质表面垂直，所以 $P=\sigma'$。下面考虑电极化强度 $\boldsymbol{P}$ 对整个高斯面的积分：

$$\oint\!\!\oint_S \boldsymbol{P}\cdot \mathrm{d}\boldsymbol{S}=\iint_{\text{上端面}}\boldsymbol{P}\cdot \mathrm{d}\boldsymbol{S}+\iint_{\text{下端面}}\boldsymbol{P}\cdot \mathrm{d}\boldsymbol{S}+\iint_{\text{侧面}}\boldsymbol{P}\cdot \mathrm{d}\boldsymbol{S} \tag{12-10}$$

其中侧面包括左侧面、右侧面、前侧面、后侧面，由于上述侧面的法线方向都与

电极化强度 $\boldsymbol{P}$ 的方向垂直,所以$\iint_{侧面}\boldsymbol{P}\cdot d\boldsymbol{S}=0$。又因上端面在导体内部,故在上端面上 $\boldsymbol{P}=0$,$\iint_{上端面}\boldsymbol{P}\cdot d\boldsymbol{S}=0$。式(12-10)可写为

$$\oiint_S \boldsymbol{P}\cdot d\boldsymbol{S}=\iint_{下端面}\boldsymbol{P}\cdot d\boldsymbol{S}=\iint_S \sigma'\cdot dS=\sigma' S \tag{12-11}$$

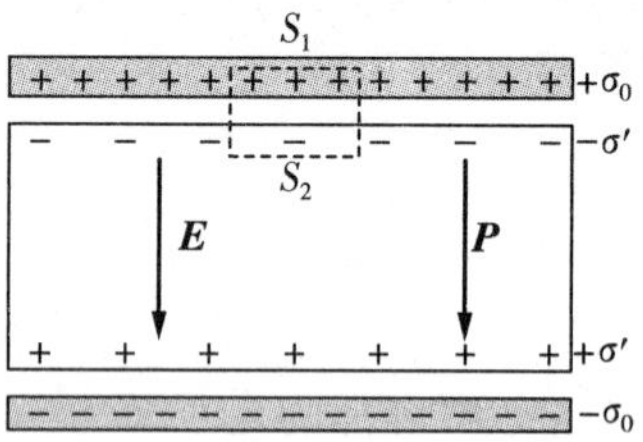

图 12-13 有电介质时的高斯定理

将式(12-11)代入式(12-9)中可得

$$\oiint_S \boldsymbol{E}\cdot d\boldsymbol{S}=\frac{1}{\varepsilon_0}(\sigma_0 S-\oiint_S \boldsymbol{P}\cdot d\boldsymbol{S}) \tag{12-12}$$

用 $q_0=\sigma_0 S$ 表示高斯面内所有自由电荷,移项整理后可得

$$\oiint_S (\boldsymbol{E}+\frac{\boldsymbol{P}}{\varepsilon_0})\cdot d\boldsymbol{S}=\frac{q_0}{\varepsilon_0}$$

$$\oiint_S (\varepsilon_0\boldsymbol{E}+\boldsymbol{P})\cdot d\boldsymbol{S}=q_0 \tag{12-13}$$

为了进一步简化上式,麦克斯韦引入了一个辅助矢量

$$\boldsymbol{D}=\varepsilon_0\boldsymbol{E}+\boldsymbol{P} \tag{12-14}$$

$\boldsymbol{D}$ 称为**电位移矢量**。于是式(12-14)可写为

$$\oiint_S \boldsymbol{D}\cdot d\boldsymbol{S}=q_0 \tag{12-15}$$

这就是有介质时的高斯定理,即在任何静电场中,通过任一封闭曲面的电位移通量等于该曲面所包围的自由电荷的代数和。

对于各向同性的电介质,根据电极化强度与电场强度之间的关系,电位移矢量可表示为

$$\boldsymbol{D}=\varepsilon_0\boldsymbol{E}+\chi_e\varepsilon_0\boldsymbol{E}=\varepsilon_0(1+\chi_e)\boldsymbol{E} \tag{12-16}$$

令 $\varepsilon_r=1+\chi_e$,ε_r 称为**相对电容率**,则

$$\boldsymbol{D}=\varepsilon_0\varepsilon_r\boldsymbol{E}=\varepsilon\boldsymbol{E} \tag{12-17}$$

式中,$\varepsilon=\varepsilon_0\varepsilon_r$ 为介质的**电容率**。式(12-17)说明了电位移矢量 $\boldsymbol{D}$ 和电场强度 $\boldsymbol{E}$ 的简单关系。在各向均匀介质中,$\boldsymbol{D}$,$\boldsymbol{E}$,$\boldsymbol{P}$ 的方向是一致的。但在各向异性介质中,$\boldsymbol{P}$

与$\boldsymbol{E}$,$\boldsymbol{D}$与$\boldsymbol{E}$的方向一般并不相同。需要指出的是,电场线与电位移线主要区别在于电场线起讫于各种正、负电荷,包括自由电荷和极化电荷,电位移线则从正的自由电荷出发,终止于负的自由电荷。如采用电极化强度线来描述电极化强度矢量,则电极化强度线起始于负的极化电荷、终止于正的极化电荷,它只出现在电介质内部,如图12-14所示。

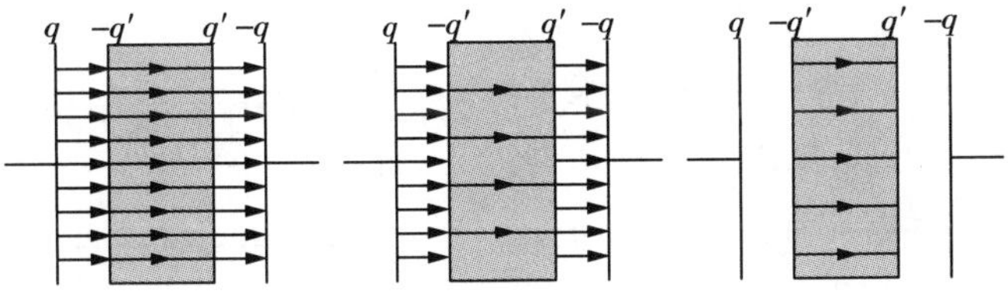

(a) **D**线均匀分布　(b) 电介质内部**E**线较稀疏　(c) **P**线只存在电介质内部

图12-14　有电介质的平行板电容器内的**D**,**E**,**P**线

例12-2　如图所示,有一个半径R_1的带电球面,被一个内、外半径分别为R_1和R_2的同心均匀电介质球壳包围($R_2 > R_1$),已知球面所带自由电荷量为q_0,电介质的介电常量为ε,求带电球面外电场的分布。

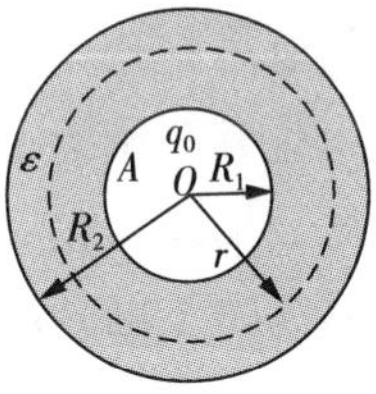

例12-2图

解:由题意可知,带电球面外各场点的场强$\boldsymbol{E}$、电位移$\boldsymbol{D}$都具有球对称分布的特点,即同一球面上的$\boldsymbol{E}$或者$\boldsymbol{D}$大小相等,方向沿径向。如图所示,过P点,在电介质内作半径为r的同心球面S_1为高斯面,根据有介质时的高斯定理知

$$\oint\!\!\!\oint_S \boldsymbol{D}\cdot \mathrm{d}\boldsymbol{S} = 4\pi r^2 D = q_0$$

所以

$$D = \frac{q_0}{4\pi r^2}$$

因$\boldsymbol{D} = \varepsilon \boldsymbol{E}$,离球心$r$处的$P$点的电场强度为

$$E = \frac{q_0}{4\pi\varepsilon r^2}, R_1 < r < R_2$$

同样,在电介质外作半径为r的同心球面S_2为高斯面,由高斯定理得

$$\oint\!\!\!\oint_S \boldsymbol{D}\cdot \mathrm{d}\boldsymbol{S} = 4\pi r^2 D = q_0$$

有

$$D=\frac{q_0}{4\pi r^2}$$

电介质外离球心 r 处的 P 点的电场强度大小为

$$E=\frac{q_0}{4\pi\varepsilon_0 r^2},r>R_2$$

例 12－3 电容器两平行极板的面积为 S,如图所示,其间充有两层均匀电介质,其电容率分别为 ε_1 和 ε_2,厚度分别为 d_1 和 d_2,两极板上的自由电荷面密度为 $\pm\sigma_0$。求:(1) 在各层电介质内的电位移和电场强度;(2) 电容器两极板间的电势差。

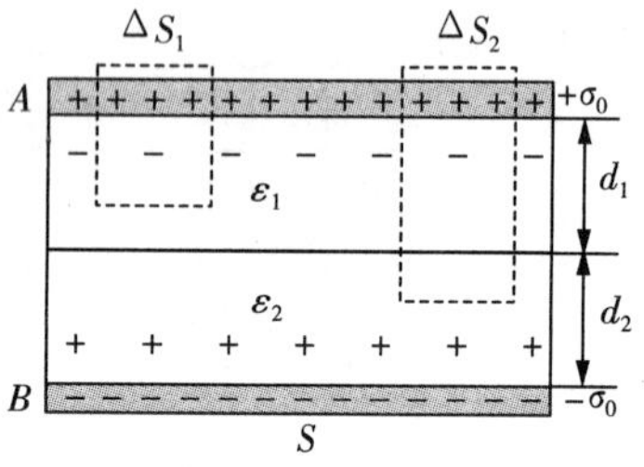

例 12－3 图

解: 由于极板之间两层电介质皆为均匀的,又极板可认为是无限大,因此两层介质中的电场是均匀分布的。设两层电介质中的电位移分别为 $\boldsymbol{D}_1$ 和 $\boldsymbol{D}_2$,过电介质 1 作圆柱形高斯面,如图所示,则通过极板 A 外侧底面的 $\boldsymbol{D}$ 通量和圆柱侧面的 $\boldsymbol{D}$ 通量皆为零,因此,通过所作高斯面的 $\boldsymbol{D}$ 通量就等于通过位于电介质 1 中圆柱底面的 $\boldsymbol{D}_1$ 通量。根据高斯定理有

$$\oint\!\!\!\oint_S \boldsymbol{D}\cdot \mathrm{d}\boldsymbol{S}=D_1S_1=\sigma_0S_1$$

所以

$$D_1=\sigma_0$$

因 $\boldsymbol{D}=\varepsilon\boldsymbol{E}$,有

$$E_1=\frac{D_1}{\varepsilon_1}=\frac{\sigma_0}{\varepsilon_1}$$

同样,通过介质 2 作如例 12－3 图所示高斯面 ΔS_2,由高斯定理得

$$D_2=\sigma_0$$

$$E_2=\frac{D_2}{\varepsilon_2}=\frac{\sigma_0}{\varepsilon_2}$$

根据电势差的定义有

$$U_A-U_B=\int_A^B\boldsymbol{E}\cdot\mathrm{d}\boldsymbol{l}=E_1d_1+E_2d_2=\frac{\sigma_0}{\varepsilon_1}d_1+\frac{\sigma_0}{\varepsilon_2}d_2$$

§12-4　电容　电容器

一、孤立导体的电容

处于静电平衡状态下的带电体是一个等势体，它的电势是一个特定的值。理论和实验表明，对于孤立导体而言，它的电势 V 与它所带的电荷量 q 呈线性关系。其比值

$$C=\frac{q}{V} \tag{12-18}$$

是一个恒定的值，其中 C 叫作孤立导体的电容。它仅与导体本身的大小、形状以及周围的介质有关。电容是表征导体储电能力的物理量，其物理意义是：使导体升高单位电势所需要的电荷量。在国际单位制中，电容的单位是法拉(F)，常用的单位有微法(μF) 和皮法(pF)，它们之间的换算关系为

$$1\ \mathrm{F}=\frac{1\ \mathrm{C}}{1\ \mathrm{V}}=10^{6}\ \mu\mathrm{F}=10^{12}\ \mathrm{pF}$$

法拉是一个很大的单位。在真空中，半径为 R 的带电孤立导体，当它带电量为 q 时，其电势为 $V=q/4\pi\varepsilon_0 R$，它的电容为

$$C=\frac{q}{V}=4\pi\varepsilon_0 R$$

可知若一孤立导体球的电容为 1 F，则它的半径为 $R=9.0\times10^{9}$ m，而地球的平均半径只有 6.37×10^{6} m，即一个具有 1F 电容量的导体球的半径是地球半径的 1400 倍，所以在实际使用中，经常使用 μF 和 pF。

二、电容器电容

孤立导体是一种理想化的情况，实际并不存在。一般而言，带电体附近总是存在其他物体，带电体的电势也会因外界环境的不同而不同，即一个导体的电势 V 与它所带的电荷量 q 呈线性关系不再成立。对此通常用彼此绝缘且非常靠近的两导体薄板、导体薄球面、导体薄柱面等构成电容器。两导体薄板称为电容器的极板。当电容器充电时，电场相对集中在两极板之间，两极板之间的电势差几乎不受外部导体的影响。若电容器两极板上所带电量分别为 $+q$ 和 $-q$，两极板之间的电势差为 U_{AB}，将比值

$$C=\frac{q}{U_{AB}}=\frac{q}{V_A-V_B} \tag{12-19}$$

定义为电容器的电容,它只与组成电容器的极板的大小、形状、两极板的相对位置以及两极板之间的电介质有关。

实验证明,若电容器两极板间为真空时的电容为 C_0,那么,当两极板间充满电介质时,电容器的电容会增加。这是由于两带电极板间的电场使电介质极化,两极板之间的电场强度减弱到原来真空情况下电场强度的 $1/\varepsilon_r$,两极板之间的电势差也减弱到原电势差的 $1/\varepsilon_r$,因此电容器两极板之间充满电介质后的电容为

$$C=\varepsilon_r C_0 \tag{12-20}$$

ε_r 为电介质的相对电容率。由此可见电容器中充满电介质后,电容增大为原来的 ε_r 倍。对于任何电容器,电容量只和它们的几何结构以及两极板之间的电介质有关,与它们是否带电无关。下面计算几种常见的电容器的电容。

1. 平行板电容器

平行板电容器是由大小相同的两块相距很近的平行导体薄板所构成。设两极板的面积均为 S,两极板内表面之间的距离为 d,如图 12-15 所示,在两极板面积很大并且两极板之间的距离很近的情况下,可以将两极板看成无限大平行导体板。当两极板上带电量分别为 $+q$ 和 $-q$ 时,且均匀分布在两板面上,两板的电荷面密度分别为 $+\sigma$ 和 $-\sigma$。若两极板之间为真空,由高斯定理可得两板间的匀强电场的场强为

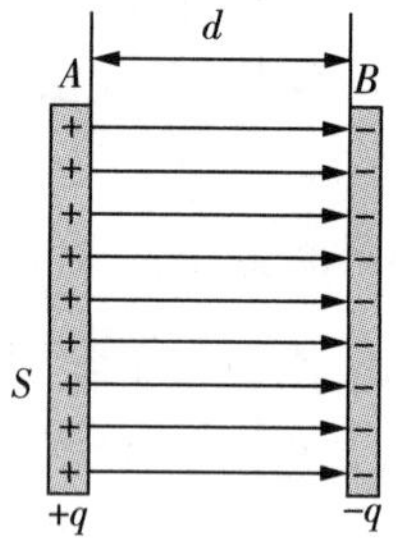

图 12-15 平行板电容器

$$E=\frac{\sigma}{\varepsilon_0}$$

两极板间的电势差为

$$U_{AB}=V_A-V_B=Ed=\frac{\sigma}{\varepsilon_0}d=\frac{qd}{\varepsilon_0 S}$$

于是根据电容的定义可得电容器的电容为

$$C=\frac{q}{U_{AB}}=\frac{\varepsilon_0 S}{d}$$

由上式可知,平行板电容器的电容 C 与极板的面积 S 成正比,和两极板之间的距离 d 成反比。上式也表明平行板电容器的电容是电容器本身的物理性质,与电容器是否带电或带多少电荷无关。

2. 球形电容器

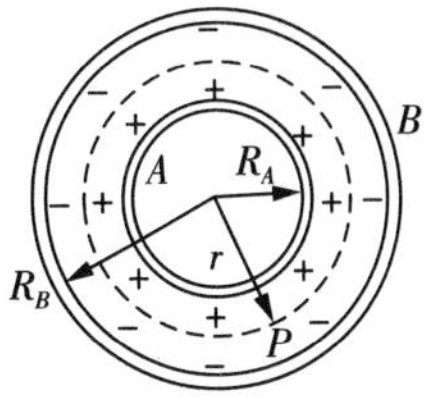

图 12-16　球形电容器

球形电容器是由两个同心的导体球壳所构成，设两球壳的半径分别为 R_A 和 R_B，两球壳之间充满介电常量为 ε 的电介质，如图 12-16 所示。设内球壳的外表面均匀带电 $+q$，外球壳的内表面均匀带电 $-q$。由电荷分布的球对称性可知，电位移矢量 **D** 在两球壳之间的分布也具有球对称性，高斯面取以导体球壳的球心为球心 $r(R_1<r<R_2)$ 为半径的球面，由介质中的高斯定理可得

$$\oiint_S \boldsymbol{D}\cdot d\boldsymbol{S}=4\pi r^2 D=q$$

所以两球壳之间的电位移矢量 **D** 的大小为

$$D=\frac{q}{4\pi r^2}$$

又因 $\boldsymbol{D}=\varepsilon\boldsymbol{E}$，两球壳之间的电场强度大小为

$$E=\frac{q}{4\pi\varepsilon r^2},R_1<r<R_2$$

两球壳之间的电势差为

$$U_{AB}=V_A-V_B=\int_{R_A}^{R_B}\frac{q}{4\pi\varepsilon r^2}dr=\frac{q}{4\pi\varepsilon}(\frac{1}{R_A}-\frac{1}{R_B})$$

根据电容器的定义，球形电容器的电容为

$$C=\frac{q}{U_{AB}}=\frac{4\pi\varepsilon R_A R_B}{R_B-R_A}$$

3. 圆柱形电容器的电容

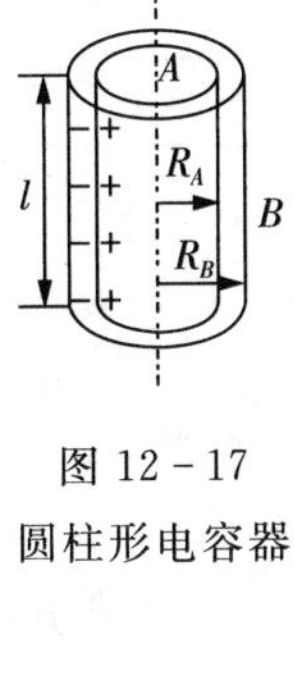

图 12-17
圆柱形电容器

圆柱形电容器是由两个同轴的圆柱面极板所构成，它们的半径分别为 R_A 和 R_B，长度为 L，如图 12-17 所示。在两极板间充满介电常量为 ε 的电介质。设内圆柱面带电量 $+q$，外圆柱面带电量 $-q$，单位长度上的带电量为 λ。若极板的长度 L 比两极板间的距离 R_B-R_A 大很多，两端的边缘效应可以忽略，视为无限长圆柱面。由有介质的高斯定理很容易求得两圆柱面间的电位移矢量的大小：

$$D=\frac{\lambda}{2\pi r}$$

又因 $\boldsymbol{D}=\varepsilon\boldsymbol{E}$,所以,两圆桶之间的电场强度大小为

$$E=\frac{\lambda}{2\pi\varepsilon r}$$

则两圆柱之间的电势差为

$$U_{AB}=V_A-V_B=\int_{R_A}^{R_B}\frac{\lambda}{2\pi\varepsilon r}\mathrm{d}r=\frac{\lambda}{2\pi\varepsilon}\ln\frac{R_B}{R_A}$$

根据电容器的定义,圆柱形电容器的电容为

$$C=\frac{q}{U_{AB}}=\frac{2\pi\varepsilon l}{\ln\frac{R_B}{R_A}}$$

三、电容的串联和并联

在实际应用中,电容器的性能规格中有两个重要指标,一是电容器的电容量的大小,二是电容器的耐压值。在实际使用电容器时,常遇到单个电容器的电容或者耐压值无法满足电路的使用要求。这时需要将多个电容器适当的连接起来,以满足电路的使用需求。电容器连接的基本方式有并联和串联两种。

1. 并联

如图 12-18 所示,将 n 个电容器并联,设每个电容器的电容值分别为 $C_1,C_2,\cdots,C_n$,并联后的等效电容值为 C。充电完成后,每对电容器两极板之间的电势差都相等,等于 U。设每个电容器极板上所带的电荷量分别为 $q_1,q_2,\cdots,q_n$,则有

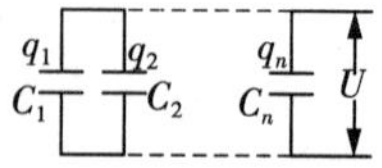

图 12-18 电容器并联

$$q_1=C_1U,q_2=C_2U,\cdots,q_n=C_nU$$

组合电容器的总电荷量为

$$q=q_1+q_2+\cdots+q_n=(C_1+C_2+\cdots+C_n)U$$

由 $C=q/U$,可得组合电容器的等效电容为

$$C=\frac{q}{U}=C_1+C_2+\cdots+C_n \tag{12-21}$$

即电容器并联时,总电容等于各电容器的电容之和。

2. 串联电容器

如图 12-19 所示，将 n 个电容器串联，设每个电容器的电容值分别为 $C_1, C_2, \cdots, C_n$，串联后的等效电容值为 C。充电完成后，当第一个电容器左端极板带电 q 时，其右边极板由于静电感应带 $-q$ 电荷，相应地使第二个电容器两极板从左到右带电量分别为 q 和 $-q$，依次类推到第 n 个电容器，即串联时每对电容器两极板上都带有 q 和 $-q$ 的电荷。设每对极板间的电势差分别为 $U_1, U_2, \cdots, U_n$，则有

$$U_1=\frac{q}{C_1}, U_2=\frac{q}{C_2}, \cdots, U_n=\frac{q}{C_n}$$

组合电容器的总电势差为

$$U=U_1+U_2+\cdots+U_n=q\left(\frac{1}{C_1}+\frac{1}{C_2}+\cdots+\frac{1}{C_n}\right)$$

由 $U=q/C$，可得组合电容器的等效电容为

$$\frac{1}{C}=\frac{1}{C_1}+\frac{1}{C_2}+\cdots+\frac{1}{C_n} \tag{12-22}$$

即串联等效电容器电容值的倒数等于各电容器的电容的倒数之和。

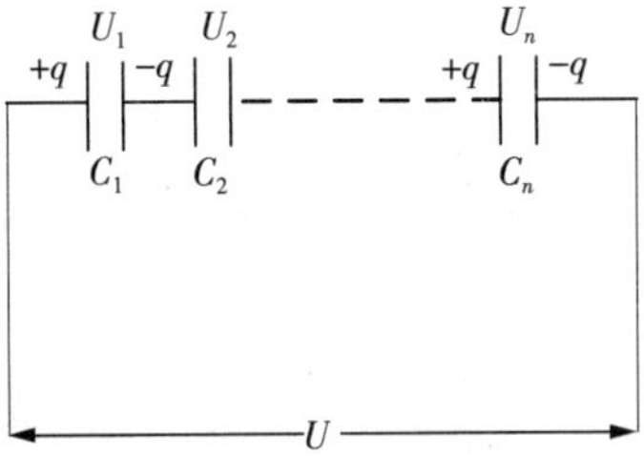

图 12-19　电容器串联

由以上计算可知，将几个电容器并联后可以获得较大的电容值，但由于每个电容器直接连接到电源上，因此，电容器并联后电容器组的耐压值与单个电容器使用时的耐压值一样；将几个电容器串联后，尽管电容器组的总电容比其中任一个电容器的电容值都小，但由于总电压被分压到每个电容器上，因此，电容器串联后电容器组的耐压值提高。在实际使用中，一般采取串联、并联以及混联来满足电路需求。

例 12-4　三个电容器按例 12-4 图连接，其电容大小分别为 C_1，C_2 和 C_3，当电键 S 打开时，将 C_1 充电到电势差 U_0，然后断开电源，并闭合电键 S。求各电容器上的电势差。

解：已知在 S 闭合前，C_1 极板上所带电荷量为 $q_0=C_1U_0$，C_2 和 C_3 极板上的电荷量为零，S 闭合后，C_1 放电，并对 C_2 和 C_3 充电，整个电路可看作为 C_2 和 C_3 串联再与

C_1 并联。设稳定后,C_1 极板上的电荷量为 q_1,C_2 和 C_3 极板上的电荷量为 q_2,则有

$$q_0 = q_1 + q_2$$

$$\frac{q_1}{C_1} = \frac{q_2}{C_2} + \frac{q_2}{C_3}$$

解得

$$q_1 = \frac{C_1(C_2 + C_3)}{C_1C_2 + C_2C_3 + C_3C_1} q_0 = \frac{C_1^2(C_2 + C_3)}{C_1C_2 + C_2C_3 + C_3C_1} U_0$$

$$q_2 = q_0 - q_1 = \frac{C_1C_2C_3}{C_1C_2 + C_2C_3 + C_3C_1} U_0$$

因此 C_1,C_2 和 C_3 上的电势差分别为

$$U_1 = \frac{q_1}{C_1} = \frac{C_1(C_2 + C_3)}{C_1C_2 + C_2C_3 + C_3C_1} U_0$$

$$U_2 = \frac{q_2}{C_2} = \frac{C_1C_3}{C_1C_2 + C_2C_3 + C_3C_1} U_0$$

$$U_3 = \frac{q_3}{C_3} = \frac{C_1C_2}{C_1C_2 + C_2C_3 + C_3C_1} U_0$$

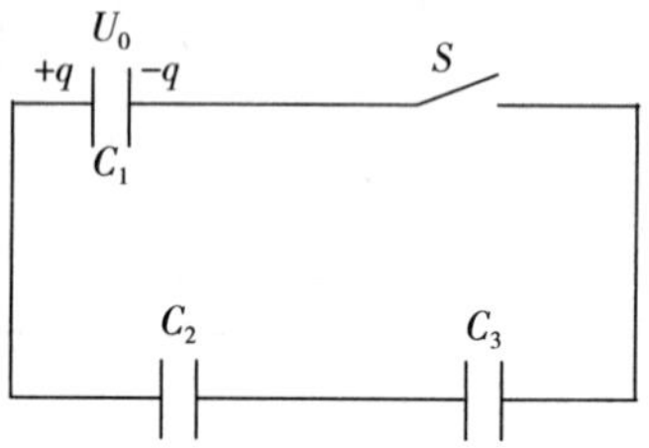

例 12-4 图　电容器的混联

§12-5　静电场的能量

一、电容器的能量

电容器的充电、放电过程分别是电容器内建立电场、储存电能和释放电能的过程。电容器充电过程中,电容器内部建立电场,电场中储存的能量等于充电时电源所做的功。电容器放电时,存储在电场中的能量又释放出来,电场能转化为其他形

式的能量。下面以平行板电容器为例分析电容器的能量。

电容器充电过程如图 12－20 所示，电子从电容器一个极板被拉到电源的正极，在电源内部由非静电力做功将电子移动到电源的负极，随后电子被推到另一极板上。这时被拉出电子的极板带正电，推上电子的极板带负电，如此逐渐进行下去，直到电容器充电完成。在整个充电过程中，需要消耗电源的能量，使之转化为电容器储存的静电能。

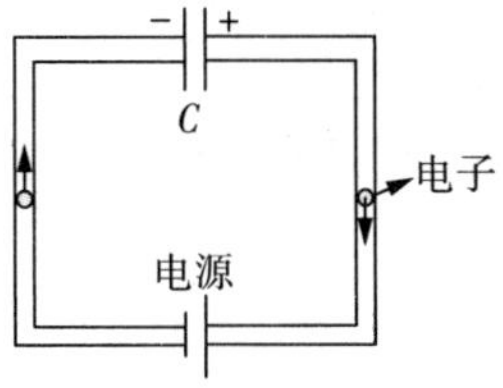

图 12－20　电容器充电时电源做功

设在充电过程中某一瞬间电容器两极板已带电荷量为 $\pm q$，两极板之间的电势差为 $V_1 - V_2$，设电容器电容为 C，则有 $V_1 - V_2 = q/C$。这时将 $-\mathrm{d}q$ 的电量从电容器正极板移动到负极板，则电源克服静电场力所做的功为

$$\mathrm{d}A = (V_1 - V_2)\mathrm{d}q = \frac{q}{C}\mathrm{d}q$$

因此在整个充电过程中，电容器极板电荷量由 $q=0$ 增加到 $q=Q$ 时，电源克服静电力所做的总功为

$$A = \int \mathrm{d}A = \int_0^Q \frac{q}{C}\mathrm{d}q = \frac{1}{2}\frac{Q^2}{C}$$

这个功也等于电容器充电至 Q 时所具有的静电能 W，即

$$W = \frac{1}{2}\frac{Q^2}{C}$$

又 $Q = C(V_1 - V_2)$，所以上式可写为

$$W = \frac{1}{2}\frac{Q^2}{C} = \frac{1}{2}C(V_1 - V_2)^2 = \frac{1}{2}Q(V_1 - V_2) \qquad (12-23)$$

二、静电场的能量

从场的观点来看，电容器储存的电能即电容器内电场的能量。下面以平行板电容器为例，进行推导计算。设平行板电容器极板的面积为 S，两极板间的距离为 d，极板间充满电容率为 ε 的均匀电介质。则电容器的体积为 $V=Sd$，电容器电容 $C=\varepsilon S/d$，两极板之间电势差 $U=Ed$，所以

$$W = \frac{1}{2}CU^2 = \frac{1}{2}\varepsilon\frac{S}{d}(Ed)^2 = \frac{1}{2}\varepsilon E^2 Sd = \frac{1}{2}\varepsilon E^2 V \qquad (12-24)$$

由此可见,静电能可以用电场强度大小 E 来表示,并且和电场遍及的空间体积成正比,这表明静电能储存在电场中。由于在平板电容器中,忽略边缘效应,两极板之间的电场是均匀分布的,其储存的静电场能量也是均匀分布在电场所遍及的空间中,因此,电场中单位体积的能量即电场能量密度为

$$w_e=\frac{W}{V}=\frac{1}{2}\varepsilon E^2=\frac{1}{2}DE \tag{12-25}$$

这个结果是从平板电容器中的均匀电场这一特例推导出来的,但是它是普遍成立的。对于一般情况,电场的能量密度为

$$w_e=\frac{1}{2}\boldsymbol{D}\cdot\boldsymbol{E} \tag{12-26}$$

若需要计算一非均匀电场系统所储存的总能量,只需将电场所占空间分割成很多体积元,然后将这些体积元中电场的能量累加起来,即得静电场的总能量

$$W_e=\iiint_V w_e\mathrm{d}V=\iiint_V \frac{1}{2}\boldsymbol{D}\cdot\boldsymbol{E}\mathrm{d}V \tag{12-27}$$

式中积分区域遍及整个电场空间。

例 12-5 如图所示,球形电容器两球壳的内外半径分别为 R_1 和 R_2,所带电荷量分别为 $\pm q$。若在两球壳之间充以电容率为 ε 的电介质,则此球形电容器储存的电场能量为多少?

解:经过对称性分析可知,球壳之间的电场具有球对称性,故由高斯定理可得球壳内部以及球壳外部电场强度为零,球壳之间任一点的电场强度为

$$\boldsymbol{E}=\frac{1}{4\pi\varepsilon}\frac{q}{r^2}\boldsymbol{e}_r$$

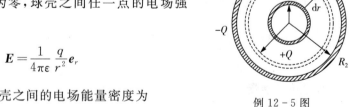

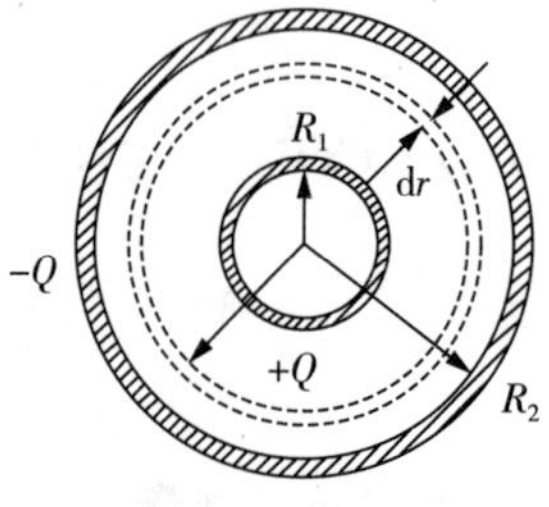

例 12-5 图

相应地,两球壳之间的电场能量密度为

$$w_e=\frac{1}{2}\varepsilon E^2=\frac{q^2}{32\pi^2\varepsilon r^4}$$

如果取一半径为 r,厚度为 $\mathrm{d}r$ 的球壳体积元,其体积为 $\mathrm{d}V=4\pi r^2\mathrm{d}r$,由于体积元很小,所以在该体积元中可以近似地认为电场能量密度是均匀的,得该球壳体积元内的电场能量为

$$dW = w_e 4\pi r^2 dr$$

再对整个球壳进行积分可得球形电容器中电场的总能量为

$$W_e = \int_V w_e dV = \int_{R_1}^{R_2} \frac{Q^2}{32\pi^2 \varepsilon r^4} 4\pi r^2 dr = \frac{Q^2}{8\pi\varepsilon}\left(\frac{1}{R_1} - \frac{1}{R_2}\right)$$

回到本章开篇提出的有趣问题。电容器存储电势能的能力是除颤器设备的基础,该设备被应急医疗队用来制止心脏病发作患者的纤维性颤动。在便携型除颤器中,电池在短于一分钟内使电容器充电到高电势差,电子线路反复地使用该电势差以大大提高电容器的电势差,功率或能量的传输率在这期间也是适中的。

导线头也就是"电击板"被放置在患者的胸膛上,当控制开关闭合时,电容器发送它存储的一部分能量通过患者从一个电击板到另一个电击板。

例如,当除颤器中一个 70 μF 的电容器被充电到 5000 V 时,由 $W = \frac{1}{2}CU^2$ 可知

$$W = \frac{1}{2}CU^2 = \frac{1}{2} \times 70 \times 10^{-6} \times 5000^2 = 875 \text{ J}$$

这个能量中约 200 J 在约 2 ms 的脉冲期间被发送通过患者,该脉冲的功率为

$$P = \frac{W}{t} = \frac{200}{2 \times 10^{-3}} = 100 \text{ kW}$$

它远远大于电池本身的功率。这种用电池给电容器缓慢充电然后在很高的功率下使它放电的技术通常也被用于闪光灯照相术和频闪照相术中。

本章小结

1. 导体的静电平衡条件

导体内的场强等于零,导体表面附近的场强与表面垂直。

2. 静电平衡的导体的性质

导体是等势体,导体表面是等势面,导体所带电荷仅分布在导体表面,带电导体表面的场强与其电荷面密度成正比。

3. 电介质的极化

在外电场的作用下,由于无极分子电介质的位移极化或有极分子电介质的取向极化,在电介质的表面(或内部)出现极化电荷的现象。

4. 电极化强度矢量 $\boldsymbol{P}$

电介质中单位体积内所有分子的电偶极矩矢量和，即

$$\boldsymbol{P}=\frac{\sum \boldsymbol{p}}{\Delta V}$$

在电介质中的电场 $\boldsymbol{E}$ 不是很强时，各向同性电介质的电极化强度矢量 $\boldsymbol{P}$ 与电介质内合场强 $\boldsymbol{E}$ 成正比且方向相同，满足 $\boldsymbol{P}=\chi_e\varepsilon_0\boldsymbol{E}$。

5. 极化电荷面密度

介质极化所产生的极化电荷面密度等于电极化强度沿介质表面外法线的分量。

$$\sigma'=\boldsymbol{P}\cdot\boldsymbol{e}_n=P_n$$

6. 电位移矢量 $\boldsymbol{D}=\varepsilon_0\boldsymbol{E}+\boldsymbol{P}$

对于各向同性的电介质，$\boldsymbol{D}=\varepsilon_0\boldsymbol{E}+\chi_e\varepsilon_0\boldsymbol{E}=\varepsilon_0(1+\chi_e)\boldsymbol{E}$，$\boldsymbol{D}=\varepsilon_0\varepsilon_r\boldsymbol{E}=\varepsilon\boldsymbol{E}$。

7. 电介质中的高斯定理

$$\oiint_S \boldsymbol{D}\cdot\mathrm{d}\boldsymbol{S}=q_0$$

即在任何静电场中，通过任一封闭曲面的电位移通量等于该曲面所包围的自由电荷的代数和。

8. 孤立导体的电容

孤立导体的电势 V 与它所带的电荷量 q 呈线性关系：

$$C=\frac{q}{V}$$

定义为孤立导体的电容。

9. 电容器的电容

它只与组成电容器的极板的大小、形状、两极板的相对位置及两极板之间的电介质有关。

$$C=\frac{q}{U_{AB}}=\frac{q}{V_A-V_B}$$

平行板电容器电容：

$$C=\frac{q}{U_{AB}}=\frac{\varepsilon S}{d}$$

球形电容器电容：

$$C=\frac{q}{U_{AB}}=\frac{4\pi\varepsilon R_A R_B}{R_B-R_A}$$

圆柱形电容器电容：

$$C=\frac{q}{U_{AB}}=\frac{2\pi\varepsilon l}{\ln\frac{R_B}{R_A}}$$

10. 电容器并联

并联组合电容器的等效电容为：$C=\frac{q}{U}=C_1+C_2+\cdots+C_n$，即电容器并联时，总电容等于各电容器的电容之和。

11. 电容器串联

串联组合电容器的等效电容为：$\frac{1}{C}=\frac{1}{C_1}+\frac{1}{C_2}+\cdots+\frac{1}{C_n}$，即串联等效电容器电容值的倒数等于各电容器的电容的倒数之和。

12. 电场的能量

储存在电容器内的静电场能量：

$$W=\frac{1}{2}\frac{Q^2}{C}=\frac{1}{2}C(V_1-V_2)^2=\frac{1}{2}Q(V_1-V_2)$$

电场的能量密度：

$$w_e=\frac{1}{2}\boldsymbol{D}\cdot\boldsymbol{E}$$

电场能量：

$$W_e=\iiint_V w_e \mathrm{d}V=\iiint_V \frac{1}{2}\boldsymbol{D}\cdot\boldsymbol{E}\mathrm{d}V$$

思　考　题

12-1　静电场中的电介质和导体有什么不同的特征？

12-2　电介质的极化现象与导体的静电感应现象有什么区别？

12-3　将一电中性的导体放在静电场中，在导体上感应出来的正负电荷量是否一定相等？这时导体是否是等势体？如果在电场中把导体分为两部分，则一部分导体上带正电，另一部分导体上带负电，这时两部分导体的电势是否相等？

12-4　一个孤立导体球带有电荷量Q，其表面附近的场强沿什么方向？当我们把另一带电体移近这个导体球时，球表面附近的场强将沿什么方向？其上电荷分布是否均匀？其表面是否等电势？电势有没有变化？球体内任一点的场强有无变化？

12-5 判断下列说法是否正确，并说明理由：

(1) 若高斯面内的自由电荷总量为零，则面上各点的 $\boldsymbol{D}$ 必为零；

(2) 若高斯面上各点的 $\boldsymbol{D}$ 为零，则面内的自由电荷总量必为零；

(3) 若高斯面上各点的 $\boldsymbol{E}$ 为零，则面内的自由电荷及极化电荷总量分别为零；

(4) 高斯面的电位移通量仅与面内自由电荷的总量有关。

12-6 (1) 一导体球上不带电，其电容是否为零？(2) 当平行板电容器的两极板上分别带上等值同号电荷时，与当平行板电容器的两极板上分别带上同号不等值的电荷时，其电容值是否不同？

12-7 (1) 将平行板电容器的两极板接上电源以维持其间电压不变，用相对电容率为 ε_r 的均匀电介质填满极板间，极板上的电荷量为原来的几倍？电场为原来的几倍？(2) 若充电后切断电源，然后再填满介质，情况又如何？

习　　题

一、选择题

12-1 将一带正电的物体 A 从远处移到一个不带电的导体 B 附近，导体 B 的电势将(　　)。

(A) 升高　　(B) 降低

(C) 不会发生变化　　(D) 无法确定

12-2 如图所示，将一个电荷量为 q 的点电荷放在一个半径为 R 的不带电导体球附近，点电荷距导体球球心为 d，设无限远处为电势零点，则导体球心 O 点的场强和电势为(　　)。

(A) $E=0, V=\dfrac{q}{4\pi\varepsilon_0 d}$

(B) $E=\dfrac{q}{4\pi\varepsilon_0 d^2}, V=\dfrac{q}{4\pi\varepsilon_0 d}$

(C) $E=0, V=0$

(D) $E=\dfrac{q}{4\pi\varepsilon_0 d^2}, V=\dfrac{q}{4\pi\varepsilon_0 R}$

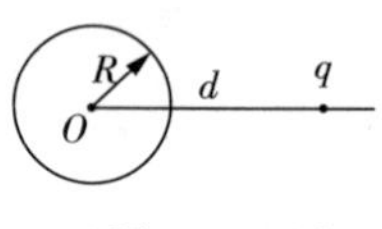

习题 12-2 图

12-3 如图所示，绝缘的带电导体上 a,b,c 三点，电荷密度是(　　)。

(A) a 点最大

(B) b 点最大

(C) c 点最大

(D) 一样大

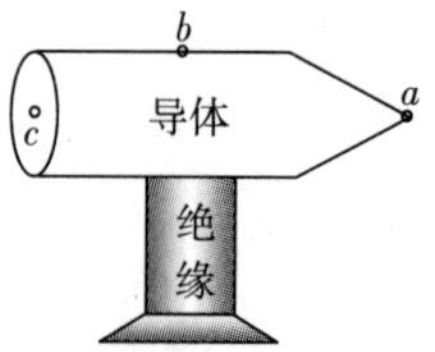

习题 12-3 图

12-4 对于带电的孤立导体球，则有(　　)。

(A) 导体内的场强与电势大小均为零

(B) 导体内的场强为零，而电势为恒量

(C) 导体内的电势比导体表面高

(D) 导体内的电势与导体表面的电势高低无法确定

12-5 根据电介质中的高斯定理,在电介质中电位移矢量沿任意一个曲面的积分等于这个曲面所包围自由电荷的代数和。下列推论正确的是( )。

(A) 若电位移矢量沿任意一个曲面的积分等于零,曲面内一定没有自由电荷

(B) 若电位移矢量沿任意一个曲面的积分等于零,曲面内电荷的代数和一定为零

(C) 介质中的高斯定理表明电位移矢量仅仅与自由电荷的分布有关

(D) 介质中的电位移矢量与自由电荷和极化电荷的分布有关

12-6 对于各向同性的均匀电介质,下列概念正确的是( )。

(A) 介质充满整个电场且自由电荷的分布不变化时,介质中的场强为真空中场强的 $1/\varepsilon_r$ 倍

(B) 电介质中的场强一定等于没有介质时该点场强的 $1/\varepsilon_r$ 倍

(C) 介质充满整个电场时,介质中的场强为真空中场强的 $1/\varepsilon_r$ 倍

(D) 电介质中的场强一定等于没有介质时该点场强的 ε_r 倍

12-7 如果在空气平行板电容器的两极板间平行地插入一块与极板面积相同的金属板,则由于金属板的插入及其相对于极板所放的位置的不同,对电容器电容的影响为( )。

(A) 使电容减少,但与金属板相对极板所放的位置无关

(B) 使电容减少,且与金属板相对极板所放的位置有关

(C) 使电容增大,但与金属板相对极板所放的位置无关

(D) 使电容增大,且与金属板相对极板所放的位置有关

二、填空题

12-8 在无外电场时,分子中正、负电荷的中心重合的分子称________,正、负电荷的中心不重合的分子称________,在有外电场时,分子的正、负电荷的中心发生相对位移或取向扭转,形成________。

12-9 一"无限大"均匀带电平面 A,其附近放一与它平行的有一定厚度的"无限大"平面导体板 B,如图所示。已知 A 上的电荷面密度为 $+\sigma$,则在导体板 B 的两个表面 1 和 2 上的感应电荷面密度分别为:σ_1 = ________;σ_2 = ________。

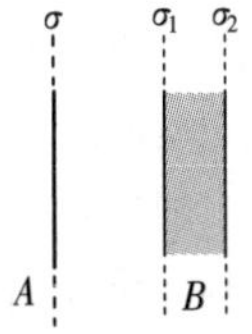

习题 12-9 图

12-10 在平行板电容器 C_0 的两板间平行地插入一厚度为两极板距离一半的金属板,则电容器的电容 C = ________。

12-11 半径分别为 R 和 r 的两个弧立球形导体($R>r$),它们的电容之比 C_R/C_r 为________,若用一根细导线将它们连接起来,并使两个导体带电,则两导体球表面电荷面密度之比 σ_R/σ_r 为________。

12-12 一平行板电容器,极板面积为 S,极板间距为 d,充满介电常数为 ε 的均匀介质,接在电源上,并保持电压恒定为 U,则电容器中静电能 W_0 = ________;若将极板间距拉大一倍,那么电容器中静电能 W = ________。

三、计算题

12-13 三个平行的金属板 A,B,C 面积都是 200 cm^2,A,B 相距 4.0 mm,A,C 相距 2.0

mm,B,C两板都接地,如图所示,若A板带正电3.0×10^{-7} C,略去边缘效应。

(1) 问B板和C板上的感应电荷各为多少?

(2) 以地为电势零点,求A板的电势。

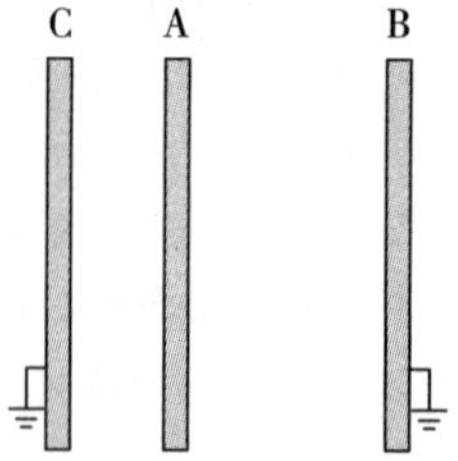

习题 12－13 图

12－14　两个电容相同的平行板电容器,串联后接入电动势为ε的电源,若不切断电源在第二个电容器中充以相对电容率$\varepsilon_r=7$的电介质,那么第一个电容器两极板间的电势差将改变多少倍?

12－15　两个相同的电容器并联后,用电压为U的电源充电后切断电源,然后在一个电容器中充满相对电容率为ε_r的电介质,求:此时极板间的电势差。

12－16　如图,半径$R=0.10$ m的导体球带有电荷,导体球外有两层均匀介质,一层介质的相对电容率为$\varepsilon_r=5.0$,厚度为$d=0.10$m,另一层介质为空气,充满其余空间。求:

(1) 离球心$r=0.05$ m,0.15 m,0.25 m处的场强$\boldsymbol{E}$的大小和电位移矢量$\boldsymbol{D}$的大小;

(2) 离球心$r=0.05$ m,0.15 m,0.25 m处的电势V;

(3) 极化电荷面密度σ'。

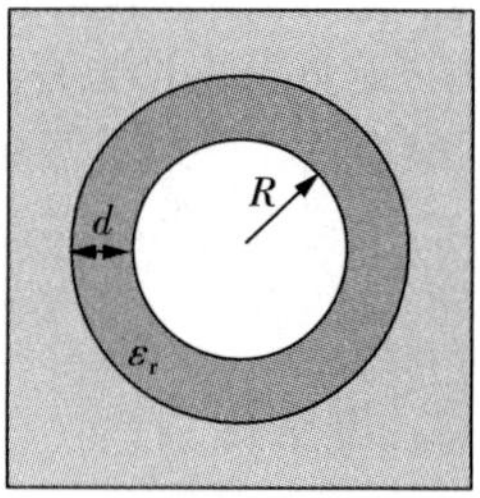

习题 12－16 图

12－17　半径为R_1的长直导线外套有橡胶绝缘护套,护套的外半径为R_2,相对电容率为ε_r;设沿轴线单位长度上导线的电荷密度为λ,求:介质层内的电位移矢量$\boldsymbol{D}$,电场强度$\boldsymbol{E}$和电极化强度$\boldsymbol{P}$。

12－18　一平行板电容器的电容为100 pF,极板的面积为100 cm^2,极板间充满相对电容率为5.4的云母电介质,当极板上电势差为50 V时,求:(1) 云母中的电场强度大小;(2) 电容器极板上的自由电荷;(3) 云母电介质面上的极化面电荷。

12－19　两块平行板,面积各为100 cm^2,板上带有8.9×10^{-7} C的等值异号电荷,两板间充以电介质。已知电介质内部电场强度为1.4×10^6 V/m,求:(1) 电介质的相对电容率;(2) 电介质面上的极化面电荷。

12－20　面积为S的平行板电容器,两板间距为d,如图所示。(1) 如中间插入厚度为$d/3$,相对介电常数为ε_r的电介质,其电容量变为原来的多少倍?(2) 如中间插入厚度为$d/3$的导电板,其电容量又变为原来的多少倍?

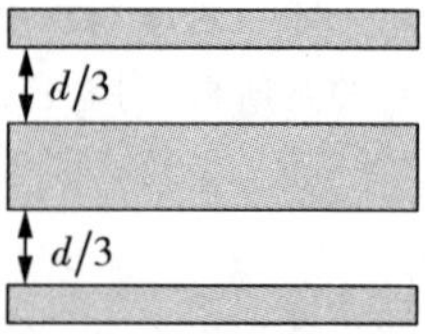

习题 12－20 图

12－21　如图(a) 所示,一空气平行板电容器,两极板的面积为S,相距为d。将一厚度为$d/2$、面积为S、相对介电常数为ε_r的电介质板平行地插入电容器,忽略边缘效应,试问:

(1) 插入电介质板后的电容变为原来电容C_0的多少倍?

(2) 如果平行插入的是与介质板厚度、面积均相同的金属板则又如何?

(3) 如果平行插入的是厚度为t、面积为$S/2$的介质板,位置如图(b) 所示,电容变为多少?

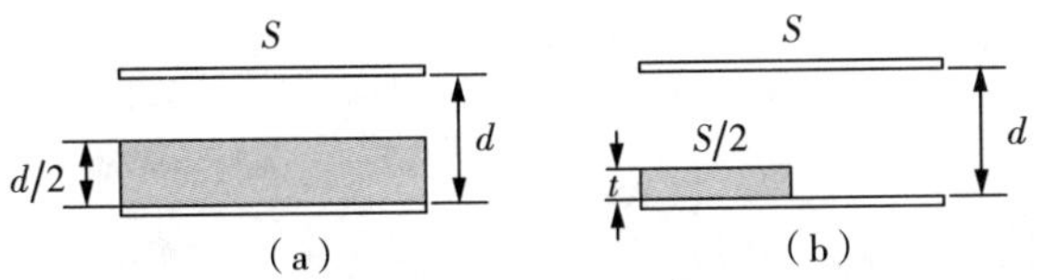

习题 12 - 21 图

12 - 22　在点 A 和点 B 之间有五个电容器，其连接如图所示。

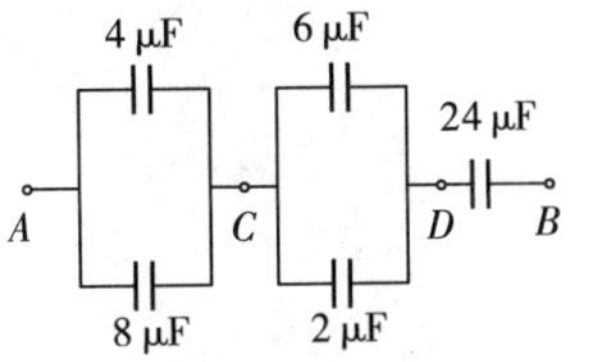

习题 12 - 22 图

(1) 求 A,B 两点之间的等效电容；

(2) 若 A,B 之间的电势差为 12 V，求 U_{AC},U_{CD} 和 U_{DB}。

12 - 23　如图所示，一个空气平板电容器极板的面积为 S，间距为 d，保持极板两端充电电源电压 U 不变，求：

(1) 充足电后，求电容器极板间的电场强度 $\boldsymbol{E}_0$ 的大小，电容 C_0 和极板上的电荷 Q_0；

(2) 将一块面积相同，厚度为 $\delta(\delta < d)$，相对电容率为 ε_r 的玻璃板平行插入极板间，求极板上的电荷 Q_1，玻璃板内的电场强度 $\boldsymbol{E}_1$ 的大小和电容器的电容 C_1；

(3) 将上述的玻璃板换成同样大小的金属板，求金属板内的电场强度 $\boldsymbol{E}_2$ 的大小，电容器的电容 C_2 和极板上的电荷 Q_2。

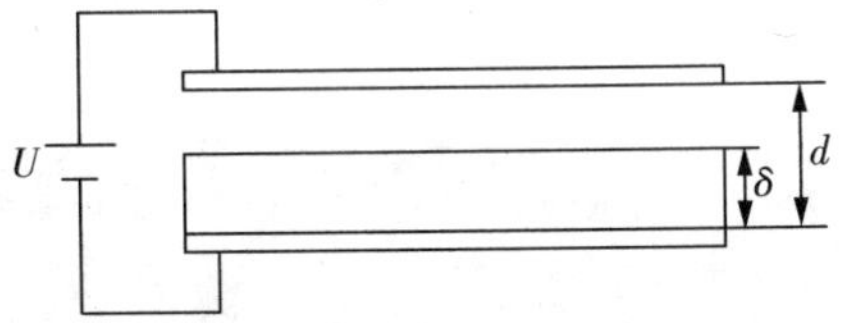

习题 12 - 23 图

12-24　一个空气平板电容器极板的面积为 S，间距为 d，充电至带电 Q 后与电源断开，然后用外力缓缓将两级间距拉开至 $2d$，求：(1) 电容器能量的改变；(2) 此过程中外力所做的功。

12-25　一空气平行板电容器，极板面积为 S，两极板之间距离为 d，接到电源上以维持两极板间电势差 U 不变。今将两极板距离拉开到 $2d$，试计算外力所做的功。

12-26　半径为2.0 cm的导体球，外套有同心的导体球壳，壳的内外半径分别为4.0 cm和5.0 cm，球与壳之间是空气，壳外也是空气，当内球带电荷 $Q = 3.0 \times 10^{-3}$ C时，求该系统储存的电能？

12 - 27　一个圆柱形电容器，内圆柱半径为 R_1，外圆柱半径为 R_2，长为 $L(L \gg R_2 - R_1)$，两圆筒间充有两层相对介电常数分别为 ε_{r_1} 和 ε_{r_2} 的各向同性均匀电介质，其分界面半径为 R，如图所示。设内、外圆筒单位长度上带电荷(即电荷线密度) 分别为 λ 和 $-\lambda$。求：(1) 电容器的电容；(2) 电容器储存的能量。

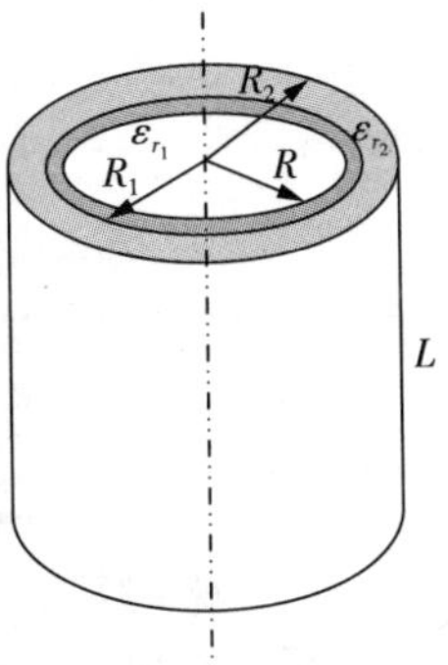

习题 12 - 27 图

壁虎脚趾的精巧的结构能产生巨大的分子引力。壁虎利用每根刚毛分子间产生的较弱的电性吸引力(也就是所谓范德瓦尔斯力)粘在墙上。目前,美国国防高级研究计划局(DARPA)的Z-Man Project计划,正在研发可爬墙的“壁虎手套”!

现实版“壁虎手套”已经应用到金属外壳烟囱维修中。维修工作人员可以采用电磁控制的手套和鞋子,通过控制电流来控制磁场,从而自由地攀爬。通过本章的学习可以解释其中的道理。

第十三章　恒定电流的磁场

上一章中，我们介绍了静止电荷周围存在着静电场，运动电荷周围不仅存在电场，还存在磁场。磁场是运动电荷的一种属性，磁性起源于电流（运动电荷）。本章研究由恒定电流所激发的稳恒磁场的性质和规律，着重讨论毕奥-萨伐尔定律、磁场的高斯定理、安培环路定理及其应用。

§13－1　恒定电流　电动势

一、恒定电流

通过对金属导体微观结构的研究发现：金属导体中有大量的自由电子存在，它们总是不停地做着无规则的热运动，并且沿各方向运动的概率是相等的。因此，在达到静电平衡时，导体内没有电荷做定向运动，也就没有形成电流。但是当导体两端存在一定的电势差时，就会在导体内出现电场，这样导体内的自由电子除做热运动外，还要在电场力作用下做宏观的定向运动，而电荷在空间的定向运动就形成了电流。在外电场的作用下定向运动的带电粒子称为**载流子**。在金属导体中载流子是自由电子；在电解液导体中载流子是正、负离子；在电离的气体中载流子是正、负离子和电子。在本章中，我们主要讨论金属导电的情形。

导体中自由电子定向移动就会形成电流，但是电流看不见、摸不着，我们可以取截面积为 S 的一段导体，假设 $\mathrm{d}t$ 时间内有电荷 $\mathrm{d}q$ 通过此截面，这时，定义导体中电流强度 I 的大小为

$$I=\frac{\mathrm{d}q}{\mathrm{d}t} \tag{13-1}$$

电流强度是标量，但电流也有正、负之分，是代数量。电流的正、负是相对于预先规定的方向来确定的，与规定方向具有相同流向的电流为正，与规定方向相反流向的电流为负。实际研究中，习惯上用正载流子的流动方向代表电流的方向。

电流强度反映的是单位时间内载流子通过导体横截面的状况，不涉及载流子

穿越该横截面各处的细节。如果导体的粗细不均匀,在较大截面上各处和较小截面上各处载流子的分布状况显然是不同的。为了描述电流的分布,需要引入另一个物理量,即电流密度 $\boldsymbol{\delta}$。电流密度是矢量,它的大小和方向规定如下:导体中任意一点电流密度 $\boldsymbol{\delta}$ 的方向为通过该点的正电荷的运动方向;大小等于单位时间内通过该点并垂直于正电荷运动方向的单位面积的电荷量。

设导体内自由电子的体密度为 ρ,粒子数密度为 n,其平均漂移速度为 $\boldsymbol{v}_d$。在导体内取一面积元 ΔS,且此面积元与 $\boldsymbol{v}_d$ 垂直。于是,在时间间隔 Δt 内,在长为 $v_d\Delta t$、截面积为 ΔS 的柱体内的自由电子都要通过此截面,如图 13-1 所示,即有 $nv_d\Delta t\Delta S$ 个电子通过 ΔS,则该点的电流密度为

$$\boldsymbol{\delta}=nq\,\boldsymbol{v}_d=\rho\,\boldsymbol{v}_d \tag{13-2}$$

当 q 或 ρ 为正值时,$\boldsymbol{\delta}$ 的方向与 $\boldsymbol{v}_d$ 的方向相同,反之则相反。

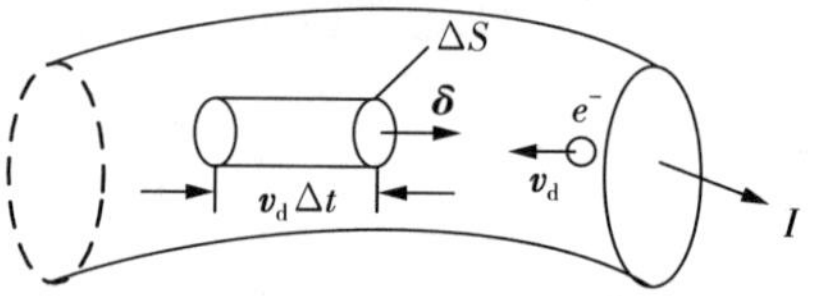

图 13-1 电流密度与漂移速度的关系

由于电流密度和电流强度这两个物理量都是用来描述电荷运动的,因此它们之间必然存在着一定的联系,经过严格推导可以得出:通过导体上任一截面的电流强度和电流密度之间满足的关系为

$$I=\int_S \boldsymbol{\delta}\cdot \mathrm{d}\boldsymbol{S}=\int_S nq\boldsymbol{v}_d\cdot \mathrm{d}\boldsymbol{S}=nqv_dS \tag{13-3}$$

如果要在导线中维持一个各点电流密度的大小和方向都不随时间变化的恒定电流,就必须在导线内建立一个不随时间变化的恒定电场,这就要求激发电场的电荷分布不随时间变化。根据电荷守恒定律可以得出在导体中维持恒定电流的条件是

$$\oint_S \boldsymbol{\delta}\cdot \mathrm{d}\boldsymbol{S}=0 \tag{13-4}$$

此式表明,电流分布恒定时,在导体内流入任一闭合曲面的电荷量等于流出的电荷量,即导体内各处电荷分布不变,式(13-4)为形成恒定电流的条件。本章我们主要讨论的就是恒定电流的磁场。

二、电动势

在一般的导体中，若没有电场存在，载流子只做热运动，不能形成电流。若存在电场，载流子受电场力将做定向运动从而形成电流（前提是能够形成闭合回路），不过这个电场不应该是静电场，因为静电场作用于导体时，导体最终会达到静电平衡状态，此时导体内部电场将消失，因此电流只能维持短暂的瞬间。要在导体内形成恒定的电流，就必须在导体内部建立一个恒定的非静电性电场，而电源就能起到这样的作用，它实际上是把其他形式的能量转化成电场能的一种装置，这种能量的转化过程是借助于非静电力做功实现的。

为了描述电源将其他形式的能量转化成电能的能力，我们引入电动势这一物理量。单位正电荷绕闭合回路一周，非静电力所做的功即等于电源的电动势：

$$\varepsilon = \frac{A}{q} = \oint_L \boldsymbol{E}_k \cdot d\boldsymbol{l} \tag{13-5}$$

其中，$\boldsymbol{E}_k$ 表示非静电性电场强度，它只存在于电源的内部。电源电动势的大小，也等于把单位正电荷从电源负极经电源内部移至正极时非静电力所做的功，因为在外电路上非静电性电场强度 $\boldsymbol{E}_k = \boldsymbol{0}$。电动势的方向是从电源负极经电源内部指向正极。在下一章中，我们所讨论的切割磁场线运动的导体相当于运动的电源，此时，在运动的导体内部非静电性电场强度 $\boldsymbol{E}_k \neq \boldsymbol{0}$。

电动势是标量，其大小只取决于电源本身的性质。一定的电源具有一定的电动势，而与外电路无关。

§13-2　基本磁现象

磁现象的发现比电现象要早得多，有关磁现象早在战国时期就有记载。东汉时期，王充在《论衡》中对司南勺（图 13-2）的描述是最早的指南器具。我们把能够吸引铁、钴、镍等物质的物体称为磁体。

现在使用的磁体都是人工制造的。磁体具有磁性，磁体上磁性特别强的地方称为磁极。图 13-3 所示是条形磁铁，它的两端磁性特别强，所以它的两端是磁极，磁极可分为南极（S）和北极（N），磁极总是成对出现，到目前为止还没有发现磁单极的粒子。

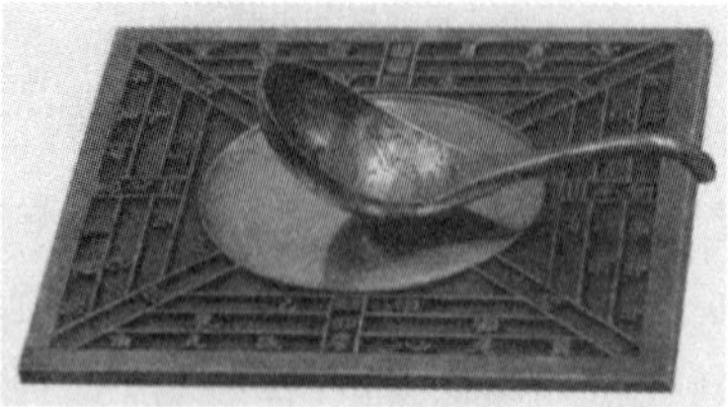

图 13-2　司南勺

图 13-3　条形磁铁

在现代生产和日常生活中磁现象应用也很多,如:电子射线、回旋加速器、质谱仪、真空开关等都利用了磁场。在工业上,把线圈绕在铁芯上通入电流以形成电磁铁,用它所激发的磁场从杂物中捡出金属碎片(见图 13-4)。又如,家中通过小块永久磁体所激发的磁场把纸条固定在冰箱上的冰箱贴,黑板上固定挂图的小磁扣等,磁现象可以说是无处不在。

图 13-4　电磁铁收集并转移金属碎片

人们对磁现象和电现象的研究开始时是分开的,发现电、磁现象之间存在着相互联系的事实,应归功于丹麦物理学家奥斯特。他在实验中发现,通有电流的导线(也叫载流导线)附近的磁针会受力偏转。1820 年 7 月 21 日,他在题为《电流对磁针作用的实验》小册子里公布了这个发现。这个事实表明电流对磁铁有作用力,电流和磁铁一样,也产生磁现象。

1820 年 8 月,奥斯特又发表了第二篇论文,他指出:放在马蹄形磁铁两极间的载流导线也会受力运动。这个实验说明磁铁对运动的电荷有作用力。

1820 年 9 月，法国人安培报告了通有电流的直导线间有相互作用的发现，并在 1820 年年底从数学角度给出了两平行导线相互作用力的公式。他认为任何物质中的分子都存在回路电流，称为**分子电流**，分子电流相当于基本磁元。物质对外显示出的磁性就是分子电流在外界作用下有序排列的结果。现代物理理论和实验都证明了安培假说的正确性。

综上可知，电流是一切磁现象的根源。

§13－3　磁感应强度　稳恒磁场的高斯定理

一、磁场

静止电荷激发静电场，运动电荷不仅激发电场还激发磁场。在电磁场中，静止电荷只受到电场力的作用，而运动电荷除了受到电场力作用，还受到磁力的作用。

实验表明，磁体、载流导线及运动电荷之间存在相互作用力，简单地说有下列规律：

(1) 磁体与磁体间存在相互作用力；同名磁极相互排斥，异名磁极相互吸引。

(2) 载流导线与载流导线间存在相互作用力；同向平行电流导线相互吸引，反向平行电流导线相互排斥。

(3) 运动电荷与运动电荷间存在相互作用力；同向平行运动的同种电荷相互吸引，反向平行运动的同种电荷相互排斥。同向平行运动的异种电荷相互排斥，反向平行运动的异种电荷相互吸引。

除了上述同类物体之间的相互作用，磁体与载流导线间、磁体与运动电荷间、载流导线与运动电荷间都存在相互作用，通常这些作用都非常复杂。

磁体、载流导线及运动电荷之间的相互作用力是通过磁场来传递的，所以磁力也称为磁场力。

磁场和电场一样，也是客观存在的一种特殊的物质。磁场的物质性表现在磁场中的磁体、载流导线和运动电荷通常受到磁场力的作用，磁场力也会做功，磁场具有能量。

铁粉撒在磁体周围，能显示出磁体周围的磁场。图 13－5(a) 显示了条形磁铁周围的磁场，图 13－5(b) 显示了两个异名磁极周围的磁场，图 13－5(c) 显示了两个同名磁极周围的磁场。通常用磁感应强度来描述磁场。

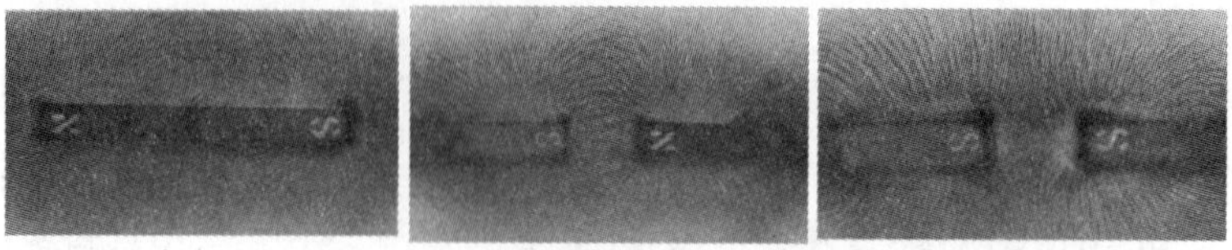

(a) (b) (c)

图 13-5 用铁粉显示磁体周围的磁场

二、磁感应强度

在静电场中,我们用电场强度矢量 $\boldsymbol{E}$ 来描述电场力的性质,把单位正电荷所受的电场力定义为电场强度。在恒定电流的磁场中,我们也可以用类似的方法来定义磁感应强度矢量 $\boldsymbol{B}$,磁感应强度在磁场中的地位与电场强度在电场中的地位相当,但在定义上要复杂得多。现在我们根据运动电荷在磁场中受力的特点来详细介绍磁感应强度的定义过程。

实验表明,运动电荷在磁场中受力有以下特点:

(1) 运动电荷沿某一个特定方向运动时,不受磁场力,沿这一个特定方向的反方向运动时,也不受磁场力,如图 13-6 所示。

(2) 沿垂直于上述特定方向运动时,运动电荷所受磁场力数值最大,如图 13-7 所示。

(3) 运动电荷在磁场中通常会受到磁场的作用力,磁场力矢量与运动电荷的电量、速度矢量及运动电荷所在处的磁场有关。

(4) 运动电荷受到磁场力的方向始终与电荷运动方向垂直。

(5) 沿同一方向通过磁场中同一点时,正、负电荷所受磁场力方向相反。

如图 13-8 所示,电荷量为 q_0 的试验电荷(一般取正),以同一速率 v 沿不同方向通过磁场中某一点 p。沿某一特定方向(图中 x 轴方向) 运动时,试验电荷不受力,则 p 点的磁场方向平行于这个特定方向。试验电荷沿垂直于特定方向(图中 y 轴方向) 运动时,所受磁场力最大,记作 $\boldsymbol{F}_{\max}$(图中的力沿 z 轴的负方向),实验表明这个最大磁场力正比于试验电荷电量与速率的乘积,即

$$F_{\max} \propto q_0 v \tag{13-6}$$

我们定义式(13-6) 的比例系数为磁感应强度 $\boldsymbol{B}$ 的大小,即

$$B = \frac{F_{\max}}{q_0 v} \tag{13-7}$$

研究发现,当运动的试探电荷以不同的入射角度或不同运动速度进入同一磁场时,受力情况可能并不相同,此时可用洛仑兹力公式表示:$\boldsymbol{F} = q\boldsymbol{v} \times \boldsymbol{B}$。

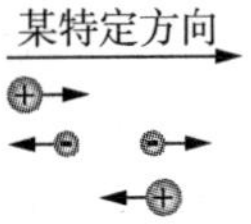

图 13－6　电荷沿特定方向运动时，不受力

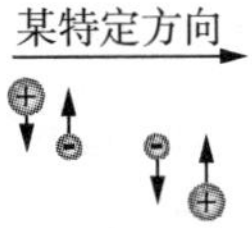

图 13－7　电荷沿垂直于特定方向运动时，受力最大

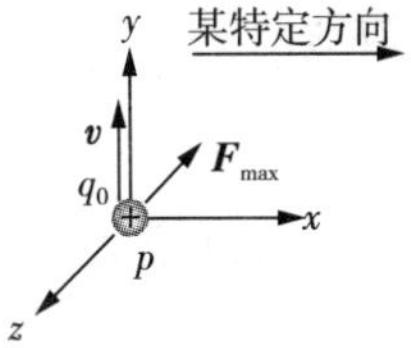

图 13－8　磁感应强度定义

磁感应强度大小决定于该点磁场本身的强弱，与试验电荷的电量 q_0 及试验电荷的运动速率 v 无关。磁感应强度的方向定义为由正电荷受到最大磁场力 $\boldsymbol{F}_{max}$ 与运动速度$\boldsymbol{v}$的矢量积（叉积）的方向，即$\boldsymbol{F}_{max}\times\boldsymbol{v}$的方向（如图13－9所示，沿 x 轴方向可用右手螺旋法则确定），该方向实际上与运动电荷不受力时的运动方向平行。

一般情况下，磁场中的磁感应强度大小、方向处处都不相同。如果在某些特定区域内，磁感应强度大小、方向处处相同，该区域的磁场称为**均匀磁场**或**匀强磁场**。

磁感应强度是描述磁场性质的一个基本物理量，在国际单位制中，磁感应强度的单位是特斯拉（T），工程上常用的单位还有高斯（Gs），1 Gs＝10^{-4} T。测量磁感应强度的专用仪器叫特斯拉计（或高斯计），图 13－10 所示为便携式特斯拉计。地面附近的地球磁场大约为 5×10^{-5} T，大型电磁铁附近的磁场约为 2 T，超导磁体附近的磁场可达 25 T，脉冲星约为10^{8} T。

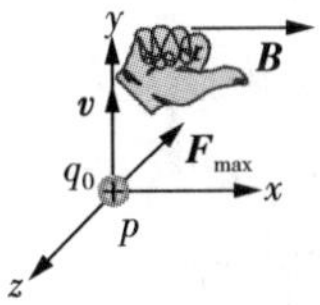

图 13－9　磁感应强度定义

图 13－10　特斯拉计

与电场强度一样，磁感应强度也遵守矢量叠加原理。各磁体、载流导线和运动电荷在空间激发的总磁感应强度等于各磁体、载流导线和运动电荷单独存在时激发的磁感应强度的矢量和，这个规律称为**磁感应强度的叠加原理**，是磁场的基本性质之一。磁感应强度的叠加原理可以写成数学表达式

$$\boldsymbol{B}=\sum\boldsymbol{B}_i \tag{13-8}$$

三、磁感应线

在描述电场时，为了形象直观地描述电场分布，引入了电场线这一辅助概念。同样，为了形象直观地描述磁场的分布，我们也可以引入磁感应线这一辅助概念。在磁场中画出一系列带箭头的曲线，这些曲线上任意一点的切线方向与该点的磁感应强度方向相同，曲线箭头的指向表示磁场的方向，这些曲线称为**磁感应线**，或称为 $\boldsymbol{B}$ 线。图 13－11 所示的曲线是磁感应线，p 是磁感应线 $\widehat{apb}$ 上的任意一点，p 点的磁场方向（即磁感应强度的方向）沿该点的切线方向。

为了让磁感应线能够表示磁感应强度的大小，我们再规定在磁场中某点附近垂直于磁场方向的单位面积上所通过的磁感应线条数等于该处的磁感应强度大小。做了这样规定后，磁感应线密的地方磁感应强度数值就大，磁感应线疏的地方磁感应强度数值就小。

如图 13－12 所示，在磁场中任意一点 p 处，垂直磁场方向取任意无限小面积元 $dS_\perp$，通过面积元 $dS_\perp$ 的磁感应线条数为 dN。按照磁感应线疏密的规定，该面积元上单位面积的磁感应线条数就等于该处磁感应强度大小 B，即

$$B=\frac{dN}{dS_\perp} \tag{13-9}$$

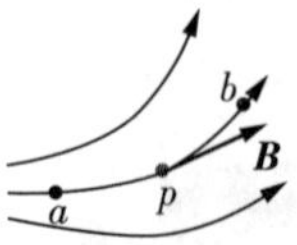

图 13－11　磁感应线

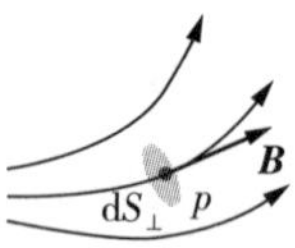

图 13－12　磁感应线密度

根据磁感应线疏密的规定，我们可以直观地从磁感应线图上看出磁场中磁感应强度大小的分布。从图 13－13 中磁感应线分布可以看出，a 点处的磁感应线比 b 点处的密，所以 a 点处磁感应强度数值比 b 点处的大。

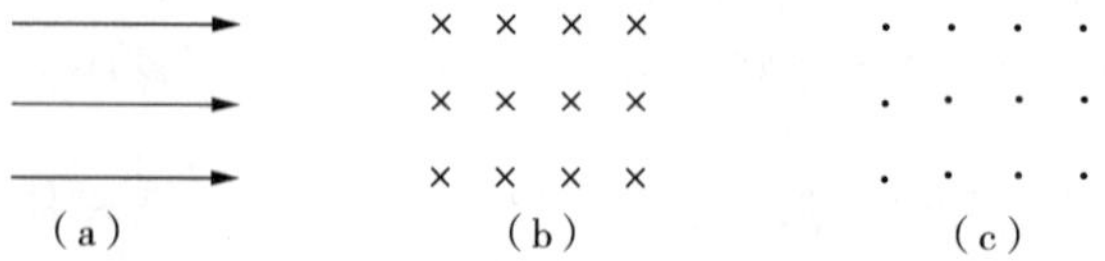

图 13－13　匀强磁场

一般情况下，磁感应线是一系列的曲线。对于均匀磁场（匀强磁场）来说，磁感应线是一系列平行的等间距的直线。图 13－13(a) 所示表示磁感应强度方向沿纸平面内水平向右的均匀磁场，图 13－13(b) 所示表示磁感应强度方向垂直于纸平面

向内的匀强磁场，图 13-13(c) 所示表示磁感应强度方向垂直于纸平面向外的匀强磁场。

磁感应线可以直接用实验的方法显示出来。如图 13-14 所示，将通电螺线管放置在表面光滑的薄板上，在薄板上均匀地撒一薄层铁粉，轻轻敲几下，铁粉就会按磁感应线排列。图 13-15 所示是用铁粉显示的载流直导线的磁感应线。

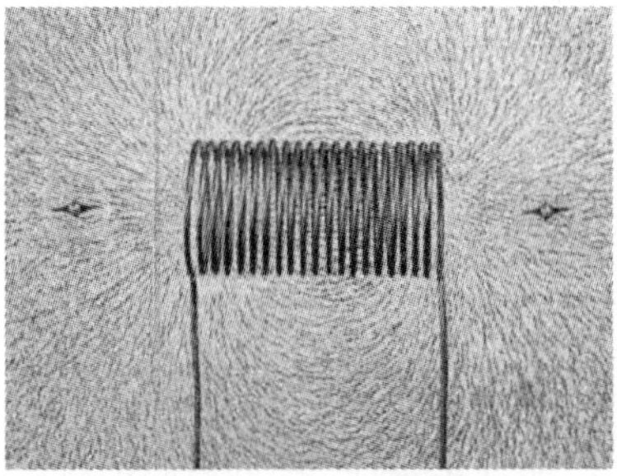

图 13-14　铁粉显示通电螺线管的磁感应线

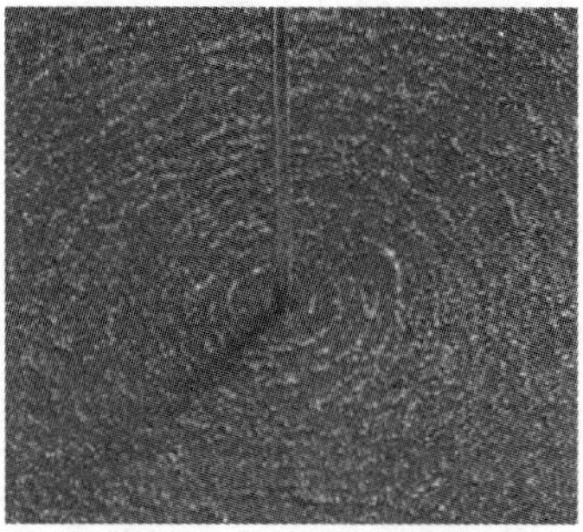

图 13-15　铁粉显示载流直导线的磁感应线

恒定电流周围的磁感应线有以下特点：

(1) 磁感应线都是闭合曲线，没有起点也没有终点，中途不会中断。

(2) 磁感应线的方向与电流方向成右手螺旋关系。

(3) 任意两条磁感应线不会相交。

图 13-16 所示是载流长直导线垂直于导线平面内的磁感应线，这些磁感应线是以直导线为圆心的同心圆。

图 13-17 显示了载流导线周围的磁感应线与电流方向的右手螺旋关系。用右手四指握住导线，大拇指指向沿导线电流方向，则四指指向就是导线周围附近磁感应线的绕向。

应当注意，运动电荷在磁场中受到的磁场力并不是沿着磁场方向，而是垂直于磁场方向。当运动电荷在磁场力作用下运动时，电荷并不一定沿磁感应线运动，所以磁感应线并不是运动电荷在磁场中的运动轨迹。

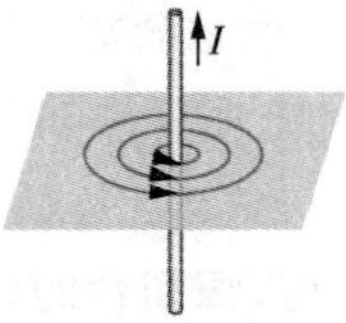

图 13-16　载流长直导线周围的磁感应线

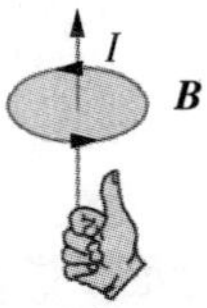

图 13-17　磁感应线与电流方向的右手螺旋关系

四、高斯定理

在静电场中,电场线条数对应电通量。在恒定电流的磁场中,通过某一面的磁感应线条数称为该面对应的磁通量,用 Φ_m 表示,SI 制中磁通量单位为 Wb(韦伯)。

1. ***B*** 均匀情况

(1) 平面 ***S*** 与 ***B*** 垂直,此时面的法向方向 ***n*** 与 ***B*** 平行,如图 13-18 所示,可知:$\Phi_m = \boldsymbol{BS}$。

(2) 平面 ***S*** 与 ***B*** 夹角 θ,如图 13-19,可知:$\Phi_m = BS_\perp = BS\cos\theta = \boldsymbol{B}\cdot\boldsymbol{S}(\boldsymbol{S}=S\boldsymbol{n})$。

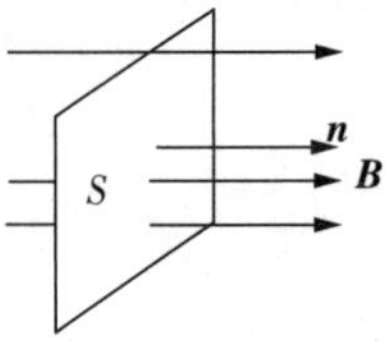

图 13-18 磁感应强度方向与面的法向方向平行

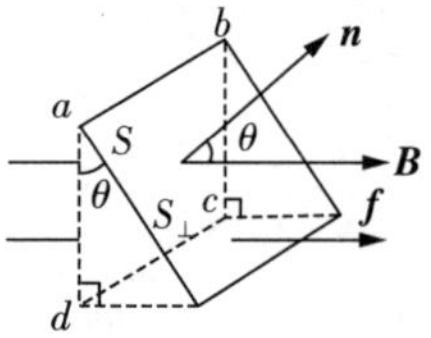

图 13-19 磁感应强度方向与面的法向方向有一定夹角

2. ***B*** 任意情况

如图 13-20 所示,在 S 上取面元 d***S***,d***S*** 可看成平面,d***S*** 上 ***B*** 可视为均匀,***n*** 为 d***S*** 法向向量,通过 d***S*** 的磁通量为 $\mathrm{d}\Phi_m = \boldsymbol{B}\cdot\mathrm{d}\boldsymbol{S}$,通过 S 上磁通量为

$$\Phi_m = \int \mathrm{d}\Phi_m = \iint_S \boldsymbol{B}\cdot\mathrm{d}\boldsymbol{S} \quad (13-10)$$

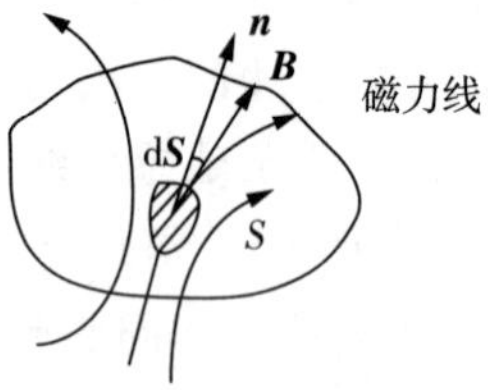

图 13-20 不均匀磁场的磁通量

对于闭合曲面,因为磁力线是闭合的,所以穿入闭合面和穿出闭合面的磁力线条数相等,故 $\Phi_m = 0$,即

$$\oint_S \boldsymbol{B}\cdot\mathrm{d}\boldsymbol{S} = 0 \quad (13-11)$$

式(13-11)是表示磁场重要特性的公式,称为**磁场的高斯定理**。在这里,此定理只当作实验结果来研究,但是可以从磁场的基本定律和场的叠加原理严格证明。

稳恒磁场的高斯定理说明磁感应线是无头无尾,恒闭合的,是一个无源场。

这个性质与电场的高斯定理 $\oint_S \boldsymbol{E}\cdot\mathrm{d}\boldsymbol{S} = \dfrac{\sum q_i}{\varepsilon_0}$ 相对应,反映了稳恒磁场和静电场是两类不同特性的场。

§13－4　毕奥-萨伐尔定律

之前求带电体场强时，我们把带电体看成是由许多电荷元组成的，写出电荷元的场强表达式之后，用叠加法求整个带电体的场强。求载流导线的磁感应强度的方法与此类似，把载流导线看作是由许多电流元组成的，如果已知电流元产生的磁感应强度，用叠加法（实验表明叠加法成立）便可求出整个线电流的磁感应强度。电流元的磁感应强度由毕奥-萨伐尔定律给出，这条定律是拉普拉斯把毕奥、萨伐尔等人的实验资料加以分析和总结得出的，故亦称**毕奥-萨伐尔-拉普拉斯定律**。

一、运动电荷的磁场

在静电场中，点电荷所激发电场的电场强度表达式为

$$\boldsymbol{E}_q=\frac{1}{4\pi\varepsilon_0}\frac{q}{r^2}\boldsymbol{e}_r \tag{13-12}$$

式(13－12)中，q 是点电荷的电荷量，$\boldsymbol{r}$ 是点电荷 q 指向场点 p 的位置矢量，r 是位置矢量的大小（点电荷 q 到场点 p 的距离），$\boldsymbol{e}_r$ 是位置矢量 $\boldsymbol{r}$ 的单位矢量。如图 13－21 所示，$\boldsymbol{E}_q$ 的方向是正点电荷 q 所激发的电场强度方向，如果是负点电荷，电场强度方向与图中反向。

如果点电荷 q 不是静止的，而是以速度 $\boldsymbol{v}$ 运动，如图 13－22 所示，点电荷在 p 点处不仅激发电场还会激发磁场。p 点的电场强度 $\boldsymbol{E}_q$ 用式(13－12)表示，p 点的磁感应强度 $\boldsymbol{B}_q$ 表达式与式(13－12)很相似。

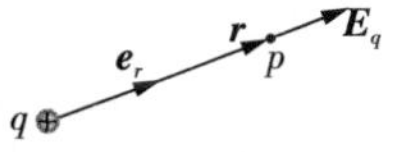

图 13－21　点电荷的电场

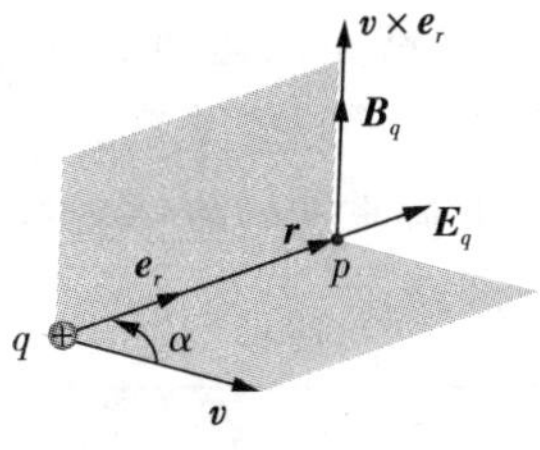

图 13－22　运动正点电荷的电场和磁场

实验表明，p 点的磁感应强度 $\boldsymbol{B}_q$ 的大小跟运动电荷电量与速率的乘积 qv 成正比，跟速度矢量 $\boldsymbol{v}$ 与位置矢量 $\boldsymbol{r}$ 夹角 α 的正弦 $\sin\alpha$ 成正比，跟点电荷 q 到场点 p 的距离 r 的平方成反比。p 点处磁感应强度大小 B_q 的数学表达式为

$$B_q = \frac{\mu_0}{4\pi} \frac{qv\sin\alpha}{r^2} \tag{13-13}$$

μ_0 称为**真空中的磁导率**,在国际单位制中,$\mu_0 = 4\pi \times 10^{-7}$ T·m/A。

磁感应强度 $\boldsymbol{B}_q$ 的方向垂直于速度$\boldsymbol{v}$ 与单位矢量 $\boldsymbol{e}_r$ 所构成的平面,即沿平行于 $\boldsymbol{v}\times\boldsymbol{e}_r$ 的方向。$\boldsymbol{v}\times\boldsymbol{e}_r$ 的方向可以用右手螺旋法则确定,如图 13-23 所示。正点电荷 q 在 p 点激发的磁感应强度$\boldsymbol{B}_q$ 方向与$\boldsymbol{v}\times\boldsymbol{e}_r$ 的方向相同,负点电荷 q 在 p 点激发的磁感应强度 $\boldsymbol{B}_q$ 方向与$\boldsymbol{v}\times\boldsymbol{e}_r$ 的方向相反,如图 13-24 所示。

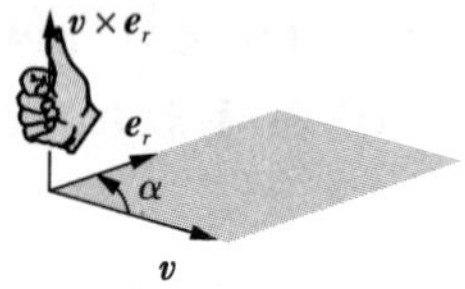

图 13-23　用右手螺旋法判断正电荷磁场方向

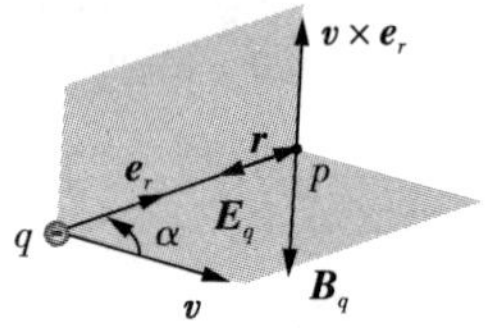

图 13-24　运动负点电荷的电场和磁场

把磁感应强度的大小和方向结合在一起,点电荷 q 在 p 点激发的磁感应强度矢量 $\boldsymbol{B}_q$ 的表达式为

$$\boldsymbol{B}_q = \frac{\mu_0}{4\pi} \frac{q\,\boldsymbol{v}\times\boldsymbol{e}_r}{r^2} \tag{13-14}$$

$\boldsymbol{v}$ 是运动电荷的速度矢量,其他各量与式(13-13)相同。式(13-14)就是**运动电荷所激发的磁感应强度表达式**。

注意式(13-13),当 $\alpha=0$ 或 $\alpha=\pi$ 时,$B_q=0$。也就是说,在运动电荷速度矢量所在直线上磁感应强度处处为零。

图 13-25 所示是正运动点电荷激发的磁场在垂直于速度方向的平面内的磁感应线,这些磁感应线是以运动电荷速度矢量为轴线的同心圆,而且磁感应线方向与电荷运动方向成右手螺旋关系。

负运动点电荷激发的磁感应线方向与电荷运动方向成左手(反右手)螺旋关系,如图 13-26 所示。

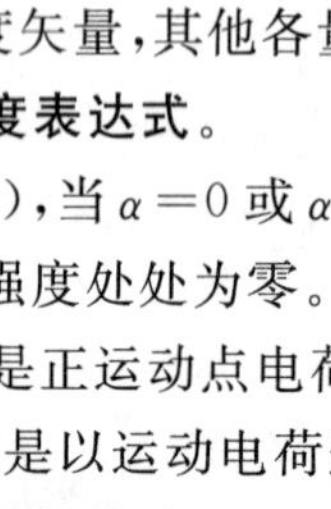

图 13-25　运动正点电荷周围的磁感应线

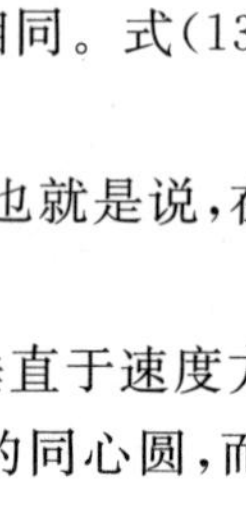

图 13-26　运动负点电荷周围的磁感应线

运动电荷在空间某点处所激发的电场强度 $\boldsymbol{E}_q$ 和磁感应强度 $\boldsymbol{B}_q$ 分别用式(13-12)和式(13-14)表示。将这两式合在一起就得到电场强度 $\boldsymbol{E}_q$ 与磁感应强度 $\boldsymbol{B}_q$ 的关系：

$$\boldsymbol{B}_q = \mu_0\varepsilon_0\, \boldsymbol{v} \times \boldsymbol{E}_q \tag{13-15}$$

可见，运动电荷在空间所激发的电场和磁场是紧密相关的，同一点的电场强度与磁感应强度大小成正比，方向相互垂直，如图 13-24 和图 13-26 所示。以后我们要学习的电磁波实质上就是脱离电荷而独立存在的电磁场，电磁场中同一点的电场强度与磁感应强度方向相互垂直。

二、毕奥-萨伐尔定律

导体中的电流是由载流子的定向运动形成的，载流导线激发磁场，实质上就是运动电荷激发磁场。下面我们利用单个运动电荷所激发的磁感应强度表达式导出载流导线激发的磁感应强度表达式，即毕奥-萨伐尔定律。

如图 13-27 所示，载流导线 L 中的电流强度为 I，现在要求出空间任意一点 p 处的磁感应强度。

在导线上任意取长度为 $\mathrm{d}\boldsymbol{l}$ 的无限小一段，如图 13-28 中圆圈中的部分，用 $I\mathrm{d}\boldsymbol{l}$ 表示，称为**电流元**。其中 I 表示导线中的电流强度，$\mathrm{d}\boldsymbol{l}$ 称为线元，$\mathrm{d}\boldsymbol{l}$ 的方向规定为导线的电流方向，$\mathrm{d}\boldsymbol{l}$ 的大小就是电流元导线的长度。

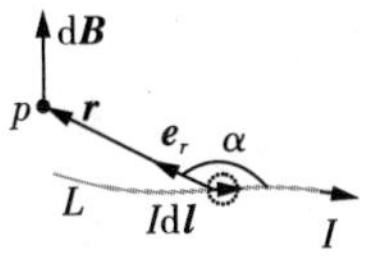

图 13-27　电流元所激发的磁场

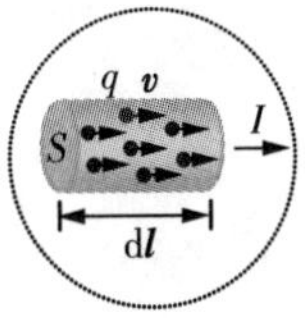

图 13-28　电流元放大图

假设电流元 $I\mathrm{d}\boldsymbol{l}$ 在 p 点所激发的磁感应强度为 $\mathrm{d}\boldsymbol{B}$，则整个载流导线在 p 点所激发的磁感应强度等于导线 L 上所有电流元 $I\mathrm{d}\boldsymbol{l}$ 激发的磁感应强度 $\mathrm{d}\boldsymbol{B}$ 的矢量和，也就是 $\mathrm{d}\boldsymbol{B}$ 沿导线 L 的线积分，即

$$\boldsymbol{B} = \int_L \mathrm{d}\boldsymbol{B} \tag{13-16}$$

要计算式(13-16)，首先要写出 $\mathrm{d}\boldsymbol{B}$ 的表达式。

图 13-29 所示是电流元 $I\mathrm{d}\boldsymbol{l}$ 的放大图，假设导线中形成电流的载流子是同一种电荷量为 q 的正电荷，载流子以相同的速度 $\boldsymbol{v}$ 沿导线匀速率运动而形成电流。

电流元 $Id\boldsymbol{l}$ 所激发的磁场就是这段导线内所有运动电荷激发磁场的叠加。由于这段导线内的电荷及其运动速度都相同,我们只要求出一个运动电荷激发的磁感应强度 $\boldsymbol{B}_q$,再乘以这段导线中的电荷数目 $\mathrm{d}N$,就得到了电流元所激发的磁感应强度 $\mathrm{d}\boldsymbol{B}$,即

$$\mathrm{d}\boldsymbol{B}=\boldsymbol{B}_q\mathrm{d}N \tag{13-17}$$

如图 13-29 所示,电流元 $Id\boldsymbol{l}$ 内的一个运动电荷 q 在 p 点所激发的磁感应强度

$$\boldsymbol{B}_q=\frac{\mu_0}{4\pi}\frac{q\boldsymbol{v}\times\boldsymbol{e}_r}{r^2} \tag{13-18}$$

式(13-18)中,$\boldsymbol{v}$ 是运动电荷 q 的速度,$\boldsymbol{e}_r$ 是运动电荷所在位置(即电流元所在位置)指向场点 p 的位置矢量 $\boldsymbol{r}$ 的单位矢量。假设导线的横截面积为 S,单位体积内的载流子数为 n,电流元 $Id\boldsymbol{l}$ 内的载流子数目等于单位体积内的载流子数 n 与电流元导线体积 $S\mathrm{d}l$ 的乘积:

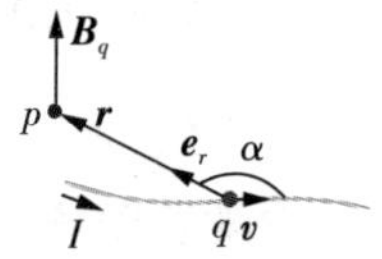

图 13-29　电流元中电荷运动所激发的磁场

$$\mathrm{d}N=nS\mathrm{d}l \tag{13-19}$$

将式(13-17)和式(13-18)代入式(13-19),得

$$\mathrm{d}\boldsymbol{B}=\frac{\mu_0}{4\pi}\frac{(q\boldsymbol{v}nS\mathrm{d}l)\times\boldsymbol{e}_r}{r^2} \tag{13-20}$$

根据式(13-20),导线中的电流强度 $I=qvnS$,$Id\boldsymbol{l}$ 与 $\boldsymbol{v}$ 同方向,所以

$$I\mathrm{d}\boldsymbol{l}=qvnS\mathrm{d}\boldsymbol{l} \tag{13-21}$$

将式(13-21)代入式(13-20),得

$$\mathrm{d}\boldsymbol{B}=\frac{\mu_0}{4\pi}\frac{I\mathrm{d}\boldsymbol{l}\times\boldsymbol{e}_r}{r^2} \tag{13-22}$$

式(13-22)就是**电流元 $Id\boldsymbol{l}$ 激发的磁感应强度表达式**,称为**毕奥-萨伐尔定律**。

毕奥(J. B. Biot)和萨伐尔(F. Sarvart)做了大量载流导线对磁极作用的实验,拉普拉斯(P. S. Laplace)分析了他们的实验资料,找出了电流元 $Id\boldsymbol{l}$ 在空间任意一点 p 处激发的磁感应强度表达式,即式(13-22),式中 r 是电流元 $Id\boldsymbol{l}$ 到场点 p 的距离。

电流元 $Id\boldsymbol{l}$ 激发的磁感应强度 $\mathrm{d}\boldsymbol{B}$ 的大小为

$$\mathrm{d}B=\frac{\mu_0}{4\pi}\frac{I\mathrm{d}l\sin\alpha}{r^2} \tag{13-23}$$

式中 α 是电流元矢量 $I\mathrm{d}\boldsymbol{l}$ 与单位矢量 $\boldsymbol{e}_r$ 的夹角。$\mathrm{d}\boldsymbol{B}$ 的方向由矢量运算 $I\mathrm{d}\boldsymbol{l}\times\boldsymbol{e}_r$ 确定，或通过如图 13－30 所示的右手螺旋法则确定。

特别要注意，当 $\alpha=0$ 或 $\alpha=\pi$ 时，$\mathrm{d}B=0$。即，电流元在自身直线上激发的磁感应强度处处为零。

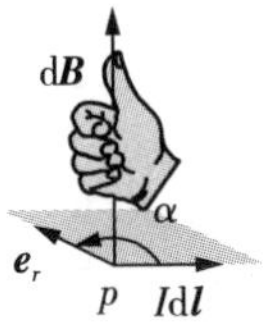

图 13－30　电流元所激发的磁感应强度方向

式(13－23) 是计算载流导线所激发的磁感应强度的基本公式。根据磁感应强度的叠加原理，任意载流导线 L 所激发的磁感应强度等于载流导线 L 上所有电流元激发的磁感应强度的矢量和，即式(13－23) 沿载流导线 L 的线积分，写成数学表达式

$$\boldsymbol{B}=\int_L \frac{\mu_0}{4\pi}\frac{I\mathrm{d}\boldsymbol{l}\times\boldsymbol{e}_r}{r^2} \tag{13-24}$$

式(13－24) 也称为**毕奥-萨伐尔定律**。式中 L 表示积分范围，即导线上所有电流流过的范围。

实际电流可以沿着细导线，也可以分布在导体表面，还可以分布在导体的三维空间。所以，式(13－24) 中积分可以是沿细导线的线积分，也可以是沿导体表面的面积分(电流沿导体表面流动时)，还可以是该三维空间的体积分(电流沿导体三维空间流动时)。这样，实际计算会有二重积分或三重积分运算。

理论上说，已知载流导体上电流在空间的分布，空间的磁场分布都可以由式(13－24) 计算得到。

三、毕奥-萨伐尔定律的应用

用毕奥-萨伐尔定律计算磁感应强度时，首先将载流导线划分成无数个电流元 $I\mathrm{d}\boldsymbol{l}$，写出任意一个电流元所激发的磁感应强度 $\mathrm{d}\boldsymbol{B}$ 的表达式，再计算积分 $\boldsymbol{B}=\int\mathrm{d}\boldsymbol{B}$。

实际积分计算中，各电流元激发的磁感应强度 $\mathrm{d}\boldsymbol{B}$ 的方向有可能不同，矢量的积分计算比较复杂，一般先建立合适的坐标系，将磁感应强度 $\mathrm{d}\boldsymbol{B}$ 矢量分解成各个分量，对分量进行积分计算。

以直角坐标系为例，$\mathrm{d}\boldsymbol{B}$ 矢量分解为三个分量，即

$$\mathrm{d}\boldsymbol{B}=\mathrm{d}B_x\boldsymbol{i}+\mathrm{d}B_y\boldsymbol{j}+\mathrm{d}B_z\boldsymbol{k} \tag{13-25}$$

然后对各分量积分，即

$$B_x=\int\mathrm{d}B_x,\ B_y=\int\mathrm{d}B_y,\ B_z=\int\mathrm{d}B_z \tag{13-26}$$

最后，求得磁感应强度矢量为

$$\boldsymbol{B}=B_x\boldsymbol{i}+B_y\boldsymbol{j}+B_z\boldsymbol{k} \tag{13-27}$$

例 13-1 求载流长直细导线激发的磁场。

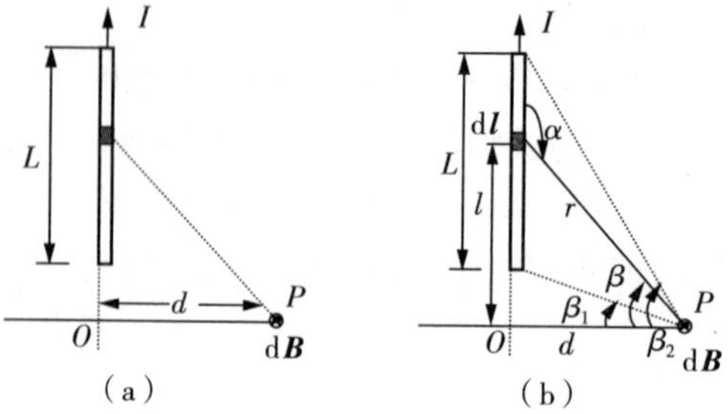

例 13-1 图　载流长直导线的磁感应强度

解:设有长为 L 的载流直导线,通有电流 I。计算与导线垂直距离为 d 的 P 点的磁感强度。取 z 轴沿载流导线,如图(a) 所示,建立直角坐标系。

按 B-S 定律,载流导线上任意取一小段电流元 $I\mathrm{d}\boldsymbol{l}$。电流元 $I\mathrm{d}l$ 在 p 点所激发的磁感应强度为

$$\mathrm{d}\boldsymbol{B}=\frac{\mu_0}{4\pi}\frac{I\mathrm{d}\boldsymbol{l}\times\boldsymbol{e}_r}{r^2}$$

所有 $\mathrm{d}\boldsymbol{B}$ 的方向垂直于 Oxy 平面向里都相同,所以 P 点磁感应强度大小为

$$B=\int_L\mathrm{d}B=\int_L\frac{\mu_0}{4\pi}\frac{I\mathrm{d}l\sin\alpha}{r^2}$$

由图(b) 的几何关系,得

$$\sin\alpha=\cos\beta$$

$$r=\mathrm{d}\sec\beta$$

$$l=\mathrm{d}\tan\beta\Rightarrow\mathrm{d}l=\mathrm{d}\sec^2\beta\mathrm{d}\beta$$

$$B=\int_L\frac{\mu_0}{4\pi}\frac{I\mathrm{d}l\sin\alpha}{r^2}=\frac{\mu_0}{4\pi}\int_{\beta_1}^{\beta_2}\frac{I}{d}\cos\beta\mathrm{d}\beta=\frac{\mu_0 I}{4\pi d}(\sin\beta_2-\sin\beta_1)$$

即得

$$B=\frac{\mu_0 I}{4\pi a}(\sin\beta_2-\sin\beta_1)$$

从计算结果来看,载流长直细导线所激发的磁感应强度对直导线具有轴对称性。

如图 13 - 31 所示，在垂直于载流导线的平面内，作一个以载流导线为圆心、半径为 a 的圆，圆上各点磁感应强度大小处处相等，方向处处垂直于导线，沿着圆周的切线方向。所以，磁感应线是同心圆，磁感应强度方向与电流方向成右手螺旋关系。

讨论：

（1）当载流导线无限长时，$\beta_1=-\frac{\pi}{2}$，$\beta_2=\frac{\pi}{2}$，则

$$B=\frac{\mu_0 I}{2\pi a} \tag{13-28}$$

由式(13 - 28)可见，离载流直导线越远的地方磁感应强度越小，离载流导线距离 a 相等的地方磁感应强度大小相等。如图 13 - 32 所示，作一个以载流直导线为轴半径为 a 的圆柱面，圆柱面侧面上磁感应强度大小处处相等，磁感应强度方向处处沿圆柱表面的切向并与导线垂直。

（2）导线半无限长时，即 $\beta_1=0$，$\beta_2=\frac{\pi}{2}$

$$B=\frac{\mu_0 I}{4\pi a} \tag{13-29}$$

（3）P 点位于载流导线延长线上，即 $\beta_1=\beta_2=\frac{\pi}{2}$

$$B=0 \tag{13-30}$$

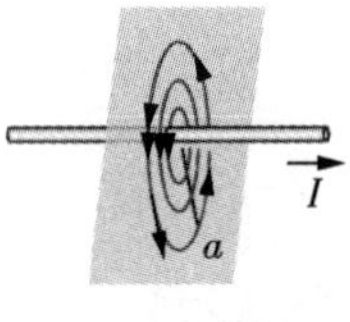

图 13 - 31　载流长直导线的磁场对称性

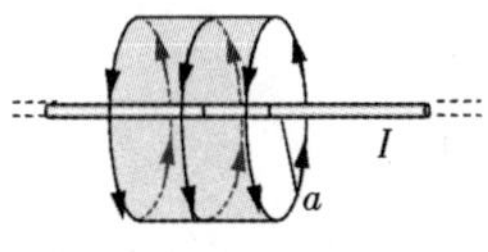

图 13 - 32　无限长载流直导线磁场对称性

例 13 - 2　求载流圆线圈在轴线上激发的磁场。

解：如图(a)所示，建立直角坐标系，半径为 R 的载流圆线圈位于 oyz 平面内(垂直于纸平面)，圆心处于坐标原点，电流 I 的方向与 x 轴正方向成右手螺旋关系。

p 是载流圆线圈轴线(x 轴)上的任意一点，p 点坐标为$(a,0,0)$，即 p 点离线圈圆心的距离为 a。线圈导线上任意取电流元 $I\mathrm{d}\boldsymbol{l}$，它在 p 点所激发的磁感应强度为

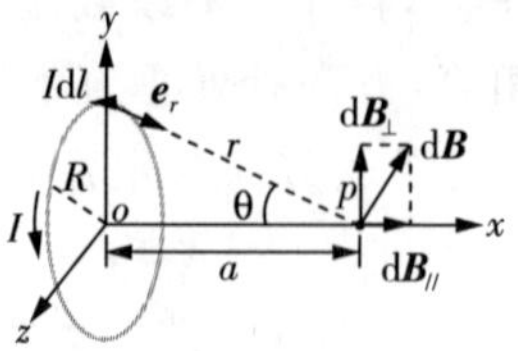

例 13-2 图(a)
载流圆线圈的磁

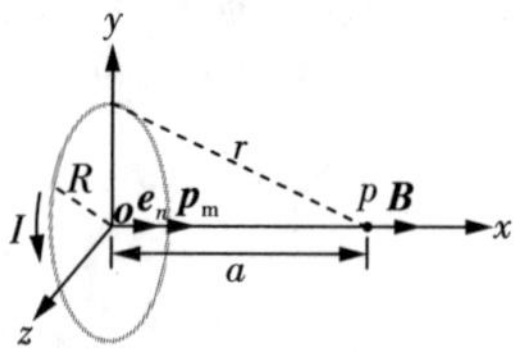

例 13-2 图(b) 载流圆线圈
的磁矩与磁感应强度

$$\mathrm{d}\boldsymbol{B}=\frac{\mu_0}{4\pi}\frac{I\mathrm{d}\boldsymbol{l}\times\boldsymbol{e}_r}{r^2}$$

$\mathrm{d}B$ 的大小为

$$\mathrm{d}B=\frac{\mu_0}{4\pi}\frac{I\mathrm{d}l}{r^2}\sin\theta$$

式中 θ 是单位矢量 $\boldsymbol{e}_r$ 与 x 轴正方向的夹角。

将 $\mathrm{d}\boldsymbol{B}$ 分解成平行于 x 轴的分量和垂直于 x 轴的分量,它们分别为

$$\mathrm{d}B_{//}=\mathrm{d}B\sin\theta$$

$$\mathrm{d}B_{\perp}=\mathrm{d}B\cos\theta$$

根据圆电流线圈的对称性,圆电流线圈上所有电流元在 p 点所激发的磁感应强度沿垂直于 x 轴方向分量的矢量和为零,p 点的磁感应强度只有 x 轴方向分量。

所以,p 点磁感应强度大小等于 x 方向分量的大小,即

$$B=\int_L \mathrm{d}B_{//}$$

对整个圆积分,即

$$B=\oint_L\frac{\mu_0}{4\pi}\frac{I\mathrm{d}l}{r^2}\sin\theta=\frac{\mu_0 I\sin\theta}{4\pi r^2}\oint_L\mathrm{d}l$$

$\oint_L \mathrm{d}l$ 等于线圈的周长,所以

$$B=\frac{\mu_0 I\sin\theta}{4\pi r^2}2\pi R$$

根据几何关系,得

$$r^2=R^2+a^2$$

$$\sin\theta = \frac{R}{(R^2 + a^2)^{\frac{1}{2}}}$$

从而得

$$B = \frac{\mu_0 IR^2}{2\,(R^2 + a^2)^{\frac{3}{2}}}$$

用 $S=\pi R^2$ 代入上式，考虑到 p 点磁感强度方向沿 x 轴正方向，p 点磁感强度矢量为

$$\boldsymbol{B} = \frac{\mu_0}{2\pi}\frac{IS}{(R^2 + a^2)^{\frac{3}{2}}}\boldsymbol{e}_n$$

如例 13－2 图(b) 所示，定义载流线圈的磁矩 $\boldsymbol{p}_{\mathrm{m}} = IS\boldsymbol{n} = IS\boldsymbol{e}_n$ 代入上式，得

$$\boldsymbol{B} = \frac{\mu_0}{2\pi}\frac{\boldsymbol{p}_{\mathrm{m}}}{(R^2 + a^2)^{\frac{3}{2}}}$$

如果线圈由完全相同的 N 匝叠绕而成，则磁感应强度增加为原来的 N 倍。

讨论：

(1) 载流圆线圈圆心处 $a=0$，则有

$$B = \frac{\mu_0 I}{2R}$$

上式是圆电流在圆心处的磁感应强度，以后的计算中会经常用到。

(2) 在远离线圈的轴线上，$a \gg R$，$R^2 + a^2 \rightarrow a^2$，则有

$$\boldsymbol{B} \rightarrow \frac{\mu_0}{2\pi}\frac{\boldsymbol{p}_{\mathrm{m}}}{a^3}$$

可见，载流圆线圈轴线上的磁感应强度大小与线圈磁矩成正比，与距离的三次方成反比。

§13－5　安培环路定理

静电场与磁场都是由电荷激发的，它们有许多相似的规律。在电场中，我们介绍了高斯定理，由它可求出具有一定对称性的场强，简化计算。那么，在磁场中是否也有与电场中高斯定理地位相当的规律呢？回答是肯定的，这就是安培环路定律，静电场有环路定理 $\oint_L \boldsymbol{E}\cdot \mathrm{d}\boldsymbol{l}=0$，恒定电流磁场有环路定理吗？$\boldsymbol{B}$ 的环流也是零

吗？下面分几种情况来阐述。

一、无限长载流直导线磁场中 B 的环流

无限长载流直导线磁场中，在垂直于导线的平面内，磁感应线是以导线为圆心的同心圆。如图 13－33 所示，无限长载流直导线的电流为 I，半径为 r 的圆形路径 L 是一条磁感应线。L 上各处的磁感应强度大小均为 $B=\frac{\mu_0 I}{2\pi r}$，L 上各处的磁感应强度方向沿圆的切线方向，图中箭头表示各点磁感应强度方向。下面以 L 为闭合环路，计算 $\boldsymbol{B}$ 的环流 $\oint_L \boldsymbol{B}\cdot \mathrm{d}\boldsymbol{l}$。

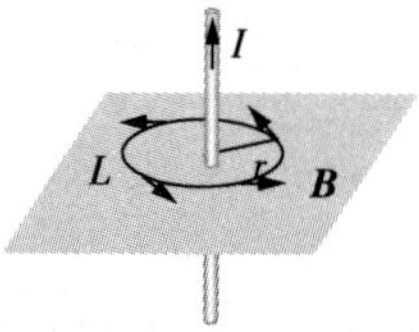

图 13－33　载流长直导线周围的磁感应线

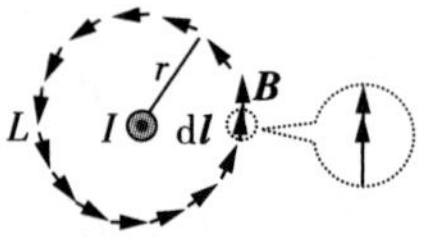

图 13－34　载流直导线与圆形闭合环路的俯视图

图 13－34 所示是图 13－33 的俯视图，闭合环路 L 可看作由无数个线元 $\mathrm{d}\boldsymbol{l}$ 首尾相连构成。取任意线元 $\mathrm{d}\boldsymbol{l}$(图中虚线圆圈标出的部分)，该线元所在位置的磁感应强度 $\boldsymbol{B}$ 与线元 $\mathrm{d}\boldsymbol{l}$ 同方向，则

$$\boldsymbol{B}\cdot \mathrm{d}\boldsymbol{l}=B\mathrm{d}l \tag{13-31}$$

图中 L 上所有线元 $\mathrm{d}\boldsymbol{l}$ 到载流直导线的距离都相等，所以 L 上所有线元所在处的磁感应强度大小 B 都相等，式(13－31) 对环路 L 积分时，B 是常量，可以直接提到积分号外，剩下的积分 $\oint_L \mathrm{d}l$ 等于环路 L 的长度，即半径为 r 的圆周长。具体计算过程如下：

$$\oint_L \boldsymbol{B}\cdot \mathrm{d}\boldsymbol{l}=\oint_L B\mathrm{d}l=B\oint_L \mathrm{d}l=B2\pi r \tag{13-32}$$

将 $B=\frac{\mu_0 I}{2\pi r}$ 代入式(13－32)，得

$$\oint_L \boldsymbol{B}\cdot \mathrm{d}\boldsymbol{l}=\mu_0 I \tag{13-33}$$

如果积分方向反过来，积分值将变为负值，即

$$\oint_L \boldsymbol{B} \cdot \mathrm{d}\boldsymbol{l} = -\mu_0 I \tag{13-34}$$

可见，积分结果只跟电流强度 I 和沿环路的积分方向有关，与环路 L 的圆周半径大小无关。

积分结果的正负号可以这样确定：当沿环路的积分方向与电流方向成右手螺旋关系时结果为正值，反之为负值。

式(13-33)和式(13-34)是无限长载流直导线和圆形积分环路条件下的结果。可以证明，只要导线中的电流是恒定电流，不论导线是直的还是弯的，也不论闭合积分环路 L 的形状，只要积分环路 L 把载流导线围在环路 L 中，积分数值总是式(13-33)或式(13-34)的结果。当积分环路 L 没有把载流导线包围在环路内时，积分结果为零。

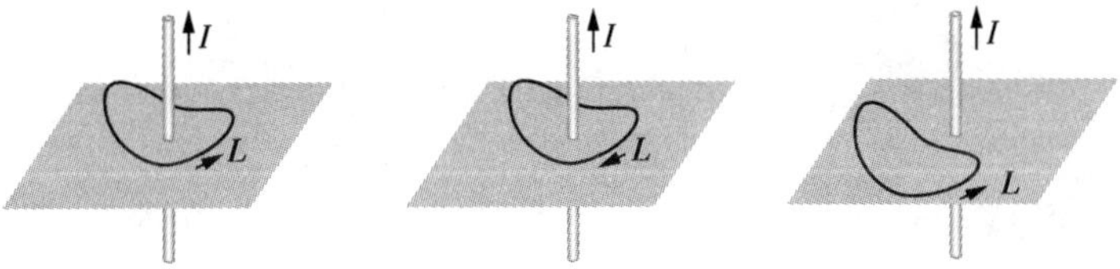

图 13-35　载流导线附近磁感应强度的环流

对图 13-35(a)中任意积分环路 L，$\oint_L \boldsymbol{B} \cdot \mathrm{d}\boldsymbol{l} = \mu_0 I$，对图 13-35(b)中任意积分环路 L，$\oint_L \boldsymbol{B} \cdot \mathrm{d}\boldsymbol{l} = -\mu_0 I$，对如图 13-35(c)中任意积分环路 L，$\oint_L \boldsymbol{B} \cdot \mathrm{d}\boldsymbol{l} = 0$，图中箭头表示积分方向。

二、恒定电流磁场的安培环路定理

实际问题中，载流导线可以有任意多根，对于环流 $\oint_L \boldsymbol{B} \cdot \mathrm{d}\boldsymbol{l}$ 的计算，$\boldsymbol{B}$ 应该是所有载流导线激发磁感应强度的矢量和，即 $\boldsymbol{B} = \sum \boldsymbol{B}_i$。这样，$\oint_L \boldsymbol{B} \cdot \mathrm{d}\boldsymbol{l}$ 的计算结果为

$$\oint_L \boldsymbol{B} \cdot \mathrm{d}\boldsymbol{l} = \mu_0 \sum_{L内} I \tag{13-35}$$

式(13-35)表明了恒定电流与它所激发磁场之间的普遍规律，称为**安培环路定理**。安培环路定理的文字叙述：**恒定电流的磁场中，沿任意闭合曲线 $\boldsymbol{B}$ 矢量的线积分($\boldsymbol{B}$ 的环流)，等于穿过以该闭合曲线为边界的任意曲面的各恒定电流的代数和与真空中的磁导率 μ_0 的乘积。**

为了方便叙述,我们把闭合环路 L 的积分方向称为**环路的绕行方向。当电流方向与环路绕行方向成右手螺旋关系,该电流在安培环路定理中求代数和时取正值,反之取负值。**如图 13-36 所示为右手螺旋关系,右手四指握住导线,四指指向表示环路绕行方向,大拇指指向表示电流方向。

实际问题中,由于载流导线通常是弯曲的,同一载流导线可能多次穿过闭合环路为边界的曲面,应用安培环路定理求电流代数和时也要相应多次求和,载流导线穿过曲面一次算一次,每次电流的正、负都是按右手螺旋关系确定。

如图 13-37 所示,电流 I_1 没有穿过以环路 L 为边界的曲面,电流 I_1 所激发的磁感应强度 $\boldsymbol{B}_1$ 对环路 L 的环流等于零,即$\oint_L \boldsymbol{B}_1 \cdot \mathrm{d}\boldsymbol{l}=0$。

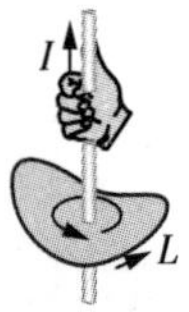

图 13-36　电流方向与环路绕向成右手螺旋关系

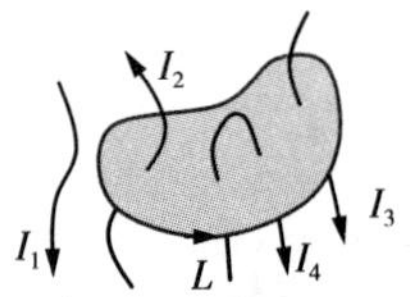

图 13-37　恒定电流的安培环路定理

电流 I_2 穿过以环路 L 为边界的曲面,而且电流 I_2 的方向与环路绕行方向成右手螺旋关系,电流 I_2 所激发的磁感应强度 $\boldsymbol{B}_2$ 对环路 L 的环流为正值,即$\oint_L \boldsymbol{B}_2 \cdot \mathrm{d}\boldsymbol{l}=\mu_0 I_2$。

电流 I_3 穿过以环路 L 为边界的曲面,而且电流 I_3 的方向与环路绕行方向成非右手螺旋关系,电流 I_3 所激发的磁感应强度 $\boldsymbol{B}_3$ 对环路 L 的环流为负值,即$\oint_L \boldsymbol{B}_3 \cdot \mathrm{d}\boldsymbol{l}=-\mu_0 I_3$。

电流 I_4 穿过以环路 L 为边界的曲面两次,其中一次电流 I_4 的方向与环路绕行方向成右手螺旋关系,另一次是非右手螺旋关系,电流 I_4 所激发的磁感应强度 $\boldsymbol{B}_4$ 对环路 L 的环流一次为正值,另一次为负值,代数和为零,即$\oint_L \boldsymbol{B}_4 \cdot \mathrm{d}\boldsymbol{l}=\mu_0 I_4-\mu_0 I_4=0$。

如图 13-37 所示,所有电流激发的总磁感应强度为 $\boldsymbol{B}=\boldsymbol{B}_1+\boldsymbol{B}_2+\boldsymbol{B}_3+\boldsymbol{B}_4$,则 $\boldsymbol{B}$ 的环流为

$$\oint_L \boldsymbol{B} \cdot \mathrm{d}\boldsymbol{l}=\oint_L \boldsymbol{B}_1 \cdot \mathrm{d}\boldsymbol{l}+\oint_L \boldsymbol{B}_2 \cdot \mathrm{d}\boldsymbol{l}+\oint_L \boldsymbol{B}_3 \cdot \mathrm{d}\boldsymbol{l}+\oint_L \boldsymbol{B}_4 \cdot \mathrm{d}\boldsymbol{l}=0+\mu_0 I_2-\mu_0 I_3+0$$

即

$$\oint_L \boldsymbol{B} \cdot \mathrm{d}\boldsymbol{l}=\mu_0 \sum_{L内} I=\mu_0 (I_2-I_3)$$

理解安培环路定理，要注意以下几点：

(1) 安培环路定理仅适用于恒定电流的磁场；

(2) $\boldsymbol{B}$ 的环流仅与环路所围电流有关，但环路上各处的 $\boldsymbol{B}$ 与所有电流都有关；

(3) 恒定电流的磁场是无源场、有旋场(非保守场)，不同于静电场。

三、应用安培环路定理计算磁感应强度

在静电场中，我们可以应用高斯定理计算某些具有特殊对称性电场的电场强度。同样，在恒定电流的磁场中，我们也可以应用安培环路定理计算某些具有特殊对称性磁场的磁感应强度。

以下两种情况可用安培环路定理计算磁感应强度大小：

第一种情况，闭合环路 L 上磁感应强度大小处处相等，磁感应强度方向处处沿着环路 L 的切线方向。

$\boldsymbol{B}$ 的环流计算式为$\oint_L \boldsymbol{B}\cdot \mathrm{d}\boldsymbol{l}$，如果磁感应强度方向处处沿着环路$L$的切线方向，$\boldsymbol{B}$与$\mathrm{d}\boldsymbol{l}$处处平行，有$\boldsymbol{B}\cdot\mathrm{d}\boldsymbol{l}=\pm B\cdot \mathrm{d}l$。若磁感应强度大小处处相等，$B$是常量，从积分号中提出来。最后计算$\oint_L \mathrm{d}l$，它就是闭合环路 L 的长度，该长度一般可以用几何方法计算。

$\boldsymbol{B}$ 的环流具体计算过程如下：

$$\oint_L \boldsymbol{B}\cdot \mathrm{d}\boldsymbol{l}=\oint_L \pm B\mathrm{d}l=\pm B\oint_L \mathrm{d}l$$

接下来计算闭合环路 L 所围电流的代数和 $\sum\limits_{L内} I$，通常不难计算。

最后应用安培环路定理，求得环路 L 上磁感应强度的大小：

$$B=\pm\frac{\mu_0\sum\limits_{L内} I}{\oint_L \mathrm{d}l}$$

第二种情况，闭合环路 L 可分成两部分，一部分路径 L_1 上符合第一种情况，其余部分路径 L_2 上，磁感应强度方向处处沿着路径的法线方向(或磁感应强度处处为零)，路径 L_2 上 $\boldsymbol{B}$ 的线积分为零。

$\boldsymbol{B}$ 的环流计算计算分两部分进行，即$\oint_L \boldsymbol{B}\cdot \mathrm{d}\boldsymbol{l}=\int_{L_1} \boldsymbol{B}\cdot \mathrm{d}\boldsymbol{l}+\int_{L_2} \boldsymbol{B}\cdot \mathrm{d}\boldsymbol{l}$。在部分路径 L_1 上，磁感应强度方向处处沿着路径切线方向，$\boldsymbol{B}$ 与 $\mathrm{d}\boldsymbol{l}$ 处处平行，即 $\boldsymbol{B}\cdot \mathrm{d}\boldsymbol{l}=\pm B\mathrm{d}l$。磁感应强度大小处处相等，$B$ 为常量从积分号中提出来。最后，计

算$\int_{L_1} \mathrm{d}l$,它就是 L_1 的长度,该长度一般可以用几何方法计算。其余部分路径 L_2 上,磁感应强度方向处处沿着路径的法线方向(或磁感应强度处处为零),路径 L_2 上 $\boldsymbol{B}$ 的线积分为零。

$\boldsymbol{B}$ 的环流具体计算过程如下:

$$\oint_L \boldsymbol{B} \cdot \mathrm{d}\boldsymbol{l} = \int_{L_1} \boldsymbol{B} \cdot \mathrm{d}\boldsymbol{l} + \int_{L_2} \boldsymbol{B} \cdot \mathrm{d}\boldsymbol{l} = \int_{L_1} \pm B \mathrm{d}l + 0 = \pm B \int_{L_1} \mathrm{d}l$$

闭合环路 L 所围电流的代数和 $\sum\limits_{L内} I$,通常很容易求出。

最后应用安培环路定理,求得环路 L_1 上磁感应强度的大小:

$$B = \pm \frac{\mu_0 \sum\limits_{L内} I}{\int_{L_1} \mathrm{d}\boldsymbol{l}}$$

以上两种情况的磁场都具有特殊的对称性。只有电流分布具有特殊对称性时,磁场才具有特殊对称性,问题的关键是通过电流分布的对称性得到磁场分布的对称性,最后选择合适的闭合环路才能求出结果。满足以上两种情况的问题不多。这种问题解题步骤一般如下:

(1) 对称性分析,确定各处 $\boldsymbol{B}$ 的方向,$\boldsymbol{B}$ 的大小、分布;

(2) 选择适当的积分环路 L,使 $\boldsymbol{B}$ 的环流能够直接计算出来;

(3) 计算 $\boldsymbol{B}$ 的环流;

(4) 计算环路 L 所包围的电流代数和;

(5) 应用安培环路定理,求出 $\boldsymbol{B}$ 的大小。

下面我们通过例题,应用安培环路定理计算磁感应强度大小。

例 13-3 无限长直圆柱导体沿轴线方向通过电流,电流均匀分布在导体横截面上,求磁感应强度的分布。

解:如图(a) 所示,假设圆柱导体的半径为 R,沿轴线方向的电流为 I,电流均匀分布在导体横截面上,导体横截面上的电流面密度 $j = \frac{I}{\pi R^2}$。以圆柱轴线上任意一点为圆心 O,作半径为 r 的圆为闭合环路 L,环路 L 平面与圆柱导体轴线垂直,图中用点线表示环路 L。

(1) 对称性分析。根据电流分布的对称性,环路 L 上各处 $\boldsymbol{B}$ 的大小处处相等,方向处处沿环路的切线方向,而且 $\boldsymbol{B}$ 的方向与电流方向成右手螺旋关系,环路 L 上箭头表示该处磁感应强度的方向,如图(b) 所示。这样的磁场分布与无限长载流细直导线的磁场分布相同。

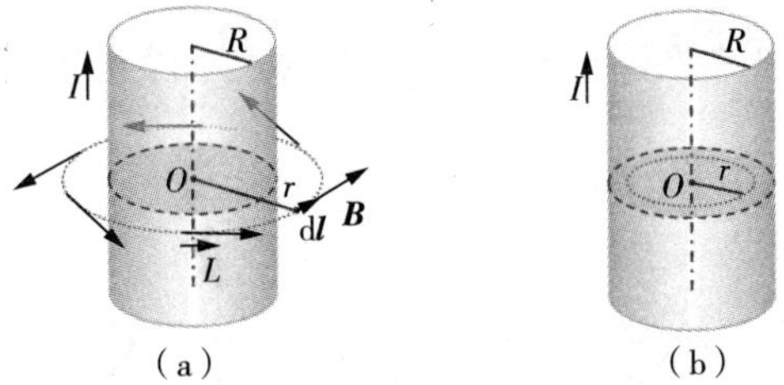

例 13-3 图　载流直圆柱导体的磁场

(2) 选择环路 L 为积分环路，环路 L 绕行方向与电流成右手螺旋关系，图中箭头的方向为环路 L 绕行方向。

(3) 计算 $\boldsymbol{B}$ 的环流。积分环路上任意取线元 $\mathrm{d}\boldsymbol{l}$，线元 $\mathrm{d}\boldsymbol{l}$ 与该处的磁感应强度 $\boldsymbol{B}$ 同方向，所以 $\boldsymbol{B}\cdot\mathrm{d}\boldsymbol{l}=B\mathrm{d}l$，$\oint_L \boldsymbol{B}\cdot\mathrm{d}\boldsymbol{l}=\oint_L B\mathrm{d}l$。$\boldsymbol{B}$ 的大小在环路 L 上处处相等，$\oint_L B\mathrm{d}l=B\oint_L \mathrm{d}l$。积分 $\oint_L \mathrm{d}l$ 等于环路 L 的长度，即 $\oint_L \mathrm{d}l=2\pi r$，因此有

$$\oint_L \boldsymbol{B}\cdot\mathrm{d}\boldsymbol{l}=B\cdot 2\pi r$$

(4) 计算环路 L 所包围的电流代数和 $\sum I$，要分区间计算。

① 当 $r>R$ 时，如图(a) 所示，环路 L 把圆柱的电流全部包围在内，所以

$$\sum I=I$$

② 当 $r<R$ 时，如图(b) 所示，环路 L 只包围了圆柱导体横截面上面积为 πr^2 上的电流，所以

$$\sum I=j\cdot\pi r^2=\frac{I}{\pi R^2}\pi r^2=I\frac{r^2}{R^2}$$

(5) 应用安培环路定理计算 B。

$\oint_L \boldsymbol{B}\cdot\mathrm{d}\boldsymbol{l}=\mu_0\sum_{L内}I$，$B=\dfrac{\mu_0\sum I}{2\pi r}$，所以

① 当 $r>R$ 时，$B=\dfrac{\mu_0 I}{2\pi r}$；

② 当 $r<R$ 时，$B=\dfrac{\mu_0 I}{2\pi r}\dfrac{r^2}{R^2}$。

可见，$\boldsymbol{B}$ 的大小在导体内与 r 成正比，在导体外与 r 成反比，随 r 变化的曲线如

图 13-38 所示。

如果电流只均匀分布在圆柱导体表面,B 的大小随 r 变化的曲线如图 13-39 所示,导体内没有磁场。

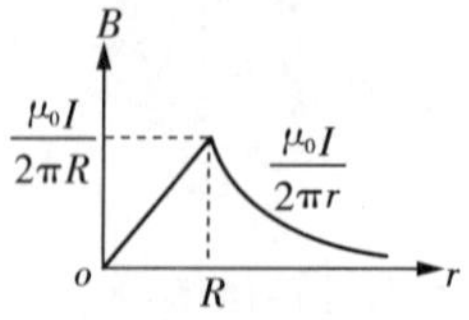

图 13-38 载流直圆柱导体的磁场

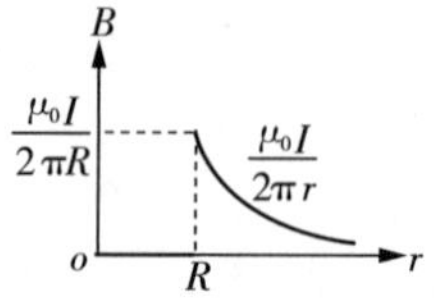

图 13-39 载流直圆柱面导体的磁场

工程上经常使用的同轴电缆线,通常是圆柱导体外套一个同轴的圆柱面导体,两个导体中的电流均匀分布,大小相等,方向相反,如图 13-40 所示。它的磁场可以看作是两个同轴圆柱面载流导体磁场的叠加。下面用列表的方法表示同轴电缆线磁感应强度的分布:

区域	R_1 圆柱面电流激发的磁场	R_2 圆柱面电流激发的磁场	两个导体电流激发的合磁场
$r < R_1$	0	0	0
$R_1 < r < R_2$	$B = \frac{\mu_0 I}{2\pi r}$	0	$B = \frac{\mu_0 I}{2\pi r}$
$r > R_2$	$B = \frac{\mu_0 I}{2\pi r}$	$B = -\frac{\mu_0 I}{2\pi r}$	0

两导体间 $\boldsymbol{B}$ 大小随 r 的变化的曲线如图 13-41 所示。值得注意的是,同轴电缆线外磁感应强度为零。

图 13-40 同轴电缆线

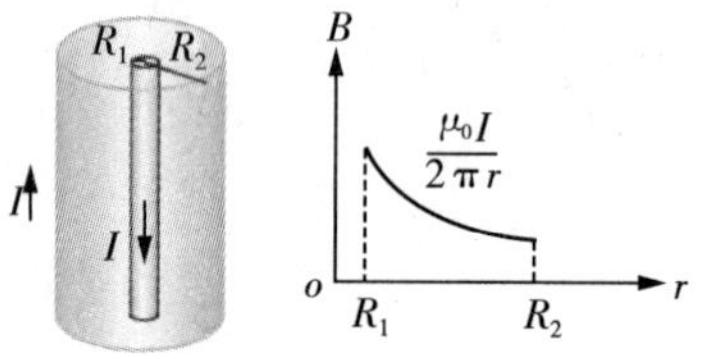

图 13-41 载流同轴电缆线的磁场

下面我们介绍一下螺线管的磁场，螺线管如图 13-42 所示，实际上就是一个管状线圈，它的横截面形状大多是圆形的。如图 13-43 画出了螺线管周围磁场的磁感应线，看上去磁场的分布非常复杂。理论和实验研究表明，当直螺线管线圈绕得密而均匀时，螺线管内部是均匀磁场。工程上常用这种装置获得均匀磁场。下面我们分别用毕奥-萨伐尔定律和安培环路定理求解螺线管的磁场分布。

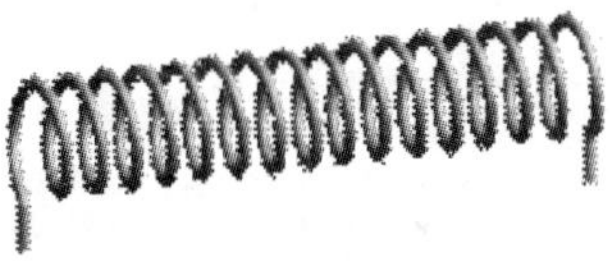

图 13-42　直螺线管

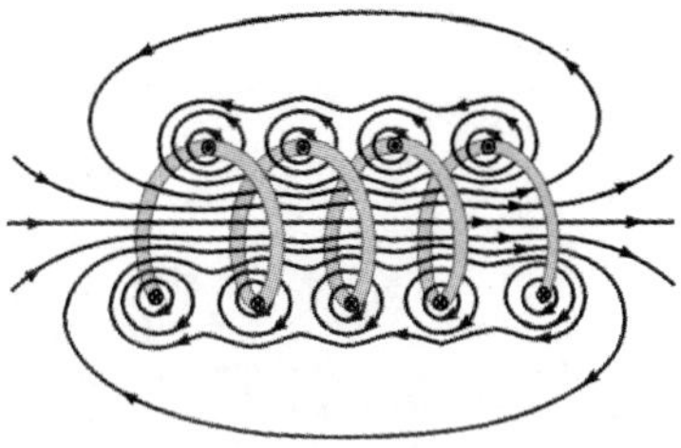

图 13-43　螺线管的磁场

例 13-4　用毕奥-萨伐尔定律求均匀密绕载流直螺线管轴线上的磁场。

解：设螺线管单位长度匝数为 n，横截面是半径为 R 的圆，导线中通有电流 I。图(a) 为螺线管的剖面图，p 为螺线管轴线上的任意一点。整个螺线管可以看作由无数的圆线圈连接构成。螺线管上取任意无限小长度 $\mathrm{d}l$ 作为圆线圈，其匝数为 $n\mathrm{d}l$，线圈中心到 p 点的距离为 l，可参考 $\boldsymbol{B}_q=\frac{\mu_0}{4\pi}\frac{q\boldsymbol{v}\times\boldsymbol{e}_n}{r^2}$，电流为 $\mathrm{d}I=In\mathrm{d}l$ 的圆线圈在 p 点激发的磁感应强度为

$$\mathrm{d}\boldsymbol{B}=\frac{\mu_0}{2\pi}\frac{S\mathrm{d}I}{(R^2+a^2)^{\frac{3}{2}}}\boldsymbol{i}$$

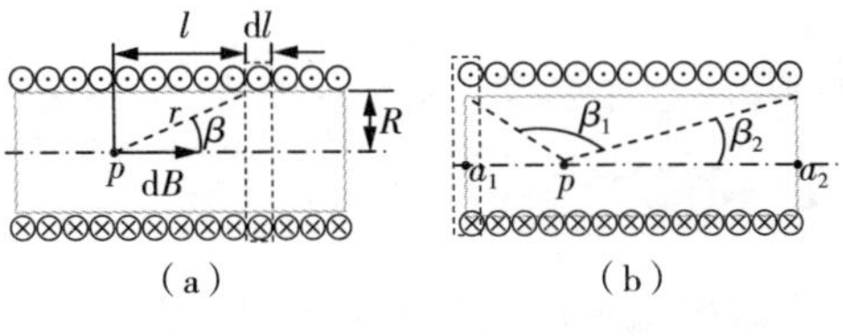

例 13-4 图　均匀密绕载流直螺线管轴线上的磁场

$\boldsymbol{i}$ 是沿螺丝管轴向的单位矢量，与线圈电流成右手螺旋关系。把 $\mathrm{d}I=In\mathrm{d}l$，$a=l$ 和 $S=\pi R^2$ 代入上式，得

$$\mathrm{d}\boldsymbol{B}=\frac{\mu_0 R^2 nI\mathrm{d}l}{2(R^2+l^2)^{3/2}}\boldsymbol{i}$$

根据磁感应强度的叠加原理，p 点的磁感应强度是上式对整个螺线管所有线

圈激发的磁感应强度的积分，即

$$\boldsymbol{B}=\int_L \frac{\mu_0 R^2 nI\,\mathrm{d}l}{2\,(R^2+l^2)^{3/2}}\boldsymbol{i}$$

β 表示 p 点指向长度为 $\mathrm{d}l$ 的圆线圈上任意点的方向与 $\boldsymbol{i}$ 方向的夹角。由几何关系，得

$$l=R/\tan\beta$$

$$\mathrm{d}l=-\frac{R}{\sin^2\beta}\mathrm{d}\beta$$

$$R^2+l^2=R^2/\sin^2\beta$$

所以有

$$\boldsymbol{B}=\frac{\mu_0}{2}nI\int_L(-\sin\beta)\mathrm{d}\beta\,\boldsymbol{i}$$

积分范围是整个螺线管。对变量 β，积分限是 $\beta_1\sim\beta_2$，如图(b)所示。上式写为

$$\boldsymbol{B}=\frac{\mu_0}{2}nI\int_{\beta_1}^{\beta_2}(-\sin\beta)\mathrm{d}\beta\,\boldsymbol{i}$$

上式计算积分，得

$$\boldsymbol{B}=\frac{\mu_0}{2}nI(\cos\beta_2-\cos\beta_1)\boldsymbol{i} \tag{13-36}$$

由式(13-36)可以画出螺线管轴线上的磁感应强度分布，如图13-44所示。

讨论：

(1) 螺线管无限长时，$\beta_1=\pi$，$\beta_2=0$，得

$$\boldsymbol{B}=\mu_0 nI\boldsymbol{i} \tag{13-37}$$

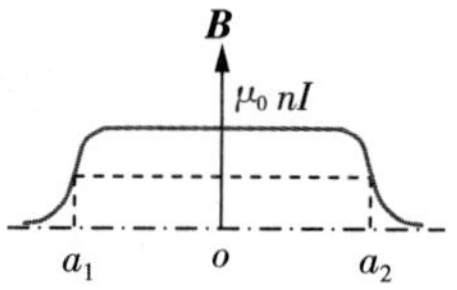

图13-44 螺线管轴线上的磁场

可见，螺线管轴线上磁感应强度大小处处相等，方向也处处相同。

(2) 在长螺线管的端口处(a_1 或 a_2 处)，$\beta_1=\frac{\pi}{2}$，$\beta_2=0$ 或 $\beta_1=\pi$，$\beta_2=\frac{\pi}{2}$，得

$$\boldsymbol{B}=\frac{1}{2}\mu_0 nI\boldsymbol{i} \tag{13-38}$$

从以上讨论可知:螺线管很长时,螺线管内部近似为均匀磁场,轴线上螺线管端口处的磁感应强度近似为内部的二分之一。螺线管外的磁感应强度接近为零。

例 13-5　用安培环路定理求均匀密绕载流无限长直螺线管内部的磁场。

解:(1) 对称性分析。螺线管为无限长时,上例的计算结果告诉我们,螺线管轴线上 $\boldsymbol{B}$ 的大小处处相等,方向处处沿轴线方向,而且 $\boldsymbol{B}$ 的方向与电流方向成右手螺旋关系。

图(a) 为螺线管的剖面图。通过对称性分析我们发现,当螺线管无限长时,螺线管内平行于螺线管轴线的任何直线上,$\boldsymbol{B}$ 的大小处处相等,方向处处沿直线方向,而且 $\boldsymbol{B}$ 的方向与电流方向成右手螺旋关系。实验表明,螺线管外的磁感应强度处处为零。

(2) 选择积分闭合环路 L。如图(b) 所示,$abcd$ 矩形作为积分闭合环路 L,ab 平行于轴线。

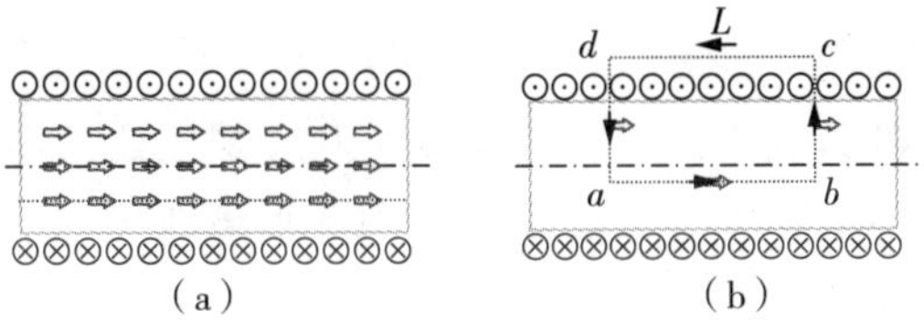

例 13-5 图　螺线管内的磁场

(3) 计算 $\boldsymbol{B}$ 的环流。$\boldsymbol{B}$ 的环流可以分四个线段计算,即

$$\oint \boldsymbol{B} \cdot \mathrm{d}\boldsymbol{l} = \int_{ab} \boldsymbol{B} \cdot \mathrm{d}\boldsymbol{l} + \int_{bc} \boldsymbol{B} \cdot \mathrm{d}\boldsymbol{l} + \int_{cd} \boldsymbol{B} \cdot \mathrm{d}\boldsymbol{l} + \int_{da} \boldsymbol{B} \cdot \mathrm{d}\boldsymbol{l}$$

ab 线段上,$\boldsymbol{B}$ 的方向处处相同,由 a 指向 b,线元 $\mathrm{d}\boldsymbol{l}$ 与 $\boldsymbol{B}$ 处处同方向,有 $\boldsymbol{B} \cdot \mathrm{d}\boldsymbol{l} = B\mathrm{d}l$,$\int_{ab} \boldsymbol{B} \cdot \mathrm{d}\boldsymbol{l} = \int_{ab} B \cdot \mathrm{d}l$。$ab$ 线段上,B 处处相等,把 B 提到积分号外,$\int_{ab} B \cdot \mathrm{d}l = B\int_{ab} \mathrm{d}l$。积分 $\int_{ab} \mathrm{d}l$ 等于 ab 线段长度,$\int_{ab} \mathrm{d}l = \overline{ab}$。所以

$$\int_{ab} \boldsymbol{B} \cdot \mathrm{d}\boldsymbol{l} = B \cdot \overline{ab}$$

bc 和 da 线段上,线元 $\mathrm{d}\boldsymbol{l}$ 与 $\boldsymbol{B}$ 处处垂直,有 $\boldsymbol{B} \cdot \mathrm{d}\boldsymbol{l} = 0$。所以

$$\int_{bc} \boldsymbol{B} \cdot \mathrm{d}\boldsymbol{l} = \int_{da} \boldsymbol{B} \cdot \mathrm{d}\boldsymbol{l} = 0$$

cd 线段上,$\boldsymbol{B}$ 处处为零,有 $\boldsymbol{B} \cdot \mathrm{d}\boldsymbol{l} = 0$。所以

$$\int_{cd} \boldsymbol{B} \cdot \mathrm{d}\boldsymbol{l} = 0$$

可得闭合环路 $abcd$ 上 $\boldsymbol{B}$ 的环流为

$$\oint \boldsymbol{B} \cdot \mathrm{d}\boldsymbol{l} = \int_{ab} \boldsymbol{B} \cdot \mathrm{d}\boldsymbol{l} = B \cdot \overline{ab}$$

(4) 计算环路 $abcd$ 所包围的电流代数和。如图所示,环路 $abcd$ 所包围的导线匝数等于单位长度匝数 n 与长度 $\overline{ab}$ 的乘积,即 $n\overline{ab}$。环路 $abcd$ 所包围的电流代数和 $\sum I$ 等于匝数 $n\overline{ab}$ 和导线中电流 I 的乘积,即

$$\sum I = n\overline{ab}I$$

(5) 应用安培环路定理计算 B。将上述结论代入安培环路定理表达式 $\oint_L \boldsymbol{B} \cdot \mathrm{d}\boldsymbol{l} = \mu_0 \sum_{L内} I$,得 $B \cdot \overline{ab} = \mu_0 n\overline{ab}I$,所以

$$B = \mu_0 nI \tag{13-39}$$

以上计算结果表明,载流无限长直螺线管内的 $\boldsymbol{B}$ 处处都相同,是均匀磁场。

除了直螺线管外,实际工程上还经常用到环形螺线管(也称螺绕环)。环形螺线管就是将直螺线管轴线变成环形,圆环就是螺线管的圆形轴线。现在我们用安培环路定理来计算载流环形螺线管内的磁场。

例 13-6 求载流环形螺线管(螺绕环)内的磁场。

解: 如图(a)所示,N 匝线圈均匀密绕的环形螺线管,内、外半径分别为 r_1 和 r_2,导线中通有电流 I。

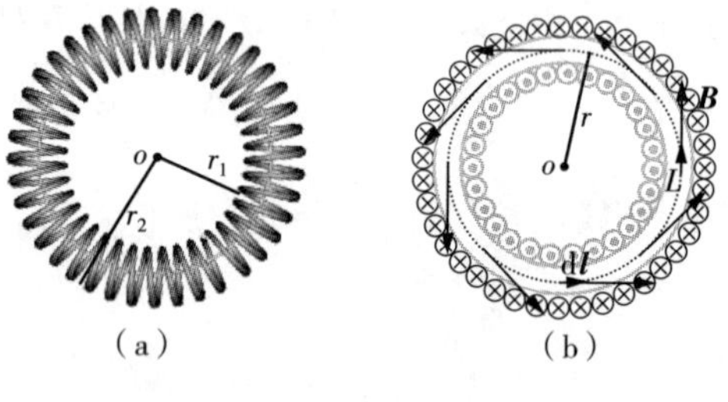

例 13-6 图 环形螺线管的磁场

图(b)是载流环形螺线管的剖面图。以环形螺线管中心 O 为圆心,作半径为 r 的同心圆作为环路 L,环路 L 与环形螺线管环形轴线共面,图中用点线表示 L。

对称性分析。很明显,环路 L 上各点 $\boldsymbol{B}$ 的大小处处相等,方向沿环路 L 的切线方向,而且,$\boldsymbol{B}$ 的方向与电流方向成右手螺旋关系。

选择环路 L 为积分环路,绕行方向为反时针方向。计算 $\boldsymbol{B}$ 的环流,积分环路上任意线元 $\mathrm{d}\boldsymbol{l}$ 与该处 $\boldsymbol{B}$ 同方向,有 $\boldsymbol{B} \cdot \mathrm{d}\boldsymbol{l} = B\mathrm{d}l$, $\oint_L \boldsymbol{B} \cdot \mathrm{d}\boldsymbol{l} = \oint_L B\mathrm{d}l$。$B$ 的大小处处相等,则

$\oint_L B\mathrm{d}l = B\oint_L \mathrm{d}l$。积分$\oint_L \mathrm{d}l$等于积分环路 L 的长度，即$\oint_L \mathrm{d}l = 2\pi r$。具体计算如下：

$$\oint_L \boldsymbol{B}\cdot \mathrm{d}\boldsymbol{l} = \oint_L B\mathrm{d}l = B\oint_L \mathrm{d}l = B\cdot 2\pi r$$

(4) 计算环路 L 所包围的电流代数和。电流代数和$\sum I$等于螺线管总匝数 N 和导线电流 I 的乘积 NI。所以

$$\sum I = NI$$

(5) 应用安培环路定理计算 B。将上面两式代入安培环路定理表达式$\oint_L \boldsymbol{B}\cdot \mathrm{d}\boldsymbol{l} = \mu_0 \sum\limits_{L内} I$，得

$$B\cdot 2\pi r = \mu_0 NI$$

即

$$B = \frac{\mu_0 NI}{2\pi r}$$

可见，环形螺线管内 B 与 r 成反比，不是均匀磁场。

在半径为 r 的环路上，线圈单位长度的匝数 $n = \frac{N}{2\pi r}$，所以，上式写为

$$B = \mu_0 nI$$

上式与直螺线管内磁感应强度计算式相同。

本章开篇介绍的维修人员可以采用电磁控制的手套和鞋子自由攀爬，利用的就是 $B = \mu_0 nI$ 这个公式，有电流就会产生磁场，就能产生电磁力吸附在烟囱上，反之没有磁场不产生磁力。

本章小结

1. *磁感应强度* $\boldsymbol{B}$

用洛伦兹力公式定义：

$$\boldsymbol{F} = q\boldsymbol{v}\times \boldsymbol{B}$$

2. *磁场中高斯定理*

$$\oint_S \boldsymbol{B}\cdot \mathrm{d}\boldsymbol{S} = 0$$

此定理表明磁力线是闭合的，磁场是无源场。

3. 毕奥-萨伐尔定律

电流元的磁场：

$$\mathrm{d}\boldsymbol{B}=\frac{\mu_0}{4\pi}\frac{I\mathrm{d}\boldsymbol{l}\times\boldsymbol{e}_r}{r^2}$$

4. 安培环路定理

$$\oint_L \boldsymbol{B}\cdot\mathrm{d}\boldsymbol{l}=\mu_0\sum_{L内}I$$

此定理表明磁场是有旋场。

5. 典型磁场

载流长直细导线激发的磁场：

$$B=\frac{\mu_0 I}{4\pi a}(\sin\beta_2-\sin\beta_1)$$

无限长直电流的磁场：

$$B=\frac{\mu_0 I}{2\pi a}$$

半限长直电流的磁场：

$$B=\frac{\mu_0 I}{4\pi a}$$

导线延长线上磁场：

$$B=0$$

载流圆线圈圆心处磁场：

$$B=\frac{\mu_0 I}{2R}$$

载流长直螺线管内部的磁场：

$$B=\mu_0 nI$$

思 考 题

13-1　一匀速运动的电荷在真空中给定点所产生的磁场，是否是稳恒磁场？为什么？

13-2　一个点电荷能在它周围空间任一点激起电场，一个电流元是否也能在它周围空间任一点激起磁场？

13-3　在同一磁感应线上，各点 $\boldsymbol{B}$ 的数值是否都相等？为何不把作用于运动电荷的磁力方向定义为磁感应强度 **B** 的方向？

13-4　用安培环路定理能否求有限长一段载流直导线周围的磁场？

习　　题

一、选择题

13-1　磁场的高斯定理 $\oiint_S \boldsymbol{B}\cdot \mathrm{d}\boldsymbol{S}=0$ 说明了下面的哪些叙述是正确的？(　　)

a. 穿入闭合曲面的磁感应线条数必然等于穿出的磁感应线条数

b. 穿入闭合曲面的磁感应线条数不等于穿出的磁感应线条数

c. 一根磁感应线可以终止在闭合曲面内

d. 一根磁感应线可以完全处于闭合曲面内

(A) ad　　(B) ac　　(C) cd　　(D) ab

13-2　如图所示，在磁感应强度为 **B** 的均匀磁场中作一半径为 r 的半球面 S，S 向边线所在平面法线方向单位矢量 **n** 与 **B** 的夹角为 α，则通过半球面 S 的磁通量(取凸面向外为正) Φ_m 为(　　)。

(A) $\pi r^2 B$　　(B) $2\pi r^2 B$

(C) $-\pi r^2 B\sin\alpha$　　(D) $-\pi r^2 B\cos\alpha$

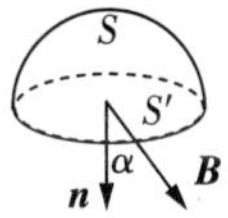

习题 13-2 图

13-3　在图(a)和(b)中各有一半径相同的圆形回路 L_1，L_2，圆周内有电流 I_1，I_2，其分布相同，且均在真空中，但在图(b)中 L_2 回路外有电流 I_3，P_1，P_2 为两圆形回路上的对应点，则(　　)。

(A) $\oint_{L_1}\boldsymbol{B}\cdot \mathrm{d}\boldsymbol{l}=\oint_{L_2}\boldsymbol{B}\cdot \mathrm{d}\boldsymbol{l},\ B_{P_1}=B_{P_2}$

(B) $\oint_{L_1}\boldsymbol{B}\cdot \mathrm{d}\boldsymbol{l}\neq\oint_{L_2}\boldsymbol{B}\cdot \mathrm{d}\boldsymbol{l},\ B_{P_1}=B_{P_2}$

(C) $\oint_{L_1}\boldsymbol{B}\cdot \mathrm{d}\boldsymbol{l}=\oint_{L_2}\boldsymbol{B}\cdot \mathrm{d}\boldsymbol{l},\ B_{P_1}\neq B_{P_2}$

(D) $\oint_{L_1}\boldsymbol{B}\cdot \mathrm{d}\boldsymbol{l}\neq\oint_{L_2}\boldsymbol{B}\cdot \mathrm{d}\boldsymbol{l},\ B_{P_1}\neq B_{P_2}$

13-4　如图所示，半径为 R 的载流圆形线圈与边长为 a 的正方形载流线圈中通有相同的电流 I，若两线圈中心的磁感应强度大小相等，则半径与边长之比 $R:a$ 为(　　)。

(A) 1　　(B) $\sqrt{2}\pi$　　(C) $\sqrt{2}\pi/4$　　(D) $\sqrt{2}\pi/8$

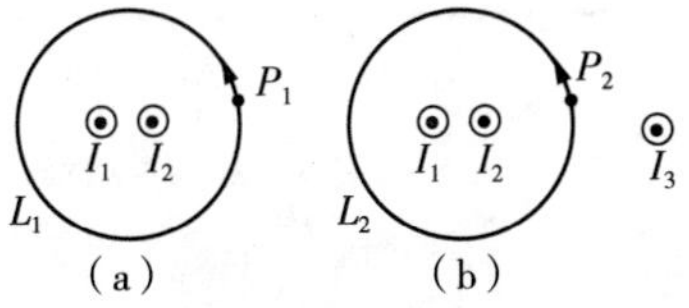

习题 13-3 图

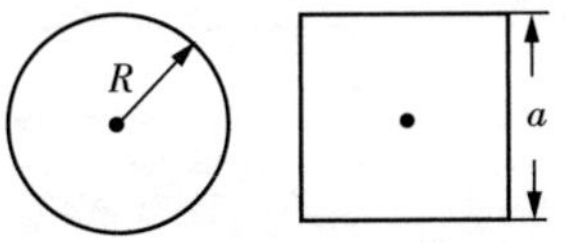

习题 13-4 图

13-5　两根长度均为 L 的细导线分别密绕在半径为 R 和 r ($R=2r$) 的两个长直圆筒上形成

两个螺线管,两个螺线管长度 l 相同,通过的电流 I 相同,则在两个螺线管中心的磁感应强度的大小之比 $B_R:B_r$ 为(　　)。

(A)4　　(B)2　　(C)1　　(D) $\frac{1}{2}$

13-6　如图所示,在无限长载流直导线附近作一球形闭合曲面 S,当球面 S 向长直导线靠近时,穿过球面 S 的磁通量 Φ_m 和面上各点的磁感应强度 B 将如何变化?(　　)

(A)Φ_m 增大,B 也增大　　(B)Φ_m 不变,B 也不变

(C)Φ_m 增大,B 不变　　(D)Φ_m 不变,B 增大

13-7　如图所示,两个载有相等电流 I 的半径为 R 的圆线圈,一个处于水平位置,一个处于竖直位置,两个线圈的圆心重合,则在圆心 O 处的磁感应强度大小为多少?(　　)

(A)0　　(B)$\mu_0 I/2R$

(C)$\sqrt{2}\mu_0 I/2R$　　(D)$\mu_0 I/R$

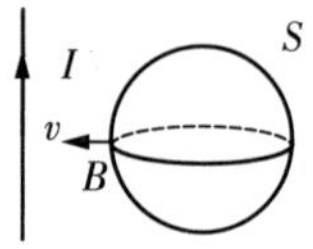

习题 13-6 图

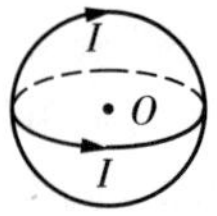

习题 13-7 图

13-8　如图所示,无限长直导线在 P 处弯成半径为 R 的圆,当通以电流 I 时,则在圆心 O 点的磁感强度大小等于(　　)。

(A) $\frac{\mu_0 I}{2\pi R}$　　(B) $\frac{\mu_0 I}{4R}$

(C) $\frac{\mu_0 I}{2R}(1-\frac{1}{\pi})$　　(D) $\frac{\mu_0 I}{4R}(1+\frac{1}{\pi})$

13-9　如图所示,有一无限大通有电流的扁平铜片,宽度为 a,厚度不计,电流 I 在铜片上均匀分布,在铜片外与铜片共面,离铜片左边缘为 b 处的 P 点的磁感强度的大小为(　　)。

(A) $\frac{\mu_0 I}{2\pi(a+b)}$　　(B) $\frac{\mu_0 I}{2\pi b}\ln\frac{a+b}{a}$

(C) $\frac{\mu_0 I}{2\pi a}\ln\frac{a+b}{b}$　　(D) $\frac{\mu_0 I}{2\pi[(a/2)+b]}$

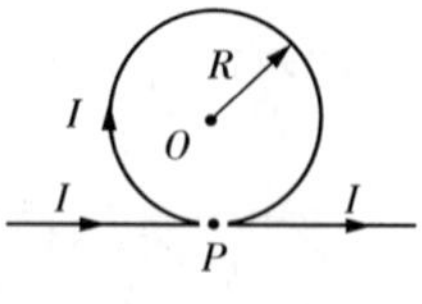

习题 13-8 图

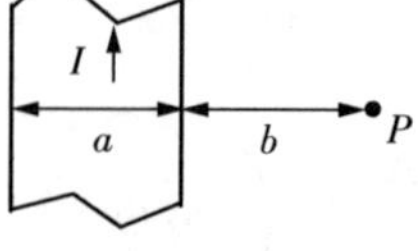

习题 13-9 图

13-10　一根很长的电缆线由两个同轴的圆柱面导体组成,若这两个圆柱面的半径分别为 R_1 和 $R_2(R_1<R_2)$,通有等值反向电流,那么下列哪幅图正确反映了电流产生的磁感应强度随径向距离的变化关系?(　　)

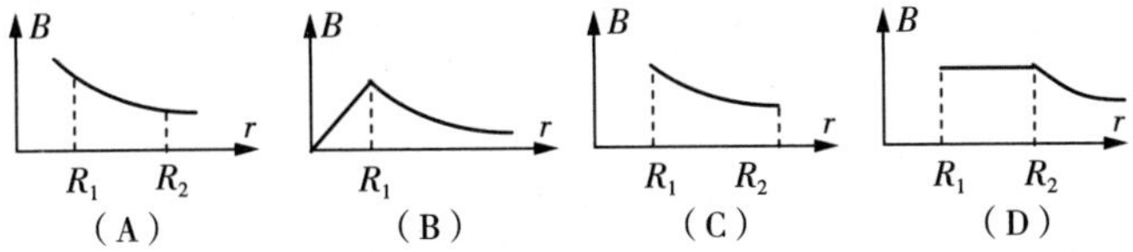

13-11　有一半径R的单匝圆线圈，通有电流I，若将该导线弯成匝数$N=2$的平面圆线圈，导线长度不变，并通以同样的电流，则线圈中心的磁感强度和线圈的磁矩分别是原来的(　　)。

(A)4 倍和 1/8　　(B)4 倍和 1/2　　(C)2 倍和 1/4　　(D)2 倍和 1/2

二、填空题

13-12　一条载有 10 A 的电流的无限长直导线，在离它 0.5 m 远的地方产生的磁感应强度大小B为________。

13-13　一条无限长直导线，在离它 0.01 m 远的地方产生的磁感应强度是10^{-4} T，它所载的电流为________。

13-14　如图所示，一条无限长直导线载有电流I，在距离它为d的地方有一长为a、宽为l的矩形框，求框内穿过的磁通量Φ_m = ________。

13-15　两图中都通有电流I，方向如图示，已知圆的半径为R，则真空中O处的磁场强度大小和方向为________，左图O处的磁场强度的大小为________，方向为________；右图O处的磁场强度的大小为________，方向为________。

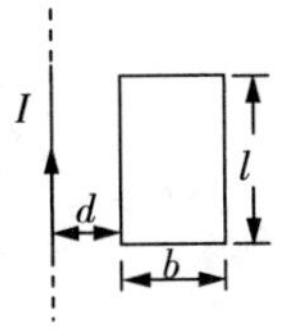

习题 13-14 图

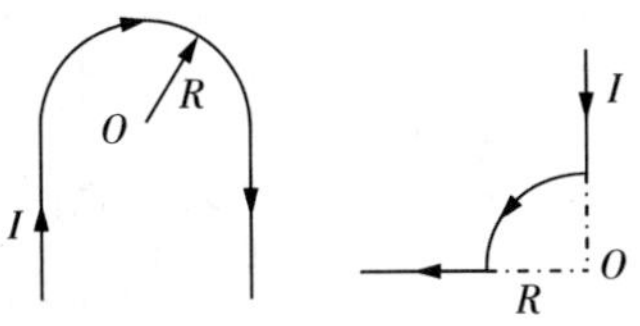

习题 13-15 图

三、判断题

13-16　一电子以速率v进入某区域。若该电子运动方向不改变，那么该区域一定无磁场存在。(　　)

13-17　静止电荷不产生任何磁场。(　　)

13-18　运动电荷不产生任何电场。(　　)

13-19　毕奥-萨伐尔定律是计算任意形状和分布的电流产生的磁感应强度的基础。(　　)

13-20　磁铁和电流产生的磁场在本质上是不相同的。(　　)

四、计算题

13-21　已知铜的摩尔质量$M=63.75$ g/mol，密度$\rho=8.9$ g/cm^3，在铜导线里，假设每一个

铜原子贡献出一个自由电子,(1) 为了技术上的安全,铜线内最大电流密度大小为 $j_m = 6.0\ \mathrm{A/mm^2}$,求此时铜线内电子的漂移速率 v_d;(2) 在室温下电子热运动的平均速率 $\bar{v}$ 是电子漂移速率 v_d 的多少倍?

13-22　已知磁感应强度 $B = 2.0\ \mathrm{Wb/m^2}$ 的均匀磁场,方向沿 x 轴正方向,如图所示。试求:(1) 通过图中 $abcd$ 面的磁通量;(2) 通过图中 $befc$ 面的磁通量;(3) 通过图中 $aefd$ 面的磁通量。

13-23　如图所示,已知地球北极地磁场磁感强度大小为 6.0×10^{-5} T。如设想此地磁场是由地球赤道上一圆电流激发的,此电流有多大?流向如何?

13-24　如图所示,有两根导线沿半径方向接触铁环的 a,b 两点,并与很远处的电源相接。求环心 O 的磁感强度。

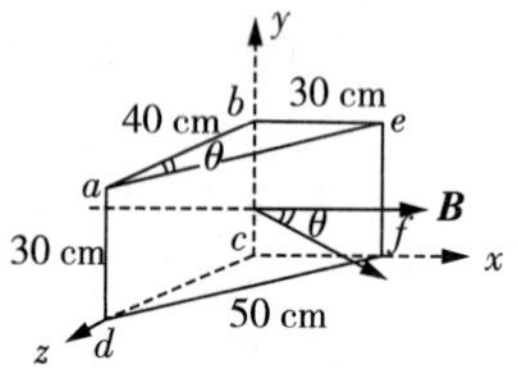

习题 13-22 图

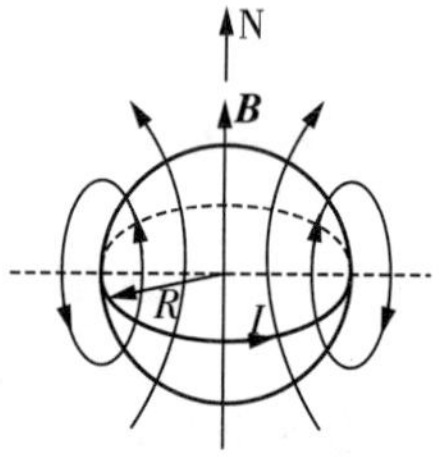

习题 13-23 图

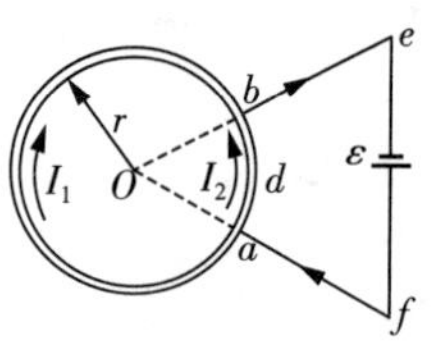

习题 13-24 图

13-25　载流导线形状如图所示(图中直线部分导线延伸到无穷远),求各图中点 O 的磁感强度 $\boldsymbol{B}$。

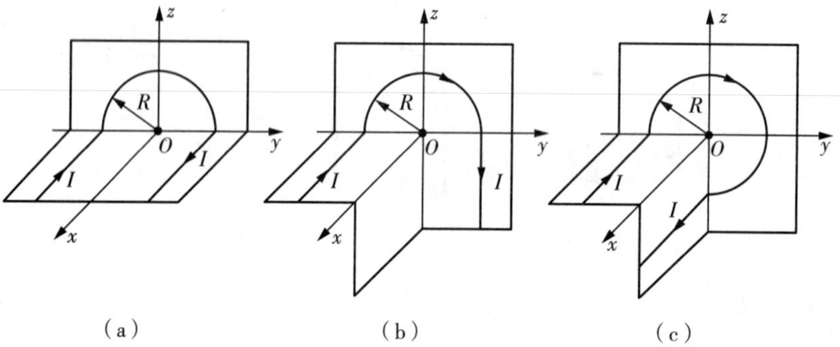

习题 13-25 图

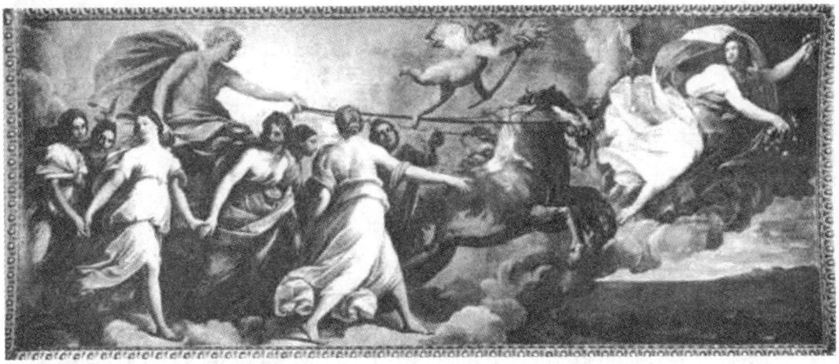

极光这一术语来源于拉丁文伊欧斯一词。传说伊欧斯是希腊神话中“黎明”(指的是晨曦和朝霞)的化身,是希腊神泰坦的女儿,太阳神和月亮女神的妹妹。

极光多种多样,五彩缤纷,形状不一,绮丽无比,在自然界中还没有哪种现象能与之媲美,被视为自然界中最漂亮的奇观之一。

早在2000多年前,中国就开始观测极光,有着丰富的极光记录。极光有时出现时间极短,犹如节日的焰火在空中闪现一下就消失得无影无踪,有时却可以在苍穹之中辉映几个小时;有时像一条彩带,有时像一团火,有时又像一张五光十色的巨大银幕,仿佛在上映一场球幕电影,给人视觉上以美的享受。

那么嬉戏无常、变幻莫测的极光是怎么产生的呢?答案就在本章里。

第十四章　磁力和磁介质

大家在中学物理中已经学过带电粒子在磁场中做匀速圆周运动，磁场对电流的作用力（安培力），磁场对载流线圈的力矩作用（电动机的原理）等知识。本章将对这些规律作简要但更系统、全面的描述。

§14－1　洛仑兹力　带电粒子在磁场中的运动

一、洛仑兹力

带电粒子在磁场中运动时，通常会受到磁场力，这种磁场力称为**洛仑兹力**。一个带电量为 q 的粒子（点电荷）以速度 $\boldsymbol{v}$ 通过磁场中的某点 p，p 点处的磁感应强度为 $\boldsymbol{B}$，$\boldsymbol{v}$ 与 $\boldsymbol{B}$ 夹角是 θ，该点电荷受到的洛仑兹力由点电荷的电量、运动电荷的速度及该点处的磁感应强度共同决定。

实验表明，洛仑兹力的矢量式为

$$\boldsymbol{F}=q\boldsymbol{v}\times\boldsymbol{B} \tag{14-1}$$

洛仑兹力的大小为

$$F=qvB\sin\theta \tag{14-2}$$

洛仑兹力的方向垂直于速度矢量 $\boldsymbol{v}$ 与磁感应强度矢量 $\boldsymbol{B}$ 所构成的平面，而且与运动电荷所带电荷的正负有关。洛仑兹力可以直接用式（14－1）通过矢量运算得到，计算时电荷量 q 带正、负号。

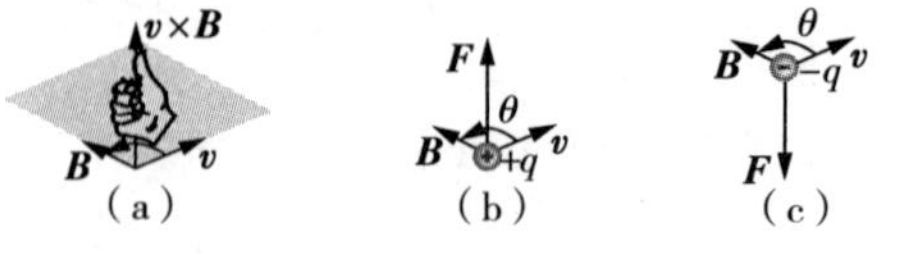

图 14－1　洛仑兹力

洛仑兹力的方向也可以用右手螺旋法则确定，如图 14－1(a) 所示，$\boldsymbol{v}\times\boldsymbol{B}$ 的方向也就是洛仑兹力的方向。正电荷受到洛仑兹力的方向与$\boldsymbol{v}\times\boldsymbol{B}$ 的方向相同，如图 14－1(b) 所示，负电荷受到洛仑兹力的方向与$\boldsymbol{v}\times\boldsymbol{B}$ 的方向相反，如图 14－1(c) 所示。

当带电粒子沿平行于磁场方向运动时，式(14－2) 中 $\theta=0$ 或 $\theta=\pi$，则 $F=0$，运动电荷不受磁场力。

当带电粒子沿垂直于磁场方向运动时，式(14－2) 中 $\theta=\frac{\pi}{2}$，则 $F=qvB$，运动电荷所受磁场力数值最大。

由式(14－2) 可知，洛仑兹力的方向会随着电荷运动速度的方向的变化而变化，但不论速度方向怎样变化，它所受的洛仑兹力方向总是垂直于运动电荷的速度方向。

根据牛顿运动定律，洛仑兹力可以改变运动电荷的速度方向，不能改变运动电荷的速度大小，所以洛仑兹力对运动电荷不做功，不会改变运动电荷的动能。洛仑兹力可以改变运动电荷的动量，改变的是动量的方向，不能改变动量的大小。

由于洛仑兹力的这些特点，在实际应用中，常利用洛仑兹力控制运动电荷的运动轨迹。下面我们讨论运动电荷在磁场中的运动情况。

二、带电粒子在磁场中的运动

1. 带电粒子在均匀磁场中的运动

设均匀磁场的磁感应强度大小为 B，质量为 m，电量为 q 的带电粒子以初速度 $\boldsymbol{v}_0$ 进入均匀磁场。不计重力，我们分三种情况来讨论带电粒子的运动。

(1) 带电粒子初速度与磁场方向平行，即带电粒子初速度$\boldsymbol{v}_0$与磁感应强度$\boldsymbol{B}$同方向或反方向。该粒子进入磁场后不受磁场力作用，不计重力，粒子做匀速直线运动，它的运动轨道是平行于磁感应线的直线。

如图 14－2 所示，磁场方向在纸平面内向右，带电粒子初速度方向与磁场方向相同，带电粒子将沿磁感应线向右匀速直线运动。磁感应强度大小和粒子所带电量对该粒子的运动没有影响。

(2) 带电粒子初速度与磁场方向垂直，即带电粒子初速度$\boldsymbol{v}_0$与磁感应强度$\boldsymbol{B}$成直角。该粒子进入磁场后，受到洛仑兹力大小为 $F=qv_0B$，力的方向垂直于速度方向及磁场方向。洛仑兹力不会改变粒子速度大小，只改变粒子的速度方向，但改变方向后的速度方向与磁场方向始终垂直，洛仑兹力的大小在带电粒子运动过程中不变。根据牛顿运动定律，粒子将做匀速率圆周运动，运动轨道是垂直于磁感应线的圆，洛仑兹力就是粒子做匀速率圆周运动的向心力，即

$$qv_0B = m\frac{v_0^2}{R}$$

式中 R 是粒子圆周运动的轨道半径。由上式得

$$R = \frac{mv_0}{qB} \tag{14-3}$$

如图 14-3(a) 所示,磁场垂直于纸平面向里,粒子初速度方向在纸平面内,根据洛仑兹力的方向可以确定,带正电的粒子在纸平面内沿逆时针方向做匀速率圆周运动,转动方向与磁场方向成左手螺旋关系。粒子带负电时,转动方向与磁场方向成右手螺旋关系,如图 14-3(b) 所示。

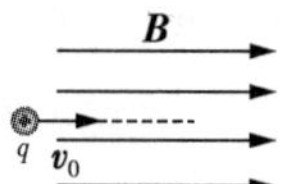

图 14-2　带电粒子在均匀磁场中直线运动

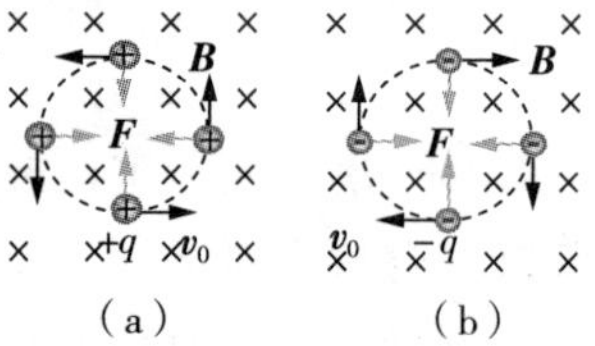

图 14-3　带电粒子在均匀磁场中做匀速率圆周运动

磁感应强度大小,粒子的电荷量、质量和运动速率对转动半径都有影响。我们把粒子的电荷量与质量之比称为粒子的**荷质比**。不同的粒子具有不同的荷质比,垂直进入同一均匀磁场后,因轨道半径不同而被分离开。如图 14-4 所示,同一速度的不同粒子,垂直进入均匀磁场后,荷质比越大,其轨道半径越小。带负电荷的粒子与带正电荷的粒子垂直进入同一均匀磁场后将沿相反方向转动,我们可以用这种方法把正负电荷分离。同一种粒子具有相同的荷质比,垂直进入同一均匀磁场后,由于初速度不同,它们将沿不同的半径运动而被分离开,初速度越大,轨道半径也越大,我们可以用这种方法把不同速率的同类粒子分离。

利用磁场可以把不同类的粒子分离开,也可以把同类不同速率的粒子分离开。

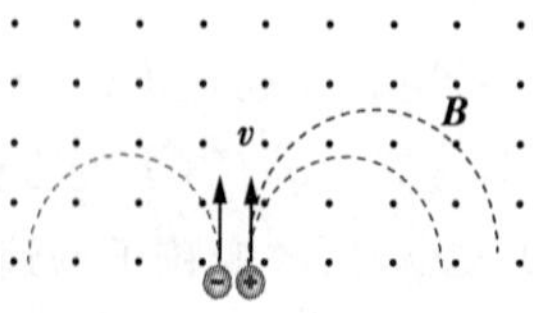

图 14-4　不同带电粒子在均匀磁场中分离

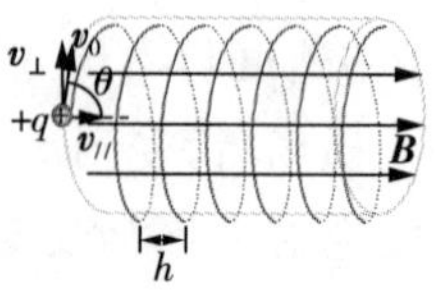

图 14-5　带电粒子在均匀磁场中螺旋运动

我们还可以计算出粒子做匀速率圆周运动的周期：

$$T=\frac{2\pi R}{v_0}=2\pi\frac{m}{qB} \tag{14-4}$$

可见，周期与带电粒子的初速率无关。这一特点是磁聚焦和回旋加速器的理论基础。

(3) 带电粒子初速度与磁场方向成任意角度。设带电粒子初速度$\boldsymbol{v}_0$与磁感应强度 $\boldsymbol{B}$ 的夹角为θ，如图 14－5 所示。将初速度分解成两个相互垂直的分量。

其中一个是平行于磁场方向的速度分量：

$$v_{//}=v_0\cos\theta \tag{14-5}$$

另一个是垂直于磁场方向的速度分量：

$$v_{\perp}=v_0\sin\theta \tag{14-6}$$

平行于磁场方向的速度分量不产生磁场力，所以沿平行于磁场方向，粒子以速率 $v_{//}$ 匀速率运动。

垂直于磁场方向的速度分量产生洛仑兹力，所以在垂直于磁场方向，粒子以速率 $v_{\perp}$ 做匀速率圆周运动。

实际上，带电粒子的运动可以看作是以上两种运动的合成，粒子的实际运动是一种螺旋运动，**螺旋半径**等于以 $v_{\perp}$ 代替式(14－3) 中 v_0 的结果：

$$R=\frac{mv_{\perp}}{qB} \tag{14-7}$$

螺旋运动的周期与式(14－4) 相同，与粒子运动的速率无关。

把一个周期内粒子沿磁场方向行进的距离称为**螺距**。用 h 表示螺距，则

$$h=v_{//}T=2\pi\frac{mv_0\cos\theta}{qB} \tag{14-8}$$

2. 带电粒子在非均匀磁场中的运动

由上面分析可知，带电粒子初速度与磁场方向成一角度进入均匀磁场时，带电粒子做螺旋运动。由式(14－7) 和式(14－8) 可知，螺旋半径和螺距与磁感应强度大小 B 成反比。

如图 14－6 所示的非均匀磁场，中部磁场弱，两侧磁场强。当带电粒子进入该磁场后，粒子做螺旋半径和螺距都变化的螺旋运动。若带电粒子从磁场中部向两侧移动时，磁感应强度变大，螺旋半径和螺距都变小。

由于磁场是不均匀的，粒子在磁场运动时受到的洛仑兹力是变力。随着带电

粒子从磁场中部向右侧移动,洛仑兹力沿向左的分力阻碍粒子向右侧运动,使粒子速率逐渐减小直到零,接下来粒子会向左侧移动并加速。同样当带电粒子移动到磁场中部左侧时,洛仑兹力沿向右的分力阻碍粒子向左侧运动,使粒子向左移动的速率逐渐减小直到零,接下来粒子会向右侧移动并加速。这样带电粒子被限制在一定的范围内往返运动,这种运动好像光遇到镜面发生反射一样,所以这种装置称为**磁镜**。磁镜可以由两个载流平行同轴圆线圈组成。

地球是个大磁体,地球磁场在两极强,中间弱。来自外层空间的大量带电粒子(宇宙射线)进入地球磁场范围时,这些带电粒子将被约束在一定的空间内运动,形成范艾仑辐射带,此带相对地球是轴对称的,如图 14-7 中只画出了其中的四支。由于地球磁场的存在,大量的宇宙射线被阻挡,地球生命免受辐射侵害。如图 14-8 所示,美丽的北极光就是辐射带引起的,来自太阳的带电粒子到达地球附近,地球磁场迫使其中一部分沿着磁场线集中到南北两极,所以极光只能在地球的南北极被看见。当它们进入极地的高层大气时,与大气中的原子和分子碰撞并激发,产生光芒,形成极光。经常出现的地方是在南北纬 67 度附近的两个环带状区域内,阿拉斯加的费尔班一年之中有超过 200 天的极光现象,因此被称为"北极光首都"。

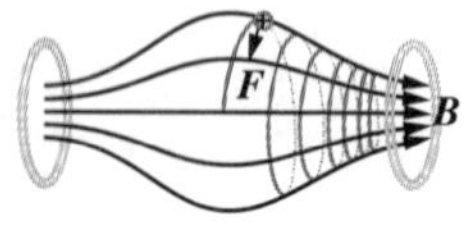

图 14-6　带电粒子在非均匀磁场中的运动

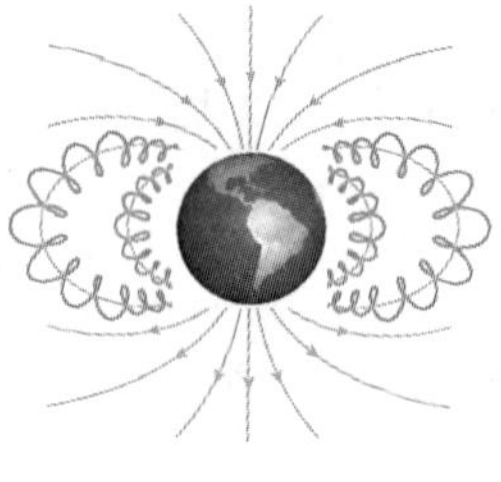

图 14-7　范艾仑辐射带

图 14-8　美丽的北极光

三、带电粒子在磁场中的运动应用

1. 速度选择器

科学研究中经常需要某一速度的带电粒子,我们如何从大量不同速度的粒子中选择出所需要的粒子呢? 如图 14-9 所示,为一个带电粒子的速度选择装置。装置中,电场强度大小为 E 的均匀电场,方向沿纸平面向右,磁感应强度大小为 B 的均匀磁场,方向垂直于纸平面向外,电场方向与磁场方向相互垂直。

电荷量为 q 的带电粒子以速度 $\boldsymbol{v}$ 垂直于电场方向同时也垂直于磁场方向进入该电磁场,带电粒子将同时受到电场力和磁场力。

当带电粒子的速度满足一定条件时,带电粒子受到的电场力和磁场力的矢量和为零，它将做匀速直线运动，不满足条件的带电粒子将做曲线运动，这样就把满足条件的带电粒子选择出来了。

这个条件就是带电粒子受到的电场力与洛仑兹力的矢量和为零：

$$\boldsymbol{F}_{\mathrm{e}}+\boldsymbol{F}_{\mathrm{m}}=0$$

即

$$q\boldsymbol{E}+q\boldsymbol{v}\times\boldsymbol{B}=0$$

解得

$$\boldsymbol{E}=-\boldsymbol{v}\times\boldsymbol{B}$$

根据装置，上式中三个矢量相互垂直，所以有 $E=vB$，即

$$v=\frac{E}{B} \tag{14-9}$$

式(14－9)计算出来的速率就是速度选择器选择出来的粒子，只要控制电场强度大小或磁感应强度大小就可以改变选出来的粒子速率。

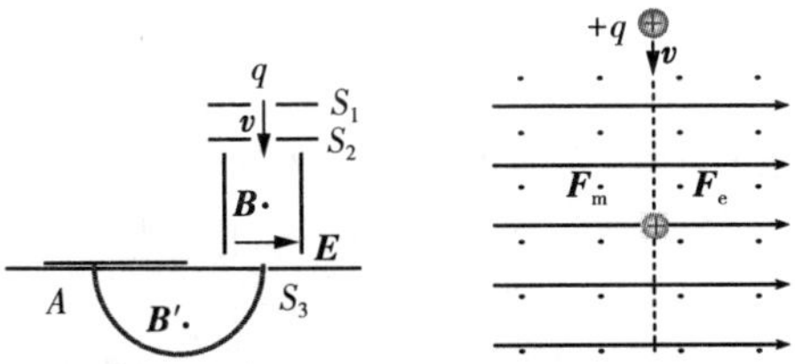

图 14－9　速度选择器

例 14－1　质谱仪的构造原理如图所示，S 为离子源，所产生的离子质量为 m，电荷为 q。离子的初速度很小，可以看作是静止的，离子飞出 S 后经过电压 V 加速，进入磁感应强度为 B 的均匀磁场，沿着半圆周运动而到达照相底片上的 P 点，现测得 P 点的位置到入口处的距离为 x，试证明离子的质量 $m=\dfrac{qB^2}{8U}x^2$。

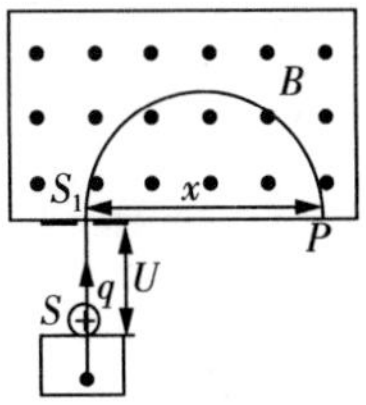

例 14－1 图

证明：离子进入磁场时的速度满足：

$$\frac{1}{2}mv^2=qU\Rightarrow v=\sqrt{\frac{2qU}{m}}$$

进入磁场后做匀速圆周运动，轨道半径为

$$\frac{x}{2}=\frac{mv}{qB}=\frac{m}{qB}\sqrt{\frac{2qU}{m}}=\sqrt{\frac{2mU}{qB^2}}$$

所以

$$m=\frac{qB^2}{8U}x^2$$

2. 回旋加速器

科学研究中,常常需要将带电粒子进行加速,回旋加速器就是加速带电粒子的一种装置,图 14-10(a) 是回旋加速器的原理图。在真空中,两块半圆形的中空金属导体,常称为 D 形电极,放在两个磁极之间,D 形电极离开一定距离与交变电源相连。

图 14-10(b) 是回旋加速器俯视图,磁场垂直于 D 形电极,磁场方向垂直于纸平面向外。D 形电极间的是交变电场,方向垂直于磁场方向,箭头是电场线,电场方向平行于纸平面。

带电粒子从 D 形电极中间的离子源出来,在电场作用下向左边 D 形电极加速运动,直到进入 D 形电极。进入 D 形电极后,在磁场作用下做圆周运动,经过半个周期,运动方向相反。带电粒子从 D 形电极出来,进入电场,此时电场方向已经改变,电场再次对带电粒子加速,直到进入右边 D 形电极。进入 D 形电极后,在磁场作用下做圆周运动,经过半个周期,运动方向又一次相反。带电粒子从 D 形电极出来,进入电场再加速,如此重复,带电粒子沿图中点线运动。带电粒子被不断加速,运动半径也不断增加,最后在 D 形电极出口处引出,获得高能粒子。

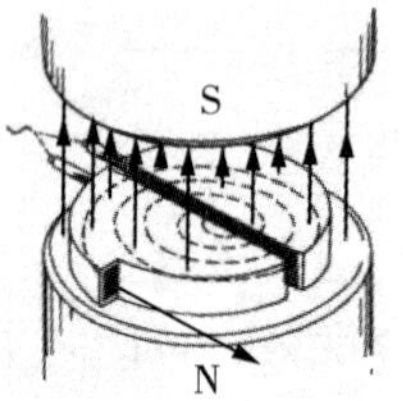

(a)

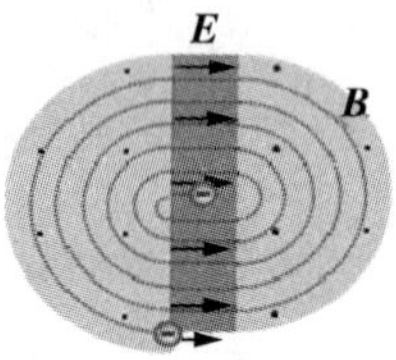

(b)

图 14-10 回旋加速器

由式(14-4)可知,带电粒子回转周期与粒子运动速度大小无关,与荷质比及磁感应强度有关。粒子速度不大时,粒子质量近似不变,荷质比为常数。只要保持恒定磁场,D 形电极加恒定频率的交变电压,粒子就可以不断加速。

根据相对论效应,当粒子速度很大时,质量会随速度的增大而增大,从而回转周期也变大。要想继续加速,D 形电极的交变电压频率必须同步改变,这种加速器称为**同步回旋加速器**。同步加速器可以让带电粒子的速度更大、能量更高。

3. 霍尔效应

载流导体薄片放在磁场中,如果导体薄片平面与磁场方向垂直,则在平行于电流方向的薄片两侧面间会出现微弱的电势差，这一现象称为**霍尔效应**。相应的电势差称为**霍尔效应电势差**，常用 U_H 表示。这一现象是由美国物理学家霍尔于1879 年首先发现的。

如图 14－11(a) 所示，载流导体薄片在纸平面内，磁场垂直于纸面向内，电流水平向右，上、下两个侧面间将有霍尔电势差。实验表明，在磁场不太强时，霍尔电势差 U_H 与电流强度 I、磁感应强度 B 成正比，与导体薄片的厚度 d 成反比，写成数学表达式为

$$U_H = R_H \frac{IB}{d} \tag{14-10}$$

R_H 称为**霍尔系数**，它与导体薄片的材料有关，而与电流强度 I、磁感应强度 B 和导体薄片的几何形状无关。

我们已经学过，运动电荷在磁场中受到洛仑兹力。霍尔效应是由载流导体中形成电流的载流子(运动电荷) 在磁场中受到洛仑兹力作用后，沿垂直于磁场方向漂移的结果。根据这一理论，我们可以导出霍尔系数与导体薄片材料的关系。

如图 14－11(b) 所示，假设薄片导体的宽度和厚度分别为 b 和 d，形成电流的载流子都是相同的正电荷，电荷量为 q。当导体薄片中通有如图 14－11 所示向右的电流时，导体中的所有载流子(正电荷) 都向右定向运动，假设所有载流子的定向运动的速度 $\boldsymbol{v}$ 都相同，选取任意一个载流子来分析，它所受的洛仑兹力为

$$\boldsymbol{F}_m = q\boldsymbol{v} \times \boldsymbol{B} \tag{14-11}$$

洛仑兹力大小为

$$F_m = qvB \tag{14-12}$$

洛仑兹力方向向上，如图 14－11(b) 所示。

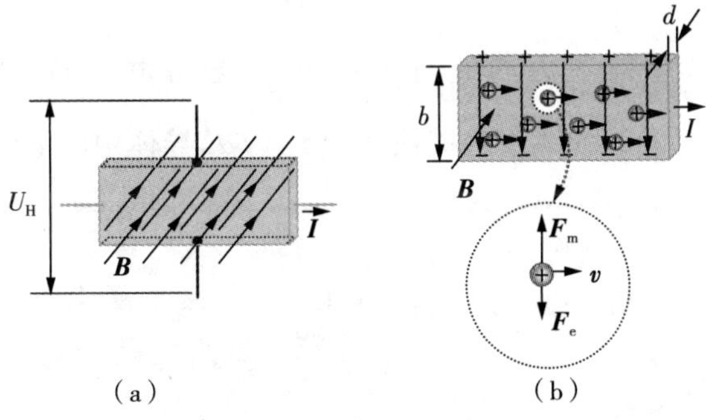

图 14－11　霍尔效应

载流子(正电荷) 受到洛仑兹力作用而向上漂移，有的最后到达导体上侧面，使

上侧面带有正电。根据电荷守恒定律,下侧面带有等量负电。导体中就会建立起一个附加的电场,我们称它为**霍尔电场**,电场强度用 $\boldsymbol{E}_H$ 表示。由于霍尔电场的存在,上、下两个带电面之间就会有电势差,这个电势差就是霍尔电势差。

霍尔电场对载流子产生的电场力为

$$\boldsymbol{F}_e = q\boldsymbol{E}_H \tag{14-13}$$

霍尔电场力的大小为

$$F_e = qE_H \tag{14-14}$$

$\boldsymbol{E}_H$ 的方向向下,霍尔电场力也向下。

此时,形成电流的载流子同时受到洛仑兹力和霍尔电场力,这两个力方向相反。开始时,霍尔电场较弱,霍尔电场力也较小。随着载流子不断向上漂移,霍尔电场不断增强,霍尔电场力也随之增大。直到载流子受到的洛仑兹力与霍尔电场力大小相等,两个力平衡,即

$$\boldsymbol{F}_e + \boldsymbol{F}_m = 0$$

两力大小相等、方向相反,即

$$F_m = F_e \tag{14-15}$$

此时,载流子不再向上漂移,霍尔电场不再增加,霍尔电势差将保持不变。将式(14-12)和式(14-14)代入式(14-15),得

$$qvB = q\frac{U_H}{b} \tag{14-16}$$

整理式(14-16)得

$$U_H = bvB \tag{14-17}$$

假设导体中单位体积内的载流子数为 n,参考电流的微观描述公式 $I = \frac{n \cdot Sv\mathrm{d}t \cdot q}{\mathrm{d}t} = nSqv$ 及导体薄板的横截面积 $S = bd$,导体中的电流强度 $I = nSqv = nb\mathrm{d}qv$ 得

$$v = \frac{I}{nb\mathrm{d}q} \tag{14-18}$$

式(14-18)代入式(14-17),得

$$U_H = \frac{1}{nq}\frac{IB}{d} \tag{14-19}$$

由式(14－19)可见，霍尔电势差与导体薄片的厚度 d 成反比，实际问题中，为了增大霍尔电势差，厚度 d 做得非常小。

将式(14－19)与式(14－10)对比，得到霍尔系数

$$R_{\mathrm{H}}=\frac{1}{nq} \tag{14-20}$$

从式(14－20)可以看出，霍尔系数只与导体中单位体积内的载流子数 n 和载流子的电荷量 q 成反比。导体材料中载流子的浓度 n 越小，霍尔系数越大。金属导体的载流子浓度很大，金属的霍尔系数很小，霍尔效应不明显。

实际工程中常使用半导体材料做**霍尔传感器**，因为半导体中载流子的数密度 n 比金属中的要小得多，半导体的霍尔效应比较明显。

前面的结论是以带正电的载流子导出的，如果问题一开始就假设载流子为负电荷，结果会怎样呢？如图 14－12 所示，负电荷定向运动的方向与电流方向相反。电流向右时，带负电荷的载流子向左定向运动。带负电荷的载流子受到的洛仑兹力还是向上，带负电荷的载流子向上漂移，导体上侧面带负电。这样一来，霍尔电势差极性就反过来了。所以，我们可以根据霍尔电势差极性来判定载流子带的是正电荷还是负电荷。

半导体材料中同时有正、负两种载流子(空穴和电子)，霍尔电势差也是两部分的叠加，由于两者的极性相反，会削弱单一载流子的霍尔电势差。正、负电荷两种载流子数密度差越大，霍尔电势差也越大。如果正、负电荷两种载流子数密度相等，霍尔电势差就消失了。

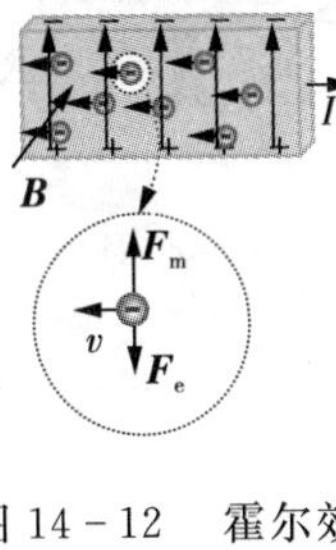

图 14－12　霍尔效应

图 14－13　霍尔传感器

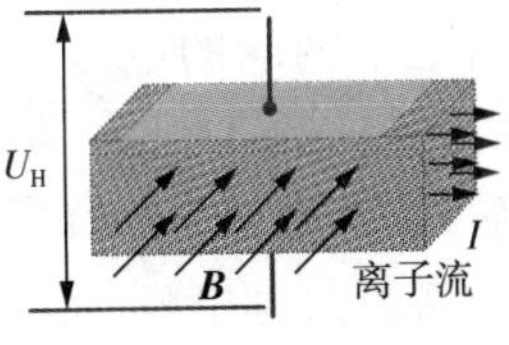

图 14－14　磁流体发电

霍尔效应的应用非常广泛，比如霍尔传感器、磁流发电等。霍尔传感器是根据霍尔效应制作的一种磁场传感器，如图 14－13 所示，已经被广泛应用于工业自动化技术、检测技术及信息处理等方面。霍尔效应是研究半导体材料性能的基本方法，通过霍尔效应实验测定的霍尔系数，能够判断半导体材料的导电类型、载流子数密度及载流子迁移率等重要参数。

大学物理实验中“用霍尔传感器测量螺线管磁场”的实验就是用到了霍尔传感

器。将式(14-10)改写成

$$U_H = K_H IB \tag{14-21}$$

式中,$K_H = \frac{R_H}{d}$ 称为霍尔元件的灵敏度,对于给定的霍尔元件是常数,在保持电流不变的条件下,令 $K = K_H I$,K 称为输出灵敏度。这样,式(14-21)成为

$$U_H = KB \tag{14-22}$$

或

$$B = \frac{U_H}{K} \tag{14-23}$$

实验中,首先测定 K,再利用感应强度与霍尔电压成正比测定霍尔电压,最后计算出磁感应强度。

磁流体发电技术,就是用燃料(石油、天然气、燃煤、核能等)直接加热成易于电离的气体,使之在 2000 ℃ 的高温下电离成导电的离子流,然后让其在磁场中高速流动,获得霍尔电势差。

如图 14-14 所示是磁流体发电的原理图,水平放置的上、下两块导体平行板就是电压输出端。磁场方向平行于导体板,带电的粒子流(离子流)垂直于磁场沿平行于导体板高速运动,带电粒子在磁场中运动受到洛仑兹力而向上(或下)导体平板飘移运动,从而在上、下导体平板间获得霍尔电势差。

例 14-2 霍尔效应可用来测量血流的速度,其原理如图所示,在动脉血管两侧分别安装电极并加以磁场。设血管的直径为 2 mm,磁场为 0.080 T,毫伏表测出血管上下两端的电压为 0.10 mV,求血管的流速为多大?

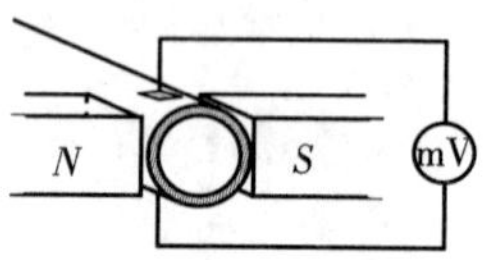

例 14-2 图

解:由洛仑兹力解释霍尔效应的方法:动平衡时,电场力与洛仑兹力相等。

$$qvB = qE_H$$

则

$$v = E_H / B$$

又

$$E_H = U_H / d$$

则

$$v=\frac{U_H}{Bd}=\frac{0.1\times10^{-3}}{0.08\times2\times10^{-3}}=0.625(\text{m/s})$$

§14-2　安培力　磁场对载流导线的作用

实验表明，不仅运动电荷在磁场中受到磁场力，载流导线在磁场中也受到磁场力，载流导线在磁场中受到的磁场力称为**安培力**。

一、安培力

1. 一段载流直导线在均匀磁场中的安培力

一段载流直导线，长度为 L，通有电流 I。导线放置在均匀磁场中，磁感应强度为 $\boldsymbol{B}$。

当载流导线平行于磁场方向时，即电流方向与磁场方向相同或相反，如图 14-15(a) 所示。实验表明，此时载流导线不受力。

当载流导线与磁场垂直时，电流方向与磁场方向垂直，如图 14-15(b) 所示。实验表明，载流导线受到的磁场力最大，最大的磁场力数值等于导线中电流强度 I、导线长度 L 和磁感应强度大小 B 三者的乘积，即

$$F=ILB \tag{14-24}$$

磁场力的方向与电流方向及磁场方向都垂直。

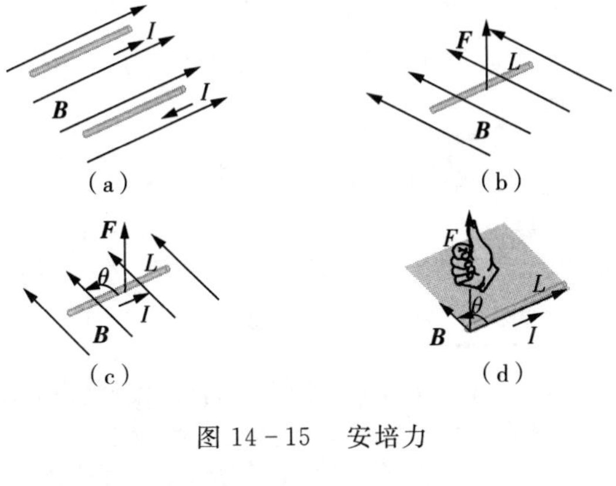

图 14-15　安培力

一般情况下，若导线中电流方向与磁场方向的夹角为 θ，如图 14-15(c) 所示。实验表明，磁场力大小为

$$F=ILB\sin\theta \tag{14-25}$$

磁场力的方向与电流方向、磁场方向构成的平面垂直,三者成右手螺旋关系,如图 14-15(d) 所示。

综上所述,**载流直导线在均匀磁场中受到的磁场力**(安培力) 可以表示为

$$\boldsymbol{F}=I\boldsymbol{L}\times\boldsymbol{B} \tag{14-26}$$

式中,$\boldsymbol{L}$ 矢量的大小就是导线长度,方向就是电流方向。

通过上一节的学习,我们知道带电粒子在磁场中运动,会受到磁场的洛仑兹力。而导线中的电流是由导线中电荷的定向运动引起的,形成电流的载流子在磁场中必然也受到洛仑兹力。实际上,载流导线中所有载流子受到的洛仑兹力的矢量和就是安培力。

下面我们利用洛仑兹力计算式 $\boldsymbol{F}=q\boldsymbol{v}\times\boldsymbol{B}$,导出安培力的计算式 $\boldsymbol{F}=I\boldsymbol{L}\times\boldsymbol{B}$。

将图 14-15(c) 中的载流直导线放大,如图 14-16(a) 所示。假设,导线是横截面积为 S、长为 L 的圆柱体,圆柱体内有 N 个完全相同的载流子,每个载流子的电荷量均为 $q(q>0)$。载流子定向运动的速度均为$\boldsymbol{v}$,$\boldsymbol{v}$ 的方向就是电流方向。

如图 14-16(b) 所示,每个载流子受到的洛仑兹力为

$$\boldsymbol{F}_{+q}=q\boldsymbol{v}\times\boldsymbol{B} \tag{14-27}$$

载流导线受到的安培力 $\boldsymbol{F}$ 等于一个载流子所受洛仑兹力 $\boldsymbol{F}_{+q}$ 的 N 倍,即

$$\boldsymbol{F}=N\boldsymbol{F}_{+q} \tag{14-28}$$

只要求出 N,就得到安培力的表达式。

假设,导线中载流子的数量密度为 n,导线中载流子总数 N 等于数量密度 n 与导线体积 SL 的乘积,即

$$N=nSL \tag{14-29}$$

将式(14-27) 和式(14-29) 代入式(14-28),得

$$\boldsymbol{F}=nSL\cdot q\boldsymbol{v}\times\boldsymbol{B} \tag{14-30}$$

可以证明,式(14-30) 中 $nSL\cdot q\boldsymbol{v}$ 就等于 $I\boldsymbol{L}$。这样,式(14-30) 成为

$$\boldsymbol{F}=I\boldsymbol{L}\times\boldsymbol{B} \tag{14-31}$$

式(14-31) 与实验结果式(14-26) 完全相同。这就证明了载流导线中所有载流子受到的洛仑兹力的矢量和就是安培力。

现在,我们来证明 $nSL\cdot q\boldsymbol{v}=I\boldsymbol{L}$。

首先证明，这两部分方向相同。如果载流子是正电荷，正电荷运动速度$\boldsymbol{v}$的方向就是电流的方向，也就是$\boldsymbol{L}$的方向，$q\boldsymbol{v}$与$I\boldsymbol{L}$同方向。如果载流子是负电荷，负电荷运动速度$\boldsymbol{v}$的方向是电流的反方向，计算时$q<0$，所以，$q\boldsymbol{v}$与$I\boldsymbol{L}$同方向。

其次，证明这两部分大小相等，只要证明$I=nSqv$。取任意时间$\mathrm{d}t$，在这段时间内，通过导体横截面S的电荷量$\mathrm{d}q$等于长为$v\mathrm{d}t$小段导线内的电荷量。$\mathrm{d}q$等于电荷数密度n、体积$Sv\mathrm{d}t$及每个载流子的电荷量q三者之积，即

$$\mathrm{d}q=n\cdot Sv\mathrm{d}t\cdot q$$

通过导线的电流强度I等于单位时间内通过导线横截面的电量，即

$$I=\frac{\mathrm{d}q}{\mathrm{d}t}$$

从而有

$$I=\frac{n\cdot Sv\mathrm{d}t\cdot q}{\mathrm{d}t}=nSqv \tag{14-32}$$

证明完毕。

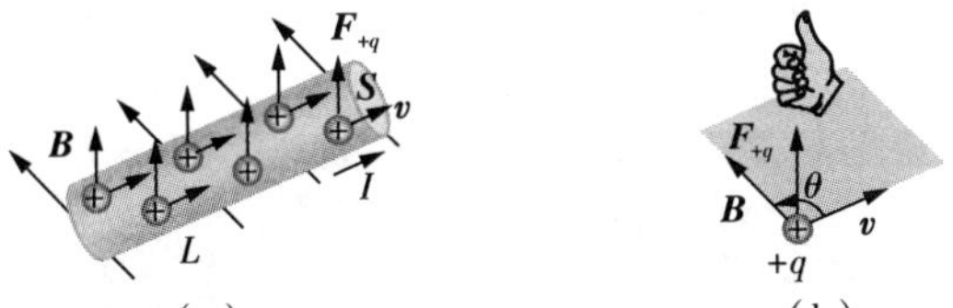

图 14-16　安培力与洛仑兹力

2. 任意载流导线在均匀磁场中的安培力

如图 14-17(a) 所示，任意弯曲的载流导线放置在均匀磁场中，磁场的磁感应强度为$\boldsymbol{B}$，导线中电流强度为I，电流从a端流进b端流出。

将导线划分成无限个小段，它们的长度分别为$\Delta L_1,\Delta L_2,\cdots,\Delta L_i,\cdots$，如图 14-17(b) 所示。当这些小段无限短时，都可以看成直导线，用$\boldsymbol{F}=I\boldsymbol{L}\times\boldsymbol{B}$计算出每一小段的安培力，它们分别是

$$\boldsymbol{F}_1=I\Delta\boldsymbol{L}_1\times\boldsymbol{B}$$

$$\boldsymbol{F}_2=I\Delta\boldsymbol{L}_2\times\boldsymbol{B}$$

$$\vdots$$

$$\boldsymbol{F}_i=I\Delta\boldsymbol{L}_i\times\boldsymbol{B}$$

$$\vdots$$

导线上所有小段所受安培力的矢量和就是这根导线所受的安培力 $\boldsymbol{F}$。以上各式求矢量和,就得到安培力:

$$\boldsymbol{F}=\sum\boldsymbol{F}_i=\sum I\Delta\boldsymbol{L}_i\times\boldsymbol{B}$$

由于导线上电流强度 I 和磁感应强度 $\boldsymbol{B}$ 处处都相同,上式求和时,可把这两个量提到求和符号外,得到

$$\boldsymbol{F}=I\left(\sum\Delta\boldsymbol{L}_i\right)\times\boldsymbol{B}$$

上式中,$\sum\Delta\boldsymbol{L}_i$ 等于导线上从 a 端指向 b 端的矢量,记作 $\boldsymbol{L}_{ab}$,可得

$$\boldsymbol{F}=I\boldsymbol{L}_{ab}\times\boldsymbol{B}\tag{14-33}$$

这就是任意弯曲的载流导线放置在均匀磁场中受到的安培力计算式。

如果上述 a,b 两点连线上放置相同电流 I 的直导线,如图 14-17(c) 所示,这段载流直导线的安培力用 $\boldsymbol{F}=I\boldsymbol{L}\times\boldsymbol{B}$ 计算。显然,这段载流直导线受到的安培力与任意弯曲载流导线的安培力计算式相同。以后遇到这类问题直接用载流直导线的安培力计算,这种方法称为**化曲线为直线**。要注意,这种计算方法只适用于均匀磁场中的载流导线。

实际问题中,如果磁场是不均匀的,任意弯曲的载流导线的安培力就必须用积分计算。

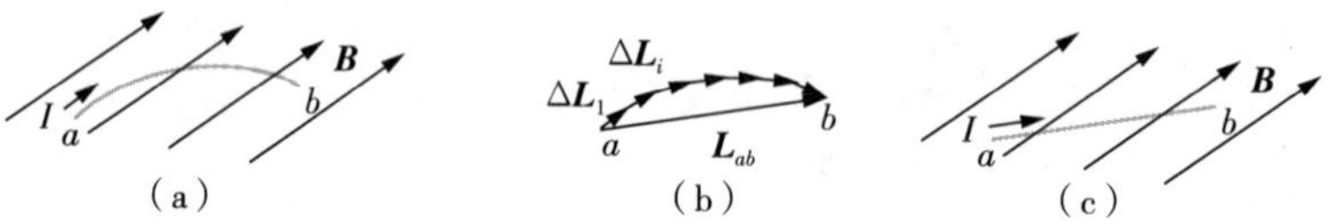

图 14-17　载流导线在均匀磁场中的安培力

3. 任意载流导线在非均匀磁场中的安培力

如图 14-18(a) 所示,任意载流导线中的电流强度为 I,导线处于非均匀磁场中,图中带箭头的黑色曲线是磁感应线。在导线上任取无限小长度 $\mathrm{d}l$ 的一段,称为**电流元**(图中圆圈内的箭头),我们用矢量 $I\mathrm{d}\boldsymbol{l}$ 来表示电流元。电流元矢量的大小等于导线中电流强度 I 与导线长度 $\mathrm{d}l$ 的乘积,电流元矢量的方向就是电流的方向。

电流元在磁场中所受的安培力直接用 $\boldsymbol{F}=I\boldsymbol{L}\times\boldsymbol{B}$ 计算,把式中 $I\boldsymbol{L}$ 用电流元 $I\mathrm{d}\boldsymbol{l}$ 代替,如图 14-18(b) 所示。对应的安培力为

$$\mathrm{d}\boldsymbol{F}=I\mathrm{d}\boldsymbol{l}\times\boldsymbol{B}\tag{14-34}$$

整个载流导线可以看作是无数电流元首尾相连而成,所受的安培力等于所有

电流元安培力的矢量和，也就是式(14－34)沿载流导线 L 的线积分。这样，任意磁场中任意载流导线的安培力计算式为

$$\boldsymbol{F}=\int_L I\,\mathrm{d}\boldsymbol{l}\times\boldsymbol{B} \tag{14-35}$$

理论上说，只要已知磁感应强度 $\boldsymbol{B}$ 及导线的形状(积分路径 L)，载流导线的安培力都可以由式(14－35)求得。上式计算积分时，先矢量叉乘，后积分。实际问题的积分运算都很复杂，通常我们将它转化成分量后再计算。在直角坐标系中的分量式为

$$F_x=\int\mathrm{d}F_x,\ F_y=\int\mathrm{d}F_y,\ F_z=\int\mathrm{d}F_z$$

最后把各分量合成，即

$$\boldsymbol{F}=F_x\boldsymbol{i}+F_y\boldsymbol{j}+F_z\boldsymbol{k} \tag{14-36}$$

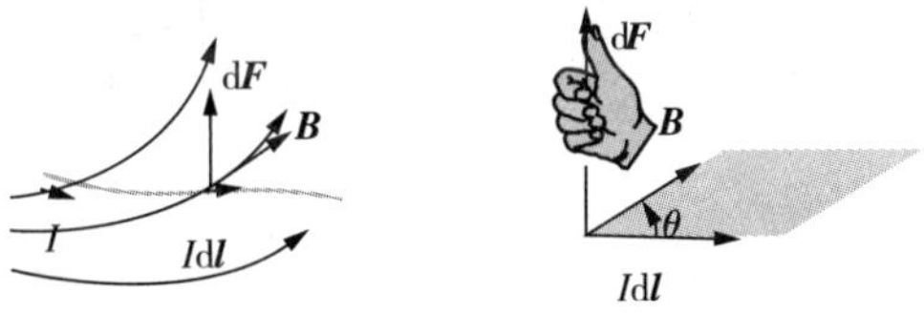

(a)　　(b)

图 14－18　任意磁场中的安培力

4. 平行载流导线间的磁场力

实验表明，载流导线间有相互作用力。两根平行载流导线通有同方向电流时，导线间存在相互吸引的力，如图 14－19(a) 所示。两根平行载流导线通有反方向电流时，导线间存在相互排斥的力，如图 14－19(b) 所示。

载流导线 ① 激发磁场，导线 ② 处于该磁场中就会受到安培力，同样，载流导线 ② 激发磁场，导线 ① 处于该磁场中也会受到安培力，所以两根导线都会受到安培力。两导线中电流同向时，导线受到相互吸引力，电流反向时，导线受到相互排斥力。

载流导线间的相互作用力是一种分布力，根据毕奥-萨伐尔定律和安培力计算公式，可以计算出载流导线上单位长度受到的安培力。

如图 14－20 所示，在纸平面内，两根平行载流无限长细直导线 ① 和 ②，相距 a，电流方向同向平行，电流强度分别为 I_1 和 I_2。

参考 $B=\dfrac{\mu_0 I}{2\pi a}$，载流导线 ① 在导线 ② 处所激发的磁感应强度 $\boldsymbol{B}_{21}$ 的大小为

$$B_{21}=\frac{\mu_0 I_1}{2\pi a} \tag{14-37}$$

磁感应强度的方向垂直于纸面向里,图中用“×”表示。

载流导线 ② 处于载流导线 ① 激发的磁场中受到安培力。在导线 ② 上,任意取电流元 $I_2 d\boldsymbol{l}$,该电流元所受的安培力为

$$d\boldsymbol{F}_{21}=I_2 d\boldsymbol{l}\times\boldsymbol{B}_{21} \tag{14-38}$$

由图可见,$I_2 d\boldsymbol{l}$ 与 $\boldsymbol{B}_{21}$ 相互垂直。所以,$d\boldsymbol{F}_{21}$ 的大小为

$$dF_{21}=B_{21}I_2 dl \tag{14-39}$$

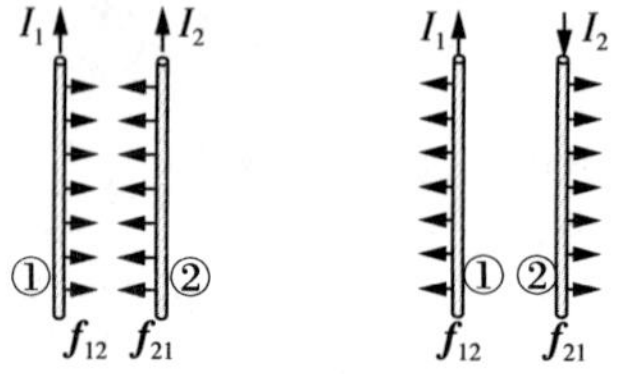

(a) (b)

图 14-19 平行载流导线间的作用力

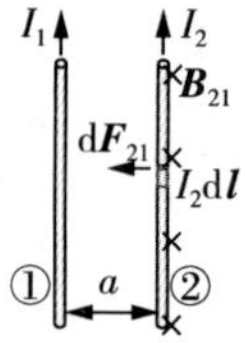

图 14-20 平行载流导线间的作用力

$d\boldsymbol{F}_{21}$ 的方向垂直指向导线 ①,如图 14-20。在导线 ② 上,单位长度导线所受的安培力大小为

$$f_{21}=\frac{dF_{21}}{dl}=B_{21}I_2 \tag{14-40}$$

将 $B_{21}=\dfrac{\mu_0 I_1}{2\pi a}$ 代入式(14-40),得

$$f_{21}=\frac{\mu_0 I_1 I_2}{2\pi a} \tag{14-41}$$

同理,在导线 ① 上,单位长度导线所受的安培力大小为

$$f_{12}=\frac{\mu_0 I_2 I_1}{2\pi a} \tag{14-42}$$

$\boldsymbol{f}_{12}$ 的方向与 $\boldsymbol{f}_{21}$ 的方向相反。可见,两根同方向平行载流直导线间存在相互吸引的力。载流导线受到的是分布力,单位长度上所受力的大小力分别由式(14-41) 和式(14-42) 表示。

不难看出,两根平行载流直导线通过反方向电流时存在相互排斥的力,载流导线单位长度受到的安培力大小的计算公式与 $f_{21}=\dfrac{\mu_0 I_1 I_2}{2\pi a}$ 相同。两根平行载流直导线通过反方向电流时,单位长度所受的力也是大小相等、方向相反。

5. 电流单位"安培"的定义

真空中相距 1 m 的两根无限长平行细直导线，载有相等的电流，若导线上每米长度的相互作用力正好等于 2×10^{-7} N，则导线中的电流强度定义为 1 安培(1 A)。

在国际单位制中，真空中的磁导率可以由 $f_{21}=\dfrac{\mu_0 I_1 I_2}{2\pi a}$ 导出。将 $a=1$ m，$f_{21}=2\times10^{-7}$ N，$I_1=I_2=1$ A 代入，得

$$\mu_0=4\pi\times10^{-7}\ \mathrm{N/A^2} \tag{14-43}$$

二、均匀磁场中载流线圈所受的磁力矩

沿闭合线圈的线积分 $\int_L \mathrm{d}l=0$，由 $\boldsymbol{F}=\int_L I\mathrm{d}\boldsymbol{l}\times\boldsymbol{B}$ 可知，闭合载流线圈在均匀磁场中所受的安培力为零，但闭合载流线圈所受的磁场力的力矩一般不为零。下面我们以平面线圈为例，导出载流线圈在均匀磁场中的磁力矩计算表达式。

常用**磁矩**矢量 $\boldsymbol{p}_{\mathrm{m}}$ 来描述平面载流线圈，定义磁矩

$$\boldsymbol{p}_{\mathrm{m}}\equiv IS\boldsymbol{e}_{\mathrm{n}} \tag{14-44}$$

式中，I 是线圈导线中的电流，S 是线圈导线所围的面积，$\boldsymbol{e}_{\mathrm{n}}$ 是线圈平面的法向单位矢量，如图 14-21 所示。规定 $\boldsymbol{e}_{\mathrm{n}}$ 的方向与线圈导线中电流方向成右手螺旋关系。右手四指握住平面线圈的法线，四指指向为线圈导线中电流方向，大拇指的指向就是平面线圈法向单位矢量 $\boldsymbol{e}_{\mathrm{n}}$ 方向。

如果线圈是由同方向叠绕相同的 N 匝导线组成，则**线圈的磁矩**应该是单匝线圈磁矩的 N 倍，即

$$\boldsymbol{p}_{\mathrm{m}}=NIS\boldsymbol{e}_{\mathrm{n}} \tag{14-35}$$

研究表明，平面载流线圈在均匀磁场中所受磁力矩决定于磁感应强度矢量 $\boldsymbol{B}$ 和线圈磁矩矢量 $\boldsymbol{p}_{\mathrm{m}}$。

图 14-22(a) 矩形线圈的立体图，图 14-22(b) 是它的俯视图。均匀磁场的磁感应强度为 $\boldsymbol{B}$，磁场方向平行于纸平面向左，平面矩形线圈的边长分别为 l_1 和 l_2，面积为 $S=l_1l_2$，边长为 l_2 的边(ab 和 cd)与磁场方向垂直。线圈导线中电流强度为 I，电流方向沿 $abcda$。

图 14-22(b) 所示，矩形线圈的磁矩矢量 $\boldsymbol{p}_{\mathrm{m}}$($\boldsymbol{e}_{\mathrm{n}}$ 方向)与磁感应强度矢量 $\boldsymbol{B}$ 的夹角为 θ。载流线圈在磁力矩的作用下会转动，磁力矩本身随着线圈转动而变化。

如图 14-22(a) 所示，矩形载流线圈导线 bc 和 da 平行，长度相同，但电流方向相反。在均匀磁场中，这两根导线分别受到磁场力 $\boldsymbol{F}_1$ 和 $\boldsymbol{F}_1'$(磁场力均匀分布在导线上，等效作用于导线的中点)。这两个力大小相等、方向相反(垂直于导线 bc 和 da)，

而且在一条直线上，所以它们的合力为零，它们的合力矩不论对哪个转轴都是零。

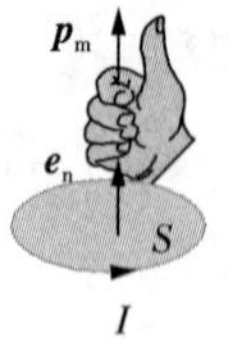

图 14 - 21　平面线圈的磁矩

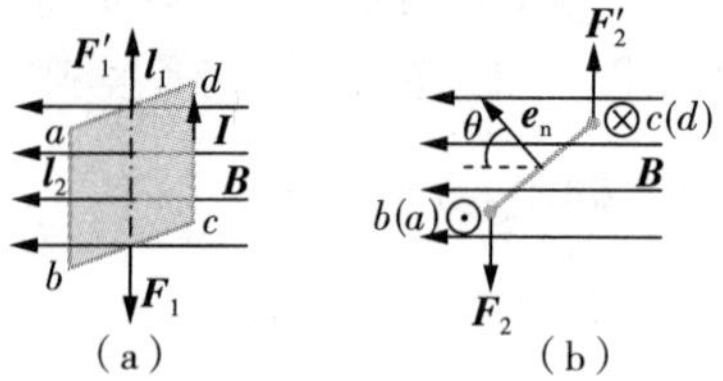

图 14 - 22　平面载流线圈在均匀磁场中所受的力矩

矩形线圈另外两根导线 ab 和 cd 的受力，我们换成图 14 - 22(b) 来分析。ab 和 cd 平行，长度相同，电流方向相反。在均匀磁场中，这两根导线分别受到磁场力 $\boldsymbol{F}_2$ 和 $\boldsymbol{F}_2'$(磁场力均匀分布在导线上，等效作用于导线的中点)。两个力大小相等、方向相反(垂直于导线 ab 和 cd)，但不在一条直线上，这样的一对力称为**力偶**，这一对力的矢量和为零，但对垂直于这一对力所在平面的任意轴，这两个力的合力矩都相同，而且不为零。

下面以 cd 导线为轴，计算这两个力的合力矩。

$\boldsymbol{F}_2'$ 过 cd 轴，所以 $\boldsymbol{F}_2'$ 的力矩为零。$\boldsymbol{F}_2$ 的大小为 $F_2=BIl_2$，$\boldsymbol{F}_2$ 的方向垂直于磁场，也垂直于自身 ab 导线，如图 14 - 22(b) 所示。$\boldsymbol{F}_2$ 对 cd 轴的力矩大小等于力的大小 F_2 与力臂 $l_1\sin\theta$ 的乘积，即

$$M=F_2 l_1\sin\theta=BIl_1 l_2\sin\theta$$

用矩形线圈面积 $S=l_1 l_2$ 和磁矩大小 $p_m=IS$ 代入上式，得

$$M=p_m B\sin\theta \tag{14-46}$$

根据力矩矢量的定义，$\boldsymbol{F}_2$ 对 cd 轴的力矩方向垂直于纸平面向外。线圈的磁力矩矢量 $\boldsymbol{M}$ 就是 $\boldsymbol{F}_2$ 对 cd 轴的力矩，可以看出，它的方向与磁矩矢量 $\boldsymbol{p}_m$ 与磁感应强度矢量 $\boldsymbol{B}$ 叉积的方向相同。

综合磁力矩矢量的大小和方向，**线圈的磁力矩矢量**可以表示为

$$\boldsymbol{M}=\boldsymbol{p}_m\times\boldsymbol{B} \tag{14-47}$$

尽管式(14 - 47) 是从矩形平面线圈导出的，但它适用于任意形状的平面线圈。图 14 - 23 所示为任意平面线圈，在均匀磁场中受到的磁力矩可以用式(14 - 47) 计算。

当线圈平面与磁场方向平行时，即 $\theta=\frac{\pi}{2}$，如图 14 - 24 所示位置，由式(14 - 39)，线圈受到的磁力矩最大。

当线圈平面与磁场方向垂直时，即 $\theta=0$ 或 $\theta=\pi$，磁力矩为零，如图 14－25 所示两个位置，称为平衡位置。

$\theta=0$ 时，线圈磁矩方向与磁场方向相同，如图 14－25(a) 所示，称为稳定平衡。线圈在此位置受到扰动而稍稍偏离平衡位置时（$\theta\neq 0$），磁力矩会使线圈回复到平衡位置（$\theta=0$）。

$\theta=\pi$ 时，线圈磁矩方向与磁场方向相反，如图 14－25(b) 所示，称为不稳定平衡。线圈在此位置受到扰动而稍稍偏离平衡位置时，磁力矩会使线圈转到稳定平衡位置（$\theta=0$）。

线圈在磁场中受到磁力矩而转动，这就是电动机的基本原理。实际电动机的工作原理与图 14－20 相似。电动机主要由两部分组成，一部分是定子，它通常也是载流线圈，但它是固定不动的，定子的作用是产生磁场，另一部分是转子，可以等效成可以转动的线圈。

还有一种叫直线电机，是将线圈转动变成平动，它的原理与普通转动电机基本上是一样的。关于电机的详细工作原理将来在其他课程中学习。

由于载流导线或载流线圈在磁场中受到磁场力或磁力矩，并且它们运动了，那么磁场力或磁力矩就可能做功。

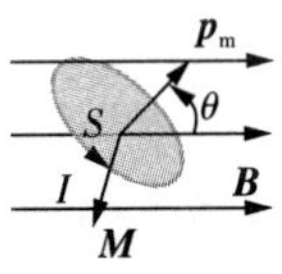

图 14－23　平面线圈磁力矩

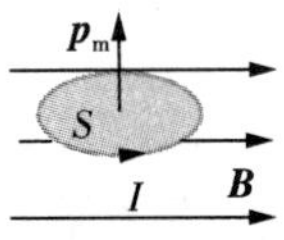

图 14－24　最大磁力矩位置

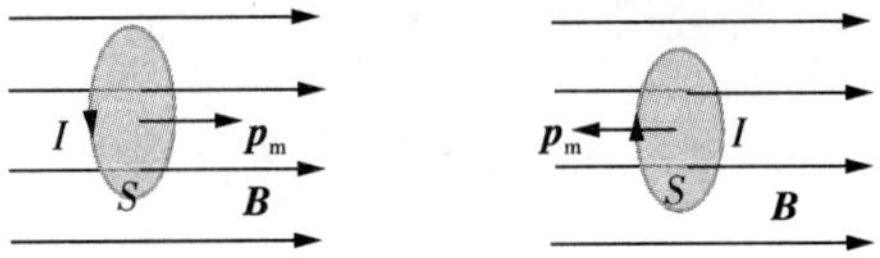

(a)　　(b)

图 14－25　线圈平衡位置

三、安培力的功

1. 载流导线在均匀磁场中运动时磁场力的功

载流导线受到的磁场力可用 $\boldsymbol{F}=\int_L I\mathrm{d}\boldsymbol{l}\times\boldsymbol{B}$ 计算，再根据功的定义，用力与位移点积的积分计算功，即

$$A=\int\boldsymbol{F}\cdot\mathrm{d}\boldsymbol{l}$$

实际上,载流导线通常与电源等构成闭合回路,如图 14-26 所示。长为 L 的直导线与一个电源连接成一个矩形闭合电路,导线中的恒定电流为 I,均匀磁场磁感应强度为 $\boldsymbol{B}$,磁场方向垂直于矩形回路(图中垂直于纸面向外)。

直导线受到的安培力大小为

$$F = ILB \tag{14-48}$$

安培力的方向垂直于导线及磁场方向,如图 14-26 所示。

假设直导线 ab 由 a 位置直线平动到 a' 位置,安培力所做的功为

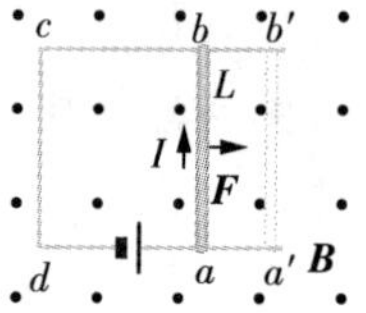

图 14-26　磁场力的功

$$A = F \cdot \overline{aa'}$$

将 $F = ILB$ 代入上式,得

$$A = ILB \cdot \overline{aa'} \tag{14-49}$$

由于直导线运动,使闭合电路所包围面积的磁通量增量为

$$\Delta\Phi_B = B\Delta S = B \cdot L\,\overline{aa'}$$

结合上式,式(14-49)写成

$$A = I\Delta\Phi_B \tag{14-50}$$

式(14-50)就是载流导线在磁场中运动时磁场力的功的计算式。可以证明,任意弯曲导线在非均匀磁场中运动,磁场力的功也可以用 $A = I\Delta\Phi_B$ 计算。

2. 载流线圈在磁场中转动时磁场力的功

如果线圈作定轴转动,直接用刚体定轴转动中功的计算式计算功,即

$$A = \int -M \cdot \mathrm{d}\theta \tag{14-51}$$

式(14-51)中的负号表示磁力矩使 θ 减小,即 $M > 0$ 时,$\mathrm{d}\theta < 0$。由 $M = p_{\mathrm{m}} B\sin\theta$ 计算平面线圈在磁场中的磁力矩大小:

$$M = p_{\mathrm{m}} B\sin\theta \tag{14-52}$$

计算线圈磁矩大小:

$$p_{\mathrm{m}} = IS \tag{14-53}$$

将式(14-52)与式(14-53)代入 $A = \int -M \cdot \mathrm{d}\theta$,线圈由 θ_1 转动到 θ_2,得

$$A = \int_{\theta_1}^{\theta_2} -ISB\sin\theta \cdot \mathrm{d}\theta \tag{14-54}$$

如果磁场、线圈中电流都不随时间变化，式(14-54)成为

$$A = -ISB\int_{\theta_1}^{\theta_2}\sin\theta \cdot d\theta \tag{14-55}$$

式(14-55)计算积分，得

$$A = IBS(\cos\theta_2 - \cos\theta_1) \tag{14-56}$$

线圈由 θ_1 转动到 θ_2，通过线圈的磁通量的增量为

$$\Delta\Phi_B = BS\cos\theta_2 - BS\cos\theta_1$$

结合上式，式(14-56)写成

$$A = I\Delta\Phi_B \tag{14-57}$$

式(14-57)就是载流线圈在磁场中转动时磁场力的功的计算式。式(14-57)与式(14-50)完全相同。

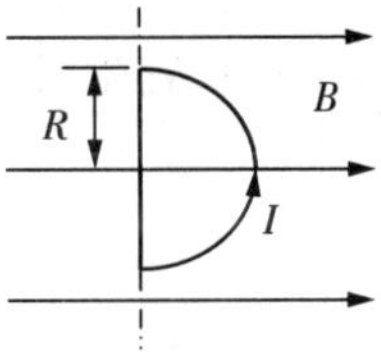

例 14-3 图

例 14-3　如图，半径为 $R=0.1\ \text{m}$ 的半圆形闭合线圈，载有电流 $I=10\ \text{A}$，放在均匀磁场中，磁场方向与线圈平面平行，如例 14-3 图所示。已知 $B=0.5\ \text{T}$，求：(1) 线圈所受力矩的大小和方向(以直径为转轴)；(2) 若线圈受上述磁场作用转到线圈平面与磁场垂直的位置，则力矩做功为多少？

解：(1) 由线圈磁矩公式 $\boldsymbol{M} = \boldsymbol{p}_\text{m} \times \boldsymbol{B}$，

$$M = p_\text{m}B\sin\theta = I\times\frac{1}{2}\pi R^2\times B = 10\times\frac{1}{2}\times\pi\times0.1^2\times0.5 = 0.0785(\text{N}\cdot\text{m})$$

方向沿直径向上。

(2) 力矩的功为

$$A = I\Delta\Phi = I\times\frac{1}{2}\pi R^2\times B = 10\times\frac{1}{2}\times\pi\times0.1^2\times0.5 = 0.0785(\text{J})$$

§14-3　磁场中的磁介质　有磁介质时的安培环路定理

一、磁介质

我们知道，磁体与磁体间的相互作用是通过磁场来实现的。实际上，任何物体在磁场中都会受到磁力，因为物体由分子组成，分子由原子组成，而原子由原子核

和核外电子组成，核外电子运动，就会受到磁场力，所以任何物体都会受到磁场力。

在磁场力作用下，物体的内部状态会发生改变，进而改变原来磁场的分布。物体放入磁场后受磁场影响并对原磁场有影响的物质称为**磁介质**。在磁场作用下磁介质内部状态的变化称为**磁化**。假设真空中某处的磁感应强度为 $\boldsymbol{B}_0$，当该处有磁介质时，磁介质被磁化，磁介质在该处激发磁场的磁感应强度为 $\boldsymbol{B}'$。根据磁感应强度的叠加原理，该处的磁感应强度 $\boldsymbol{B}$ 等于 $\boldsymbol{B}_0$ 和 $\boldsymbol{B}'$ 的矢量和，即

$$\boldsymbol{B}=\boldsymbol{B}_0+\boldsymbol{B}' \tag{14-58}$$

实验发现，不同的磁介质，磁化后有不同的特点。根据磁化后不同特点，将磁介质分为三类：第一类是 $\boldsymbol{B}$ 比 $\boldsymbol{B}_0$ 稍大，称为顺磁质，如钠、铝、锰、铬、铂、氮等属于顺磁质。第二类是 $\boldsymbol{B}$ 比 $\boldsymbol{B}_0$ 稍小，称为抗磁质，如金、银、铜、水、硫、氢等属于抗磁质。顺磁质和抗磁质磁化后激发的磁场一般都非常弱，对原磁场影响很小。第三类是磁介质，磁化后激发的磁场比原磁场要强得多，即 $\boldsymbol{B}\gg\boldsymbol{B}_0$，这类磁介质称为铁磁质，如铁、钴、镍等以及某些合金。第三代稀土永磁钕铁硼磁铁是当代磁体中性能最强的，它的主要原料有稀土金属钕 29% ~ 32.5%、金属元素铁 63.95% ~ 68.65%、非金属元素硼 1.1% ~ 1.2%，少量添加镝 0.6% ~ 1.2%、铌 0.3% ~ 0.5%、铝 0.3% ~ 0.5%、铜 0.05% ~ 0.15% 等元素。如图 14-27 所示是钕铁硼磁铁制造的各种小部件。

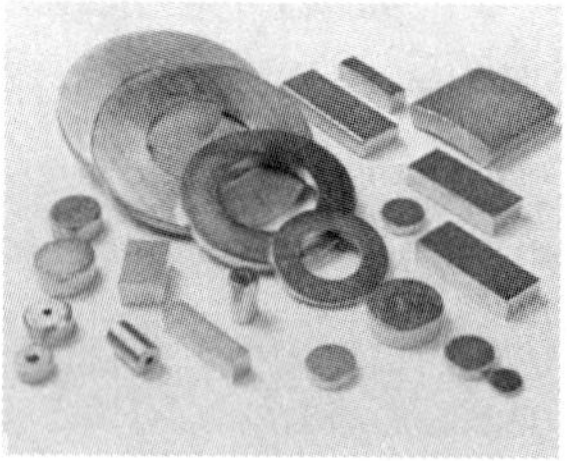

图 14-27　钕铁硼磁铁制造的小部件

二、分子电流和分子磁矩

分子、原子中的任何电子都不停地同时参与两种运动：一种是绕原子核的轨道运动，另一种是自身的自旋运动。分子中所有电子的这种运动可以等效成一个圆电流，称为**分子电流**。分子电流对应的磁矩，称为**分子磁矩**或**分子的固有磁矩**，用 $\boldsymbol{p}_\mathrm{m}$ 表示。如图 14-28 所示，$\boldsymbol{L}$ 表示电子轨道运动的角动量，电子轨道运动形成电流的方向与电子运动方向相反，分子磁矩 $\boldsymbol{p}_\mathrm{m}$ 的方向与电子轨道角动量 $\boldsymbol{L}$ 方向相反。

当磁介质处于外磁场中时，每个分子磁矩(圆电流)都会受到磁力矩的作用。均匀磁场中的载流线圈受磁力矩作用时，会使线圈的磁矩方向转到外磁场方向。但分子电流与一般载流线圈不同，因为分子电流是由高速运动的电子形成的，有磁矩的分子相当于高速旋转的陀螺。图 14-29 所示是放在水平地面上高速旋转的陀螺，根据陀螺运动规律，在重力作用下，陀螺的自旋轴(图中实线轴)将绕重力作用

线(图中虚线轴)转动,陀螺的这种运动称为**进动**。有磁矩的分子相当于高速旋转的陀螺,在磁力矩作用下,它将以磁感应线为轴进动,而不是简单地将分子磁矩方向转向外磁场方向。

可以证明,不论电子轨道磁矩 $\boldsymbol{p}_m$ 与外磁场 $\boldsymbol{B}_0$ 方向的夹角是何值,在外磁场中,电子轨道角动量 $\boldsymbol{L}$ 进动的转向总是与外磁场 $\boldsymbol{B}_0$ 的方向构成右手螺旋关系,如图 14-30 所示。电子进动也相当于一个圆电流,由于电子带负电,这种等效电流的磁矩方向总是与外磁场 $\boldsymbol{B}_0$ 的方向相反。分子或原子中所有电子进动产生的等效磁矩称为**附加磁矩**,用 $\Delta\boldsymbol{p}_m$ 表示,**附加磁矩总是与外磁场方向相反**。

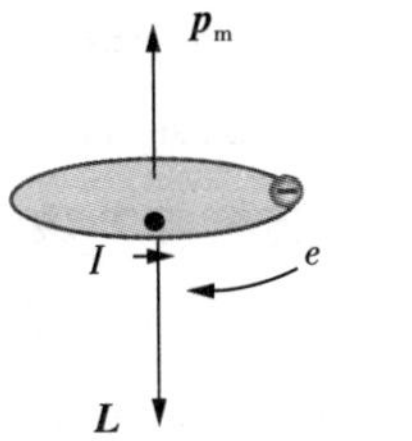

图 14-28　分子电流与分子磁矩

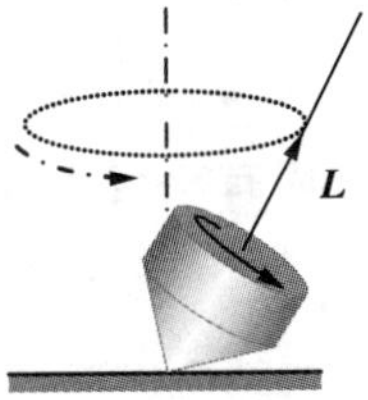

图 14-29　陀螺的进动

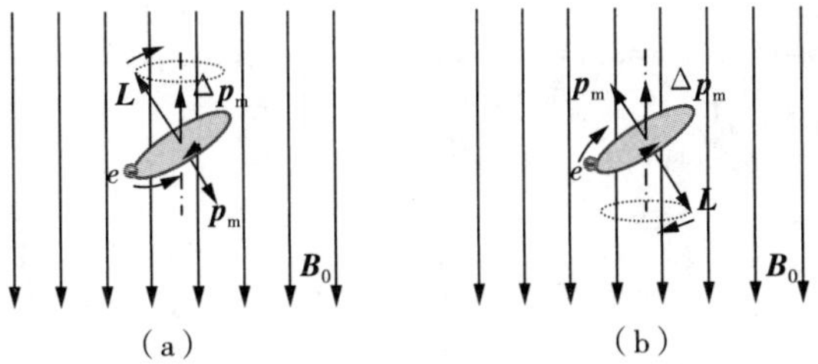

图 14-30　电子进动与附加磁矩

三、磁介质的磁化

1. 抗磁质的磁化

在抗磁质中,每个分子(或原子)中所有电子的轨道磁矩与自旋磁矩的矢量和为零,即 $\boldsymbol{p}_m=\boldsymbol{0}$。在外磁场中,由于电子进动每个分子(或原子)产生附加磁矩 $\Delta\boldsymbol{p}_m$,且方向与外磁场 $\boldsymbol{B}_0$ 的方向相反。磁介质内大量分子附加磁矩的矢量和有一定的量值,即 $\sum\Delta\boldsymbol{p}_m\neq\boldsymbol{0}$,这部分**附加磁矩激发的磁场与外磁场方向相反**,这就是抗磁性的起源。

由于这种抗磁性是外磁场对轨道运动的电子作用的结果,所以**抗磁性存在于一切磁介质中**。

2. *顺磁质的磁化*

在顺磁质中,每个分子(或原子)中所有电子的轨道磁矩与自旋磁矩的矢量和不为零,即 $\boldsymbol{p}_{\mathrm{m}} \neq \mathbf{0}$。

在没有外磁场时,由于分子的热运动,分子磁矩在空间的取向是杂乱无章的,如图 14-31(a) 所示。在任意物理无限小体积 ΔV 内分子磁矩的矢量和为零,即 $\sum\limits_{\Delta V内} \boldsymbol{p}_{\mathrm{m}} = 0$,即,宏观上磁介质内处处不呈现磁性。

在外磁场中,分子电流受到磁力矩作用,一方面引起进动,产生附加磁矩,另一方面会使分子电流的磁矩方向转到与外磁场同向,使分子磁矩有序排列,但分子热运动会使这些分子磁矩的排列无序化,在外磁场中处于热平衡,如图 14-31(b) 所示。此时,在任意物理无限小体积 ΔV 内分子磁矩的矢量和有一定量值,即 $\sum\limits_{\Delta V内} \boldsymbol{p}_{\mathrm{m}} \neq \mathbf{0}$,这部分**分子固有磁矩所激发的磁场方向与外磁场方向相同**,这就是顺磁性的起源。

顺磁质本身由于附加磁矩也有抗磁性,但对于多数顺磁质来说,**附加磁矩的矢量和比分子磁矩的矢量和小很多**,这些磁介质就显示出顺磁性。

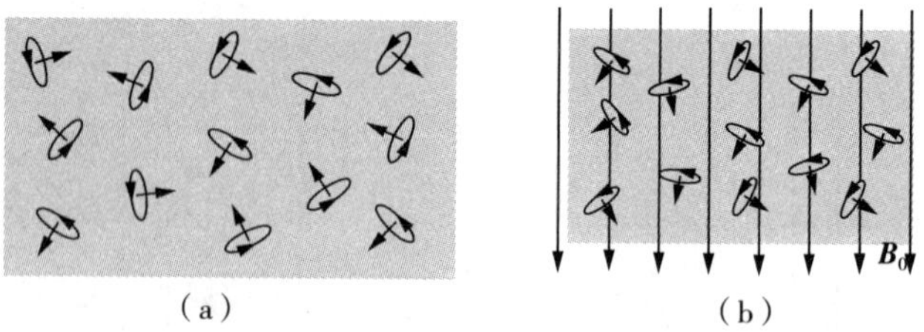

图 14-31　磁介质中的分子磁矩

四、磁化强度

在磁介质中,任意取物理无限小体积 ΔV。磁化前,ΔV 内附加磁矩、分子磁矩的矢量和均为零。磁化后,ΔV 内附加磁矩、分子磁矩的矢量和分别为 $\sum\limits_{\Delta V内} \Delta \boldsymbol{p}_{\mathrm{m}}$ 和 $\sum\limits_{\Delta V内} \boldsymbol{p}_{\mathrm{m}}$。我们可以用单位体积内所有磁矩的矢量和来表示磁介质被磁化的程度,即

$$\boldsymbol{M} \equiv \frac{\sum\limits_{\Delta V内} \boldsymbol{p}_{\mathrm{m}} + \sum\limits_{\Delta V内} \Delta \boldsymbol{p}_{\mathrm{m}}}{\Delta V} \tag{14-59}$$

$\boldsymbol{M}$ 称为**磁化强度**。$\boldsymbol{M}$ 的数值越大,该处磁介质磁化的程度越高。真空中,$\boldsymbol{M}$ 处处为零。如果磁介质中 $\boldsymbol{M}$ 处处相同,称这种介质被均匀磁化。在国际单位制中,磁化强度的单位是**安培每米**(A/m)。

对顺磁质，$\sum_{\Delta V内}\Delta \boldsymbol{p}_m$ 比 $\sum_{\Delta V内}\boldsymbol{p}_m$ 小很多，$\sum_{\Delta V内}\Delta \boldsymbol{p}_m$ 可以忽略。固有磁矩 $\sum_{\Delta V内}\boldsymbol{p}_m$ 激发的附加磁场 $\boldsymbol{B}'$ 的方向与外磁场 $\boldsymbol{B}_0$ 的方向相同，所以顺磁质磁化后磁介质中的磁场比磁化前稍大，但增量很小。

对于抗磁质，$\boldsymbol{p}_m=\boldsymbol{0}$。$\sum_{\Delta V内}\Delta \boldsymbol{p}_m$ 激发的附加磁场 $\boldsymbol{B}'$ 的方向与外磁场 $\boldsymbol{B}_0$ 的方向相反，所以抗磁质磁化后磁介质中的磁场比磁化前稍小，但减小很少。

可以证明，磁介质被磁化后，磁介质激发磁场的磁感应强度 $\boldsymbol{B}'$ 与磁化强度 $\boldsymbol{M}$ 的关系为

$$\boldsymbol{B}'=\mu_0\boldsymbol{M} \tag{14-60}$$

五、磁化电流

磁介质经外磁场磁化后，自身也会激发出附加磁场并叠加在外磁场上，这种附加磁场可以用等效的磁化电流来表示。

假设有一长直螺线管内均匀充满某种各向同性的线性顺磁质，螺线管线圈中通以电流，在螺线管内部产生均匀磁场，使得磁介质被均匀磁化。按照安培分子电流假说可知，磁介质内各分子电流平面与磁场方向垂直，在磁介质内部任一截面上的任一点，两个相邻的分子电流通过该点的方向总是相反的，如图 14-32 所示。它们的磁效应相互抵消，只有在所取截面和螺线管相接的边缘处，分子电流才未被完全抵消，形成与截面边缘重合的圆电流，即对整个磁介质而言，未被抵消的分子电流是沿着柱面流动的，称为安培表面电流（或称为磁化面电流），通常用 I_S 表示。在顺磁质中，磁化电流方向与螺线管线圈中电流的流向相同，而在抗磁质中，磁化电流的方向与螺线管线圈中电流的流向相反。

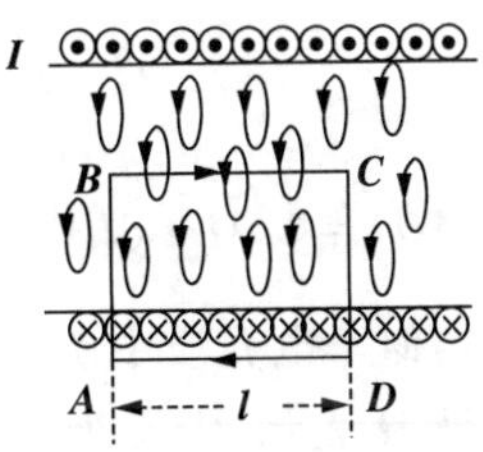

图 14-32　均匀磁化的磁介质中的分子电流

我们把圆柱形磁介质表面上沿柱体母线方向单位长度的磁化电流称为**磁化面电流线密度**，用 α_S 表示。设圆柱形磁介质截面积为 S，所取磁介质的长度为 l，则在此长度上总磁化电流为 $I_S=l\alpha_S$。对于这段磁介质而言，总体积 $V=Sl$ 中的总磁矩为 $\left|\sum \boldsymbol{P}_m\right|=I_SS=\alpha_SSl$。按照磁化强度的定义，我们可以得到磁化面电流线密度和磁化强度的量值关系

$$M=|\boldsymbol{M}|=\frac{\left|\sum \boldsymbol{P}_m\right|}{V}=\alpha_S \tag{14-61}$$

此结果是从均匀磁化磁介质的特例导出，在一般情形下应该写成

$$\boldsymbol{\alpha}_S=\boldsymbol{M}\times\boldsymbol{e}_n \qquad (14-62)$$

其中,$\boldsymbol{e}_n$ 表示磁介质表面某处外法线方向的单位矢量。从上式可以看出,这三个量的方向之间满足右手螺旋关系。

在图 14-32 所示的圆柱形磁介质内外横跨边缘处选取矩形回路 $ABCDA$,其中长边与磁介质轴线平行,并设长为 l,短边与轴线垂直。由于螺线管外部空间磁化强度为零,其内部磁化强度的方向根据式(14-62)可知与螺线管的轴线平行,得磁化强度沿图中所示环路的积分为

$$\oint_L \boldsymbol{M}\cdot d\boldsymbol{l}=M\cdot l=\alpha_S l=I_S \qquad (14-63)$$

即磁化强度沿闭合回路的积分等于通过以此回路为边界所张任意曲面的总磁化电流强度。

六、有磁介质时的安培环路定理

我们知道,没有磁介质时的安培环路定理为

$$\oint_L \boldsymbol{B}\cdot d\boldsymbol{l}=\mu_0\sum_{i=1}^{n}I_i$$

即磁场中磁感强度 $\boldsymbol{B}$ 沿任意闭合曲线 L 的线积分(也称 $\boldsymbol{B}$ 矢量的环流),等于真空磁导率 μ_0 乘以穿过以 L 为边界所张任意曲面的各恒定电流的代数和,这是真空中安培环路定理的数学表示形式。电流的正负和积分回路的绕行方向有关,满足右手螺旋关系时电流取正值,反之取负值。

当磁场中有均匀磁介质存在时,$\oint_L \boldsymbol{B}\cdot d\boldsymbol{l}=\mu_0\sum_{i=1}^{n}I_i$ 变成如下形式

$$\oint_L \boldsymbol{B}\cdot d\boldsymbol{l}=\mu_0\left(\sum_{i=1}^{n}I_i+I_S\right) \qquad (14-64)$$

将 $I_S=\oint_L \boldsymbol{M}\cdot d\boldsymbol{l}$ 代入式(14-64)并经整理可得:$\oint_L\left(\frac{\boldsymbol{B}}{\mu_0}-\boldsymbol{M}\right)\cdot d\boldsymbol{l}=\sum_{i=1}^{n}I_i$。

类似于电介质中引入电位移矢量,此处引入一个新的物理量,称为**磁场强度**,用符号 $\boldsymbol{H}$ 表示,定义为

$$\boldsymbol{H}=\frac{\boldsymbol{B}}{\mu_0}-\boldsymbol{M} \qquad (14-65)$$

这样,就得到磁介质中安培环路定理的数学表达式:

$$\oint_L \boldsymbol{H}\cdot d\boldsymbol{l}=\sum_{i=1}^{n}I_i \qquad (14-66)$$

式(14-66)表明，$\boldsymbol{H}$ 的环流只和传导电流有关，在形式上与磁介质的磁性无关。磁场强度 $\boldsymbol{H}$ 与磁化强度 $\boldsymbol{M}$ 及磁感强度 $\boldsymbol{B}$ 之间的关系为

$$\boldsymbol{B}=\mu_0(\boldsymbol{H}+\boldsymbol{M}) \tag{14-67}$$

对于各向同性的线性均匀磁介质而言，$\boldsymbol{M}=\chi_m\boldsymbol{H}$，式(14-67)变为

$$\boldsymbol{B}=\mu_0(1+\chi_m)\boldsymbol{H}=\mu_0\mu_r\boldsymbol{H}=\mu\boldsymbol{H} \tag{14-68}$$

其中 χ_m 为**磁介质的磁化率**，μ_r 为**相对磁导率**，μ 为**磁导率**。磁化率 χ_m 是没有单位的纯数，顺磁质 $\chi_m>0$，抗磁质 $\chi_m<0$，真空 $\chi_m=0$。相对磁导率 $\mu_r=1+\chi_m$，磁导率 $\mu=\mu_0\cdot\mu_r$。这样，知道 $\boldsymbol{B}$,$\boldsymbol{H}$ 和 $\boldsymbol{M}$ 三者中的任何一个量，就可以求出另外两个量。

例 14-4　一铁环中心线的周长为 30 cm，横截面积为 1.0 cm^2，在环上密绕线圈共 300 匝，当通有电流 32 mA 时，通过环的磁通量为 2.0×10^{-6} Wb，求：

(1) 环内磁感应强度 $\boldsymbol{B}$ 的大小和磁场强度 $\boldsymbol{H}$ 的大小；

(2) 铁的磁导率 μ、磁化率 χ_m 和磁化强度大小 M。

解：(1) 根据公式 $B=\Phi/S$ 得磁感应强度为

$$B=\frac{2.0\times10^{-6}}{1.0\times10^{-4}}=0.02(\mathrm{T})$$

根据磁场的安培环路定理

$$\oint_L \boldsymbol{H}\cdot \mathrm{d}\boldsymbol{l}=\sum_{i=1}^{n} I_i$$

由于 $\boldsymbol{B}$ 与 $\mathrm{d}\boldsymbol{l}$ 的方向相同，得磁场强度为

$$H=\frac{NI}{l}=\frac{300\times32\times10^{-3}}{30\times10^{-2}}=32(\mathrm{A/m})$$

(2) 根据公式 $B=\mu H$ 得铁的磁导率为

$$\mu=\frac{B}{H}=\frac{0.02}{32}=6.25\times10^{-4}(\mathrm{Wb/A\cdot m})$$

由于 $\mu=\mu_r\mu_0$，其中 $\mu_0=4\pi\times10^{-7}$ 为真空磁导率，由相对磁导率 $\mu_r=1+\chi_m$，得磁化率

$$\chi_m=\frac{\mu}{\mu_0}-1=\frac{6.25\times10^{-4}}{4\pi\times10^{-7}}-1=496.4$$

磁化强度为

$$M=\chi_m H=496.4\times32=1.59\times10^4(\mathrm{A/m})$$

例 14-5 一螺绕环中心周长 $l=10\ \text{cm}$,线圈匝数 $N=200$ 匝,线圈中通有电流 $I=100\ \text{mA}$。求:

(1) 管内磁感应强度 $\boldsymbol{B}_0$ 和磁场强度 $\boldsymbol{H}_0$ 大小为多少?

(2) 设管内充满相对磁导率 $\mu_r=4200$ 的铁磁质,管内的 $\boldsymbol{B}$ 和 $\boldsymbol{H}$ 大小各是多少?

(3) 磁介质内部由传导电流产生的 $\boldsymbol{B}_0$ 和由磁化电流产生的 $\boldsymbol{B}'$ 大小各是多少?

解:(1) 管内的磁场强度为

$$H_0=\frac{NI}{l}=\frac{200\times100\times10^{-3}}{10\times10^{-2}}=200(\text{A/m})$$

磁感应强度为

$$B=\mu_0H_0=4\pi\times10^{-7}\times200=2.5\times10^{-4}(\text{T})$$

(2) 当管内充满铁磁质之后,磁场强度不变:

$$H=H_0=200(\text{A/m})$$

磁感应强度为

$$B=\mu H=\mu_r\mu_0H=4200\times4\pi\times10^{-7}\times200=1.056(\text{T})$$

(3) 由传导电流产生的 B_0 为 $2.5\times10^{-4}\ \text{T}$,由于 $B=B_0+B'$,所以磁化电流产生的磁感应强度为

$$B'=B-B_0\approx1.056(\text{T})$$

* 七、铁磁质

磁介质中应用最广的是铁磁质,特别是稀土永磁材料,其被广泛应用于计算机、汽车、仪器、仪表、家用电器、石油化工、医疗保健、航空航天等行业中,成为引人注目的新兴产业。

把没有磁化过的待测铁磁质做成环状,在环上均匀密绕线圈后成为有磁介质的环形螺线管。当线圈中通过电流 I 时,铁磁质中的磁场强度大小为

$$H=nI$$

用仪器测得铁磁质中的磁感应强度 B 大小,由实验数据画出 $B\sim H$ 曲线,如图 14-33 所示。

图 14-33 中的 oa 段称为初始磁化曲线。实验刚开始,线圈中电流 I 由零逐渐增加,铁磁质中的磁场强度 H 也由零开始逐渐增加。从图中可见,oa 段 $B\sim H$ 的

变化是非线性的。

oa 段的起始部分，磁感应强度 B 大小随磁场强度 H 值的增加而显著地增加，当 H 增加到某值后 B 的大小增加变得很缓慢，按照原来磁导率的定义，此时的磁导率变小了，也就是说磁导率不是常数，大小随 H 值变化。随着线圈中电流的增加，磁化强度 M 增大直到最大值而处于饱和(图中 a 点)。对应的磁感应强度和磁场强度分别称为**饱和磁感应强度**和**饱和磁场强度**，分别用 B_s 和 H_s 表示。

到达饱和后，电流一般不再增加。此时，如果减小电流，H 值减小，B 值也减小，但不再沿原来增加时曲线返回，而是沿另一条曲线 ab 段下降。可见磁化过程是不可逆过程。当电流 I 减小到零，即 H 减小到零时(图中到达 b 点)，B 值还没有下降到零，此时的磁感应强度大小 B_r 称为**剩磁**，这种现象称为**剩磁现象**。永磁体就是利用剩磁现象制成的。

为了消除剩磁，在线圈中通过反向的电流，反向电流由零逐渐增加时，磁场强度也反向(负值)增加，铁磁质中的 B 值继续减小(图中 bc 段)，直到 $B=0$ 到达图中 c 点，此时对应的磁场强度称为**矫顽力**，用 H_c 表示。矫顽力的大小反映了材料保存剩磁状态的能力。

如继续增加反向电流，铁磁质中的磁感应强度也反向，并逐渐增大直到反向饱和，沿 cd 到达图中 d 点。接着减小线圈中的反向电流，B 值和 H 值的关系沿 de 到达 e 点，此时出现反向的剩磁。此后，如再次改变线圈中电流方向，并使电流由零增加，B 值和 H 值的关系沿 efa 到达 a 点，最后形成闭合曲线(图中闭合曲线 $abcdefa$)。

如果线圈中的电流继续按刚才的规律变化，B 值和 H 值的关系将沿着图中 $abcdefa$ 闭合曲线逆时针方向循环。由于磁感应强度的数值的变化总落后于磁场强度(线圈电流)的变化，这种现象称为**磁滞现象**，它是铁磁质的重要特征之一。图中 $abcdefa$ 闭合曲线称为**磁滞回线**。磁滞回线的形状特征反映了铁磁质的磁性特征，决定了它们在工程上的用途。

如图 14－34 所示，磁滞回线成细长条，其矫顽力小，磁滞特性不明显，称为**软磁材料**。适用于交变磁场，可利用它的高磁导率，用它制造变压器、继电器、电磁铁等的铁芯。

如图 14－35 所示，磁滞回线肥大，其矫顽力大，剩磁也大，磁滞特性明显，称为**硬磁材料**。磁滞回线面积越大在交变磁场中能量损耗也越大，不适用于交变磁场。可利用它的剩磁，将其制造成小型直流电机、扬声器等的永磁体。

如图 14－36 所示，磁滞回线接近矩形，这类材料称为**矩磁材料**。在不同方向的磁场作用下，矩磁材料总是处于饱和状态(B_{+s} 或 B_{-s})，两种饱和状态可以代表数字信号中的“1”和“0”。利用这一特性，矩磁材料用于信息记录，制造成磁带、磁盘等。而矫顽力的大小反映了记录信息的可靠性和稳定性。

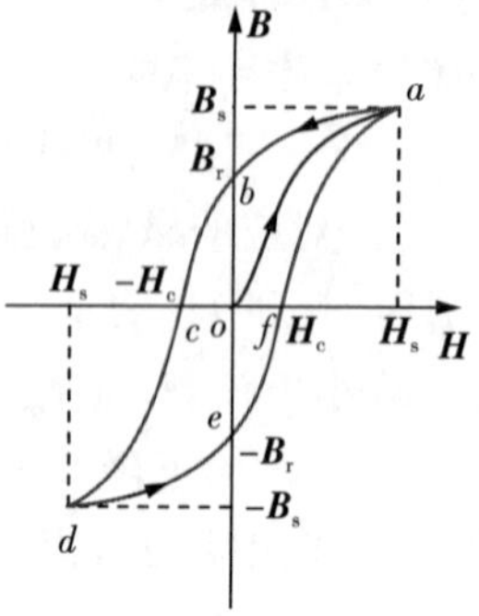

图 14－33　磁化曲线和磁滞回

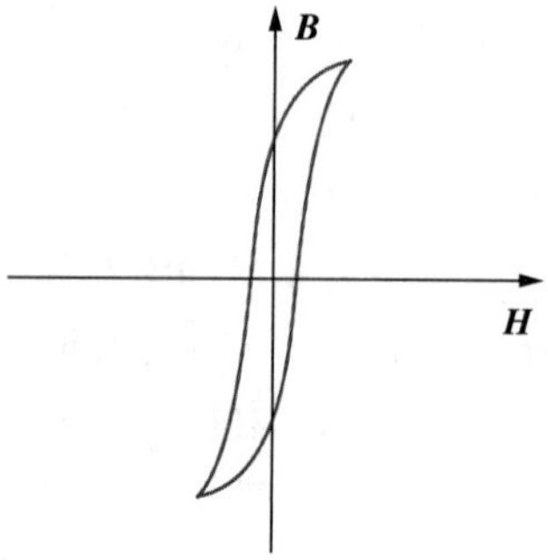

图 14－34　软磁材料的磁滞回线

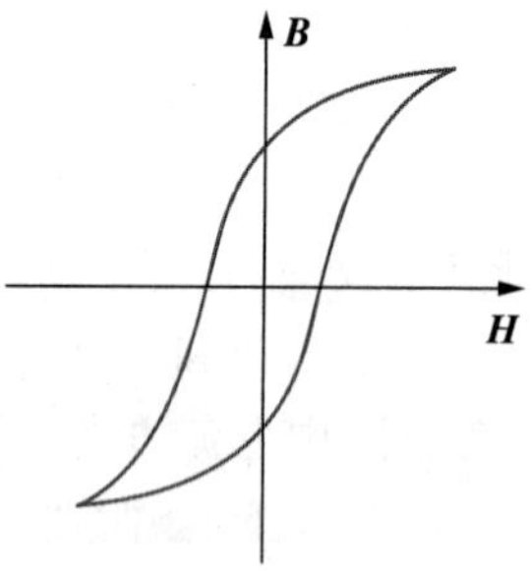

图 14－35　硬磁材料的磁滞回线

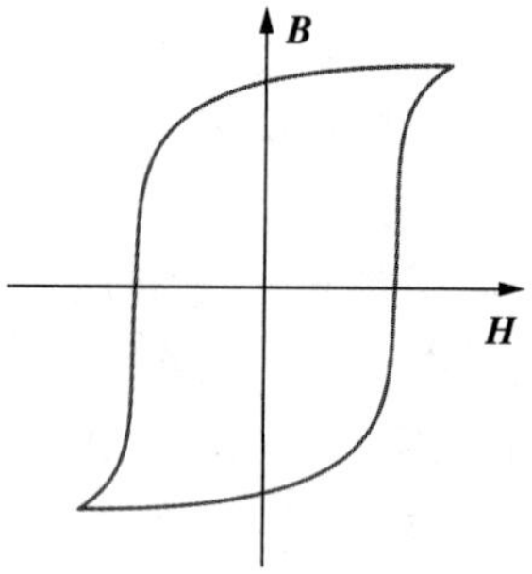

图 14－36　矩形磁滞回线

材料的铁磁性会因为温度而改变。当温度超过某一临界数值时,铁磁性会消失变成普通的顺磁性,对应的临界温度称为**居里温度**。铁的居里温度为 1040 K,镍的居里温度为 631 K,钴的居里温度为 1388 K。

综上所述,铁磁质主要有以下性质:

(1) 附加磁场很强,磁导率数值很大。

(2) 磁导率随外磁场变化。

(3) 有剩磁和磁滞现象。

(4) 存在临界温度。

铁磁质的磁性可以用磁畴理论来解释。铁磁质中相邻原子的电子发生非常强的相互作用,电子自旋磁矩平行排列,自发磁化形成微小的磁饱和区域,这些微小的磁饱和区域称为**磁畴**。如图 14－37(a) 所示,图中短箭头表示磁畴的磁矩。没有外磁场时,磁畴处于无序排列状态,宏观上观察不到磁性,但在显微镜下可以观察到磁畴。

在磨光的铁磁质表面撒一薄层极细的铁粉,因为磁畴边缘存在不均匀的强磁场,铁粉被吸引到磁畴边缘，如图 14－38 是用显微镜观察到的显示磁畴结构的铁粉图形。

利用磁畴的概念就能解释铁磁质的磁化过程。铁磁质处于磁场中时，磁畴受到外磁场作用，磁畴的磁矩转向与外磁场方向，如图 14－37(b) 所示。外磁场越强，磁畴取向的一致性越好，磁化的程度就越高。当磁畴全部排列一致后，磁化程度不能再提高，达到饱和状态。当外磁场消失后，磁畴之间由于存在阻力，不能回到初始状态，从而出现剩磁。当温度高于临界温度时，分子热运动使磁畴解体，从而失去铁磁性。

铁磁性材料退磁的方法与磁化装置相似，线圈中的交流电流逐渐减小直到零，相当于磁滞回线面积逐渐变小，直到磁滞回线收缩到坐标原点，使铁磁质回到没有磁化的初始状态，从而实现铁磁质的退磁。

可见，顺磁质和抗磁质的相对磁导率和磁化率都不随磁场强度变化。不论是顺磁质还是抗磁质，它们激发的磁场对原磁场的影响都非常小。但对铁磁质来说就不同了，一方面，铁磁质对原磁场的影响很大，铁磁质磁化后所激发的磁场可以是原磁场数千倍，甚至更多，另一方面，铁磁质的磁导是随外磁场变化的。

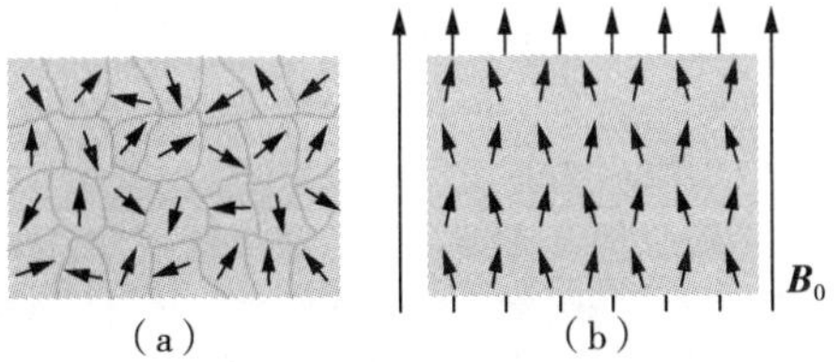

图 14－37　显示磁畴的铁粉图

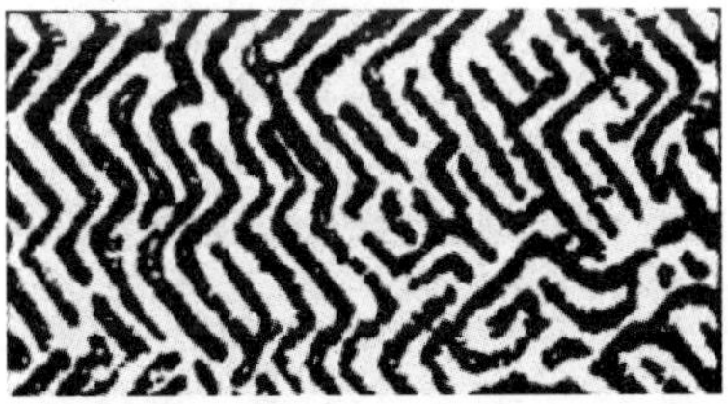

图 14－38　显示磁畴的铁粉图

本 章 小 结

1. 洛伦兹力公式

$$\boldsymbol{F}=q\boldsymbol{v}\times\boldsymbol{B}$$

2. 带电粒子在磁场中的运动

(1) 圆周运动的半径：

$$R=\frac{mv}{qB}$$

(2) 圆周运动的周期：

$$T=\frac{2\pi m}{qB}$$

(3) 螺旋运动的螺距：

$$h = v_{//} T = 2\pi \frac{m v_0 \cos\theta}{qB}$$

3. 霍尔效应：在磁场中的载流导体上出现横向电势差的现象

(1) 霍尔电压：

$$U_{\mathrm{H}} = \frac{1}{nq} \frac{IB}{d}$$

(2) 霍尔电压的正负和形成电流的载流子的正负有关。

4. 载流导线在磁场中受到的磁力 —— 安培力

(1) 对电流元 $I\mathrm{d}\boldsymbol{l}$：

$$\mathrm{d}\boldsymbol{F} = I\mathrm{d}\boldsymbol{l} \times \boldsymbol{B}$$

(2) 对一段载流导线：

$$\boldsymbol{F} = \int I\mathrm{d}\boldsymbol{l} \times \boldsymbol{B}$$

(3) 对均匀磁场中的载流线圈的磁力：

$$\boldsymbol{F} = 0$$

5. 载流线圈受均匀磁场的磁力矩

$$\boldsymbol{M} = \boldsymbol{p}_{\mathrm{m}} \times \boldsymbol{B}$$

其中 $\boldsymbol{p}_{\mathrm{m}} = I\boldsymbol{S} = IS\boldsymbol{e}_{\mathrm{n}}$ 为磁矩。

6. 磁力的功

$$A = I \cdot \Delta\Phi$$

7. 磁化强度及磁化电流

(1) 磁化强度

$$\boldsymbol{M} = \frac{\sum \boldsymbol{p}_{\mathrm{m}}}{\Delta V}$$

(2) 磁化电流

$$\oint_L \boldsymbol{M} \cdot \mathrm{d}\boldsymbol{l} = Ml = \alpha_S l = I_S$$

8. 磁介质中安培环路定理的数学表达式

$$\oint_L \boldsymbol{H} \cdot \mathrm{d}\boldsymbol{l} = \sum_{i=1}^{n} I_i$$

9. 磁介质分类及磁化机制

(1) 磁介质的分类：顺磁质、抗磁质、铁磁质。

(2) 磁化机制：顺磁质和抗磁质的磁化过程可以借助安培分子电流假说来解释，而铁磁质磁性的产生则需要借助磁畴的概念加以解释。

思　考　题

14-1　长直螺旋管中从管口进去的磁力线数目是否等于管中部磁力线的数目？为什么管中部的磁感应强度比管口处大？

14-2　电荷在磁场中运动时，磁力是否对它做功？为什么？

14-3　在均匀磁场中，怎样放置一个正方形的载流线圈才能使其各边所受到的磁力大小相等？

习　　题

一、选择题

14-1　有一半径为 R 的单匝圆线圈，通有电流 I，若将该导线弯成匝数 $N=2$ 的平面圆线圈，导线长度不变，并通以同样的电流，则线圈中心的磁感强度和线圈的磁矩分别是原来的(　　)。

(A)4 倍和 1/8　　(B)4 倍和 1/2　　(C)2 倍和 1/4　　(D)2 倍和 1/2

14-2　洛仑兹力可以(　　)。

(A) 改变带电粒子的速率　　(B) 改变带电粒子的动量

(C) 对带电粒子做功　　(D) 增加带电粒子的动能

14-3　一张气泡室照片表明，质子的运动轨迹是一半径为 0.10 m 的圆弧，运动轨迹平面与磁感强度大小为 0.3 $\mathrm{Wb/m^2}$ 的磁场垂直，该质子动能的数量级为(　　)。

(A)0.01 MeV　　(B)1 MeV　　(C)0.1 MeV　　(D)10 MeV

14-4　一个半导体薄片置于如图所示的磁场中，薄片通有方向向右的电流 I，则此半导体两侧的霍尔电势差(　　)。

(A) 电子导电，$V_a < V_b$

(B) 电子导电，$V_a > V_b$

(C) 空穴导电，$V_a > V_b$

(D) 空穴导电，$V_a = V_b$

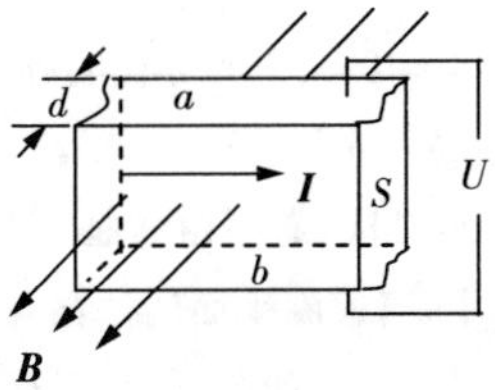

习题 14-4 图

14-5　如图所示，处在某匀强磁场中的载流金属导体块中出现霍尔效应，测得两底面 M,N 的电势差为 $V_M - V_N =$

0.3×10^{-3} V,则图中所加匀强磁场的方向为(　　)。

(A) 竖直向上

(B) 竖直向下

(C) 水平向前

(D) 水平向后

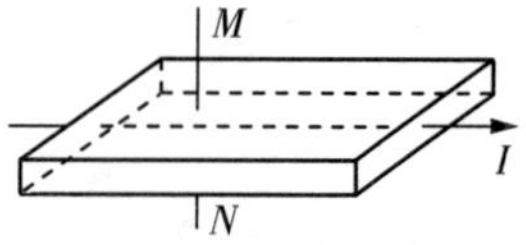

习题 14-5 图

14-6　用细导线均匀密绕成长为 l、半径为 $a(l\gg a)$、总匝数为 N 的螺线管,通以稳恒电流 I,当管内充满相对磁导率为 μ_r 的均匀介质后,管中任意一点的(　　)。

(A) 磁感应强度大小为 $\mu_0\mu_r NI$　　(B) 磁感应强度大小为 $\mu_r NI/l$

(C) 磁场强度大小为 $\mu_0 NI/l$　　(D) 磁场强度大小为 NI/l

14-7　半径为 R 的无限长圆柱形直导线置于无穷大均匀磁介质中,其相对磁导率为 μ_r,导线内通有电流强度为 I 的恒定电流,则磁介质内的磁化强度 M 为(　　)。

(A) $-\dfrac{(\mu_r-1)I}{2\pi r}$　　(B) $\dfrac{(\mu_r-1)I}{2\pi r}$

(C) $\dfrac{\mu_r I}{2\pi r}$　　(D) $\dfrac{I}{2\pi\mu_r r}$

14-8　磁介质有三种,用相对磁导率 ΔP_m 表征它们各自的特性时,(　　)。

(A) 顺磁质 $\mu_r>0$,抗磁质 $\mu_r<0$,铁磁质 $\mu_r\gg1$

(B) 顺磁质 $\mu_r>1$,抗磁质 $\mu_r=1$,铁磁质 $\mu_r\gg1$

(C) 顺磁质 $\mu_r>1$,抗磁质 $\mu_r<1$,铁磁质 $\mu_r\gg1$

(D) 顺磁质 $\mu_r<0$,抗磁质 $\mu_r<1$,铁磁质 $\mu_r>0$

14-9　两种不同磁性材料做的小棒,分别放在两个磁铁的两个磁极之间,小棒被磁化后在磁极间处于不同的方位,如图所示,则(　　)。

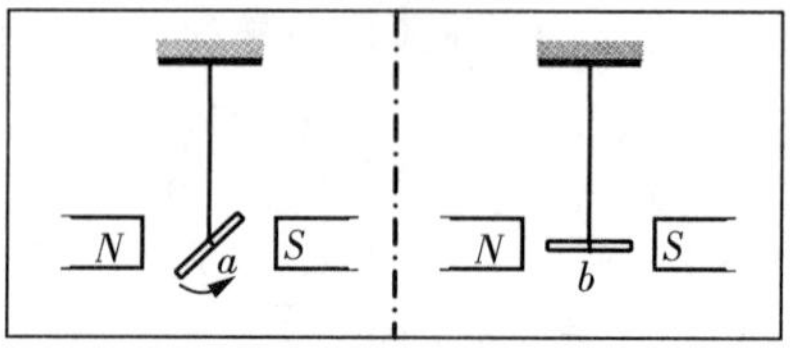

习题 14-9 图

(A)a 棒是顺磁质,b 棒是抗磁质

(B)a 棒是顺磁质,b 棒是顺磁质

(C)a 棒是抗磁质,b 棒是顺磁质

(C)a 棒是抗磁质,b 棒是抗磁质

二、填空题

14-10　一个通有电流 I 的导体,厚度为 d,横截面积为 S,放在磁感强度为 B 的匀强磁场中,磁场方向如图所示,现测得导体上下两面电势差为 U_H,则此导体的霍尔系数为________。

14-11　有一由 N 匝细导线绕成的平面正三角形线圈,边长为 a,通有电流 I,置于均匀外磁场 $\boldsymbol{B}$ 中,当线圈平面的法向与外磁场方向成60°角时,该线圈所受的磁力矩 $\boldsymbol{M}_m$ 为________。

14-12　如图所示,平行放置在同一平面内的三条载流长直导线,要使导线 AB 所受的安培力等于零,则 x 等于________。

14-13　如图所示,一细螺绕环由表面绝缘的导线在铁环上密绕而成,每厘米绕 10 匝。当

导线中的电流 I 为 2 A 时，测得铁环内的磁感应强度大小 B 为 1 T，则可求得铁环的相对磁导率 μ_r 为________。（真空磁导率 $\mu_0 = 4\pi \times 10^{-7}$ T·m/A）

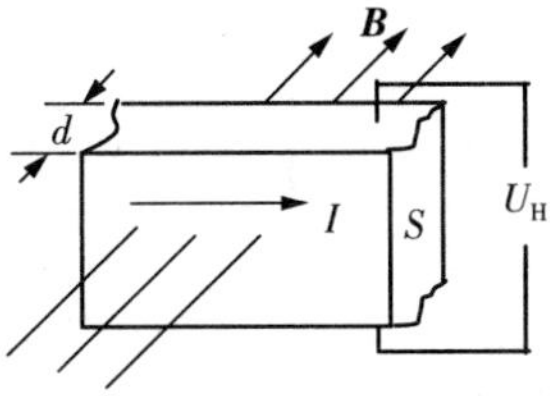

习题 14 - 10 图

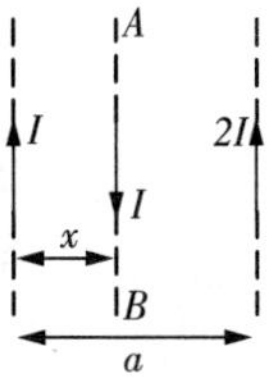

习题 14 - 12 图

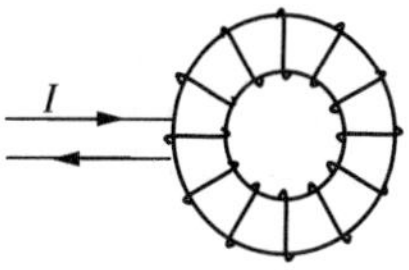

习题 14 - 13 图

三、判断题

14 - 14　一条形磁介质在外磁场作用下被磁化，该介质一定为顺磁质。（　　）

14 - 15　当两平行导线通以大小相同、方向相同的电流时，会相互排斥。（　　）

14 - 16　霍尔片中通以电流，就会产生霍尔电势差。（　　）

四、计算题

14 - 17　已知 10 mm^2 裸铜线允许通过 50 A 电流而不会使导线过热。电流在导线横截面上均匀分布。求：(1) 导线内、外磁感强度的分布；(2) 导线表面的磁感强度。

14 - 18　如图所示，一根长直导线载有电流 $I_1 = 30$ A，矩形回路载有电流 $I_2 = 20$ A。试计算作用在回路上的合外力。已知 $d = 1.0$ cm，$b = 8.0$ cm，$l = 0.12$ m。

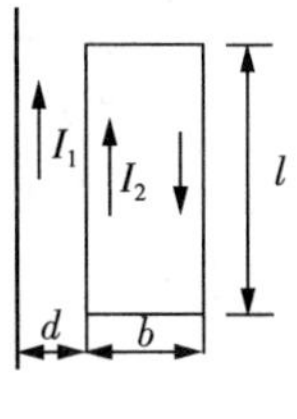

习题 14 - 18 图

14 - 19　在平均半径 $r = 0.1$ m、横截面积 $S = 6\times10^{-4}$ m^2 铸钢环上，均匀密绕 $N = 200$ 匝线圈，当线圈内通有 $I_1 = 0.63$ A 的电流时，钢环中的磁通量 $\Phi_1 = 3.24\times10^{-4}$ Wb。当电流增大到 $I_2 = 4.7$ A 时，磁通量 $\Phi_2 = 6.18\times10^{-4}$ Wb，求两种情况下钢环的绝对磁导率。

14 - 20　螺绕环的导线内通有电流 20 A，利用冲击电流计测得环内磁感应强度的大小是 1.0 Wb/m^2。已知环的平均周长是 40 cm，绕有导线 400 匝。试计算：

(1) 磁场强度；

(2) 磁化强度；

(3) 磁化率；

(4) 相对磁导率。

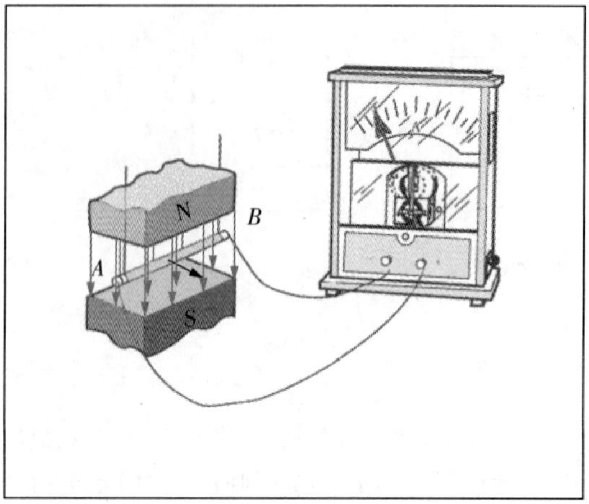

从电磁感应实验到无处不在的电磁场,电和磁正悄悄改变着人们的生产和生活……

第十五章　电磁感应和电磁场

上一章讨论的是电流激发了磁场，本章讨论的是“磁”也能产生“电”。这种现象由英国实验物理学家法拉第发现，并总结出电磁感应定律。

1820年，奥斯特发现了电流的磁效应，从一个侧面揭示了长期以来一直认为彼此独立的电现象和磁现象之间的联系。既然电流可以产生磁场，那么磁场是否也能产生电流？于是许多科学家开始对这个问题进行探索和研究。

法拉第(M. Faraday，1791—1867)深信磁一定会产生电流，并决心用实验来证实这一观点。然而，在早期的实验中，法拉第企图在导线附近放置强磁铁而使导线产生稳恒电流，或者在导线中通以强电流而使附近的导线产生稳恒电流，但都以失败告终。1822年到1831年间，经过一次又一次的失败和挫折，法拉第终于发现，感应电流并不是与原电流本身有关，而是与原电流的变化有关。1831年，法拉第在关于电磁感应的第一篇重要论文中，总结出以下五种情况都可以产生感应电流：变化着的电流，变化着的磁场，运动着的恒定电流，运动着的磁铁，在磁场中运动着的导体。

1832年，法拉第发现，在相同的条件下，不同金属导体中产生的感应电流的大小与导体的电导率成正比。由此他意识到，感应电流是由与导体性质无关的感应电动势产生的：即使不形成闭合回路，这时不存在感应电流，但感应电动势仍然有可能存在。在解释电磁感应现象的过程中，法拉第把他自己提出的描述静态相互作用的力线图像发展到动态。他认为，当通过回路的磁力线根数(即磁通量)变化，回路就会产生感应电流，从而揭示出了产生感应电动势的原因。

1834年，楞次(Lenz，1804—1865)通过分析实验资料总结出了判断感应电流方向的法则。1845年，诺依曼(F. E. Neumann，1798—1895)借助安培的分析方法，从矢势的角度推出了电磁感应定律的数学形式。

麦克斯韦系统总结了库仑、高斯、安培、法拉第、诺埃曼、汤姆逊等人的电磁学说的全部成就，特别是把法拉第的力线和场的概念用数学方法加以描述、论证、推广和提升，提出了有旋电场和位移电流的假说，他指出：不仅变化的磁场可以产生(有旋)电场，变化的电场也可以产生磁场。在相对论出现之前，麦克斯韦就揭示了电场和磁场的内在联系，把电场和磁场统一为电磁场，归纳出了电磁场的基本方

程 —— 麦克斯韦方程组,建立了完整的电磁场理论体系。1862 年,麦克斯韦从他建立的电磁理论出发,预言了电磁波的存在,并论证了光是一种电磁波。1888 年,赫兹(H. R. Hertz,1857—1894) 在实验上证实了麦克斯韦的这一预言。

即使在相对论和量子力学建立之后,麦克斯韦方程组仍然在原来的形式下被使用着,它们正确地描述了所有的电磁现象。然而,现代物理学对麦克斯韦方程组的解释发生了变化。运用量子场论的语言,我们认为麦克斯韦方程组描述的是称为光子的电磁量子在空间的传播,而带电体之间的电磁相互作用也可以用交换光子这种方式来描述。

本章主要内容如下:在电磁感应现象的基础上讨论电磁感应定律、动生电动势和感生电动势,介绍自感和互感、磁场的能量以及麦克斯韦关于有旋电场和位移电流的假设,并简要介绍电磁场理论的基本概念。

§15-1 法拉第电磁感应定律

一、电磁感应现象

电磁感应现象的发现是电磁学发展史上的一个重要成就,它进一步揭示了自然界电现象与磁现象之间的联系。

下面我们介绍几个电磁感应现象的重要实验。

(1) 电磁感应实验一

如图 15-1 所示,线圈与检流计连接成闭合回路,条形磁铁在线圈内上、下运动,线圈导线中就有电流通过,这种电流称为**感应电流**。

实验发现了条形磁铁运动时,线圈中就有感应电流。条形磁铁运动方向反向,感应电流方向也反向。磁铁不动,线圈上、下运动时,线圈中也有感应电流。条形磁铁在线圈内不动时,线圈中没有感应电流。磁铁和线圈合在一起运动时(两者没有相对运动),也没有感应电流。

实验结果表明:**磁铁与线圈有相对运动时,线圈中就有感应电流,相对运动速度越大,感应电流也越大。磁铁与线圈有相对运动时导致线圈中磁场发生了变化,也就是磁场的变化使得线圈中产生了感应电流。**

(2) 电磁感应实验二

如图 15-2 所示,检流计、轨道与直导线构成闭合回路。**直导线在磁场中做切割磁感应线运动时,导体回路中就有感应电流,直导线切割磁感应线运动越快,感应电流也越大。**

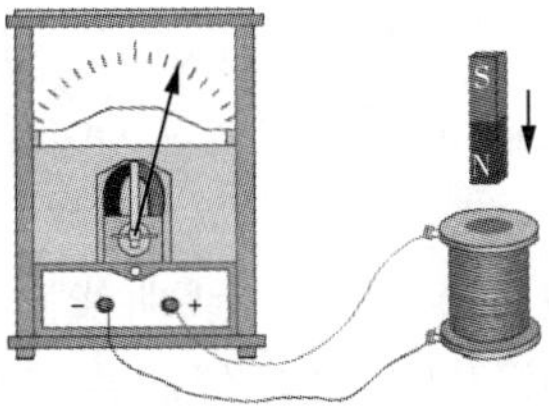

图 15－1　电磁感应实验一

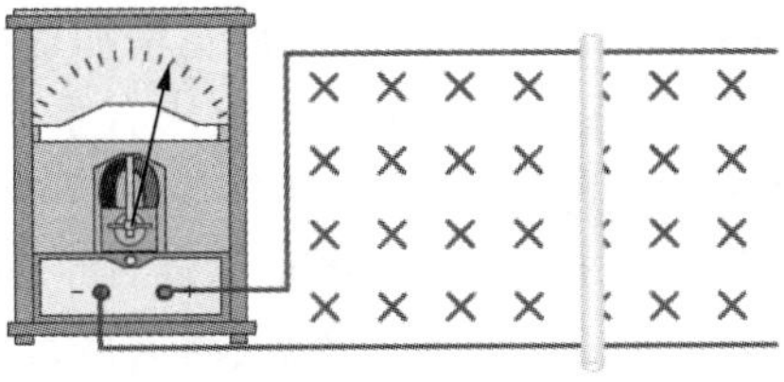
图 15－2　电磁感应实验二

产生感应电流的实验还有很多，总结所有产生感应电流的实验后发现，它们的共同特征是：穿过闭合回路所包围面积的磁通量发生了变化。

所以我们得出结论：**当穿过闭合导体回路所包围的面积的磁通量发生变化时，不管这种变化是由什么引起的，这个导体回路中就会产生感应电流**。这种现象称为**电磁感应现象**。电磁感应现象产生的电流称为**感应电流**。

电磁感应实验表明，感应电流方向是有规律的。楞次通过实验总结出了感应电流所遵守的规律，这个规律就是楞次定律。

二、楞次定律

1833 年，楞次（Lenz）在进行大量实验后，得出了确定感应电流方向的法则：**闭合回路中产生的感应电流具有确定的方向，感应电流所产生的磁通量总是阻碍引起感应电流的磁通量的变化**，称为**楞次定律**。

要注意，感应电流所产生的磁通量是阻碍引起感应电流的磁通量的变化，而**不是阻止磁通量的变化**。

图 15－1 的电磁感应实验 1 可分以下四种情况说明：

如图 15－3(a) 所示，条形磁铁 N 极向下，线圈中磁感应线（图中用实线曲线表示）箭头向下。磁铁从线圈上方插入线圈内时，磁通量在增加，感应电流所激发磁场的磁感应线与磁铁的磁感应线反向，以阻碍磁通量增加。所以感应电流的磁感应线（图中用点线表示）箭头应向上，根据磁感应线与感应电流成右手螺旋关系，线圈中感应电流方向如图 15－3(a) 所示（图中在线圈上从左向右用箭头表示）。

如图 15－3(b) 所示，条形磁铁 N 极向下，线圈中磁感应线（实线曲线）箭头向下。磁铁从线圈上方拔出线圈时，磁通量在减小，感应电流所激发磁场的磁感应线与磁铁的磁感应线同向，以阻碍磁通量减小。所以感应电流的磁感应线（点线）箭头应向下，根据磁感应线与感应电流成右手螺旋关系，线圈中感应电流方向如图 15－3(b) 所示（线圈上从右向左用箭头表示）。

如图 15－3(c) 所示，条形磁铁 S 极向下，线圈中磁感应线（实线曲线）箭头向上。磁铁从线圈上方插入线圈内,磁通量增加,感应电流激发磁场的磁感应线与磁铁的磁感应线反向,以阻碍磁通量增加。所以感应电流的磁感应线(点线)箭头应向下,根据磁感应线与感应电流成右手螺旋关系,线圈中感应电流方向如图 15-3(c) 所示(线圈上从右向左用箭头表示)。

如图 15-3(d) 所示,条形磁铁 S 极向下,线圈中磁感应线(实线曲线)箭头向上。磁铁从线圈上方拔出线圈,磁通量在减小,感应电流激发磁场的磁感应线与磁铁的磁感应线同向,以阻碍磁通量减小。所以感应电流的磁感应线(点线)箭头应向上,根据磁感应线与感应电流成右手螺旋关系,线圈中感应电流方向如图 15-3(d) 所示(线圈上从左向右用箭头表示)。

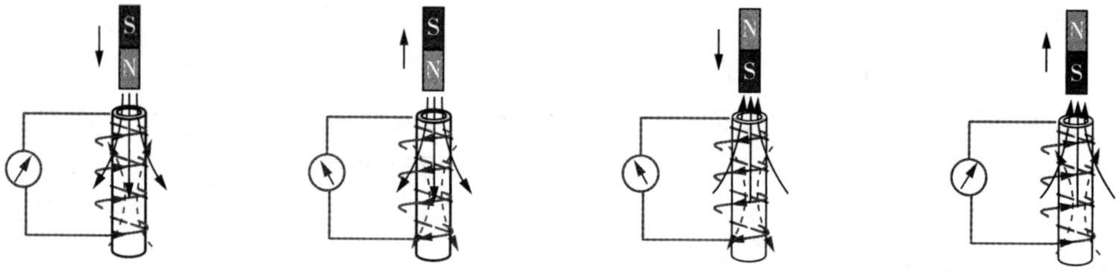

(a) (b) (c) (d)

图 15-3 楞次定律

在图 15-3 中,如果磁铁不动,线圈运动,一样可以用楞次定律确定感应电流的方向。

理论研究发现,楞次定律实际上是能量转换与守恒定律的必然结果。也可以说,楞次定律是能量转换与守恒定律在电磁感应现象中的具体表现。

三、法拉第电磁感应定律

法拉第对电磁感应现象做了定量研究,分析了大量的实验数据,得到结论:**当穿过闭合回路所包围面积的磁通量发生变化时,不论这种变化是什么原因引起的,回路中就有感应电动势产生,感应电动势正比于磁通量对时间变化率的负值,称为法拉第电磁感应定律**。

在国际单位制中,法拉第电磁感应定律的数学表达式为

$$\varepsilon_i = -\frac{d\Phi_m}{dt} \tag{15-1}$$

式中 ε_i 表示感应电动势,$\Phi_m = \iint_S \boldsymbol{B} \cdot d\boldsymbol{S}$ 是通过闭合回路 L 所包围面积 S 的磁通量。

式(15-1) 中负号是楞次定律的数学表达,用来确定电动势的方向。规定闭合回路 L 绕行方向与所包围面积 S 的法向单位矢量 $\boldsymbol{n}$ 成右手螺旋关系,如图 15-4 所

示。法向单位矢量 $\boldsymbol{n}$ 的方向就是面元 $\mathrm{d}\boldsymbol{S}$ 的方向，用于计算磁通量 Φ_m。最后用式(15-1)计算得到电动势，如果电动势是正值，表示电动势方向沿闭合回路 L 绕行方向，如图 15-4(a)。如果电动势为负值，表示电动势方向沿闭合回路 L 绕行方向的反方向，如图 15-4(b)。

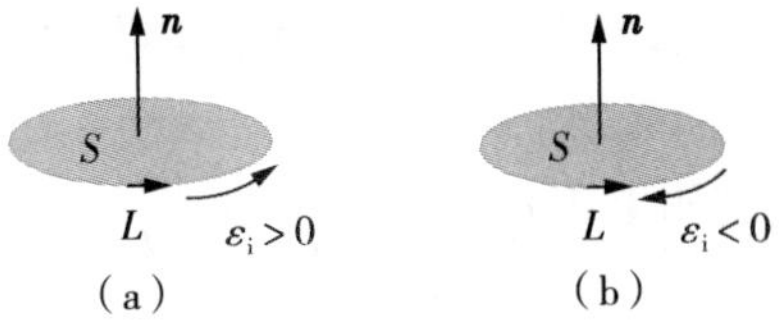

图 15-4　感应电动势方向

如图 15-5(a) 所示，通过闭合回路 L 所包围面积 S 的磁通量 $\Phi_m>0$，磁通量增加 $\frac{\mathrm{d}\Phi_m}{\mathrm{d}t}>0$，感应电动势 $\varepsilon_i<0$，感应电动势方向与回路 L 绕行方向相反。

如图 15-5(b) 所示，通过闭合回路 L 所包围面积 S 的磁通量 $\Phi_m>0$，磁通量减小 $\frac{\mathrm{d}\Phi_m}{\mathrm{d}t}<0$，感应电动势 $\varepsilon_i>0$，感应电动势方向与回路 L 绕行方向相同。

如图 15-5(c) 所示，通过闭合回路 L 所包围面积 S 的磁通量 $\Phi_m<0$，磁通量绝对值减小 $\frac{\mathrm{d}\Phi_m}{\mathrm{d}t}>0$，感应电动势 $\varepsilon_i<0$，感应电动势方向与回路 L 绕行方向相反。

如图 15-5(d) 所示，通过闭合回路 L 所包围面积 S 的磁通量 $\Phi_m<0$，磁通量绝对值增加 $\frac{\mathrm{d}\Phi_m}{\mathrm{d}t}<0$，感应电动势 $\varepsilon_i>0$，感应电动势方向与回路 L 绕行方向相同。

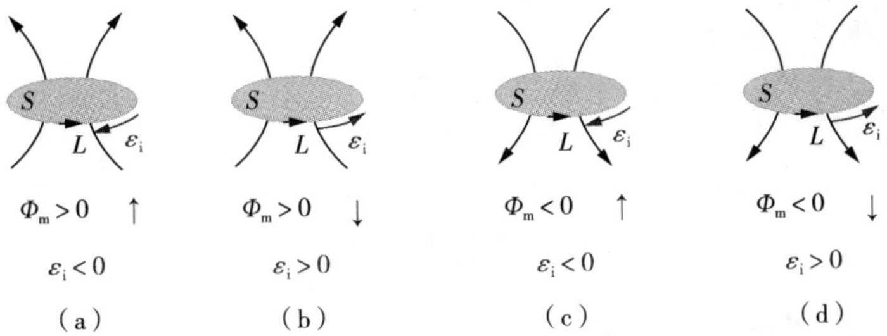

图 15-5　磁通量变化与感应电动势方向的关系

当闭合回路是由 N 匝完全相同且同方向绕制的线圈组成时，线圈的总电动势等于闭合回路电动势的 N 倍，即

$$\varepsilon_i=-N\frac{\mathrm{d}\Phi_m}{\mathrm{d}t} \tag{15-2}$$

当线圈由不同回路导线连接而成时，不同回路电动势有正有负，线圈的总电动势等于各回路电动势的代数和 $\sum\varepsilon_i$。

如果闭合回路的总电阻为 R，则闭合回路中的感应电流为

$$I_i=\frac{\varepsilon_i}{R}=-\frac{1}{R}\frac{d\Phi_m}{dt} \tag{15-3}$$

利用电流强度的定义 $I=\frac{dq}{dt}$,可以计算出 $t_1\sim t_2$ 时间内通过闭合回路截面的电荷量:

$$q_i=\int_{t_1}^{t_2} I_i dt$$

将 $I_i=\frac{\varepsilon_i}{R}=-\frac{1}{R}\frac{d\Phi_m}{dt}$ 代入上式,t_1 对应磁通量为 Φ_{m1},t_2 对应磁通量为 Φ_{m2},则

$$q_i=-\frac{1}{R}\int_{\Phi_{m1}}^{\Phi_{m2}} d\Phi_m$$

积分后,得

$$q_i=-\frac{1}{R}(\Phi_{m2}-\Phi_{m1}) \tag{15-4}$$

可见,在 $t_1\sim t_2$ 的时间内,通过闭合回路截面的电荷量 q_i 与磁通量增量 $(\Phi_{m2}-\Phi_{m1})$ 的负值成正比,但与磁通量变化的快慢无关。如果能测定电荷量和电阻,就可以通过 $q_i=-\frac{1}{R}(\Phi_{m2}-\Phi_{m1})$ 计算出磁通量增量 $(\Phi_{m2}-\Phi_{m1})$。常用的磁通计就是根据这个原理设计的。

根据电动势的定义,闭合电路的电动势等于非静电场强沿闭合回路 L 的线积分,即

$$\varepsilon=\oint_L \boldsymbol{E}_k\cdot d\boldsymbol{l} \tag{15-5}$$

比较 $\varepsilon_i=-\frac{d\Phi_m}{dt}$,得

$$\oint_L \boldsymbol{E}_k\cdot d\boldsymbol{l}=-\frac{d\Phi_m}{dt} \tag{15-6}$$

将 $\Phi_m=\iint_S \boldsymbol{B}\cdot d\boldsymbol{S}$ 代入上式,得

$$\oint_L \boldsymbol{E}_k\cdot d\boldsymbol{l}=-\frac{d}{dt}\iint_S \boldsymbol{B}\cdot d\boldsymbol{S} \tag{15-7}$$

式中,S 是以闭合回路 L 为边界的任意曲面。

例 15-1 设有矩形回路放在匀强磁场中,如图所示,AB 边也可以左右滑动,

设以速度 $\boldsymbol{v}$ 匀速向右运动，求回路中感应电动势。

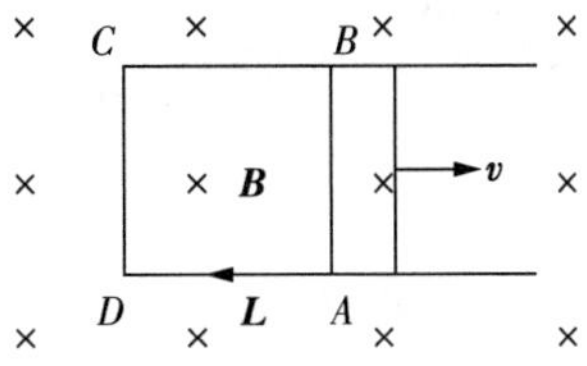

例 15-1 图

解：取回路 L 顺时针绕行，$AB=l$，$AD=x$，则通过线圈磁通量为

$$\Phi_m=\boldsymbol{B}\cdot\boldsymbol{S}=BS\cos 0^\circ=BS=BLx$$

由法拉第电磁感应定律有

$$\varepsilon_i=-\frac{d\Phi_m}{dt}=-Bl\frac{dx}{dt}=-Blv\left(v=\frac{dx}{dt}>0\right)$$

"—"说明 ε_i 与 l 绕行方向相反，即逆时针方向。由楞次定律也能得知，ε_i 沿逆时针方向。

讨论：

(1) 如果回路为 N 匝，则 $\Psi=N\Phi_m$（Ψ 为磁链）。

(2) 设回路电阻为 R（视为常数），感应电流 $I_i=\dfrac{\varepsilon_i}{R}=-\dfrac{1}{R}\dfrac{d\Phi_m}{dt}$。

在 $t_1\sim t_2$ 时间内通过回路任一横截面的电量为

$$q=\int_{t_1}^{t_2}I_i dt=\int_{t_1}^{t_2}-\frac{1}{R}\frac{d\Phi_m}{dt}dt=-\frac{1}{R}\int_{\Phi(t_1)}^{\Phi(t_2)}d\Phi_m$$

$$=-\frac{1}{R}[\Phi(t_2)-\Phi(t_1)]$$

可知 q 与 $[\Phi(t_2)-\Phi(t_1)]$ 成正比，与时间间隔无关。

例题中，只有一个边切割磁力线，回路中电动势即为上述产生的电动势，可见该边就是回路电源。该电源的电动势是如何形成的呢？或者说产生它的非静电力是什么？从例 15-1 图中可知，运动时，其上自由电子受洛仑兹力作用，从而 B 端有过剩的正电荷，A 端有过剩的负电荷，故 B 端是电源正极，A 端为负极，在洛仑兹力作用下，电子从正极移向负极，或等效地说正电荷从负极移向正极。所以，洛仑兹力正是产生电动势的非静电力。

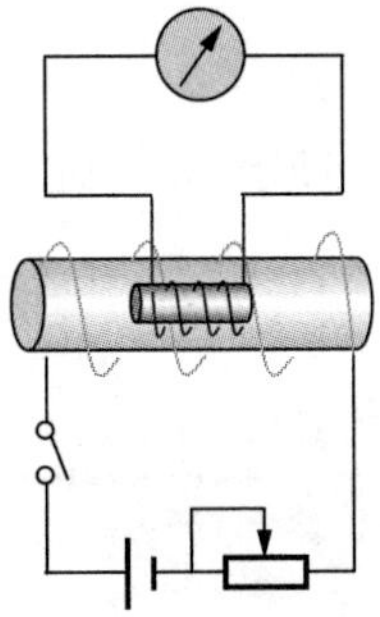
例 15-2 图

例 15-2　如图，长直螺线管内部放置一个与它同轴、截面积 $S=6\ \text{cm}^2$、匝数 $N=10$、总电阻 $R=2\ \Omega$ 的小螺线管线圈。长直螺线管内均匀恒定磁场的磁感应强度为 $B_0=0.05\ \text{T}$，螺线管切断电源后管内磁感应强度按指数规律 $B=B_0e^{-t/\tau}$ 下降到零，式中 $\tau=0.01\ \text{s}$。求：小螺线管线圈内感应电动势的最大值和通过小螺线管线圈导线截

面的电荷量。

解:通过小螺线管单匝线圈的磁通量为

$$\Phi_{\mathrm{m}} = B \cdot S = B_0 S\mathrm{e}^{-t/\tau}$$

小螺线管线圈的感应电动势

$$\varepsilon_{\mathrm{i}} = \left| N \frac{\mathrm{d}\Phi_{\mathrm{m}}}{\mathrm{d}t} \right| = \frac{NB_0 S}{\tau}\mathrm{e}^{-t/\tau}$$

小螺线管线圈的感应电动势最大值为

$$\varepsilon_{\mathrm{m}} = \frac{NB_0 S}{\tau} = \frac{10 \times 0.05 \times 6 \times 10^{-4}}{0.01} = 0.03(\mathrm{V})$$

通过小螺线管线圈导线截面的电荷量为

$$q_i = \left| -N \frac{1}{R}(\Phi_{\mathrm{m2}} - \Phi_{\mathrm{m1}}) \right| = N \frac{B_0 S}{R} - 0$$

$$= 10 \times \frac{0.05 \times 6 \times 10^{-4}}{2} = 1.5 \times 10^{-4}(\mathrm{C})$$

例 15-3 如图所示,无限长直导线中通有缓慢变化的交变电流 $I = I_0 \sin\omega t$,其中 I_0 和 ω 是常量。直导线旁平行放置一个矩形线圈,矩形线圈与直导线在同一平面内。已知矩形线圈长 l、宽 b,线圈靠近直导线的一边离直导线的距离为 d。求线圈中的感应电动势。

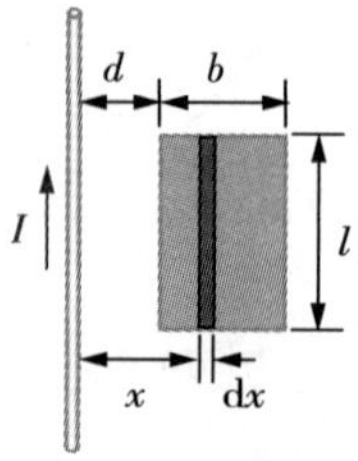

例 15-3 图

解:如图所示,在矩形线圈上距离直导线 x 处取长为 l、宽为 $\mathrm{d}x$ 的矩形面元(图中细长条)。面元处的磁感应强度大小为

$$B = \frac{\mu_0 I}{2\pi x}$$

矩形面元的磁通量为

$$\mathrm{d}\Phi_{\mathrm{m}} = \boldsymbol{B} \cdot \mathrm{d}\boldsymbol{S} = \frac{\mu_0 I}{2\pi x} l \,\mathrm{d}x$$

矩形线圈回路的磁通量为

$$\Phi_{\mathrm{m}} = \iint_S \boldsymbol{B} \cdot \mathrm{d}\boldsymbol{S} = \int_d^{d+b} \frac{\mu_0 I}{2\pi x} l \,\mathrm{d}x = \frac{\mu_0 l I_0 \sin\omega t}{2\pi} \ln \frac{d+b}{d}$$

矩形线圈的感应电动势为

$$\varepsilon_i = -\frac{d\Phi_m}{dt} = -\frac{\mu_0 l I_0 \omega \cos\omega t}{2\pi} \ln \frac{d+b}{d}$$

§ 15 - 2　动生电动势

法拉第电磁感应定律告诉我们，当通过回路所包围面积的磁通量发生变化，回路中就会产生感应电动势。磁通量变化的原因有很多，但从本质上说，磁通量的变化可分为两类：第一类，磁场保持不变，整个导体回路或回路的部分导体在磁场中运动，引起回路的磁通量变化，这类情况产生的电动势称为**动生电动势**。第二类，导体或导体回路不动，磁场发生变化，引起回路的磁通量变化，这类情况产生的电动势称为**感生电动势**。

一、动生电动势

上一节实验二中，直导线在磁场中做切割磁感应线运动，导体回路中引起感应电流，这里的感应电流是由导线中的动生电动势引起的。实验表明，如果导体回路不闭合，导线还是以原来的方式运动，导线中没有感应电流。而运动导线中的动生电动势不会因为导线回路是否闭合而发生变化，即是说，导线运动时产生的动生电动势与导线回路是否闭合无关，与磁场和导线的运动状态有关。下面我们来导出动生电动势与磁场和导线运动状态的关系，将图 15 - 2 中的直导线放大，如图 15 - 6(a) 所示，导线运动方向及磁场方向都与直导线本身垂直。直导线以速度 $\boldsymbol{v}$ 运动时，导线中的所有电荷以同样的速度运动，这些运动电荷在磁场中受到洛仑兹力，图中画出了正电荷 q 所受的洛仑兹力 $\boldsymbol{F}_m$。根据洛仑兹力计算公式，得

$$\boldsymbol{F}_m = q\boldsymbol{v} \times \boldsymbol{B}$$

洛仑兹力的大小为

$$F_m = qvB$$

电荷 q 在洛仑兹力作用下，沿直导线向一端(图中上端) 做飘移运动，直到端点为止，这一端就带正电。根据电荷守恒定律，另一端就带等量的负电，如图 15 - 6(b) 所示。直导线两端带等量异号电荷，这些电荷在导线中激发电场，用 $\boldsymbol{E}$ 表示电场强度，用带箭头的直线表示电场线。

此时，导线中的电荷不仅受到洛仑兹力 $\boldsymbol{F}_m$，还受到电场力 $\boldsymbol{F}_e$，这两个力方向相反，如图 15 - 6(c) 所示。刚开始，电场力较小，电荷所受合力沿洛仑兹力方向。之后，导线两端的电荷量增加，导线中的电场强度也增加，导线中电荷所受的电场力

也增加,直到电场力与洛仑兹力大小相等,电荷所受合力为零,电荷飘移运动停止,电场稳定不变,如图 15-6(d) 所示。此时,有

$$\boldsymbol{F}_{\mathrm{m}} + \boldsymbol{F}_{\mathrm{e}} = 0 \tag{15-8}$$

或

$$q\boldsymbol{v} \times \boldsymbol{B} + q\boldsymbol{E} = 0 \tag{15-9}$$

由上式求得电场强度矢量为

$$\boldsymbol{E} = -\boldsymbol{v} \times \boldsymbol{B} \tag{15-10}$$

电场强度大小为

$$E = vB$$

假设导线中的电场是均匀电场,导线长度为 L,导线两端的电势差为

$$U = EL = BLv \tag{15-11}$$

直导线带正电荷的一端(图中上端) 电势较高。

可见,均匀磁场中的运动直导线相当于一个电源。电源电动势数值上等于两端的电势差,电动势数值为

$$\varepsilon = BLv \tag{15-12}$$

对于任意弯曲的导线,在非均匀磁场中运动时,其动生电动势必须通过积分计算才能得到结果。

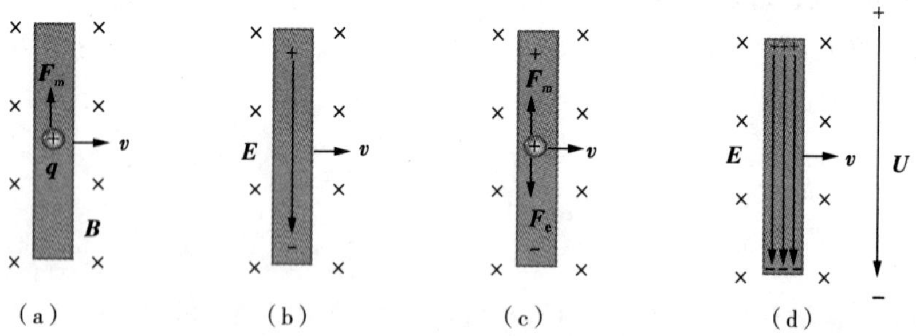

图 15-6　动生电动势的产生

二、动生电动势的计算

动生电动势可以用法拉第电磁感应定律来计算,也可以用电动势的定义直接计算。

根据电动势的定义，导线 L 中的动生电动势等于导线中非静电场强 $\boldsymbol{E}_k$ 沿导线 L 的线积分，即

$$\varepsilon_i=\int_L \boldsymbol{E}_k\cdot d\boldsymbol{l} \tag{15-13}$$

如图 15-7(a) 所示，任意弯曲导线 $\overset{\frown}{ab}$ 在非均匀磁场中运动。现在，我们来计算它的动生电动势。

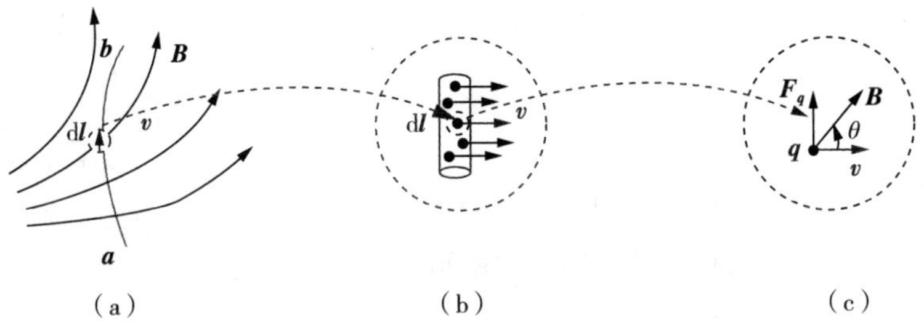

图 15-7　动生电动势

在导线上取任意无限小线元 $d\boldsymbol{l}$（长度为 dl 的一小段导线，方向由这段导线的一端指向另一端），图 15-7(b) 中导线 $\overset{\frown}{ab}$ 上圆圈内的带箭头小段。

图 15-7(b) 是线元 $d\boldsymbol{l}$ 的放大图。线元导线中的电荷随导线一起运动，这些运动电荷在磁场中受到洛仑兹力，单位电荷所受的洛仑兹力就等于非静电场强 $\boldsymbol{E}_k$。如图 15-7(c) 画出了导线中任意一个运动电荷 q 所受的洛仑兹力，洛仑兹力表达式

$$\boldsymbol{F}_q=q\boldsymbol{v}\times\boldsymbol{B} \tag{15-14}$$

所以，单位电荷所受的洛仑兹力，即非静电场强为

$$\boldsymbol{E}_k=\frac{\boldsymbol{F}_q}{q}=\boldsymbol{v}\times\boldsymbol{B} \tag{15-15}$$

将式(15-15) 代入 $\varepsilon_i=\int_L \boldsymbol{E}_k\cdot d\boldsymbol{l}$，得到导线 L 中的动生电动势为

$$\varepsilon_i=\int_L(\boldsymbol{v}\times\boldsymbol{B})\cdot d\boldsymbol{l} \tag{15-16}$$

理论上说，只要已知磁场 $\boldsymbol{B}$ 的分布、导线 L 形状及导线上各处的运动速度 $\boldsymbol{v}$，就能通过式(15-16) 计算出动生电动势。

式(15-16) 的计算结果为正值时，表示电动势的方向沿导线 L 的积分方向。

计算结果为负值时,表示电动势的方向沿导线 L 积分的反方向。

对闭合导线回路的动生电动势等于式(15-16)沿闭合回路的积分,即

$$\varepsilon_i=\oint_L(\boldsymbol{v}\times\boldsymbol{B})\cdot \mathrm{d}\boldsymbol{l} \tag{15-17}$$

积分号上的圈就表示积分路径 L 是闭合路径。

三、任意导线在均匀磁场中平动时的电动势

任意导线在均匀磁场中平动时,导线上各处的 $\boldsymbol{v}$ 和 $\boldsymbol{B}$ 均相等,$\boldsymbol{v}\times\boldsymbol{B}$ 的计算结果处处相同。用 $\varepsilon_i=\int_L(\boldsymbol{v}\times\boldsymbol{B})\cdot \mathrm{d}\boldsymbol{l}$ 计算时,直接提到积分号外,余下的积分 $\int_L \mathrm{d}\boldsymbol{l}$ 等于由积分起点指向终点的位置矢量 $\boldsymbol{L}$,如图 15-8 所示。具体积分过程如下:

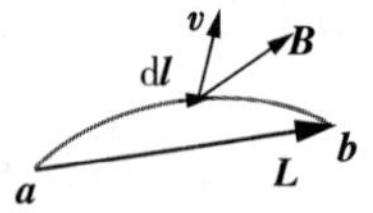

图 15-8 导线在均匀磁场中平动时的电动势

$$\varepsilon_i=\int_L(\boldsymbol{v}\times\boldsymbol{B})\cdot \mathrm{d}\boldsymbol{l}$$

$\boldsymbol{v}\times\boldsymbol{B}$ 直接提到积分号外:

$$\varepsilon_i=(\boldsymbol{v}\times\boldsymbol{B})\cdot\int_L \mathrm{d}\boldsymbol{l}$$

求出积分 $\int_L \mathrm{d}\boldsymbol{l}=\boldsymbol{L}$,得

$$\varepsilon_i=(\boldsymbol{v}\times\boldsymbol{B})\cdot\boldsymbol{L} \tag{15-18}$$

可见,导线在均匀磁场中平动时,弯曲导线与直导线的动生电动势是一样的,可以用式(15-18)计算。

四、直导线在均匀磁场中定轴转动时的电动势

如图 15-9 所示,磁感应强度为 $\boldsymbol{B}$ 的均匀磁场中,长为 l 的直导线 ab 在垂直于磁场的平面内绕直导线一端 a 以角速度 ω 匀速转动,用 $\varepsilon_i=\int_L(\boldsymbol{v}\times\boldsymbol{B})\cdot \mathrm{d}\boldsymbol{l}$ 计算动生电动势。

在直导线上距离 a 端 r 处,取线元 $\mathrm{d}\boldsymbol{r}$,如图 15-9(a) 所示圆圈内的阴影小段。图 15-9(b) 是线元的放大图,线元运动速度 $\boldsymbol{v}$ 方向垂直于导线,速度大小为 $v=r\omega$,线元 $\mathrm{d}\boldsymbol{r}$ 处的 $(\boldsymbol{v}\times\boldsymbol{B})$ 数值等于 vB,$(\boldsymbol{v}\times\boldsymbol{B})$ 的方向与 $\mathrm{d}\boldsymbol{r}$ 相反。所以,线元 $\mathrm{d}\boldsymbol{r}$ 的动生电动势为

$$d\varepsilon_i = (\boldsymbol{v} \times \boldsymbol{B}) \cdot d\boldsymbol{r} = -vB\,dr$$

整个直导线 ab 的动生电动势为

$$\varepsilon_i = \int_{\widehat{ab}} (\boldsymbol{v} \times \boldsymbol{B}) \cdot d\boldsymbol{r} = \int_0^l -Bv\,dr = -\int_0^l B\omega r\,dr = -\frac{1}{2}B\omega l^2$$

电动势为负值，表示电动势的方向与积分方向相反，即电动势方向由 b 指向 a。直导线 b 点是低电势，a 点是高电势。

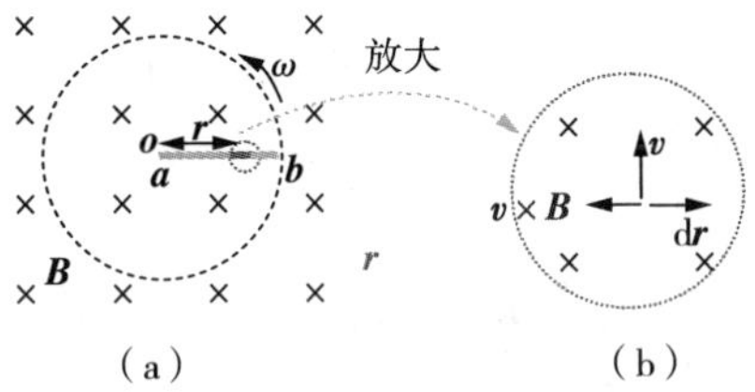

图 15－9　直导线在均匀磁场中定轴转动时的电动势

五、交流发电机原理

交流发电机是动生电动势实际应用的典型例子。图 15－10(a) 所示是发电机原理图，矩形线圈 $abcd$ 在均匀磁场中绕固定轴 oo' 转动，线圈的两端连接着与线圈一起转动的两个圆环，与圆环接触的电刷 p_1，p_2 将线圈跟外电路负载相连。

矩形线圈面积 S，匝数 N，均匀磁场的磁感应强度大小为 B，磁场方向垂直于矩形线圈 ab 和 cd 边，线圈以恒定角速度 ω 绕矩形线圈平分线 oo' 定轴转动。如图 15－10(b) 所示是矩形线圈的主视图。

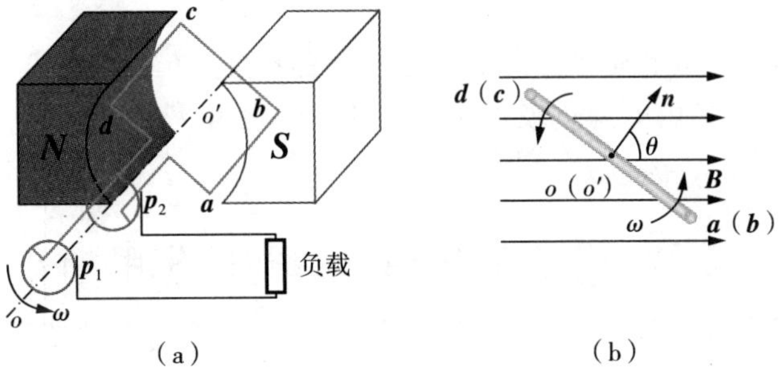

图 15－10　发电机原理

$t=0$ 时，线圈平面法向单位矢量 $\boldsymbol{n}$ 与磁感应强度矢量 $\boldsymbol{B}$ 同方向。任意 t 时，两矢量的夹角为 θ，通过矩形线圈 $abcd$ 的磁通量为

$$\Phi_m = \boldsymbol{B} \cdot \boldsymbol{S} = BS\cos\theta$$

应用法拉第电磁感应定律,线圈中的感应电动势为

$$\varepsilon_i = -N\frac{d\Phi_m}{dt} = NBS\sin\theta\frac{d\theta}{dt} = NBS\omega\sin\omega t = \varepsilon_0\sin\omega t$$

其中 $\varepsilon_0 = NBS\omega$。

可见,线圈中的电动势随时间按正弦规律周期性变化,这种电动势称为正弦交流电动势。

例 15-4 如图所示,无限长载流导线中电流强度为 I,长度为 L 的直导线 ab 以速度 $\boldsymbol{v}$ 沿平行于无限长直载流导线的方向平动。直导线 ab 与载流导线共面,且相互垂直,直导线 a 端到载流导线的距离为 d。求导线 ab 中的动生电动势,并判断导线两端哪端电势较高。

解:用动生电动势 $\varepsilon_i = \int_L (\boldsymbol{v}\times\boldsymbol{B})\cdot d\boldsymbol{l}$ 求解。

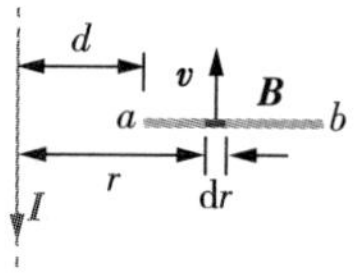

例 15-4 图

在直导线上,距离载流导线 r 处,取线元 $d\boldsymbol{r}$,如图所示深色小段。线元 $d\boldsymbol{r}$ 处的磁感应强度大小为 $B = \frac{\mu_0 I}{2\pi r}$,磁场方向垂直于纸面向外。线元运动速度 $\boldsymbol{v}$ 的方向与该处磁场垂直,线元 $d\boldsymbol{r}$ 的动生电动势为

$$d\varepsilon_i = (\boldsymbol{v}\times\boldsymbol{B})\cdot d\boldsymbol{r} = vB\,dr$$

将 $B = \frac{\mu_0 I}{2\pi r}$ 代入上式,并沿直导线 ab 积分,得导线 ab 中的动生电动势为

$$\varepsilon_{ab} = \int_d^{d+L} v\frac{\mu_0 I}{2\pi r}dr = \frac{\mu_0 Iv}{2\pi}\ln\frac{d+L}{d}$$

计算结果为正值,表示电动势方向沿积分方向由 a 指向 b。

电动势的方向是由电源负极指向正极,所以 b 端电势较高。

§15-3 感生电动势和感生电场

导体或导体回路不动,磁场发生变化时,引起回路的磁通量变化,这类问题产生的电动势称为**感生电动势**。导体不动,导体中的自由电荷不会受到洛仑兹力。麦克斯韦分析了这个事实后提出了一个新的观点,他认为变化的磁场在其周围激发一种电场,这种电场称为**感生电场**。通常用 $\boldsymbol{E}_i$ 表示感生电场的电场强度,即引起电动势的非静电场强。

一、感生电动势和感生电场

如图 15-11(a) 所示，载流长直螺线管内放置一导线小圆环，小圆环的圆心正好处于螺线管的轴线上，小圆环平面与螺线管的轴线垂直。

实验表明，当螺线管电流变化时，小圆环导线中会出现感应电流，电流是由小圆环回路的感应电动势引起的，这个电动势就是由磁场变化引起的感生电动势。如图 15-11(b) 所示，它是图 15-11(a) 的左视图，当磁感应强度 B 增大时，小圆环中的感应电流、感应电动势的方向如图中所示。

感应电流的出现说明小圆环中的电荷受到某种作用力，由此引起了电荷的定向飘移运动，这个力显然不是洛仑兹力。麦克斯韦认为，变化的磁场在其周围激发一种电场，这种电场称为感生电场。感生电场对电荷的作用力称为感生电场力。螺线管导线中的电流变化，引起其内部磁场的变化，变化的磁场激发感生电场，感生电场对小圆环中的电荷产生感生电场力，引起了电荷的定向飘移运动而形成感生电流。

感生电场是由磁场变化引起的，与磁场中是否存在导体无关，因此，即使螺线管内没有小圆环，只要螺线管内磁场变化，螺线管内小圆环所在位置处仍然存在感生电场。如图 15-11(c)，画出了螺线管内部的小圆环所在位置处的感生电场(图中箭头)。实验表明，感生电场不仅存在于螺线管内，也存在于螺线管外。下面，我们利用电动势的定义和法拉第电磁感应定律，导出变化的磁场与感生电场之间的关系。

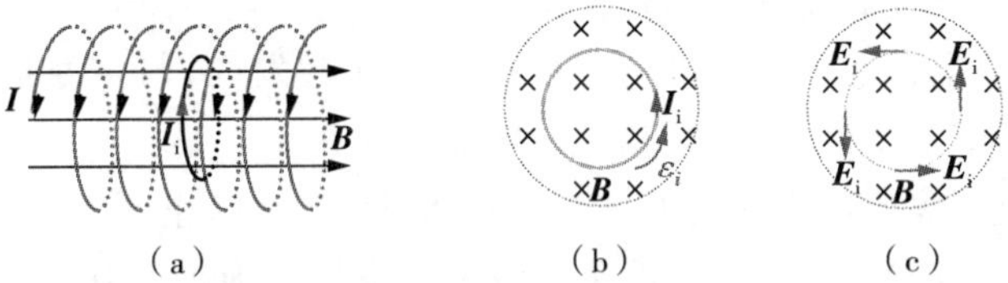

图 15-11　感生电动势和感生电场

当导体处于变化的磁场中，感生电场作用于导体中的电荷，使导体中出现感生电动势。用 $\boldsymbol{E}_i$ 表示感生电场的电场强度，由电动势的定义，导线 L 中的感生电动势 ε_i 等于感生电场 $\boldsymbol{E}_i$ 沿导线 L 的线积分，即

$$\varepsilon_i = \int_L \boldsymbol{E}_i \cdot \mathrm{d}\boldsymbol{l} \tag{15-19}$$

对闭合回路 L，感生电动势为

$$\varepsilon_i = \oint_L \boldsymbol{E}_i \cdot \mathrm{d}\boldsymbol{l} \tag{15-20}$$

由法拉第电磁感应定律得

$$\varepsilon_{\mathrm{i}}=-\frac{\mathrm{d}\Phi_{\mathrm{m}}}{\mathrm{d}t} \tag{15-21}$$

结合以上两式,得

$$\oint_L \boldsymbol{E}_{\mathrm{i}}\cdot\mathrm{d}\boldsymbol{l}=-\frac{\mathrm{d}\Phi_{\mathrm{m}}}{\mathrm{d}t} \tag{15-22}$$

将磁通量计算式 $\Phi_{\mathrm{m}}=\iint_S \boldsymbol{B}\cdot\mathrm{d}\boldsymbol{S}$ 代入式(15-22),得

$$\oint_L \boldsymbol{E}_{\mathrm{i}}\cdot\mathrm{d}\boldsymbol{l}=-\frac{\mathrm{d}}{\mathrm{d}t}\iint_S \boldsymbol{B}\cdot\mathrm{d}\boldsymbol{S} \tag{15-23}$$

式(15-23)中,S 是以闭合回路 L 为边界的任意曲面。

式(15-23)中,等式右边积分和导数是对两个不同变量的运算,可以改变它们运算的次序,将原来先积分后导数改为先导数后积分,并把导数改写成偏导数,即

$$\oint_L \boldsymbol{E}_{\mathrm{i}}\cdot\mathrm{d}\boldsymbol{l}=-\iint_S \frac{\partial\boldsymbol{B}}{\partial t}\cdot\mathrm{d}\boldsymbol{S} \tag{15-24}$$

式(15-24)表明,变化的磁场能够激发感生电场。

麦克斯韦认为,只要磁场变化,空间就会激发感生电场。如果变化的磁场中有导体,导体中的感生电场就能形成电动势。如果导体回路闭合,回路中就能形成感应电流。如果导体回路不闭合,导体中没有感应电流,但导体中有感生电场存在,感生电动势就一定存在。感生电场是由磁场变化激发的,与该处是否存在导体无关,变化的磁场中即使没有导体,感生电场依然存在。

到现在为止,我们知道激发电场有两种方法:一是静止电荷激发的电场,称为静电场(或库仑电场)。二是变化的磁场激发的电场称为感生电场。由于这两种电场激发的方式不同,两种电场的性质也有所不同。

静电场是保守场(无旋场),静电场的电场强度 $\boldsymbol{E}$ 沿任意闭合路径 L 的线积分总等于零,即静电场的环路定理,其数学表达式为

$$\oint_L \boldsymbol{E}\cdot\mathrm{d}\boldsymbol{l}=0 \tag{15-25}$$

但感生电场不同,感生电场不是保守场,其电场线没有起点,也没有终点,是闭合曲线,这些闭合曲线不会相交,大的闭合曲线内套着小的闭合曲线,小的闭合曲线内有更小的闭合曲线,呈旋涡状,如图15-12(a)所示,因此感生电场也称为**涡旋电场**。感生电场是有旋场。

感生电场线与磁感应强度变化率的方向构成**左手螺旋关系**，这种关系实际上是楞次定律在这个问题上的具体表现。如图 15－12(b) 所示，左手四指绕向是感生电场方向，而拇指指向是 $\boldsymbol{B}$ 对时间导数 $\frac{\partial \boldsymbol{B}}{\partial t}$ 的方向(不是 $\boldsymbol{B}$ 的方向)。

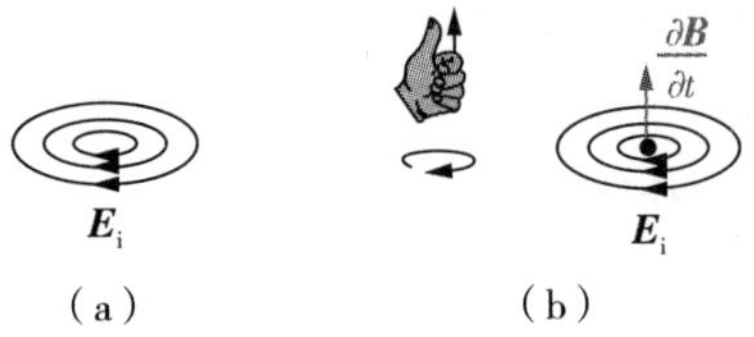

图 15－12　涡旋电场

在某些特殊问题中，可以利用 $\oint_L \boldsymbol{E}_i \cdot d\boldsymbol{l} = -\iint_S \frac{\partial \boldsymbol{B}}{\partial t} \cdot d\boldsymbol{S}$ 求出感生电场。

例 15－5　无限长直螺线管，截面为圆形，半径为 R，管内磁场随时间作线性变化($\frac{dB}{dt}$ 为正常数)。求管内、外的感生电场。

解：如图(a) 所示为螺线管的横截面，阴影圆形区域是螺线管内，螺线管内是均匀磁场。当磁场随时间变化时，在其周围激发感生电场。

由于磁场是轴对称的，所以它所激发的感生电场也是轴对称的。感生电场线是一系列与螺线管同轴的同心圆，如图(a) 所示。任意时刻 t 时，磁场方向垂直于纸面向内，图中用"×" 表示。

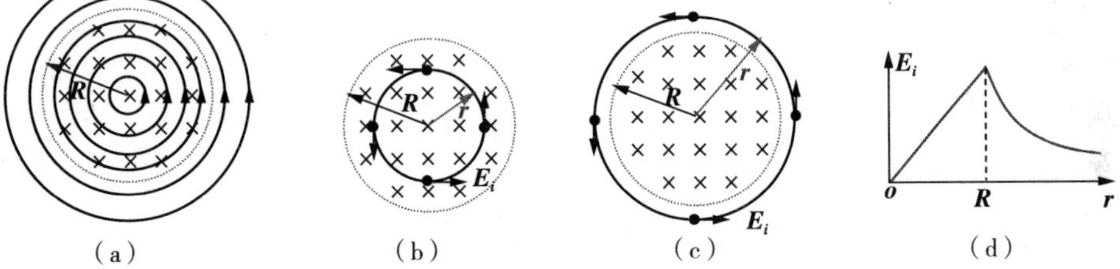

例 15－5 图

根据感生电场与磁感应强度变化率的左手螺旋关系，图中磁场方向垂直于纸面向里，磁感应强度大小对时间的导数为正，磁感应强度矢量的导数垂直于纸面向里，所以感生电场线在图中是逆时针方向。

取任一条感生电场线(半径为 r 的圆) 作为闭合回路 L，如图(b) 所示，回路绕行方向沿感生电场方向。在闭合回路 L 上，$\boldsymbol{E}_i$ 与 $d\boldsymbol{l}$ 处处同方向，$\boldsymbol{E}_i \cdot d\boldsymbol{l} = E_i dl$。所以，感生电场 $\boldsymbol{E}_i$ 沿闭合回径 L 的线积分为

$$\oint_L \boldsymbol{E}_i \cdot d\boldsymbol{l} = \oint_L E_i dl$$

根据感生电场的对称性，闭合回径 L(半径为 r 的圆) 上，E_i 处处相等，E_i 直接从上式积分号中提出来得

$$\oint_L E_i \mathrm{d}l = E_i \oint_L \mathrm{d}\boldsymbol{l}$$

上式中积分$\oint_L \mathrm{d}\boldsymbol{l}$等于积分回路$L$的周长$2\pi r$,所以

$$\oint_L \boldsymbol{E}_i \cdot \mathrm{d}\boldsymbol{l} = 2\pi r E_i$$

将上式代入$\oint_L \boldsymbol{E}_i \cdot \mathrm{d}\boldsymbol{l} = -\iint_S \frac{\partial \boldsymbol{B}}{\partial t} \cdot \mathrm{d}\boldsymbol{S}$,得

$$E_i = -\frac{1}{2\pi r}\iint_S \frac{\partial \boldsymbol{B}}{\partial t} \cdot \mathrm{d}\boldsymbol{S}$$

(1) 当$r<R$时,如图(b)所示,积分路径所包围的面积为$\iint_S \mathrm{d}\boldsymbol{S} = \pi r^2$,该面积上是均匀磁场,面元$\mathrm{d}\boldsymbol{S}$与该处的$\frac{\partial \boldsymbol{B}}{\partial t}$方向处处相反,$\frac{\partial \boldsymbol{B}}{\partial t} \cdot \mathrm{d}\boldsymbol{S} = -\frac{\partial B}{\partial t} \cdot \mathrm{d}S$。$\frac{\partial B}{\partial t} = \frac{\mathrm{d}B}{\mathrm{d}t} =$正常数,所以

$$\iint_S \frac{\partial \boldsymbol{B}}{\partial t} \cdot \mathrm{d}\boldsymbol{S} = -\iint_S \frac{\partial B}{\partial t}\mathrm{d}S = -\frac{\partial B}{\partial t}\iint_S \mathrm{d}S = -\pi r^2 \frac{\mathrm{d}B}{\mathrm{d}t}$$

将上面计算结果代入式$\boldsymbol{E}_i = -\frac{1}{2\pi r}\iint_S \frac{\partial \boldsymbol{B}}{\partial t} \cdot \mathrm{d}\boldsymbol{S}$,得

$$E_i = \frac{r}{2}\frac{\mathrm{d}B}{\mathrm{d}t}$$

$\boldsymbol{E}_i$的方向沿回路L的切线方向,如图(b)所示。

(2) 当$r>R$时,如图(c)所示,磁场分布在半径为R的圆上(面积πR^2),其他地方为零。所以

$$\iint_S \frac{\partial \boldsymbol{B}}{\partial t} \cdot \mathrm{d}\boldsymbol{S} = -\pi R^2 \frac{\mathrm{d}B}{\mathrm{d}t}$$

将上面计算结果代入式$E_i = -\frac{1}{2\pi r}\iint_S \frac{\partial \boldsymbol{B}}{\partial t} \cdot \mathrm{d}\boldsymbol{S}$,得

$$E_i = \frac{R^2}{2r}\frac{\mathrm{d}B}{\mathrm{d}t}$$

$\boldsymbol{E}_i$的方向沿回路L切线方向,如图(c)所示。

最后,我们画出螺线管内、外感生电场随离开轴线距离r的变化曲线,如图(d)所示。

二、涡电流

由于电磁感应，大块金属导体处于变化的磁场中，导体自成闭合电路，内部出现感应电流，这种电流与感生电场相似，呈旋涡状，称为**涡电流**。涡电流有它可以利用的一面，也有有害的一面，下面分别举例说明。

1. 涡流加热

将大块金属置于高频磁场中，金属块中产生涡电流，电流热效应使金属温度升高。如图 15－13 所示，利用涡电流加热齿轮，甚至可以使金属块熔化。涡流加热具有加热速度快、温度均匀、易控制、材料不受污染等优点。如图 15－14 所示的家用电磁灶就是利用涡电流加热，被加热的是放在电磁灶上的平底铁锅。工业上的高频感应炉也是利用涡电流加热原理。

图 15－13　涡流加热

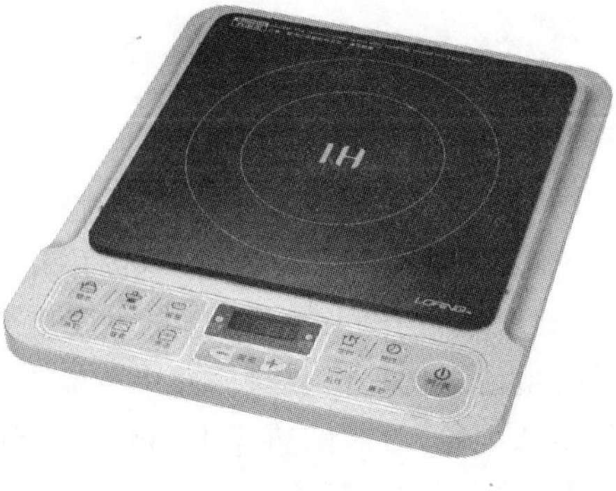

图 15－14　家用电磁灶

2. 电磁阻尼

大块导体在磁场中运动，导体中形成涡电流，根据楞次定律，涡电流所激发的磁场总是阻碍相对运动，电磁阻尼就是利用这个原理工作的。在电工仪表中，用电磁阻尼使摆动的指针迅速停在平衡位置。电气列车、磁浮列车的电磁制动器也是利用这个原理。

3. 涡电流的危害

涡电流在电气设备中存在有害的一面。电气设备中都有金属部件，当变化的电流激发变化的磁场时，在金属中引发涡电流，涡电流消耗能量，使电气设备效率下降，涡电流的热效应使电气设备温度升高，从而降低了它的安全性和稳定性。

特别是在变压器、电机中，铁芯发热非常严重，必须进行控制。如图 15－15 所示变压器，采用叠片铁芯，以减小涡电流。如图 15－16 所示为大型电力变压器，采用液体循环冷却法降温。

图 15 - 15　变压器铁芯

图 15 - 16　电力变压器液体循环冷却

§15 - 4　自感和互感

一、自感电动势和自感系数

如图 15 - 17(a) 所示，载流密绕直螺线管。当螺线管导线中电流（图中用箭头表示）变化时，螺线管内部的磁场（图中用带箭头的直线表示磁感应线）也随之变化，通过螺线管自身回路的磁通量也发生变化，根据法拉第电磁感应定律，回路中就有感应电流。这种由自身回路中电流变化引起的自身回路中出现感应电流的现象称为**自感现象**，对应的感应电动势称为**自感电动势**。

如图 15 - 17(b) 所示，当螺线管导线中电流减小时，通过螺线管的磁通量也随之减小，根据楞次定律，感应电流激发的磁场要阻碍磁通量减小，即感应电流激发的磁场方向与原磁场方向同方向。根据右手螺旋法则，螺线管导线中感应电流的方向与原电流方向同方向。

如图 15 - 17(c) 所示，当螺线管电流增大时，通过螺线管的磁通量也随之增大，根据楞次定律，感应电流激发的磁场要阻碍磁通量增大，即感应电流激发的磁场方向与原磁场方向相反。根据右手螺旋法则，螺线管导线中感应电流的方向与原电流方向相反。

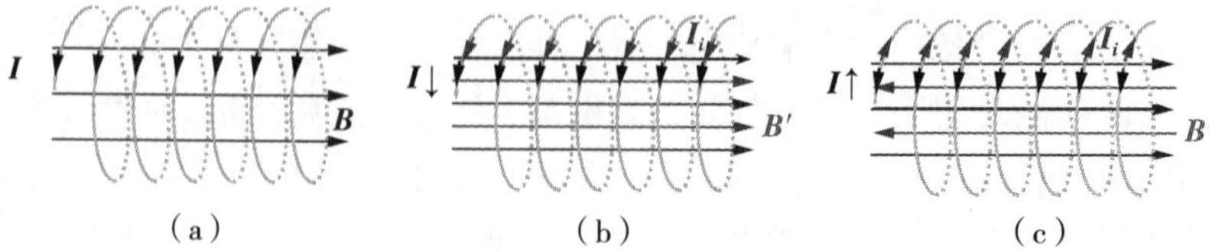

图 15 - 17　自感现象

参考 $\boldsymbol{B}=\mu_0 nI\boldsymbol{i}$，螺线管长度为 l，横截面积为 S，单位长度上线圈匝数为 n，当导

线中通有电流 I 时，螺线管内的磁感应强度大小为

$$B=\mu_0 nI \tag{15-26}$$

有 N 匝线圈的螺线管的磁链大小为

$$\Psi=N\Phi_{\mathrm{m}}=NBS$$

将 $N=nl$ 和 $B=\mu_0 nI$ 代入上式，得

$$\Psi=\mu_0 n^2 lSI \tag{15-27}$$

根据法拉第电磁感应定律，当线圈中的电流 I 变化时，螺线管的自感电动势为

$$\varepsilon_{\mathrm{L}}=-\frac{\mathrm{d}\Phi_{\mathrm{m}}}{\mathrm{d}t} \tag{15-28}$$

将式(15-27)代入式(15-28)，得

$$\varepsilon_{\mathrm{L}}=-\mu_0 n^2 lS\frac{\mathrm{d}I}{\mathrm{d}t} \tag{15-29}$$

对于给定的螺线管，式(15-29)中 $\mu_0 n^2 lS$ 为常数，记作 L，则式(15-29)改写为

$$\varepsilon_{\mathrm{L}}=-L\frac{\mathrm{d}I}{\mathrm{d}t} \tag{15-30}$$

式(15-30)表明，当螺线管中电流随时间变化时，螺线管内的自感电动势与电流随时间的变化率成正比，比例系数 L 称为**自感系数**，简称**自感**或**电感**。

所以，直螺线管的自感系数为

$$L=\mu_0 n^2 lS \tag{15-31}$$

可见，真空中直螺线管的自感系数与螺线管的结构有关，与螺线管导线中的电流无关。

式(15-30)表明，螺线管的自感电动势正比于自身电流的变化率，这种关系虽然是由直螺线管导出的，但适用于真空中任意形状的线圈。

式(15-30)中负号表示电动势的方向与电流变化率的方向相反，它是楞次定律在自感现象中的具体体现。当线圈中自身电流增加时，线圈中自感电动势(感应电流)方向与线圈中自身电流方向相反，阻碍自身电流的增加。当线圈中自身电流减小时，线圈中自感电动势(感应电流)方向与线圈中自身电流方向相同，阻碍自身电流的减小。

现在我们来考虑任意线圈的自感问题。任意线圈通有电流 I，该电流激发的磁场通过自身线圈的磁链为 Ψ。当线圈中电流 I 随时间变化时，线圈中的自感电动

势为

$$\varepsilon_L = -\frac{d\Psi}{dt} \tag{15-32}$$

dt 时间内,电流的增量为 dI,式(15－32) 中分子、分母都乘 dI:

$$\varepsilon_L = -\frac{d\Psi}{dI}\frac{dI}{dt} \tag{15-33}$$

定义自感系数

$$L \equiv \frac{d\Psi}{dI} \tag{15-34}$$

式(15－33) 就成为式(15－30)。

式(15－34) 是任意线圈自感系数的定义式,即线圈的**自感系数等于线圈的磁链对自身电流的变化率**。一般线圈,自感系数不仅与线圈的结构有关,还与线圈周围的介质有关,甚至与电流的大小也有关。

在国际单位制中,电感系数的单位是 H(亨利),常用的单位还有 mH(毫亨) 和 μH(微亨)。

$$1\ \text{H} = 10^3\ \text{mH} = 10^6\ \mu\text{H}$$

如图 15－18 所示是电感在电路中的符号。

根据欧姆定律,电阻通过电流时,电阻两端的电压与电流成正比,其表达式为 $U_R = IR$。

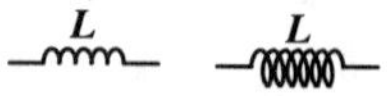

图 15－18　电感符号

电流流进电阻的一端是高电势。当通过电阻的电流大小变化时,两端的电压大小也变化。只有通过电阻的电流方向改变时,电阻两端的电势高低才改变。

当变化的电流通过电感线圈时,线圈中有感应电动势就相当于一个电源,如果不考虑线圈导线本身的电阻,线圈两端的电压数值就等于电动势,其表达式为

$$U_L = E_L = -L\frac{dI}{dt}$$

电流增加还是减小决定了电动势的方向,电动势的方向决定了线圈两端的电势高低。所以,电感两端的电势高低不仅取决于通过电感的电流方向,还取决于电流是增加还是减小。

如图 15－19(a) 所示,电流向右流过电感。当电流减小时,电动势的方向与电流方向相同,电感左端是低电势。

如图 15－19(b) 所示,电流向右流过电感。当电流增大时,电动势的方向与电

流方向相反,电感左端是高电势。

如图 15－19(c) 所示,电流向左流过电感。当电流减小时,电动势的方向与电流方向相同,电感左端是高电势。

如图 15－19(d) 所示,电流向左流过电感。当电流增大时,电动势的方向与电流方向相反,电感左端是低电势。

可见,**电感两端的电势高低不仅与通过电感的电流方向有关,还与电流是增加还是减小有关**。要注意的是,电感中电流不变时,电感中没有感应电动势,两端也就没有电压。

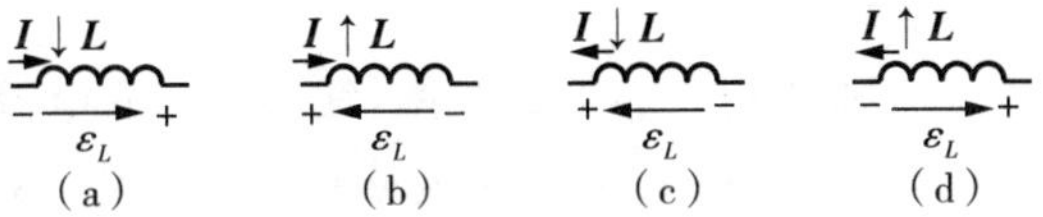

图 15－19　电感两端的电压

例 15-6　如图所示。长度为 l 的同轴电缆线可看作由两根很长的同轴圆柱面导体所组成。电缆线通电后,内、外圆柱面导体中通有等值反向电流 I,电流在圆柱面导体上均匀分布。求电缆线的自感系数。(内、外圆柱面的半径分别为 R_1 和 R_2)

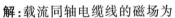

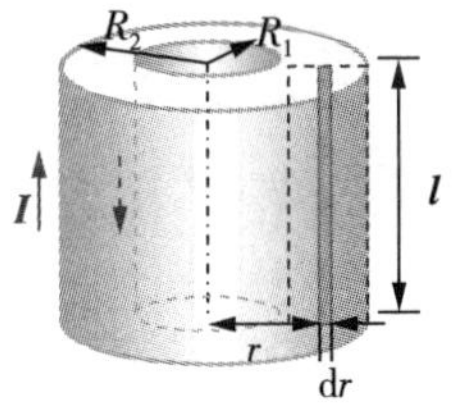

例 15－6 图

解:载流同轴电缆线的磁场为

$$B=0(r<R_1,r>R_2)$$

$$B=\frac{\mu_0 I}{2\pi r}(R_1<r<R_2)$$

电缆线内、外圆筒及电源和负载构成回路 L(图中没有画出电源和负载),如图中虚线所示,现在来计算该回路的磁通量。

在距离轴线 r 处取长度为 l、宽度为 $\mathrm{d}r$ 的细长条作为面元,面元面积为 $\mathrm{d}S=l\mathrm{d}r$。该面元处的磁感应强度大小为 $B=\frac{\mu_0 I}{2\pi r}$,磁场方向与该面元平面垂直。通过面元的磁通量为

$$\mathrm{d}\Phi_{\mathrm{m}}=B\mathrm{d}S=\frac{\mu_0 I}{2\pi r}l\,\mathrm{d}r$$

整个回路 L 包围面积的磁通量 Φ_{m} 等于上式对回路 L 面积的积分,对变量 r 积分范围是 $R_1\sim R_2$,所以

$$\Phi_{\mathrm{m}}=\int_{R_1}^{R_2}\frac{\mu_0 I}{2\pi r}l\,\mathrm{d}r=\frac{\mu_0 Il}{2\pi}\ln\frac{R_2}{R_1}$$

由自感系数的定义 $L=\frac{\mathrm{d}\Psi}{\mathrm{d}I}$，本题中 $\Psi=\Phi_m$，所以电缆线的自感系数为

$$L=\frac{\mathrm{d}\Psi}{\mathrm{d}I}=\frac{\mu_0 l}{2\pi}\ln\frac{R_2}{R_1}$$

二、互感电动势和互感系数

当两个互相靠近的载流导体回路电流变化时，一个导体回路中电流变化，则另一个回路中的磁通量也发生变化，从而引起感应电动势的现象称为**互感现象**，对应的感应电动势称为**互感电动势**。

如图 15-20(a) 所示，两个相互靠近的线圈，线圈 1 中的电流 I_1 激发磁场，该磁场通过线圈 2 的磁链为 Ψ_{21}。电流 I_1 变化引起磁链 Ψ_{21} 变化，线圈 2 中产生的感应电动势 ε_{21} 就是**互感电动势**。根据法拉第电磁感应定律

$$\varepsilon_{21}=-\frac{\mathrm{d}\Psi_{21}}{\mathrm{d}t} \tag{15-35}$$

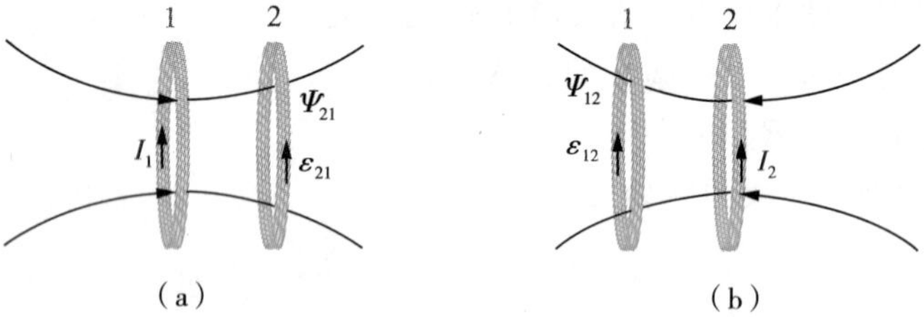

图 15-20　两线圈的互感电动势

$\mathrm{d}t$ 时间内，电流 I_1 的增量为 $\mathrm{d}I_1$，式(15-35) 中分子、分母乘以 $\mathrm{d}I_1$：

$$\varepsilon_{21}=-\frac{\mathrm{d}\Psi_{21}}{\mathrm{d}I_1}\frac{\mathrm{d}I_1}{\mathrm{d}t} \tag{15-36}$$

定义互感系数为

$$M_{21}=\frac{\mathrm{d}\Psi_{21}}{\mathrm{d}I_1} \tag{15-37}$$

式(15-36) 写成

$$\varepsilon_{21}=-M_{21}\frac{\mathrm{d}I_1}{\mathrm{d}t} \tag{15-38}$$

如图 15-20(b) 所示，线圈 2 中的电流 I_2 激发磁场，该磁场通过线圈 1 的磁链为 Ψ_{12}。电流 I_2 变化引起磁链 Ψ_{12} 变化，线圈 1 中产生的感应电动势 ε_{21} 就是**互感**

电动势。根据法拉第电磁感应定律

$$\varepsilon_{21} = -\frac{\mathrm{d}\Psi_{21}}{\mathrm{d}I_1} \qquad (15-39)$$

$\mathrm{d}t$ 时间内,电流 I_2 的增量为 $\mathrm{d}I_2$,式(15－39)中分子、分母乘以 $\mathrm{d}I_2$:

$$\varepsilon_{12} = -\frac{\mathrm{d}\Psi_{12}}{\mathrm{d}I_2}\frac{\mathrm{d}I_2}{\mathrm{d}t} \qquad (15-40)$$

定义互感系数

$$M_{12} = \frac{\mathrm{d}\Psi_{12}}{\mathrm{d}I_2} \qquad (15-41)$$

式(15－40)写成

$$\varepsilon_{12} = -M_{12}\frac{\mathrm{d}I_2}{\mathrm{d}t} \qquad (15-42)$$

理论和实验都证明 $M_{21}=M_{12}$,通常用 M 表示,称为**互感系数**。最后,互感电动势的计算式写成

$$\varepsilon_{21} = -M\frac{\mathrm{d}I_1}{\mathrm{d}t} \qquad (15-43)$$

$$\varepsilon_{12} = -M\frac{\mathrm{d}I_2}{\mathrm{d}t} \qquad (15-44)$$

在国际单位制中,互感系数与自感系数的单位一样是**亨利**(H)。

理论和实验都证明,互感系数与两个线圈的自感系数 L_1,L_2 乘积的平方根成正比,与两个线圈的相对位置有关,写成数学表达式为

$$M = k\sqrt{L_1 L_2} \qquad (15-45)$$

其中 k 称为耦合因数,数值介于 0 至 1 之间。改变两个线圈的相对位置,就可以改变 k 值的大小。

实际线圈的自感系数和互感系数一般都不容易计算,通常用实验方法来测定,具体的测量方法在其他课程中学习。

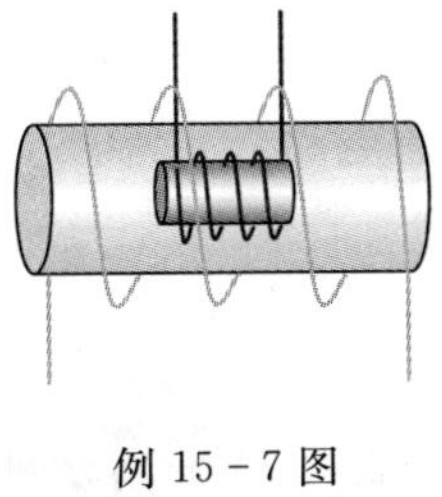

例 15－7 图

例 15－7　如图所示,直螺线管内部放置一个与它同轴的小直螺线管,直螺线管的长度、匝数和横截面积分别为 l_1,N_1 和 S_1,小直螺线管的长度、匝数和横截面积分别为 l_2,N_2 和 S_2。求两螺线管的互感系数 M。

解:假设直螺线管通有电流 I_1,则螺线管内磁感应强度为

$$B_1=\mu_0 n_1 I_1=\mu_0 \frac{N_1}{l_1} I_1$$

该磁场通过小螺线管的磁链为

$$\Psi=N_2 \Phi_{\mathrm{m}}=N_2 B_1 S_2$$

从而有

$$\Psi=\mu_0 \frac{N_1 N_2}{l_1} S_2 I_1$$

由互感系数的定义

$$M=\frac{\mathrm{d} \Psi}{\mathrm{d} I_1}$$

可得

$$M=\mu_0 \frac{N_1 N_2}{l_1} S_2$$

三、串联电路和磁场的能量

自感现象和互感现象表明,磁场具有能量,磁场所储存的能量简称为**磁能**。

讨论 RL 串联电路,如图 15-21 所示。电源电动势 ε,小灯电阻 R、线圈自感系数 L,单刀双掷开关 K。实验表明,当开关 K 接到位置 1 后,小灯不是马上点亮,而是逐渐地变亮,这种现象是由线圈自感引起的。线圈产生的自感电动势阻碍电路中电流 I 的变化,电流只能从零逐渐增加,直到恒定电流 I_0。

电流 I 的变化规律可以利用闭合电路欧姆定律求得:

$$\varepsilon+\varepsilon_{\mathrm{L}}=I R \tag{15-46}$$

将自感电动势 $\varepsilon_{\mathrm{L}}=-L \frac{\mathrm{d} I}{\mathrm{d} t}$ 代入式(15-46),得

$$\varepsilon-L \frac{\mathrm{d} I}{\mathrm{d} t}=I R \tag{15-47}$$

将式(15-47)分离变量后,改写为

$$\frac{\mathrm{d} I}{\frac{\varepsilon}{R}-I}=\frac{R}{L} \mathrm{d} t \tag{15-48}$$

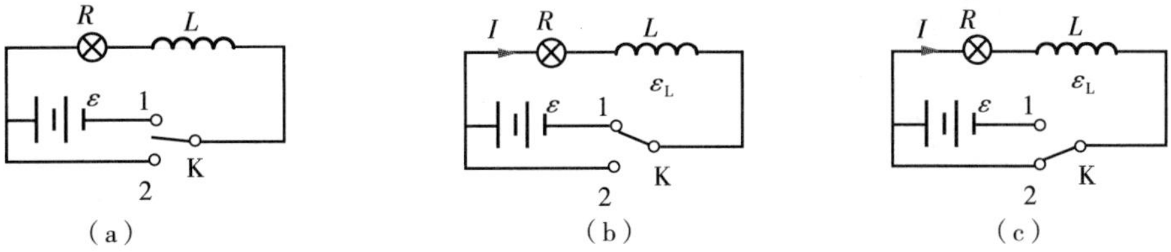

图 15-21　*RL* 串联电路

式(15-48)两边进行定积分运算，时间 t 的积分范围是 $0\sim t$，对应电流 I 的积分范围是 $0\sim I$：

$$\int_0^I \frac{\mathrm{d}I}{\frac{\varepsilon}{R}-I}=\int_0^t \frac{R}{L}\mathrm{d}t \tag{15-49}$$

积分并整理后，得

$$I=\frac{\varepsilon}{R}(1-\mathrm{e}^{-\frac{R}{L}t}) \tag{15-50}$$

式(15-50)是图 15-21(a)所示电路当开关 K 接通 1 开始电路中电流随时间变化的函数。可见，电流随时间是逐渐增加的，最后 $t\to\infty$ 时，电流到达稳定数值 $I_0=\frac{\varepsilon}{R}$，电流随时间变化的 $I\sim t$ 曲线如图 15-22 所示。

现在，将开关由位置 1 快速拨到位置 2，如图 15-21(c)所示。小灯和线圈的闭合电路失去电源 ε，但实验发现小灯并没有马上熄灭，而是慢慢变暗，直到熄灭，这是由线圈的自感引起的。线圈产生的自感电动势阻碍电路中电流的变化，电流由 I_0 逐渐减小到零，电流 I 的变化规律可以利用闭合电路的欧姆定律求得

$$\varepsilon_L=IR \tag{15-51}$$

将自感电动势 $\varepsilon_L=-L\frac{\mathrm{d}I}{\mathrm{d}t}$ 代入式(15-51)，得

$$-L\frac{\mathrm{d}I}{\mathrm{d}t}=IR \tag{15-52}$$

式(15-52)分离变量，两边进行定积分运算，时间 t 的积分范围是 $0\sim t$，对应电流 I 的积分范围是 $I_0\sim I$。积分并整理后，得

$$I=\frac{\varepsilon}{R}\mathrm{e}^{-\frac{R}{L}t}=I_0\mathrm{e}^{-\frac{R}{L}t} \tag{15-53}$$

电流随时间变化的 $I\sim t$ 曲线如图 15-23 所示。

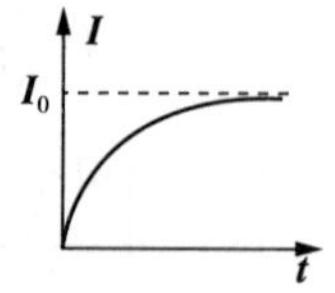

图 15－22　电流随时间变化曲线

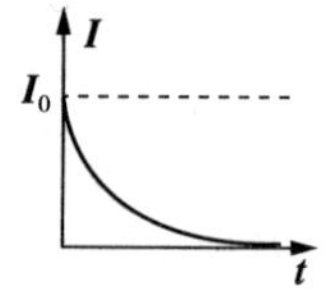

图 15－23　电流随时间变化曲线

四、磁场的能量

图15－21电路中,开关由位置1快速拨到位置2后,实验表明小灯还能亮,但电源已经断开,不可能提供能量,小灯消耗的能量是从哪里来的呢?能量只能来自线圈。线圈的自感电动势与其他电源电动势一样可提供能量。这说明通电线圈储有能量,这种能量就是**磁能**。现在我们来计算通电线圈储有多少磁能。

开关由位置1快速拨到位置2后,小灯消耗的能量就是线圈作为电源所做的功。这个电路的电源做多少功,就表示线圈储存有多少磁能。

电源的功就是电荷量从电源负极移到正极所做的功,即

$$A=\int \varepsilon_L \mathrm{d}q \tag{15-54}$$

将 $\varepsilon_L=-L\dfrac{\mathrm{d}I}{\mathrm{d}t}$,$\mathrm{d}q=I\mathrm{d}t$ 代入式(15－54),得

$$A=\int -L\frac{\mathrm{d}I}{\mathrm{d}t}I\,\mathrm{d}t=\int -LI\,\mathrm{d}I$$

整个过程电流 I 从开始的 I_0 一直到零,即

$$A=\int_{I_0}^{0} -LI\,\mathrm{d}I$$

积分,得

$$A=\frac{1}{2}LI_0^2 \tag{15-55}$$

从式(15－55)可以看出,当线圈通有电流 I 时,**线圈的磁能为**

$$W_m=\frac{1}{2}LI^2 \tag{15-56}$$

线圈的磁能与电流强度的平方成正比,与线圈的自感系数成正比。

对于真空中的载流长直螺线管,$B=\mu_0 nI$,$L=\mu_0 n^2 lS$,式(15－56)可改写为

$$W_m = \frac{1}{2}\frac{B^2}{\mu_0}lS \tag{15-57}$$

根据磁场理论，磁能不是储存在线圈导线上，而是储存在线圈所激发的磁场中。

对于载流直螺线管，磁场只分布在螺线管内，且是均匀磁场。所以，磁场能量均匀分布在螺线管内，螺线管内的**磁场能量密度** w_m 应等于螺线管的磁能 $W_m = \frac{1}{2}\frac{B^2}{\mu_0}lS$ 除以螺线管的体积 lS，即磁能密度

$$w_m = \frac{1}{2}\frac{B^2}{\mu_0} \tag{15-58}$$

式(15-58)就是磁场的磁能密度表达式。可见，磁场能量密度与磁感应强度大小的平方成正比。尽管式(15-58)是由载流螺线管导出的，但可以证明它适用于任意真空中电流的磁场。

已知空间磁场的分布，也就知道了磁能密度，空间的磁场能量就可以用磁能密度对空间体积的积分来计算

$$W_m = \iiint w_m \mathrm{d}V \tag{15-59}$$

理论上讲，式(15-59)可以计算任意空间的磁能。

§15-5　位移电流　电磁场理论

一、电容器充电、放电时的电流

参考 RC 串联电路和电容器充、放电的内容，如图 15-24 所示为 RC 串联电路，电源电动势 ε、电容 C、电阻 R 和单刀双掷开关 K 组成电容器充、放电电路。开关 K 拨到位置 1，电源对电容器**充电**，开关 K 拨到位置 2，电容器通过电阻**放电**。

充电过程：开始时电容器不带电，开关 K 拨到 1，如图 15-25 所示。充电时，电流从电源正极流出沿导线到电容器正极板。另外，电流从电容器负极板流出沿导线经过电阻到电源负极。在电源内部，电流从电源负极流到正极。

实际上，由于电源的存在，自由电子从电容器正极板沿导线经过电源、开关和电阻移动，最后移到电容器的负极板，负极板的负电荷不断增加。根据电荷守恒定律，正极板的正电荷也等量增加。

随着充电的进行，电容器的带电量不断增加，其两端的电压也不断增加，直

到电容器的电压等于电源电动势,充电结束。这时,电容器所带的电量为 $Q=C\varepsilon$。可以证明,充电过程的电流是随时间按指数规律减小的,直到电流为零,充电结果。

放电过程:充过电后,电容器已经带电。开关 K 拨到 2,如图 15-26 所示,放电时,电流从电容正极板流出,沿导线经过开关、电阻,最后到达电容器负极板。

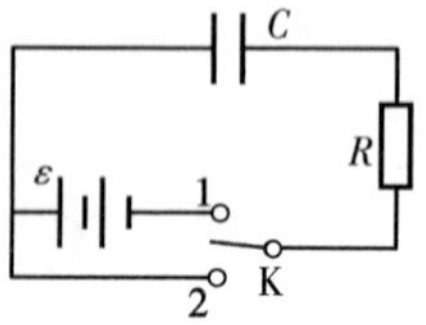

图 15-24　*RC* 串联电路

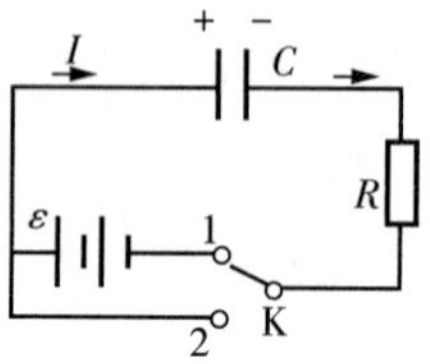

图 15-25　电容器充电

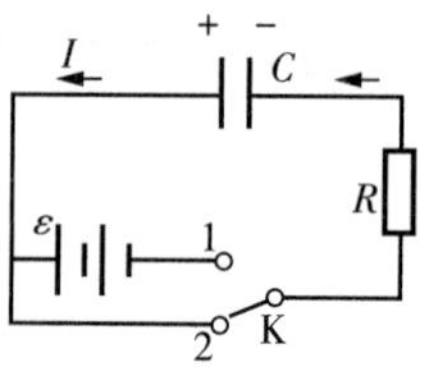

图 15-26　电容器放电

随着放电的进行,电容器的带电量不断减小,电容器两端的电压也不断减小,直到电压变为零,电容器不带电。可以证明,放电过程的电流是随时间按指数规律减小,直到电流为零,放电完毕。

不论是充电,还是放电,电容器两极板之间是没有电流的,所以,电容器充电、放电时的电流没有形成闭合,在电容器之间中断了。

前面我们学习了恒定电流的磁场,得到了磁场的高斯定理和安培环路定理,这两个定理都是在恒定电流条件下得到的。实验表明,变化的电流也能激发磁场,当然磁场也是变化的。那么,恒定电流磁场的高斯定理和安培环路定理在变化的磁场中还成立吗?结论是,高斯定理成立,安培环路定理不成立。下面我们通过分析电容器充电过程,得出安培环路定理不成立。为了让安培环路定理也能在这种情况下成立,我们引入位移电流的概念。

二、位移电流

如图 15-27(a) 所示,电容器正在充电,此时的导线中电流强度为 I。在电容器两极板之间,平行于极板的平面内作一个圆形的闭合回路 L(图中的闭合曲线)。充电电流在周围激发磁场,将安培环路定理应用到闭合回路 L 上,则

$$\oint_L \boldsymbol{H}\cdot \mathrm{d}\boldsymbol{l}=\sum_L I \tag{15-60}$$

式(15-60)中,$\sum\limits_L I$ 等于通过闭合回路 L 为边界的任意曲面 S 的电流,该电流可以用电流密度 $\boldsymbol{j}$ 在 S 面的通量计算,即

$$\sum_L I=\iint_S \boldsymbol{j}\cdot \mathrm{d}\boldsymbol{S} \tag{15-61}$$

如图 15-27(b) 所示，以闭合回路 L 为边界作两个曲面。一个是处于电容器中的平面 S_1，另一个是任意曲面是 S_2。S_1 和 S_2 两部分构成一个闭合曲面，将电容器的一个极板(图中左极板) 包围在内。

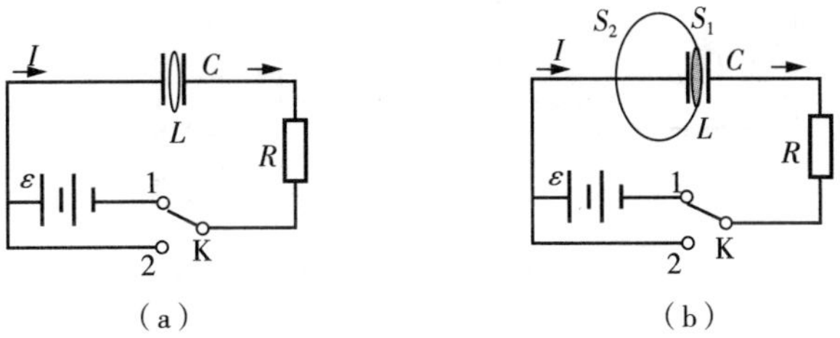

图 15-27　磁场的环流

圆形平面 S_1 上，电流密度 $\boldsymbol{j}$ 处处为零($\boldsymbol{j}=\boldsymbol{0}$)

$$\sum_L I=\iint_{S_1}\boldsymbol{j}\cdot \mathrm{d}\boldsymbol{S}=0$$

上面结果代入 $\oint_L \boldsymbol{H}\cdot \mathrm{d}\boldsymbol{l}=\sum_L I$ 有

$$\oint_L \boldsymbol{H}\cdot \mathrm{d}\boldsymbol{l}=0 \tag{15-62}$$

因为导线穿过曲面 S_2，有

$$\sum_L I=\iint_{S_2}\boldsymbol{j}\cdot \mathrm{d}\boldsymbol{S}=I$$

代入 $\oint_L \boldsymbol{H}\cdot \mathrm{d}\boldsymbol{l}=\sum_L I$，可得

$$\oint_L \boldsymbol{H}\cdot \mathrm{d}\boldsymbol{l}=I \tag{15-63}$$

同一回路 L 的线积分 $\oint_L \boldsymbol{H}\cdot \mathrm{d}\boldsymbol{l}$ 出现两个不同的结果，但答案肯定只有一个，所以说，原来的安培环路定理在这里不适用。

安培环路定理是在恒定电流条件下导出的，恒定电流的条件是稳定的电场，原来的安培环路定理只适用于稳定的电场。充电时，电容器的电荷量在变化，电容器上电荷激发的电场也是变化的，下面我们研究充电电流与电容器中的电场关系。

假设电容器 C 是平行板电容器，极板面积为 S，极板上的电荷面密度为 σ，极板的电荷量 $q=\sigma S$，此时充电电流为

$$I=\frac{\mathrm{d}q}{\mathrm{d}t}=S\frac{\mathrm{d}\sigma}{\mathrm{d}t}$$

忽略边缘效应,电容器中的电场是均匀电场,如图 15-28(a) 所示。

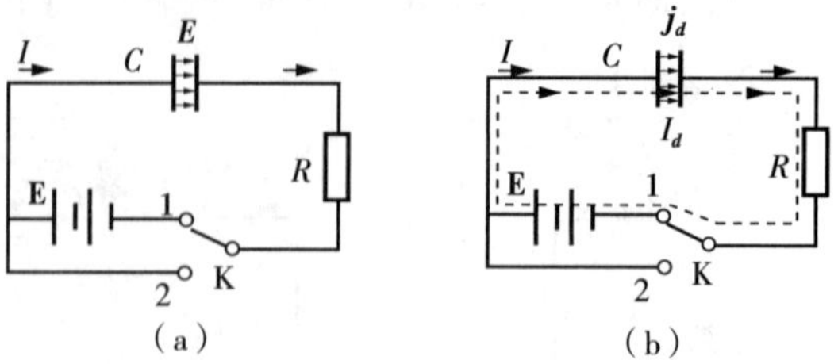

图 15-28　位移电流

电容器中电场强度的大小和方向处处相同,且 $E=\dfrac{\sigma}{\varepsilon}$,$D=\varepsilon E$,将上式中的 σ 用 εE 替换,得

$$I=S\varepsilon\,\frac{\mathrm{d}E}{\mathrm{d}t}=S\,\frac{\mathrm{d}D}{\mathrm{d}t}=\frac{\mathrm{d}\Psi_D}{\mathrm{d}t}\tag{15-64}$$

式(15-64)就是电容器充电时充电电流与电容器中电场变化的关系。

麦克斯韦认为,电场的变化等效成一种电流,称为**位移电流** I_d。把导体中电荷定向运动形成的电流称为**传导电流** I。电容充电时,导体中有传导电流,平行板之间有位移电流。一般情况下,既有传导电流,也有位移电流,我们把两种电流的总和称为**全电流** I_t。

参考 $I=\int \boldsymbol{J}\cdot\mathrm{d}\boldsymbol{S}$,$I=\dfrac{\mathrm{d}\Phi_\mathrm{m}}{\mathrm{d}t}$,我们定义位移电流密度

$$\boldsymbol{j}_\mathrm{d}=\frac{\mathrm{d}\boldsymbol{D}}{\mathrm{d}t}\tag{15-65}$$

由于平行板之间是均匀电场,它的位移电流密度也是均匀的,如图 15-28(b) 所示。通过电容器中电场横截面 S 的位移电流为

$$I_\mathrm{d}=\iint_S \boldsymbol{j}_\mathrm{d}\cdot\mathrm{d}\boldsymbol{S}\tag{15-66}$$

引入位移电流概念之后,图 15-29(a) 中电路在充电过程中,传导电流 I 虽然不连续,但**全电流是连续的**,即 $I_\mathrm{t}=I+I_\mathrm{d}$。

充电时传导电流从电源正极流出到达电容器正极板,在电容器中以位移电流的形式到达负极板,从负极板出来又以传导电流形式经过电阻、开关回到电源负极,最后电流从电源负极经电源内部到电源正极。电流形成闭合回路,如图 15-29(b) 中虚线闭合回路所示。

引入位移电流、全电流的概念后,安培环路定理修改为:**在磁场中 $\boldsymbol{H}$ 沿任一闭**

合回路的线积分，在数值上等于穿过以该闭合回路为边线的任意曲面的全电流，即

$$\oint_L \boldsymbol{H} \cdot \mathrm{d}\boldsymbol{l} = \sum_L I + \sum_L I_{\mathrm{d}} = \sum_L (I + I_{\mathrm{d}}) = \iint_S \boldsymbol{j} \cdot \mathrm{d}\boldsymbol{S} + \iint_S \frac{\partial \boldsymbol{D}}{\partial t} \cdot \mathrm{d}\boldsymbol{S} \tag{15-67}$$

式(15－67)应用到图15－29(b)所示闭合回路L上时，式中的S不论是处于电容器中的平面S_1中，还是任意曲面S_2中，结论是相等的，写成磁感应强度为

$$\oint_L \boldsymbol{B} \cdot \mathrm{d}\boldsymbol{l} = \mu_0 \sum_L (I + I_{\mathrm{d}}) \tag{15-68}$$

三、感生磁场

如图15－29(a)所示是通电螺线管，螺线管的电流激发磁场，用带箭头的平行线表示螺线管内的磁感应线。当螺线管的电流变化时，螺线管内的磁场也随之变化，变化的磁场激发感生电场。如图15－29(b)所示是通电螺线管的左视图，其中“×”表示磁场方向垂直纸面向里，当磁感应强度增加时，螺线管内激发感应电场，用闭合曲线表示感生电场线，这个现象表明**变化的磁场可以激发电场**。

如图15－30(a)所示是带电的平行板电容器，电容器上的电荷激发电场，用带箭头的平行线表示电容器内的电场线。当电容器上的电荷量变化时，电容器内的电场也随之变化，变化的电场(即位移电流)激发**感生磁场**。如图15－30(b)所示是电容器的左视图，其中“×”表示电场方向垂直纸面向里，当电场强度增加时，电容器内激发感生磁场，用闭合曲线表示感生磁场线，这个现象表明**变化的电场可以激发磁场**。

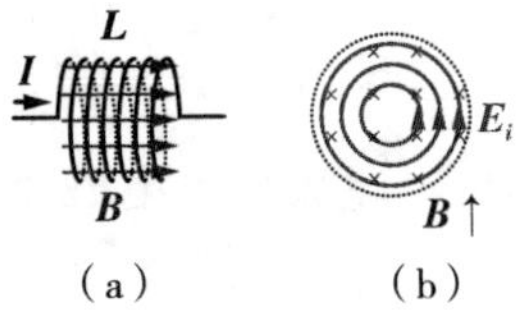

图15－29　变化的磁场激发电场

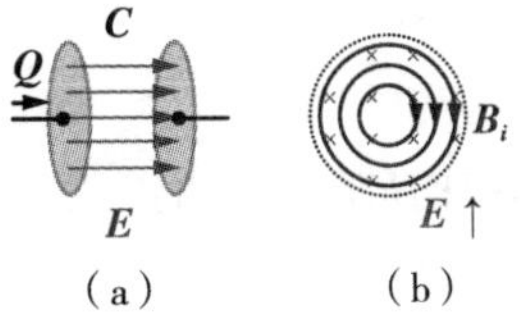

图15－30　变化的电场激发磁场

感生磁场的磁感应强度理论上可以由$\oint_L \boldsymbol{H} \cdot \mathrm{d}\boldsymbol{l} = \iint_S \boldsymbol{j} \cdot \mathrm{d}\boldsymbol{S} + \iint_S \frac{\partial \boldsymbol{D}}{\partial t} \cdot \mathrm{d}\boldsymbol{S}$计算。

四、麦克斯韦方程组

麦克斯韦在电磁理论的基础上建立了统一的电磁场理论，这就是著名的麦克斯韦方程组。下面我们介绍它的积分形式，共有四个：

(1) 描述电场性质的方程。在静电场中我们得到了高斯定理,其表达式为

$$\oiint_S \boldsymbol{E}_c \cdot d\boldsymbol{S} = \frac{\sum\limits_{S内} q}{\varepsilon_0}$$

式中 $\boldsymbol{E}_c$ 表示自由电荷激发的电场(静电场)的电场强度。变化的磁场也能激发电场,称为感生电场 $\boldsymbol{E}_i$,感生电场是涡旋场,它对任意闭合曲面 $\boldsymbol{S}$ 的通量等于零,其表达式为

$$\oiint_S \boldsymbol{E}_i \cdot d\boldsymbol{S} = 0$$

用 $\boldsymbol{E}$ 表示自由电荷激发的电场与感生电场的电场强度的总和,即 $\boldsymbol{E}=\boldsymbol{E}_c+\boldsymbol{E}_i$。将以上两式相加,得

$$\oiint_S \boldsymbol{E} \cdot d\boldsymbol{S} = \frac{\sum\limits_{S内} q}{\varepsilon_0} = \frac{1}{\varepsilon_0}\iiint_V \rho \, dV \tag{15-69}$$

V 是闭合曲面 S 所包围的体积。

(2) 描述磁场性质的方程。激发磁场的方式有各种各样,但多有一个共同点,磁场是涡旋场,磁感应线是闭合曲线。因此,在任何磁场中,通过任意闭合曲面的磁通量总等于零,即

$$\oiint_S \boldsymbol{B} \cdot d\boldsymbol{S} = 0 \tag{15-70}$$

(3) 描述变化磁场与电场联系的方程。静电场的环流等于零,其表达式为

$$\oint_L \boldsymbol{E}_c \cdot d\boldsymbol{l} = 0$$

磁场变化所激发感生电场的环流等于感生电动势(即法拉第电磁感应定律),其表达式为

$$\oint_L \boldsymbol{E}_i \cdot d\boldsymbol{l} = -\iint_S \frac{\partial \boldsymbol{B}}{\partial \boldsymbol{t}} \cdot d\boldsymbol{S}$$

用 $\boldsymbol{E}$ 表示自由电荷激发的电场与感生电场的电场强度的总和,即 $\boldsymbol{E}=\boldsymbol{E}_c+\boldsymbol{E}_i$,将以上两式相加,得

$$\oint_L \boldsymbol{E} \cdot d\boldsymbol{l} = -\iint_S \frac{\partial \boldsymbol{B}}{\partial t} \cdot d\boldsymbol{S} \tag{15-71}$$

(4) 描述变化电场与磁场联系的方程。恒定电流的磁场满足安培环路定理,其

表达式为

$$\oint_L \boldsymbol{B}_c \cdot d\boldsymbol{l} = \mu_0 \iint_S \boldsymbol{j} \cdot d\boldsymbol{S}$$

式中 $\boldsymbol{B}_c$ 表示恒定电流所激发磁场的磁感应强度。变化的电场等效为位移电流，位移电流也激发磁场，称为感生磁场，用 $\boldsymbol{B}_i$ 表示感生磁场的磁感应强度，满足关系式

$$\oint_L \boldsymbol{B}_i \cdot d\boldsymbol{l} = \mu_0 \varepsilon_0 \iint_S \frac{\partial \boldsymbol{E}}{\partial t} \cdot d\boldsymbol{S}$$

用 $\boldsymbol{B}$ 表示恒定电流激发的磁场与感生磁场的磁感应强度的总和，即 $\boldsymbol{B} = \boldsymbol{B}_c + \boldsymbol{B}_i$，将以上两式相加，得

$$\oint_L \boldsymbol{B} \cdot d\boldsymbol{l} = \mu_0 \iint_S \boldsymbol{j} \cdot d\boldsymbol{S} + \mu_0 \varepsilon_0 \iint_S \frac{\partial \boldsymbol{E}}{\partial t} \cdot d\boldsymbol{S} \tag{15-72}$$

以上四个方程告诉我们电场和磁场的本质及内在联系。如图 15-31 所示，电荷激发电场，变化的电场激发磁场，电荷运动形成电流，电流激发磁场，变化的磁场激发电场，变化的电场激发磁场。

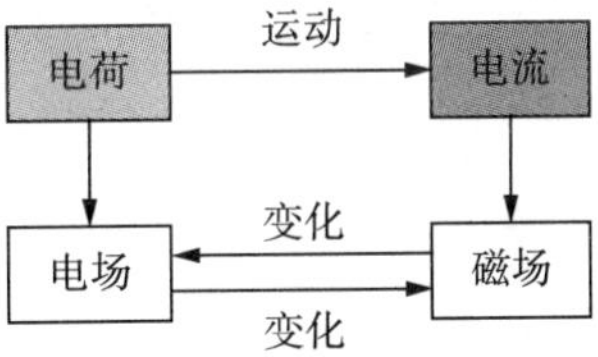

图 15-31　电磁场的关系

可见，不论是电场还是磁场，它们的源都是电荷。变化的电场可以激发磁场，变化的磁场又能激发电场，这样电磁场就在空间传播，从而形成不依赖电荷独立存在的物质形态——电磁波。

例 15-8　一平行板电容器由半径为 $a = 10.0$ cm 的两个圆形极板组成，假定电容器以均匀的速率充电，使极板间的电场以恒定的变化率 $dE/dt = 10^{13}$ V/(m·s) 变化，试求：

(1) 电容器的位移电流；

(2) 导出在两极板中间平行于极板的平面上，离电容器中心为 r 处的感生磁场 $\boldsymbol{B}$ 的大小的表示式；

(3) 并计算 $r = \frac{a}{2}$ 处 B 的数值。

解：如果略去边缘效应，电容器内部总位移电流为

$$I_D = \frac{d\Psi_D}{dt} = \varepsilon_0 \frac{dE}{dt} \pi a^2 = 2.8(\text{A})$$

由安培环路定理得

$$\oint_L \boldsymbol{B} \cdot d\boldsymbol{l} = \mu_0 \int_S \frac{d\boldsymbol{D}}{dt} \cdot d\boldsymbol{S} = \mu_0 \varepsilon_0 \int_S \frac{d\boldsymbol{E}}{dt} \cdot d\boldsymbol{S}$$

在电容器内部取一圆形回路,回路平面与极板平行,圆心与极板中心相对应,则当 $r \leqslant a$ 时,上式化为

$$B \cdot 2\pi r = \mu_0 \varepsilon_0 \frac{dE}{dt} \cdot \pi r^2$$

从而有

$$B = \frac{\mu_0 \varepsilon_0}{2} r \frac{dE}{dt}$$

当 $r \geqslant a$ 时,只有电容器内有位移电流

$$B \cdot 2\pi r = \mu_0 \varepsilon_0 \frac{dE}{dt} \cdot \pi a^2$$

从而有

$$B = \frac{\mu_0 \varepsilon_0 a^2}{2r} \frac{dE}{dt}$$

在 $r = \frac{a}{2}$ 处

$$B = \frac{\mu_0 \varepsilon_0}{2} r \frac{dE}{dt} = 2.8 \times 10^{-6} (\text{T})$$

* §15-6 电磁波

电磁振荡在空间传播形成电磁波。在远离波源处,电场强度 $\boldsymbol{E}$ 和磁感强度 $\boldsymbol{B}$ 都与传播方向垂直,波阵面在一定范围内可以看成是平面,这时就可称其为**平面电磁波**。平面电磁波的主要性质如下:

(1) 电磁波中 $\boldsymbol{E}$,$\boldsymbol{B}$ 的方向与电磁波的传播方向 $\boldsymbol{n}$ 互相垂直,而且三者的方向之间满足右手螺旋关系,如图 15-32 所示,由此说明电磁波是横波。

(2) 沿特定方向传播的电磁波,$\boldsymbol{E}$ 和 $\boldsymbol{B}$ 分别在各自的平面上振动,这种特性称为偏振性。

(3) $\boldsymbol{E}$ 和 $\boldsymbol{B}$ 作同相位振动,且其量值之间满足下列关系

$$\frac{B}{E} = \sqrt{\mu\varepsilon} \tag{15-73}$$

(4) 电磁波传播速度为 $v=\frac{1}{\sqrt{\mu\varepsilon}}$。真空中的电磁波速度为 $v=\frac{1}{\sqrt{\mu_0\varepsilon_0}}=c$，即电磁波在真空中的速度等于真空中的光速，并且同介质中的速度之间满足如下关系

$$n=\frac{c}{v}=\sqrt{\mu_r\varepsilon_r} \tag{15-74}$$

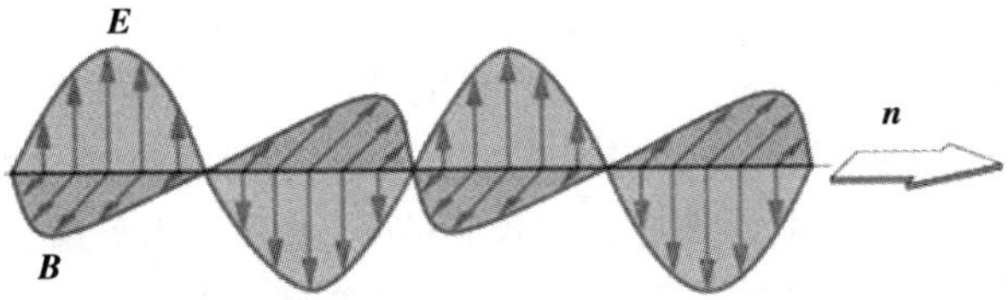

图 15-32　平面电磁波

一、电磁波的能量

电磁场的能量密度为

$$w=w_e+w_m=\frac{1}{2}\varepsilon E^2+\frac{1}{2\mu}B^2=\frac{1}{2}DE+\frac{1}{2}BH \tag{15-75}$$

借助于 $\frac{B}{E}=\sqrt{\mu\varepsilon}$ 可得

$$w=w_m+w_e=\varepsilon E^2=\frac{1}{\mu}B^2 \tag{15-76}$$

即 $w_m=w_e$，也就是说在电磁场中，电场和磁场的能量密度是相等的。

单位时间内通过垂直于电磁波传播方向的单位面积的电磁场能量，称为电磁波的能流密度矢量，也称为坡印廷矢量，用 $\boldsymbol{S}$ 表示，其大小为 $S=wv=EH$。用矢量形式表示其与电磁场量之间的关系即为

$$\boldsymbol{S}=\boldsymbol{E}\times\boldsymbol{H} \tag{15-77}$$

二、电磁波谱

真空中，各种电磁波都具有相同的传播速度，将各种电磁波按照频率或波长的大小顺序排列起来，就形成了电磁波谱。实验表明，电磁波的范围很广，包括无线电波、红外线、可见光、紫外线、X 射线和 γ 射线等，如图 15-33 所示，其大致划分区间及主要用途如下：

(1) 无线电波的波长为 1 mm～3 km，主要用于无线电通信、广播、导航及电视

和雷达等。

(2) 红外线的波长在 760 nm 到几毫米之间,为了实际应用方便,又将其划分为:近红外、中红外、远红外和超远红外。这种射线具有显著的热效应,主要应用于红外雷达、夜视仪等。

(3) 可见光的波长为 390 ~ 760 nm,多用于照明和装饰等,这种光是原子或分子内的电子运动状态改变时所发出的电磁波。它是我们能够直接感受和察觉的电磁波段中极少的一部分。

(4) 紫外线的波长为 5 ~ 390 nm,它有显著的化学效应和荧光效应。这种波产生的原因和光波类似,常常在放电时发出。由于它的能量和一般化学反应所牵涉的能量大小相当,因此,紫外光的化学效应最强,主要用于灭菌和诱杀害虫等。

红外线和紫外线都是人类肉眼看不见的,只能利用特殊的仪器来探测。无论是可见光、红外线,还是紫外线,它们都是由原子或分子等微观客体激发的。近年来,一方面由于超短波无线电技术的发展,无线电波的范围不断朝波长更短的方向发展;另一方面由于红外技术的发展,红外线的范围不断朝波长更长的方向扩展。目前,超短波和红外线的分界已不存在,其范围有一定的重叠。

(5)X射线(也称伦琴射线)的波长为 0.01 ~ 10 nm,它是原子的内层电子由一个能态跃迁至另一个能态或电子在原子核电场内减速所发出的。随着 X 射线技术的发展,它的波长范围也不断朝着两个方向扩展。目前在长波段已与紫外线有所重叠,短波段已进入 γ 射线领域。X 射线主要用于医疗透视、金属内部探伤等。

(6)γ 射线的波长在 0.01 nm 以下,这种不可见的电磁波是从原子核内发出来的,放射性物质或原子核反应中常有这种辐射伴随着发出。γ 射线主要用来进行放射性实验及天体研究等。

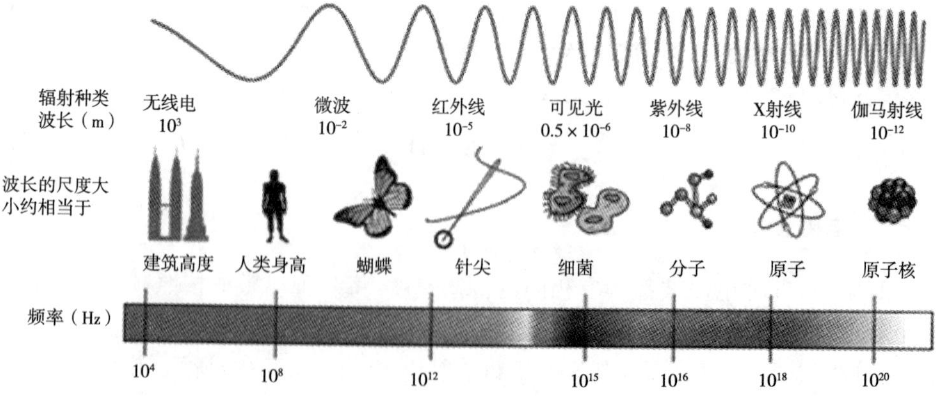

图 15-33 电磁波谱

本章小结

1. 法拉第电磁感应定律

$$\varepsilon_{\mathrm{i}}=-N\frac{\mathrm{d}\Phi_{\mathrm{m}}}{\mathrm{d}t}$$

2. 楞次定律

当穿过闭合导线构成的回路面积内的磁通量发生变化时，此回路中就会产生感应电流，感应电流的方向总是使得它自身产生穿过回路面积的磁通量反抗引起感应电流的磁通量的变化。

3. 动生电动势

$$\varepsilon=\int_L \boldsymbol{v}\times\boldsymbol{B}\cdot\mathrm{d}\boldsymbol{l}$$

4. 感生电动势

$$\varepsilon=\oint_L \boldsymbol{E}_{\mathrm{i}}\cdot\mathrm{d}\boldsymbol{l}=-\frac{\mathrm{d}}{\mathrm{d}t}\int_S \boldsymbol{B}\cdot\mathrm{d}\boldsymbol{S}=-\int_S \frac{\partial\boldsymbol{B}}{\partial t}\cdot\mathrm{d}\boldsymbol{S}$$

5. 自感电动势

$$\varepsilon_{\mathrm{L}}=-L\frac{\mathrm{d}I}{\mathrm{d}t}$$

6. 互感电动势

$$\varepsilon_{21}=-M\frac{\mathrm{d}I_1}{\mathrm{d}t}$$

$$\varepsilon_{12}=-M\frac{\mathrm{d}I_2}{\mathrm{d}t}$$

7. 磁场的能量及能量密度

$$W_{\mathrm{m}}=\frac{1}{2}LI^2$$

$$w_{\mathrm{m}}=\frac{1}{2}BH=\frac{1}{2}\mu H^2=\frac{1}{2\mu}B^2$$

$$W_{\mathrm{m}}=\int_V w_{\mathrm{m}}\mathrm{d}V=\int_V \frac{1}{2}BH\,\mathrm{d}V$$

8. 位移电流、全电流定律

$$I_D = \frac{d\Psi_D}{dt}$$

$$\boldsymbol{j}_d = \frac{d\boldsymbol{D}}{dt}$$

$$\oint_L \boldsymbol{H} \cdot d\boldsymbol{l} = \sum (I + I_d)$$

9. 麦克斯韦方程组的积分形式

$$\oiint_S \boldsymbol{E} \cdot d\boldsymbol{S} = \frac{\sum\limits_{S内} q}{\varepsilon_0} = \frac{1}{\varepsilon_0}\iiint_V \rho \, dV$$

$$\oiint_S \boldsymbol{B} \cdot d\boldsymbol{S} = 0$$

$$\oint_L \boldsymbol{E} \cdot d\boldsymbol{l} = -\iint_S \frac{\partial \boldsymbol{B}}{\partial t} \cdot d\boldsymbol{S}$$

$$\oint_L \boldsymbol{B} \cdot d\boldsymbol{l} = \mu_0 \iint_S \boldsymbol{j} \cdot d\boldsymbol{S} + \mu_0 \varepsilon_0 \iint_S \frac{\partial \boldsymbol{E}}{\partial t} \cdot d\boldsymbol{S}$$

思 考 题

15-1 在法拉第电磁感应定律$\varepsilon_i = -N\frac{d\Phi_m}{dt}$中,负号的意义是什么?你是如何根据负号来确定感应电动势方向的?

15-2 当我们把条形磁铁沿铜质圆环的轴线插入铜环中时,铜环中有感应电流和感应电场吗?如用塑料圆环替代铜质圆环,环中仍有感应电流和感应电场吗?

15-3 互感电动势与哪些因素有关?要在两个线圈间获得较大的互感,应该用什么办法?

15-4 两个相距不太远的平面圆线圈,怎样放置可使其互感系数近似为零(设其中一线圈的轴线恰通过另一线圈的圆心)。

15-5 什么是位移电流?什么是全电流?位移电流与传导电流有什么异同?

15-6 感生电场(涡旋电场)与静电场有何区别?

习 题

一、选择题

15-1 在以下矢量场中,属保守力场的是(　　)。

(A) 静电场　　(B) 涡旋电场　　(C) 稳恒磁场　　(D) 变化磁场

15-2 关于电磁感应,下列叙述正确的是(　　)。

(A) 通电导体在磁场中受力，这种现象叫作电磁感应

(B) 闭合电路在磁场中做切割磁感线运动，电路中一定会产生电流

(C) 电磁感应现象说明利用磁场可以产生电流

(D) 电磁感应现象中，电能转化成机械能

15-3　一根无限长平行直导线载有电流 I，一矩形线圈位于导线平面内沿垂直于载流导线方向以恒定速率运动(如图所示)，则(　　)。

(A) 线圈中无感应电流

(B) 线圈中感应电流为顺时针方向

(C) 线圈中感应电流为逆时针方向

(D) 线圈中感应电流方向无法确定

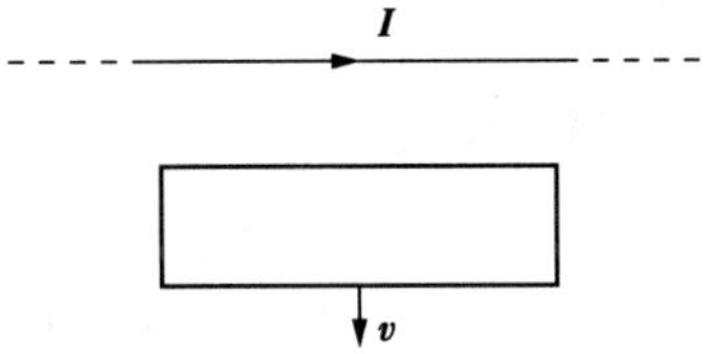

习题 15-3 图

15-4　将形状完全相同的铜环和木环静止放置在交变磁场中，并假设通过两环面的磁通量随时间的变化率相等，不计自感，则(　　)。

(A) 铜环中有感应电流，木环中无感应电流

(B) 铜环中有感应电流，木环中有感应电流

(C) 铜环中感应电动势大，木环中感应电动势小

(D) 铜环中感应电动势小，木环中感应电动势大

15-5　有两个线圈，线圈 1 对线圈 2 的互感系数为 M_{21}，线圈 2 对线圈 1 的互感系数为 M_{12}。若它们分别流过 i_1 和 i_2 的变化电流且 $\left|\frac{\mathrm{d}i_1}{\mathrm{d}t}\right| < \left|\frac{\mathrm{d}i_2}{\mathrm{d}t}\right|$，并设由 i_2 变化在线圈 1 中产生的互感电动势为 ε_{12}，由 i_1 变化在线圈 2 中产生的互感电动势为 ε_{21}，下述论断正确的是(　　)。

(A) $M_{12} = M_{21}, \varepsilon_{21} = \varepsilon_{12}$　　(B) $M_{12} \neq M_{21}, \varepsilon_{21} \neq \varepsilon_{12}$

(C) $M_{12} = M_{21}, \varepsilon_{21} < \varepsilon_{12}$　　(D) $M_{12} = M_{21}, \varepsilon_{21} < \varepsilon_{12}$

15-6　如图所示，是测定自感系数很大的线圈 L 的直流电阻的电路，L 两端并联一只电压表，用来测自感线圈的直流电压，在测定完毕后，应该(　　)。

(A) 先断开 S_1　　(B) 先断开 S_2

(C) 先拆除电流表　　(D) 先拆电阻 R

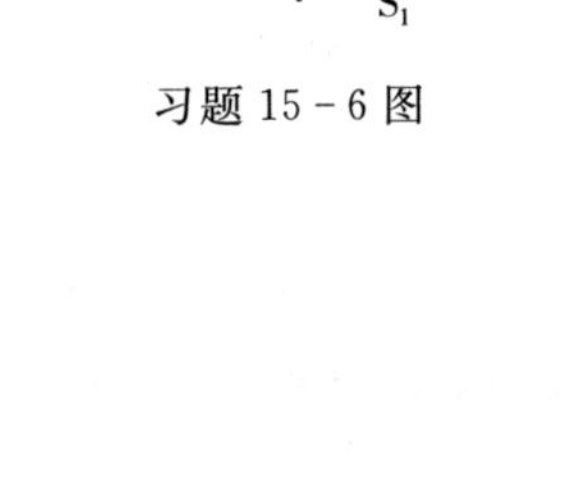

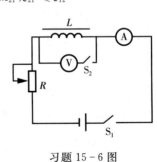

习题 15-6 图

15-7　对位移电流，下述说法中正确的是(　　)。

(A) 位移电流的实质是变化的电场

(B) 位移电流和传导电流一样是定向运动的电荷

(C) 位移电流服从传导电流遵循的所有定律

(D) 位移电流的磁效应不服从安培环路定理

15-8　下列说法正确的是(　　)。

(A) 感应电场是保守场

(B) 感应电场的电场线是一组闭合曲线

(C) $\Phi_m = LI$，因而线圈的自感系数与回路的电流成反比

(D) $\Phi_m = LI$，回路的磁通量越大，回路的自感系数也一定大

15-9　下列说法中正确的是(　　)。

(A) 按照线圈自感系数的定义式,I 越小,L 就越大

(B) 自感是对线圈而言的,对一个无线圈的导线回路是不存在自感的

(C) 位移电流只在平行板电容器中存在

(D) 以上说法均不正确

二、填空题

15-10　如图所示,一个小型圆形线圈 A 有 N_1 匝,横截面积为 S,将此线圈放在另一半径为 $R(R \gg r)$,匝数为 N_2 的圆形大线圈 B 的中心,两者同轴共面,则此二线圈的互感系数 M 为________。

15-11　有一磁矩为 $\boldsymbol{p}_m$ 的载流线圈,置于磁感应强度为 $\boldsymbol{B}$ 的均匀磁场中,$\boldsymbol{p}_m$ 与 $\boldsymbol{B}$ 的夹角为 α,当线圈由 $\alpha = 0°$ 转到 $\alpha = 180°$,外力矩做的功为________。

15-12　如图所示,两同轴圆线圈 A,C 的半径分别为 R 和 r,匝数分别为 N_1,N_2。两线圈相距为 d,若 r 很小,可认为 A 线圈在 C 处产生的磁场是均匀的,则两线圈间的互感系数为________。

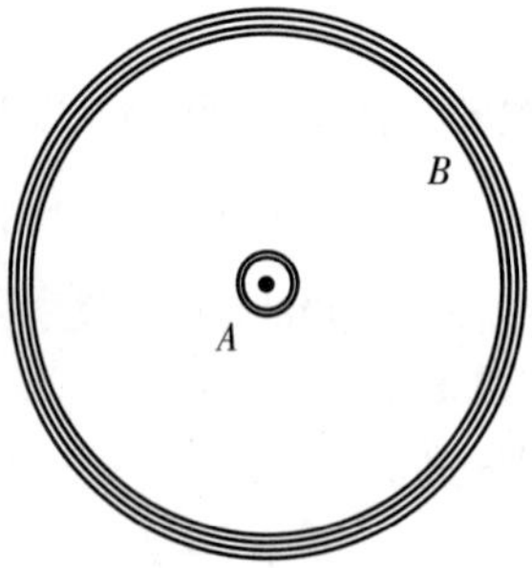

习题 15-10 图

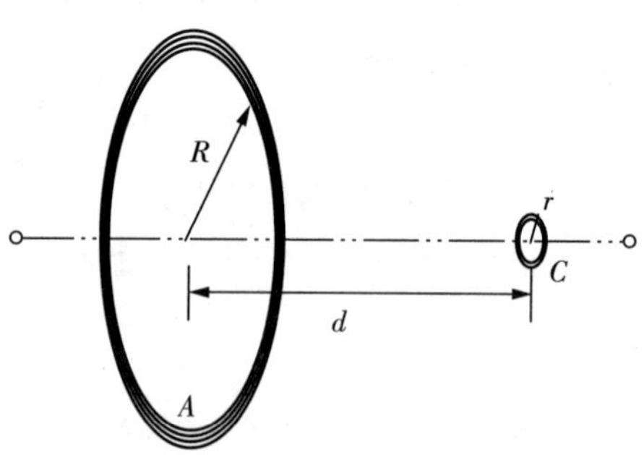

习题 15-12 图

15-13　如图(a)所示,自感线圈 L_1 和 L_2 串联顺接时,总自感为________;如图(b)所示,自感线圈 L_1 和 L_2 串联反接时,总自感为________。

15-14　如图,导体棒 AC 长为 l,在均匀磁场 $\boldsymbol{B}$ 中绕通过 O 点的垂直于棒长且沿磁场方向的轴 OO' 转动,(角速度 $\boldsymbol{\omega}$ 与 $\boldsymbol{B}$ 同方向),OC 的长度为棒长的 $\frac{1}{3}$。则 A 点电势比 C 点电势________。

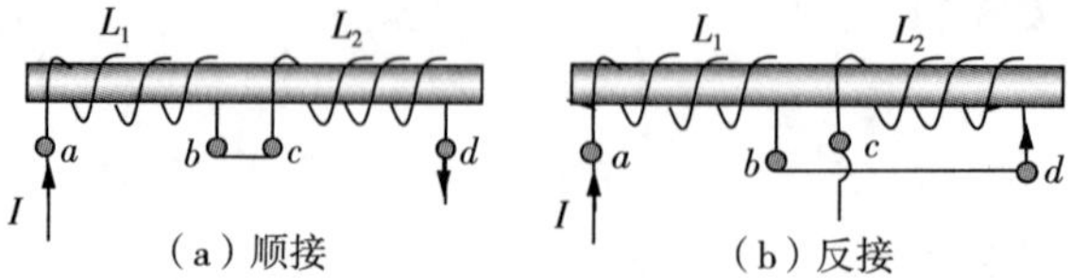

习题 15-13 图

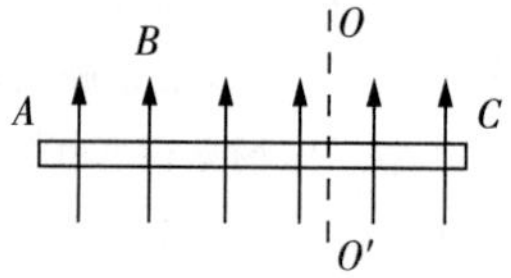

习题 15-14 图

15-15　半径 $r=0.1\ \mathrm{cm}$ 的圆线圈，其电阻为 $R=10\ \Omega$，匀强磁场垂直于线圈，若使线圈中有稳定电流 $I=0.01\ \mathrm{A}$，则磁场随时间的变化率为 $\frac{\mathrm{d}B}{\mathrm{d}t}=$ ________。

三、判断题

15-16　当一块磁体靠近闭合超导体时，超导体会产生强大电流，对磁体产生排斥作用，这种排斥力可使磁体悬浮在空中，磁悬浮列车采用了这种技术，磁体悬浮的基本原理是超导体使磁体处于失重状态。(　　)

15-17　闭合电路在磁场中做切割磁感线运动，电路中一定会产生感应电流。(　　)

15-18　楞次定律实质上是能量守恒定律的反映。(　　)

15-19　将一磁铁插入一闭合电路线圈中，一次迅速插入，另一次缓慢插入，两次手推磁铁的力所做的功是不同的。(　　)

15-20　由法拉第电磁感应定律，感应电动势的大小 $\varepsilon=\left|\frac{\mathrm{d}\Phi_{\mathrm{m}}}{\mathrm{d}t}\right|$，则感应电动势 ε 与 $\frac{\mathrm{d}\Phi_{\mathrm{m}}}{\mathrm{d}t}$ 的物理意义相同。(　　)

四、计算题

15-21　如图所示，把一半径为 R 的半圆形导线 OP 置于垂直纸面向里的均匀磁场 $\boldsymbol{B}$ 中，当导线以速率 v 水平向右平动时，求导线中感应电动势 ε 的大小，并判断哪一端电势较高。

15-22　如图，均匀磁场 $\boldsymbol{B}$ 垂直纸面向里，一根细铜棒 OA 以角速度 $\boldsymbol{\omega}$ 垂直磁场、绕定点 O 点转动，设 $OA=L$，求铜棒的感应电动势的大小和方向。

15-23　如图所示，一导线被弯成角的 V 形，其上有一可自由滑动的直导线 MN，且 $MN\perp OX$。设此导线处于磁场中，满足下式：$B=kx\cos\omega t$，若 MN 以速度 $\boldsymbol{v}$ 匀速向右运动，取 $t=0$ 时 $x=0$，试求：导体框内的感应电动势。

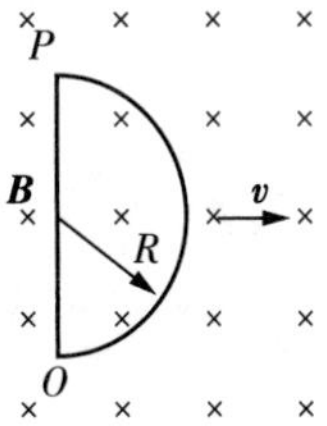

习题 15-21 图

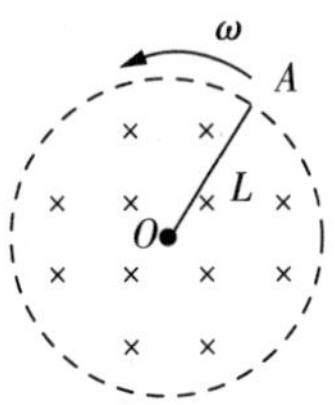

习题 15-22 图

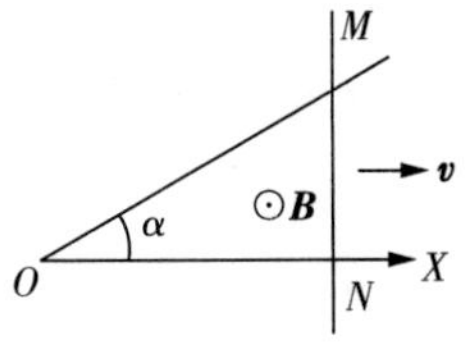

习题 15-23 图

15-24　如图所示，通有电流 I 的长直导线附近放有一矩形导体线框，该线框以速度 $\boldsymbol{v}$ 沿垂直于长导线的方向向右运动，设线圈长为 l，宽为 a，求在与长直导线相距 d 处线框中的感生电动势。

15-25　如图，半径为 R 的无限长圆柱空间内的均匀磁场变化率 $\frac{\mathrm{d}B}{\mathrm{d}t}$ 为正常数，方向垂直纸面向里，在垂直磁场方向放置一根长为 L 的金属棒 AB。求 AB 棒上的感应电动势的大小和方向。

15 - 26　一截面为长方形的螺绕环,其尺寸如图所示,共有 N 匝,求此螺绕环的自感。

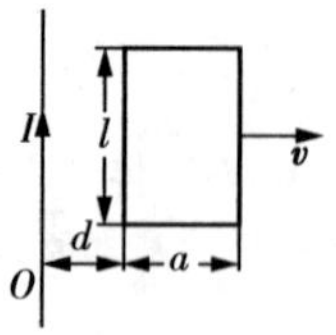

习题 15 - 24 图

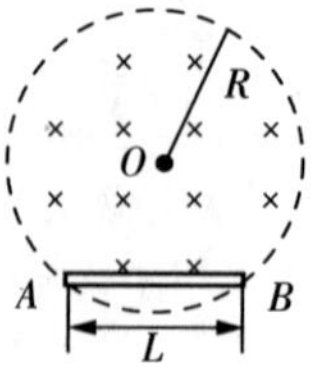

习题 15 - 25 图

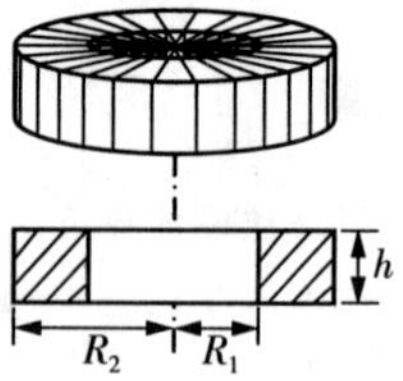

习题 15 - 26 图

15 - 27　中子星表面的磁场估计为 10^8 T,该处的磁场能量密度和电场强度有多大?

15 - 28　设有半径 $R = 0.20$ m 的圆形平行板电容器,两板之间为真空,板间距离 $d = 0.50$ cm,以恒定电流 $I = 2.0$ A 对电容器充电。求位移电流密度(忽略平板电容器的边缘效应,设电场是均匀的)。

第五篇　波动光学

光(这里是指可见光)是地球上所有生物赖以生存的最基本要素。光学同天文学和力学一样,是一门古老的学科,同时又是一门崭新的学科;它既是一门理论体系十分严谨的学科,又是应用十分广泛的学科。人类对光学的研究已有3000多年的历史。光学的发展历史大致可以划分成5个时期:萌芽时期、几何光学时期、波动光学时期、量子光学时期和现代光学时期。光学是研究光的本性、光的产生、光的传播、光与物质的相互作用以及光在科学研究和技术中的各种应用的学科,其内容通常分为几何光学、波动光学、量子光学和现代光学四个部分。几何光学是以光的直线传播性质为基础,研究光在透明介质中的传播规律及其应用的学科;波动光学是以光的波动性为基础,研究光在传播过程中所发生的干涉、衍射和偏振等光学现象的学科;量子光学是以光的粒子性为基础,研究光与物质相互作用的学科;现代光学是以激光的特性为基础,并与其他学科结合、渗透、派生出的具有大量分支的学科。

19世纪光学进入了波动光学时期,在这个时期波动光学体系已经形成,牛顿的微粒说已无立足之地。此时期英国物理学家托马斯·杨和法国物理学家菲涅耳的理论起着决定性的作用。托马斯·杨利用干涉理论解释了"薄膜颜色"和双狭缝干涉现象。菲涅耳于1818年利用杨氏干涉原理补充了惠更斯原理,从而形成了今天为人们所熟知的惠更斯-菲涅耳原理,利用此原理可以合理地解释光的干涉和衍射现象,也能解释光的直线传播现象。在进一步的研究中,他还观察到了光的偏振和偏振光的干涉等现象。随后通过法拉第、韦伯和麦克斯韦等人的努力,证实了光是一种电磁波。人们开始利用光的电磁理论来解释各种光学现象以及探讨光的本性问题。

波动光学的研究成果使人们对光的本性的认识得到了深化。在应用领域,以干涉原理为基础的干涉计量术为人们提供了精密测量和检验的手段,其精度提高到前所未有的程度;衍射光栅已成为分离光谱线以进行光谱分析的重要色散元件;各种偏振器件和仪器被用来进行检验和测量等。特别是在激光器问世后,波动光学又派生出大量的新分支,大大地扩展了波动光学的研究和应用范围。现代光学的发展是与经典的波动光学息息相关,是对波动光学的传统成果的综合和提高。因此,我们完全有理由相信未来的重大科技创新还将在波动光学这片广阔的天空中出现。

本篇主要介绍光的干涉、衍射和偏振等经典波动光学的内容。

乍一看，Morpho 蝴蝶的翅膀表面是单纯的蓝绿色，然而这种颜色有点怪，不像其他物体的颜色，它几乎只是闪现微光，如果改变观察的方向或者蝴蝶扇动它的翅膀，这种颜色还会发生改变。Morpho 蝴蝶的翅膀的颜色被说成是“彩虹色”。人们看到的蓝绿色掩盖了在翅膀底面出现的“真正的”暗棕色。

那么，显示如此令人炫目的色彩的翅膀表面有什么特殊之处呢？

答案就在本章中。

第十六章　光的干涉

干涉现象是波动过程的基本特征之一，光的波动性可以从光的干涉现象中得到证实。本章将通过杨氏双缝干涉实验、洛艾德镜实验、薄膜干涉、牛顿环、迈克尔逊干涉仪等实验说明光的相干性和光的干涉现象规律，包括干涉的条件和明暗条纹分布的规律，并简单介绍一些干涉现象的应用。

§16－1　光源　光波的叠加

一、光源

能自行发射光波的物体称为**光源**。光是由物质的原子（或分子）的辐射引起的。常见的原子、分子发光物理过程主要有热辐射、荧光辐射两种。原子、分子都有热运动，热运动过程中每个粒子的运动状态不断变化，而带电粒子运动状态发生变化，就会向外辐射电磁波，这种由热运动导致的电磁辐射称为**热辐射**。如日光、白炽灯光都属于热辐射。根据波尔模型，原子吸收能量后可以跃迁到激发态，处于激发态的原子是不稳定的，原子很快从激发态跃迁回基态或低激发态，在跃迁过程中，原子多余的能量以电磁辐射的形式释放，这样的过程就是**辐射跃迁**，由于跃迁过程与温度无关，因此这样的过程被称为**发光**或者**荧光**。如钠原子的黄线（D 线）以及汞灯、日光灯都是以这种方式发光，常见的电弧光也是原子的跃迁辐射发光。

普通光源包含大量的排列无规则的辐射原子或分子。例如，一般的凝聚态物质，原子的数密度约为 $10^{20}\ \mathrm{mm^{-3}}$，因此，即使体积只有 $1\ \mathrm{mm^3}$ 的光源，且某一瞬间其中只有百万分之一的原子发光，光源中发光的原子或分子数依然十分巨大。单个分子或原子发光而言，由于电子在激发态上存在的时间只有 $10^{-11}\sim 10^{-8}$ s，即单个分子或原子的发光时间极短，大约只持续 10^{-8} s，所以单个原子或分子发射的光波是一段频率一定、振动方向一定、有限长的光波，通常称为**光波列**。整个光源而言，由于包含大量的原子或分子，且各个原子或分子的发光过程又是随机的，即不同原子或分子在同一时刻所发出的波列在频率、振动方向和相位上都是各自独立的，同一原子或分子在不同时刻所发出的波列之间振动方向和相位也各不相同，所以任何一个实际的普通光源(激光光源除外)在任何时刻所发出的光波都是数量巨大的、毫无关联的光波波列。

二、光波的叠加

两个(或多个)光波在空间某一区域相遇时，会发生光波的叠加现象。光波的叠加服从**波的叠加原理**：两个(或多个)光波在相遇点产生的合振动是各个波在该点单独产生振动的矢量和。因此，在两列光波重叠区域内任意一点 P 的合振动为两列光波单独存在时在该点引起的振动的合成：

$$U(P) = U_1(P) + U_2(P) \tag{16-1}$$

式(16-1)中 $U(P)$ 是两列光波同时存在时 P 点的合振动，$U_1(P)$ 和 $U_2(P)$ 分别是两列光波单独存在时 P 点的振动。

考虑两列频率相同，振动方向相同波的叠加，设这两个点光源发出的球面波分别为

$$\begin{cases} U_1(P,t) = A_1\cos\left[\omega t - \dfrac{2\pi r_1}{\lambda} + \varphi_1\right] \\ U_2(P,t) = A_2\cos\left[\omega t - \dfrac{2\pi r_2}{\lambda} + \varphi_2\right] \end{cases} \tag{16-2}$$

式(16-2)中 φ_1，φ_2 分别是两个点光源的初相位，r_1，r_2 是空间任意 P 点分别到两个点光源的距离，A_1，A_2 分别是两列光波传播到 P 点引起的振动幅度。根据同方向同频率简谐振动的合振动仍是一个同频率简谐振动，合振动的量值为

$$U(P,t) = A\cos[\omega t + \Delta\varphi] \tag{16-3}$$

其中

$$A^2 = A_1^2 + A_2^2 + 2A_1A_2\cos\Delta\varphi$$

$$\Delta\varphi = \frac{2\pi}{\lambda}(r_2 - r_1) - (\varphi_2 - \varphi_1)$$

式中 $\Delta\varphi$ 是传播到 P 点的两个振动的相位差。

由于原子或分子每次发光持续时间极短(约 10^{-8} s)，人眼和感光仪器不能在这么短的时间内对两列光波振动的叠加做出响应，因此，我们看到的光强是在较长时间间隔 τ 内(其值远大于光振动的周期)的平均值，由平均光强 I 正比于 $\overline{A^2}$，可得

$$I \propto \overline{A^2} = \frac{1}{\tau}\int_0^\tau A^2\,\mathrm{d}t = \frac{1}{\tau}\int_0^\tau [A_1^2 + A_2^2 + 2A_1A_2\cos\Delta\varphi]\,\mathrm{d}t$$

$$=A_1^2+A_2^2+2A_1A_2\frac{1}{\tau}\int_0^{\tau}\cos\Delta\varphi \mathrm{d}t=I_1+I_2+2\sqrt{I_1I_2}\frac{1}{\tau}\int_0^{\tau}\cos\Delta\varphi \mathrm{d}t \tag{16-4}$$

若两列波的振动相位差 $\varphi_2-\varphi_1$ 恒定不变，则对于空间确定的点 P，r_2-r_1 恒定，即 $\Delta\varphi$ 恒定不变，式(16-4)可化简为

$$I\propto\overline{A^2}=I_1+I_2+2\sqrt{I_1I_2}\cos\Delta\varphi \tag{16-5}$$

由式(16-5)可见，P 点光强不仅与两列波单独存在时在该点光强 I_1，I_2 有关，还取决于传播到该点的两个振动的相位差 $\Delta\varphi$。对于空间确定的点 P，I_1，I_2 以及相位差 $\Delta\varphi$ 都是确定的，所以 P 点具有确定的光强。对于不同的 P 点，其光强将随相位差 $\Delta\varphi$ 做周期性变化，即在空间各点两列光波的合振动在一些地方始终加强，在一些地方始终减弱，于是两列波在重叠区域形成稳定的强度周期性变化分布，这就是**波的干涉**。此时，光波的叠加是相干叠加，$2\sqrt{I_1I_2}\cos\Delta\varphi$ 称为**干涉项**。

当两列光波在 P 点的相位差为 π 的偶数倍，即 $\Delta\varphi=\pm2k\pi$ 时，$I\propto\overline{A^2}=I_1+I_2+2\sqrt{I_1I_2}$，两列光波的合振动的光强有最大值，称为**干涉相长**；当两列光波的相位差为 π 的奇数倍，即 $\Delta\varphi=\pm(2k+1)\pi$ 时，$I\propto\overline{A^2}=I_1+I_2-2\sqrt{I_1I_2}$，两列光波的合振动的光强有最小值，称为**干涉相消**；当两列光波的相位差取上述两种情况之外的其他值时，合振动的光强介于最大值和最小值之间。

若两列波的振动相位差 $\varphi_2-\varphi_1$ 不固定时，例如两个普通光源或同一普通光源不同部分发出的光，由于发光单元的发光过程是随机的，其初相位差 $\varphi_2-\varphi_1$ 可取0到 2π 之间的任意值，从而 $\Delta\varphi$ 也可以取任意值，所以式(16-4)中 $\frac{1}{\tau}\int_0^{\tau}\cos\Delta\varphi \mathrm{d}t=0$，得

$$I\propto\overline{A^2}=I_1+I_2 \tag{16-6}$$

式(16-6)表明，来自两个独立普通光源的两束光或者同一普通光源不同部分发出的光，叠加后的光强等于两束光单独照射时的光强 I_1 和 I_2 之和，强度分布中并没有干涉项，强度不会发生重新分布，故观察不到干涉现象。这种叠加叫非相干叠加。

通过上述讨论可以看出，若两列波叠加，重叠区域内强度的重新分布，形成稳定的周期性分布，这种叠加称为相干叠加。两列波形成相干叠加的条件是：

(1) 两列波频率相同；

(2) 具有恒定的相位差；

(3) 振动方向相同。

其中条件(1)和(2)是产生相干叠加的必要条件。对于条件(3),只要两列波振动不相互垂直,在满足(1)和(2)条件下,理论上是可以看到干涉现象的,但在其他条件一样的情况下,两列波的振动方向相同时,干涉现象最明显。所以观察光的干涉需要对光源做特殊处理。

§16-2 获得相干光的方法 杨氏双缝干涉

一、获得相干光的方法

通过前面讨论可以看出,相干叠加必须满足**两列波频率相同,振动方向相同,具有恒定的相位差。**由于两个独立的光源,甚至同一光源的不同部分发出的断断续续的波列之间没有固定的相位关系,因此当这样的两列波在空间叠加时,在空间固定点引起的强度作无规则变化,并且这种变化的时间间隔非常短,小于 10^{-8} s,肉眼和通常的探测器无法观察到。也就是说普通的两个光源发出的光或光源的不同部分发出的光的叠加均为非相干叠加,不存在干涉现象。

一般可以采用将同一光源发出的光波分成两束来获得相干光。在经过不同的空间路径后再叠加,由于这两束光是出自同一发光原子或分子的同一次发光,所以它们的频率和初相位一定完全相同。在相遇点,由于经过不同的空间路径,所以这两束光的相位差恒定,满足相干条件,可以产生干涉现象。常见的有**分波振面法**和**分振幅法**。分波阵面法是让光波通过并排的两个小孔(杨氏双缝实验)或利用反射(洛艾德镜实验)和折射方法把光波的波前分割成两部分,由于同一波阵面上各点的振动具有相同的相位,所以从同一波阵面上取出的两部分光满足相干条件,可以作为相干光源。分振幅法是利用两个部分反射的表面通过振幅分割产生两个反射光波或两个透射光波,例如薄膜干涉实验。

随着激光技术的高速发展,在激光光源中,原子或者分子所发出的光具有高度的相干稳定性。从单频激光光源中所发出的任意两束光都是相干的,利用激光光源可以很方便地观察到干涉现象。

二、杨氏双缝干涉

1. 杨氏双缝干涉装置

杨氏双缝干涉装置如图16-1所示,由光源、单缝屏、双缝屏和接收屏构成。单色光经过狭缝 S,相当于一个很好的线光源。双缝屏中 S_1,S_2 为对称放置的两个相距为 d 的狭缝,从光源 S 来的光在 S_1,S_2 处形成新的振动中心,它们发出的次波在双缝屏右侧的空间叠加。由于这两列次波来自同一光源 S，所以它们是相干的，在双缝屏右侧空间形成干涉场。S_1，S_2 是从同一波面的不同部分截取出来的，这种干涉也称为**分波阵面干涉**。

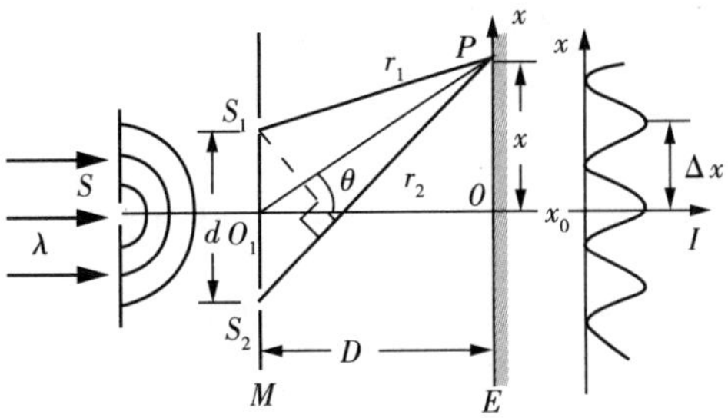

图 16－1　杨氏双缝干涉示意图

干涉场中任意一点 P 的光的强度为

$$I(P)=I_1+I_2+2\sqrt{I_1I_2}\cos\Delta\varphi(P) \tag{16-7}$$

其中 I_1，I_2 分别为相干光源 S_1，S_2 的光波传播到 P 点产生的强度，$\Delta\varphi(P)$ 为相关光源光波传播到 P 点两振动的相位差，由于 $\Delta\varphi(P)$ 仅与从光源 S 通过两缝 S_1，S_2 到 P 点的光程差有关，即只与 P 点的位置有关，所以在接收屏上不同位置，光强不同，形成一定形式的干涉条纹。

2. 干涉条纹图样

杨氏双缝干涉实验中，S_1，S_2 位置对称，S_1，S_2 处于同一波阵面上，其振动相位相同，若在真空中，到达 P 点的两振动相位差为

$$\Delta\varphi(P)=\frac{2\pi}{\lambda}(r_2-r_1) \tag{16-8}$$

若狭缝 S_1，S_2 到 P 点间介质折射率分别为 n_1，n_2，λ 为光在真空中的波长，则两列光波在 P 点的相位差为

$$\Delta\varphi(P)=\frac{2\pi}{\lambda}(n_2r_2-n_1r_1)=\frac{2\pi}{\lambda}\delta \tag{16-9}$$

其中 n_2r_2、n_1r_1 是两列光各自的光程，$\delta=n_2r_2-n_1r_1$ 是两列光的光程差。

若光程差 $\delta=k\lambda$，相位差 $\Delta\varphi(P)=2k\pi$，根据式(16-7)，振动相长，强度极大，出现明条纹。

若光程差 $\delta=(k+\frac{1}{2})\lambda$，相位差 $\Delta\varphi(P)=(2k+1)\pi$，根据式(16-7)，振动相消，强度极小，出现暗条纹。

下面对各级明暗条纹出现的位置进行定量的分析。如图 16-1 所示，设双缝 S_1 与 S_2 间距为 d，接收屏 E 到双缝屏 M 之间的距离为 D，且 $D\gg d$，在接收屏上任取一点 P，P 与 S_1，S_2 的距离分别为 r_1，r_2。设 P 点到达接收屏的对称中心 O 点的距离为 x，由于通常观测到的干涉条纹区域不大，所以 $x\ll D$，在上述近似条件下，两

列光波到达 P 点的光程差为

$$\delta = r_2 - r_1 \approx d\sin\theta \approx d\tan\theta = d\,\frac{x}{D} \tag{16-10}$$

若光程差 $\delta = k\lambda$，干涉相长，干涉强度极大，因此明条纹的位置满足

$$x = \frac{D}{d}k\lambda,\ k = 0,\ \pm 1,\ \pm 2,\cdots \tag{16-11}$$

k 称为干涉的极次，相应于 $k=0$ 称为零级明纹。相应于 $k=1, k=2,\cdots$ 称为第一级、第二级 …… 明纹。

若光程差 $\delta = (k+\frac{1}{2})\lambda$，干涉相消，干涉强度极小，因此暗条纹的位置满足

$$x = \frac{D}{d}(k+\frac{1}{2})\lambda,\ k = 0,\ \pm 1,\ \pm 2,\cdots \tag{16-12}$$

相邻明纹或暗纹的间距为

$$\Delta x = \frac{D}{d}\lambda \tag{16-13}$$

式(16－13)表明杨氏双缝干涉条纹是等间距分布的。若 D 与 d 的值一定，相邻明条纹之间的距离 Δx 与入射光波的波长 λ 成正比，波长越长，条纹间距越大。若采用白光光源，则在中央白色明纹的两侧出现彩色条纹。这是由于白色光中包含各种波长的单色光，不同波长的色光在接收屏上形成各自的干涉条纹，但是它们的零级亮纹都在接收屏的中央，重叠在一起呈现白色，其他各级亮纹因间距不同而彼此错开，例如蓝紫光的波长短，条纹间距小，红光的波长长，条纹间距大，所以在中央白色明纹的两侧出现彩色条纹。

若入射光为单色光，且 D 和 d 已知，又测量出相邻明条纹之间的距离 Δx，则根据式(16－13)可以计算出单色光的波长。

例 16－1 在杨氏双缝干涉装置中，双缝之间的距离 $d=0.233$ mm，屏幕至双缝的距离 $D=100$ cm。用单色光作光源，测得明条纹间距 $\Delta x=2.53$ mm。求单色光的波长。

解：根据杨氏双缝干涉条纹间距公式，单色光的波长为

$$\lambda = \frac{d\Delta x}{D} = \frac{0.233\times10^{-3}\times2.53\times10^{-3}}{100\times10^{-2}} = 589.5\times10^{-9}(\mathrm{m})$$

例 16－2 在杨氏实验装置中，借助于滤光片从白光中滤出蓝绿色光作为杨氏干涉装置的光源，其波长范围 $\Delta\lambda=100$ nm，平均波长 $\lambda=490$ nm。试估算从第几级开始条纹变得无法分辨。

解:设该蓝绿光的波长范围为 $\lambda_1 \to \lambda_2$,则按题意

$$\lambda_2-\lambda_1=\Delta\lambda=100(\mathrm{nm}),(\lambda_2+\lambda_1)/2=490(\mathrm{nm})$$

相应于 λ_1 和 λ_2,杨氏干涉条纹中 k 级明纹的位置分别为

$$x_1=k\frac{D}{d}\lambda_1,x_2=k\frac{D}{d}\lambda_2$$

因此,k 级干涉条纹所占的宽度为

$$x_2-x_1=k\frac{D}{d}(\lambda_2-\lambda_1)=k\frac{D}{d}\Delta\lambda$$

显然,当此宽度大于或等于相应于平均波长 λ 的条纹间距时,干涉条纹变得模糊不清,这个条件可表示为

$$k\frac{D}{d}\Delta\lambda\geqslant\frac{D}{d}\lambda,\text{即 } k\geqslant\frac{\lambda}{\Delta\lambda}=4.9$$

所以,从第五级开始,干涉条纹变得无法分辨。

3. 杨氏双缝干涉的光强分布

设图 16-1 中 S_1,S_2 狭缝发出的光波单独传播到屏幕上的 P 点所引起的振幅分别为 A_1,A_2,光强分别为 I_1 和 I_2,则根据相干光叠加公式,两光波叠加后 P 点的振幅为

$$A^2=A_1^2+A_2^2+2A_1A_2\cos\Delta\varphi \tag{16-14}$$

其中 $\Delta\varphi=\frac{2\pi}{\lambda}(r_2-r_1)-(\varphi_2-\varphi_1)$,由于 S_1,S_2 狭缝发出的光波初相位相同即 $\varphi_2=\varphi_1$,则 $\Delta\varphi=\frac{2\pi}{\lambda}(r_2-r_1)$,叠加后的光强为

$$I(P)=I_1+I_2+2\sqrt{I_1I_2}\cos\left[\frac{2\pi}{\lambda}(r_2-r_1)\right] \tag{16-15}$$

若光强 $I_1=I_2=I_0$,则式(16-15)可化简为

$$I(P)=4I_0\cos^2\left[\frac{\pi}{\lambda}(r_2-r_1)\right] \tag{16-16}$$

由式(16-16)可见,接收屏幕上光强的分布随 r_2-r_1 呈周期性变化,如图 16-2 所示,当 $r_2-r_1=\pm k\lambda(k=0,1,2,\cdots)$ 时,光强最强,$I(P)=4I_0$ 是明条纹的最亮处;当 $r_2-r_1=\pm(2k+1)\frac{\lambda}{2}(k=0,1,2,\cdots)$ 时,光强最弱,$I(P)=0$ 是暗条纹的最暗处。

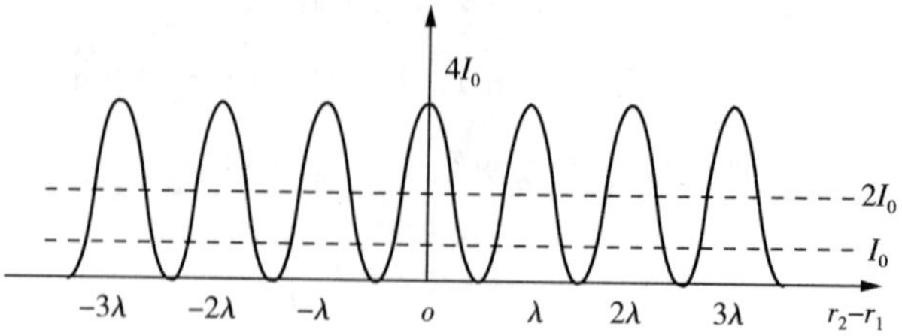

图 16－2　杨氏双缝干涉光强分布

三、洛艾德镜实验

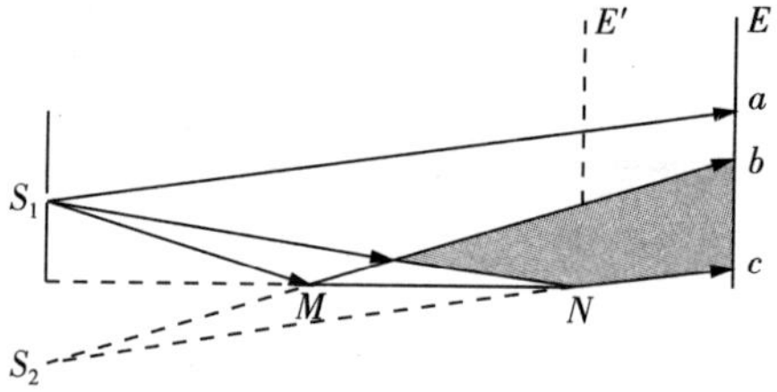

图 16－3　洛艾德镜实验示意图

洛艾德于 1834 年提出了一种更简单的观察干涉现象的装置。洛艾德镜是一块由普通的平板玻璃制成的反射镜，单色缝光源 S_1 与反射镜面 MN 平行，如图 16－3 所示。来自缝光源 S_1 的光波，一部分掠射(即入射角接近90°)到反射镜上，经反射镜表面反射到达屏上，一部分直接射到屏上。它们同样利用分波阵面得到光束，所以是相干光。反射光与直射光在屏幕区(bc)重叠，产生明暗相间的干涉条纹。洛艾德镜实验结果与杨氏双缝干涉相似，但洛艾德镜实验结果揭示了光波由光疏介质入射光密介质，在分界面上反射光具有半波损失的事实。在洛艾德镜实验中，若将屏幕移近到和镜面边缘 N 相接触，即图中 E' 的位置，这时从 S_1 和 S_2 发出的光到达接收屏的路程相等，应该出现亮纹，但实验结果却是暗纹，其他的条纹也有相应的变化。这表明直射到屏上的光波和从平面镜反射来的光波之间有一相位差 π 的突变。由于直射光线在空气中传播时，相位不会发生变化，这种变化只能是光从空气入射平板玻璃发生反射时产生的。这一变化等效于反射光的波程在反射过程中附加了半个波长，因而，这种现象称作**半波损失**。

进一步的实验表明：光从光疏介质射到光密介质界面反射时，在掠射(入射角 $i \approx 90°$)或正入射($i \approx 0°$)的情况下，反射光的相位较之入射光的相位有 π 的突变，这一变化导致了反射光的光程在反射过程中附加了半个波长，即具有半波损失。

§16－3　光程与光程差

一、光程与光程差

通过各光波的相干叠加的讨论，光波在空间叠加区域的加强、减弱分布由光波的相位差决定，所以相位差的计算在分析光波的叠加现象中十分重要，为了方便计算光波经过不同介质所引起的相位差，引入光程和光程差概念，统一采用真空中光波波长来计算光波的相位差。

光在介质中传播时，光波在介质中传播的路程 r 和介质折射率 n 的乘积 nr 称为**光程**，其物理意义是在改变相同相位或者经过相同时间，光在介质中传播的路程折合为光在真空中传播相应的路程。当一束光连续经过几种介质时，其光程等于 $\sum_i n_i r_i$。下面通过简单的例子来说明光程的意义。

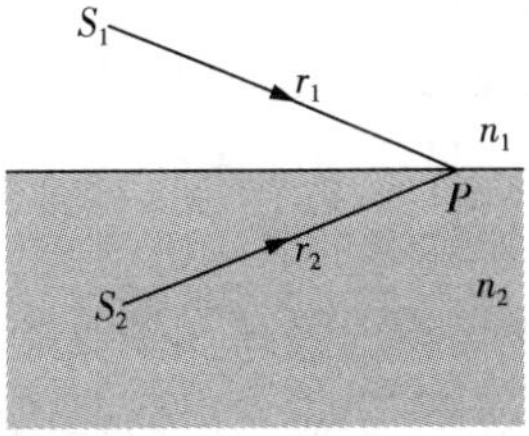

图 16－4　光程差的计算

如图 16－4 所示，S_1 和 S_2 为初相位相同的相干光源，其中光束 S_1P 和 S_2P 分别在折射率为 n_1 和 n_2 的介质中传播，经过路程 r_1 和 r_2 到达空间 P 点相遇，则这两列波在 P 点引起的振动为

$$\begin{cases} E_1 = E_{10}\cos 2\pi\left(\nu t - \dfrac{r_1}{\lambda_1}\right) \\ E_2 = E_{20}\cos 2\pi\left(\nu t - \dfrac{r_2}{\lambda_2}\right) \end{cases} \tag{16-17}$$

两者在 P 点的相位差为

$$\Delta\varphi = \frac{2\pi r_2}{\lambda_2} - \frac{2\pi r_1}{\lambda_1} = \frac{2\pi n_2 r_2}{\lambda_0} - \frac{2\pi n_1 r_1}{\lambda_0}$$

即

$$\Delta\varphi = \frac{2\pi}{\lambda_0}(n_2 r_2 - n_1 r_1) \tag{16-18}$$

其中 λ_0 为光波在真空中的波长，式(16－18)说明，两相干光在空间相遇点的相位差不是取决于它们的几何路程差，而是取决于它们的光程差 $n_2 r_2 - n_1 r_1$，光程差常用 δ 来表示。引入光程差概念后，计算通过不同介质的相干光的相位差可不用介质中的波长，而统一采用真空中的波长 λ_0 进行计算。

当 $n_2 = n_1 = 1$，即两束光在真空中传播时，$\delta = n_2 r_2 - n_1 r_1 = r_2 - r_1$ 即波程差的表达式，所以，波程差是特殊情况下的光程差。

采用光程差概念后，相位差和光程差之间的关系为

$$\Delta\varphi = \frac{2\pi}{\lambda_0}\delta \tag{16-19}$$

二、物像之间等光程性

在观察光的干涉和衍射现象时，通常用薄透镜将平行光汇聚成一点，显然在这

个过程中光的波程差发生了变化,那么其光程差会满足什么样的规律?下面对这个问题进行简单的分析。

几何光学表明,从实物发出的不同光线,经不同路径通过凸透镜,汇聚成一个明亮的像,如图 16-5 所示,从物点 S 发出的光束,经过透镜 L,汇聚于像点 S'。很显然经过透镜中心的光线 $SABS'$ 的几何路程比经过透镜边缘的光线 $SMNS'$ 短。但在透镜中 AB 的长度大于 MN 的长度,由于透镜材料的折射率大于 1,所以折算成光程,其光程是相等的。如果各光线到达像点 S' 时有光程差,则叠加后一般不会成为最明亮的像点,这就是正薄透镜主轴上物点和像点之间的等光程性。通过费马原理也可以导出两者的光程是相等的。这一结论对任何正薄透镜都是适用的,不仅适用于在光轴上的物点和像点,对于不在光轴上的物点和像点,只要经过正薄透镜,物点发出的光也会无相位差地汇聚成明亮的像点。如图 16-6、图 16-7 所示,平行光束经过透镜后,汇聚于焦平面上,互相加强形成一点 F。这是因为垂直于平行光传播的方向的某一波振面上的各点的相位相同,由于正薄透镜物点和像点之间的等光程性,各光束到达焦平面后的相位仍相同,因而振动加强,形成明亮的像点。这说明透镜只能改变光波传播的方向,对物像之间的各线不会引起附加的光程差。

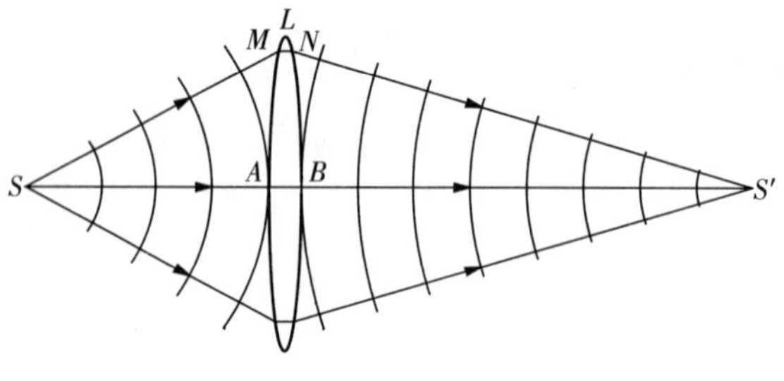

图 16-5 透镜的等光程性

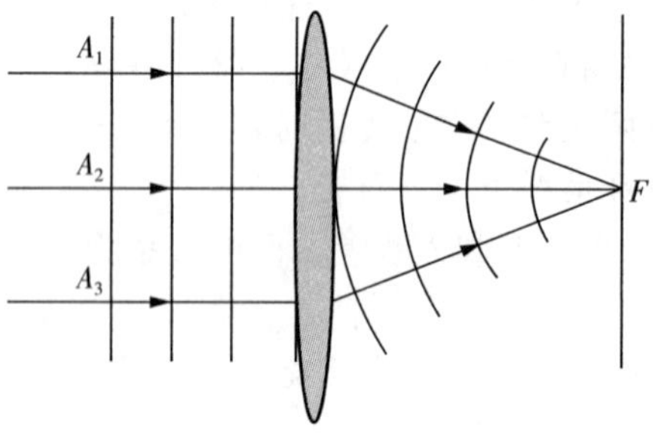

图 16-6 平行于主光轴的光经透镜汇聚时的等光程性

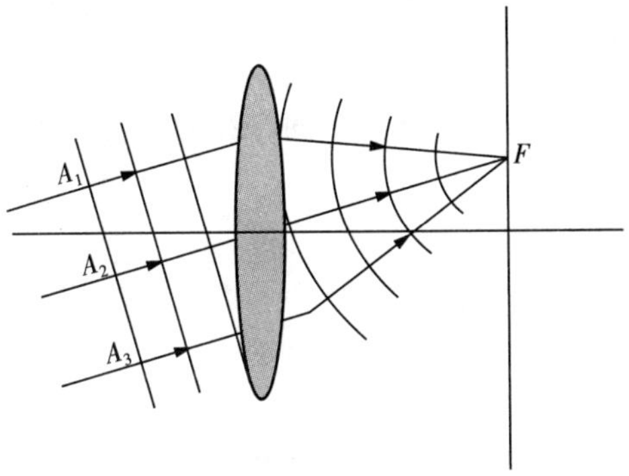

图 16-7　与主光轴成 θ 角的光经透镜汇聚时的等光程性

光波在均匀介质中传播，相位随着传播的光程而变化，但是，在不同介质的界面处，如光从光疏介质入射到光密介质界面发生反射时，反射光具有相位 π 的突变，即有半波损失。利用费涅耳公式，可以很好地解释反射光相位变化问题。由于讨论过程复杂，超出本科教学要求，在这里不做详细介绍，仅对其结果进行一般的叙述。理论和实验表明：如果两束光都是从光疏到光密界面反射或者都从光密到光疏界面反射，两束反射光之间没有附加的相位差，如果一束光从光疏到光密界面反射，而另一束光从光密到光疏界面反射，则两束反射光之间有附加的相位差 π，或者说有附加光程差 $\lambda/2$。对于折射光，任何情况下都不会有相位突变。

例 16-3　如图所示，折射率为 n、厚度为 d 的均匀平面薄膜，其上、下介质的折射率分别为 n_1 和 n_2，且 $n_1 < n < n_2$。若一光线以入射角 i 射到薄膜，在上表面 A 产生反射光 a，而折射入膜内的光在下表面反射层射到 B 点，又折回膜的上方成为光线 b，求光线 a，b 的光程差。

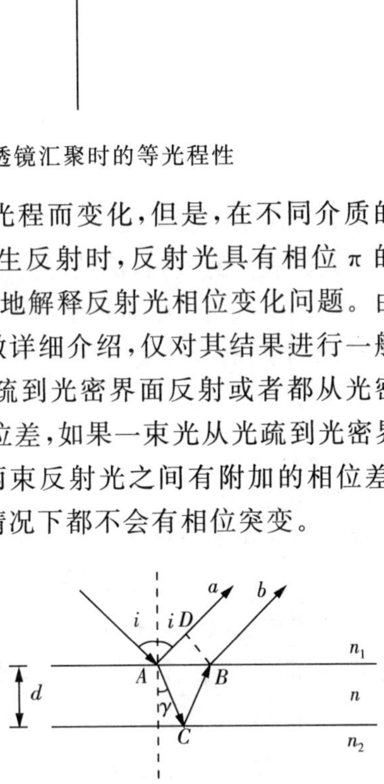

例 16-3 图

解：从反射点 B 作光线 a 的垂线 BD，BD 上各点处在垂直于平行光的一个波阵面上，所以相位相同。于是 a，b 两光线之间的光程差为

$$\delta = n(AC + BC) - n_1 AD$$

由图可知

$$AC = BC = \frac{d}{\cos\gamma}, AD = AB\sin i = 2d\tan\gamma\sin i$$

再由折射定律 $n_1\sin i = n\sin\gamma$，代入上式得

$$\delta=\frac{2nd}{\cos\gamma}(1-\sin^2\gamma)=2nd\cos\gamma=2d\sqrt{n^2-n_1^2\sin^2 i}$$

由于 $n_1<n<n_2$，所以 a,b 两光线之间存在附加光程差 $\delta_2=\lambda/2$，a,b 两光线之间的总光程差为

$$\delta=\delta_1+\delta_2=2d\sqrt{n^2-n_1^2\sin^2 i}+\frac{\lambda}{2}$$

§16-4 薄膜干涉

阳光下昆虫翅膀呈现的五彩缤纷，肥皂泡的彩色花纹，以及近代光学仪器中透镜等元器件表面的镀膜，都是对光波经过薄膜两表面反射后相干叠加所形成的干涉现象的利用。我们把这种干涉叫作**薄膜干涉**。一般薄膜干涉的详细分析过程十分复杂，本节仅对比较简单的厚度均匀的薄膜形成的等倾干涉和厚度不均匀薄膜表面的等厚干涉进行分析。

一、等倾干涉

设表面互相平行的平面透明介质薄膜，其折射率为 n_2，放入另一折射率为 n_1 的透明介质中，平行光入射薄膜表面，光束将发生反射和折射，其中折射光线在薄膜下表面又发生反射和折射，如图 16-8(a) 所示，平行光 a,b 到达薄膜上表面后分为两束，一部分是反射光束 a_1,b_1；另一部分是薄膜内部的折射光束，到达薄膜下表面后又进行反射和折射，其中折射光束 c_1,d_1 将射出薄膜，反射光束再次到达薄膜上表面，又被分为折射光束 a_2 和 b_2，在膜内的反射光束继续进行着反射和折射，但根据折射定律和反射定律可知，出射薄膜上表面的光束相互平行，同样出射薄膜下表面的光束也相互平行。由于这些出射光束都是从同一列光中分得，所以这些平行光束相干，经透镜汇聚后将产生干涉条纹，下面对相干光干涉条纹进行分析。

如图 16-8(b) 所示，设光线 a 的入射角为 i_1，反射角为 i_1'，在薄膜中的折射角为 i_2，作 CC' 垂直于 a_1 与 C' 点，根据透镜的等光程性，CC' 上任意点到达像点的光程均相等，所以 a_1 与 a_2 光束的光程差为

$$\delta=n_2(AB+BC)-n_1AC' \tag{16-20}$$

由薄膜厚度为 d_0 可知，$AB=BC=d_0/\cos i_2$，$AC'=AC\sin i_1'$，以及折射定律 $n_1\sin i_1=n_2\sin i_2$ 代入式(16-20)得

$$\delta = 2n_2 d_0/\cos i_2 - 2n_1 d_0 \sin i_1' \sin i_2/\cos i_2$$

$$= \frac{2d_0}{\cos i_2}(n_2 - n_1 \sin i_1' \sin i_2) = \frac{2d_0}{\cos i_2}(n_2 - n_2 \sin^2 i_2) = 2d_0 n_2 \cos i_2$$

$$= 2d_0 n_2 \sqrt{1-\sin^2 i_2} = 2d_0\sqrt{n_2^2 - n_2^2 \sin^2 i_2} = 2d_0\sqrt{n_2^2 - n_1^2 \sin^2 i_1} \tag{16-21}$$

并且这两列光存在额外的光程差 $\pm\frac{\lambda}{2}$(半波损失)，则有

$$\delta' = 2d_0\sqrt{n_2^2 - n_1^2 \sin^2 i_1} \pm \lambda/2 \tag{16-22}$$

通过式(16－22)可以看出，对于厚度一定的薄膜，光程差由入射角决定，因此具有相同入射角的光束，经过薄膜的上、下表面反射后将具有相同的光程差，对应于干涉图像中同一级条纹，这种干涉称为**等倾干涉**。

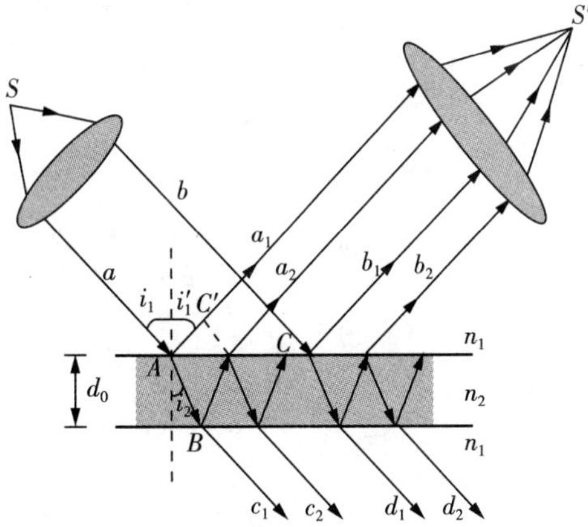

(a) 光路图

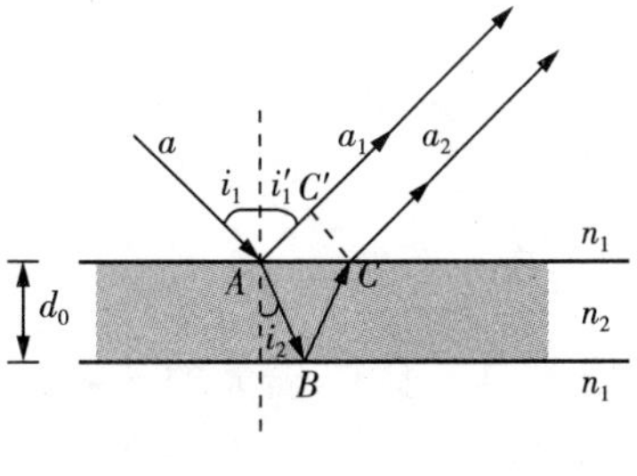

(b) 光程差

图 16－8　光程差的计算

等倾干涉相长的条件是

$$2d_0\sqrt{n_2^2 - n_1^2 \sin^2 i_1} + \lambda/2 = k\lambda, k=1,2,3\cdots \tag{16-23}$$

等倾干涉相消的条件是

$$2d_0\sqrt{n_2^2 - n_1^2 \sin^2 i_1} + \lambda/2 = (2k+1)\frac{\lambda}{2}, k=1,2,3\cdots \tag{16-24}$$

观察等倾干涉条纹的装置，如图 16－9 所示，从扩展光源 S 发出的光束，入射到半透半反平面镜 M 上，被平面镜 M 反射到达平行平面介质薄膜，经薄膜的上下面

反射后，透过平面镜 M，经透镜 L 汇聚于焦平面屏上。从 S 光源发射的光束，以相同入射角入射介质薄膜的光一定在同一锥面上，它们的反射光在屏上的轨迹是一圆周，所以，整个干涉图像是由一系列的同心圆环组成。根据等倾干涉相长相消条件可以看出，愈靠近中心点条纹所对应的入射角 i_1 愈小，对应的光程差愈大，干涉级次也愈高，越往外的圆环入射角愈大，干涉级次愈低。此外，相邻的明纹或相邻暗纹的距离也不相同，离干涉图样中心近的地方条纹稀疏，离干涉图样中心远的地方条纹密集，如图 16 - 10 所示。

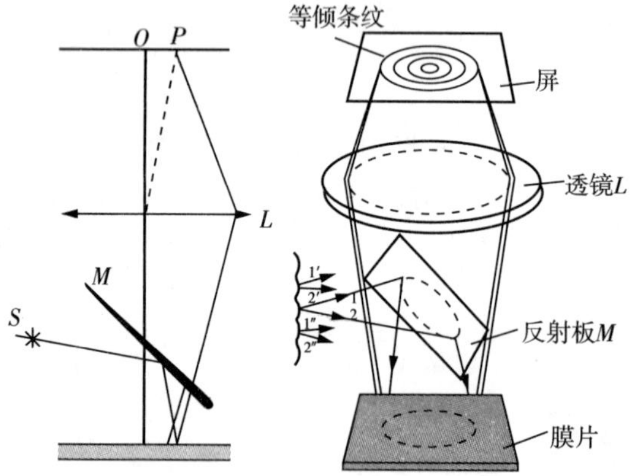

图 16 - 9　观察薄膜干涉等倾条纹的实验

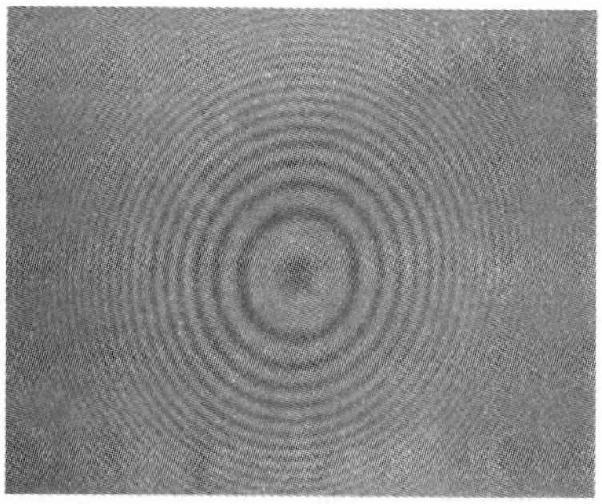

图 16 - 10　等倾干涉图样

二、等厚干涉

在薄膜干涉中，若光的入射角不变，而薄膜的厚度发生变化时，相同厚度的薄膜具有相同的光程差，干涉级数也相同，即在同一级干涉条纹上，所以这种干涉称为**等厚干涉**。

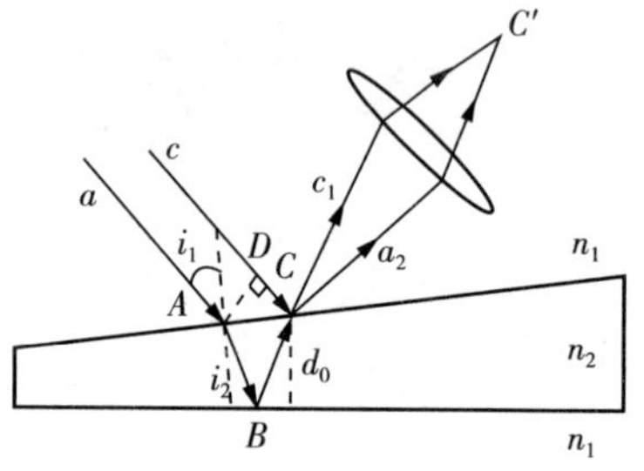

图 16 - 11　等厚干涉

如图 16 - 11 所示，平行光束入射薄膜，取其中两光束 a，c 为例，经薄膜反射后，再经透镜汇聚于一点 C'，由于透镜不会引起附加的光程差，从 C 点到达 C' 的任何光线之间都没有光程差，所以光束 a 与 c 的光程差为

$$\delta = n_2(AB + BC) - n_1 CD \tag{16-25}$$

根据界面反射的半波损失理论可知，光束 a 经由薄膜折射反射到达 C 点与光束 c 直接到达 C 点之间存在半波损失，则有

$$\delta' = n_2(AB + BC) - n_1 CD - \lambda/2 \tag{16-26}$$

若薄膜的厚度很小，并且薄膜两表面形成的夹角很小时，上述光程差可以由式(16-22)近似代替，根据干涉相长条件，亮条纹应满足以下条件：

$$2d_0\sqrt{n_2^2 - n_1^2\sin^2 i_1} + \lambda/2 = k\lambda, k = 1,2,3,\cdots \tag{16-27}$$

根据干涉相消条件，暗条纹应满足以下条件：

$$2d_0\sqrt{n_2^2 - n_1^2\sin^2 i_1} + \lambda/2 = (2k+1)\frac{\lambda}{2}, k = 1,2,3,\cdots \tag{16-28}$$

由于入射角相等，同一级亮纹(暗纹)出现的地方的薄膜的厚度相同，所以这种干涉称为等厚干涉。

三、薄膜干涉的应用

在光学仪器中，为了满足光路需求或者矫正像差，往往采用多透镜镜头，即光束在传播过程中，存在很多反射界面，如果每个界面因反射导致光能损失5%，多个界面反射将导致光能损失严重，例如高级相机镜头一般由6个以上透镜组成，反射损失的光能达到入射光能的一半。此外，这些反射光在仪器中还会形成有害的杂散光，影响光学系统的成像质量。近代光学仪器都采用镀膜的方式，减少光的反射，增加光的透射，从而提高光学系统的性能，这层膜称为**增透膜**。

增透膜的原理是薄膜干涉，最简单的单模结构如图16-12所示，上方介质一般是空气(折射率为n_1)，下方介质一般是玻璃(折射率为n_2)，中间镀膜层其折射率为n，厚度为d，当光线垂直入射时，薄膜上下表面反射光的光程差为$2nd$，由于在薄膜上下界面的反射光均为光疏介质进入光密介质，所以都有π相位突变，没有附加的光程差，根据干涉相消条件可得薄膜的厚度与波长之间的关系为

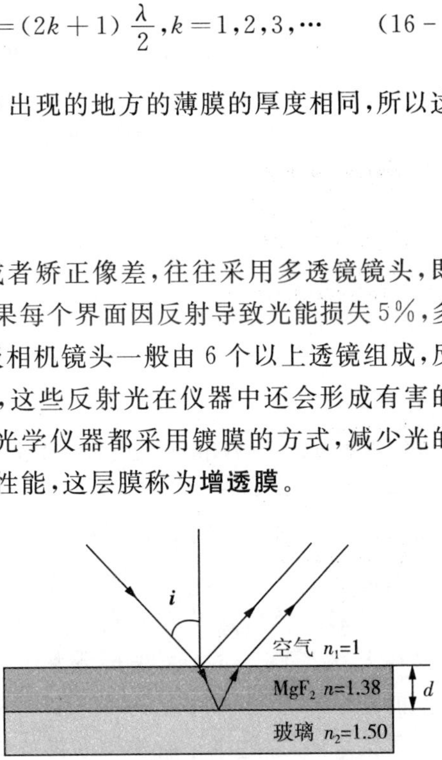

图16-12　增透膜

$$2nd = (2k+1)\frac{\lambda}{2}, k = 0,1,2,\cdots \tag{16-29}$$

当薄膜的厚度满足式(16-29)时，反射光干涉相消，反射光减弱，透射光被加强。膜的最小厚度满足($k=0$)

$$nd=\frac{\lambda}{4} \tag{16-30}$$

在镀膜工艺中,把 nd 称为薄膜的光学厚度,光学厚度为 $\lambda/4$ 的任何薄膜都称为四分之一波长薄膜。在薄膜光学中通常通过多层四分之一波长薄膜层组成各种波堆,满足系统的需求。通常人眼对波长为 550 nm 的黄绿光比较敏感,所以一般的照相机以及目视光学仪器也是对该波长进行消反射。而其他波段的光将不能很好地满足干涉相消条件,这样的增透膜的反射光中,黄绿光强较弱,其呈现出于黄绿的互补色蓝紫色。

在实际应用中,有时有相反的需求,即尽量降低透射率,提高反射率,如激光器中的共振腔,就需要对波长为 632.8 nm 的单色光的反射率达到 99% 以上。这样可通过图 16-12 所示装置来实现,当满足 $n_1<n$,$n_2<n$,薄膜的上下表面反射光之间存在附加的光程差,根据干涉相长条件可得薄膜的厚度与波长之间的关系为:

$$2nd+\frac{\lambda}{2}=k\lambda,k=1,2,3,\cdots \tag{16-31}$$

当薄膜的厚度满足式(16-31)时,反射光干涉相长,反射光被加强,透射光被减弱,这种膜称为**增反膜**。但实际使用过程中,单层膜不能将反射率提高太多,实际应用中采取多层镀膜。如图 16-13 所示,交替镀有四分之一波长的硫化锌膜(ZnS,折射率 $n=2.40$)和氟化镁膜(MgF_2,折射率 $n=1.38$),这样可以使得反射率高达 99% 以上。

本章开始提到的 Morpho 蝴蝶的翅膀在阳光的照射下呈现出闪亮耀眼的蓝色光芒,被称为"彩虹色",这是因为光照射到翅膀的鳞片上发生了干涉。这些光是由蝴蝶翅膀上的角质的透明材料构成的许多细小阶梯反射出来的,这些细小阶梯排列得像垂直于翅膀面伸展的树样结构的宽而平展的枝。当白光垂直照射翅膀时,这些阶梯反射的光在可见光谱中的蓝绿光区域形成干涉极大,而在光谱另一端的红色和黄色区域中的光则较弱,这样蝴蝶翅膀上表面就呈现蓝绿色。

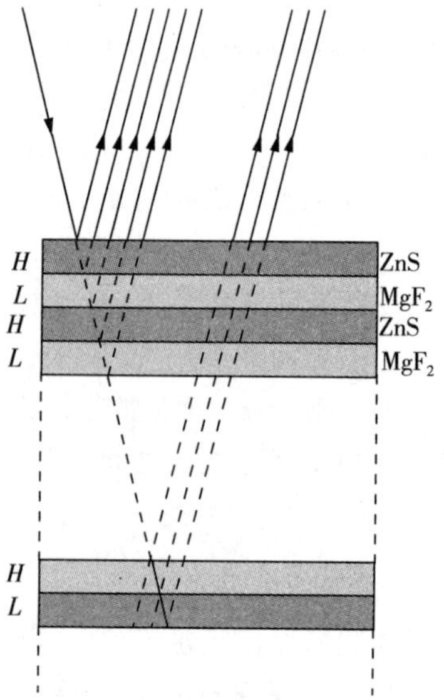

图 16-13　多层高反射膜

如果从其他方向观察从翅膀上反射的光,这些光斜向透过这些小阶梯,因此产生干涉极大的光的波长将与垂直反射产生的干涉极大的光有所不同，于是，当翅膀在你视场中摆动时，你观察它的角度是不停地变化的，翅膀上最亮的彩色也将有些变化，这就产生了翅膀的“彩虹色”效果。

§16-5　劈尖干涉　牛顿环

一、劈尖干涉

劈尖干涉是一种等厚干涉，在实际生产测量中有着重要的应用，如测量微小角度、测量细丝的直径以及检测器件表面的质量等。

图 16-14 为劈尖干涉的实验装置，图中 W 是两块平面玻璃片，一端互相叠合，另一端夹一厚度为 h 的薄纸片，这时在两玻璃片之间形成的空气薄膜称为**空气劈尖**。两玻璃片的交线称为棱边，在平行于棱边的线上，劈尖的厚度是相等的。

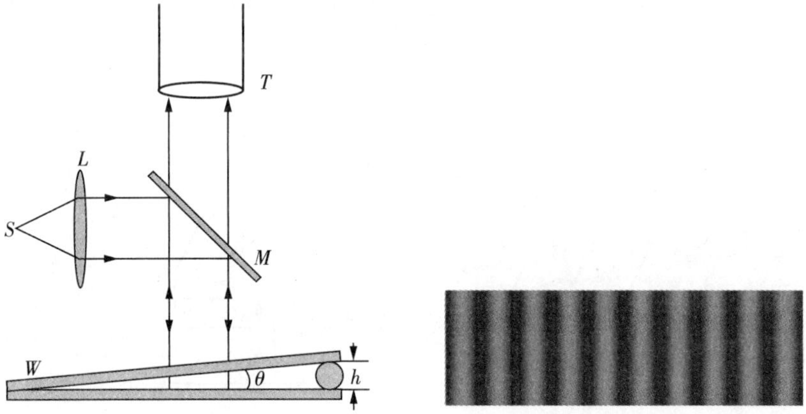

（a）劈尖干涉实验装置　　（b）劈尖干涉条纹形状

图 16-14　平行光垂直入射的劈尖干涉

从单色光源 S 发出的光经过透镜 L 后成为平行光束，平行光到达玻璃片 M 反射后垂直入射到空气劈尖 W，由劈尖上、下表面反射的光束将形成相干光，叠加后形成干涉条纹，可以通过显微镜进行观察和测量。

当平行单色光垂直($i=0°$)入射到空气劈尖时，设劈尖上一点 P 处的厚度为 d，则在 P 点处由空气劈尖的上下两表面反射的两光线之间的光程差为

$$\delta = 2d + \frac{\lambda}{2} \tag{16-32}$$

式中 $\lambda/2$ 是由于从空气劈尖的上表面(即玻璃—空气分界面)和从空气劈尖的下表

面(即空气一玻璃分界面)反射的情况不同,而存在的附加半波长光程差。因此根据干涉相长相消条件可知

$$\delta = 2d + \frac{\lambda}{2} = k\lambda, k = 1,2,3\cdots \quad 明纹$$

$$\delta = 2d + \frac{\lambda}{2} = (2k+1)\frac{\lambda}{2}, k = 0,1,2\cdots \quad 暗纹 \tag{16-33}$$

由于平行于劈尖棱边的直线具有相同的厚度值,所以干涉条纹为平行于劈尖棱边的直线条纹,这些干涉条纹称为等厚干涉条纹。干涉条纹分布如图 16-14(b)所示。需要指出的是,在两块玻璃接触处,$d=0$,若不存在半波损失,该点应该是明条纹,而实验结果是暗条纹,这也间接证实了“相位突变”的存在。

如图 16-15 所示,劈尖干涉条纹是等间距的,设任意两个相邻的明纹或暗纹之间的距离为 l,则 l 满足以下公式

$$l\sin\theta = d_{k+1} - d_k = \frac{1}{2}(k+1)\lambda - \frac{1}{2}k\lambda = \frac{\lambda}{2} \tag{16-34}$$

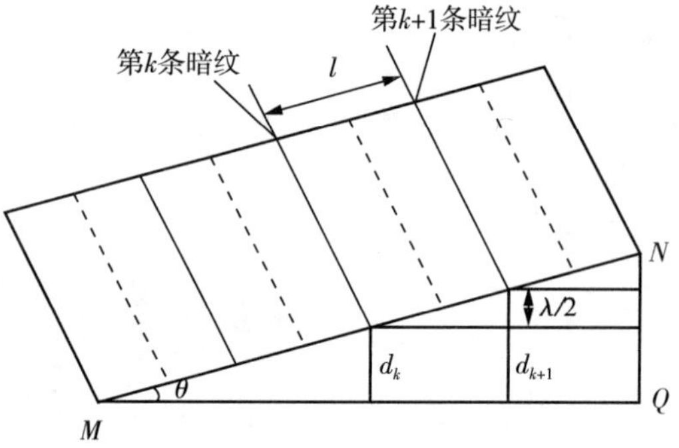

图 16-15　劈尖干涉条纹图

其中 θ 为劈尖的夹角。由式(16-34)可知,劈尖夹角 θ 愈小,干涉条纹愈稀疏,劈尖夹角 θ 愈大,干涉条纹愈密。若劈尖的夹角 θ 相当大,干涉条纹将密得无法分开,因此,干涉条纹只能在很尖的劈尖上看到;若劈尖的夹角 θ 为零时,干涉条纹之间的距离将趋于无穷大,所以观测不到干涉条纹。

根据式(16-34)可知,如果已知劈尖的夹角,测出干涉条纹的间距 l,就可以测出单色光的波长;反之,如果单色光的波长是已知的,则可以计算出劈尖的微小角度。在工程技术上常采用这个原理来测定细丝的直径或薄片的厚度。例如,为了测量金属丝的直径,可以将金属丝夹在两块光学平面玻璃片之间,这样形成空气劈尖。用波长已知的单色光垂直地照射,即可由等厚干涉条纹测出细丝的直径,

如图 16－16 所示。制造半导体元件时，常常需要精确地测量硅片上的二氧化硅（SiO_2）薄膜的厚度，这时可用化学方法把二氧化硅薄膜的一部分腐蚀掉，使它成为劈尖形状，用已知波长的单色光垂直地照射二氧化硅的劈尖，在显微镜里数出干涉条纹的数目，就可求出二氧化硅薄膜的厚度。

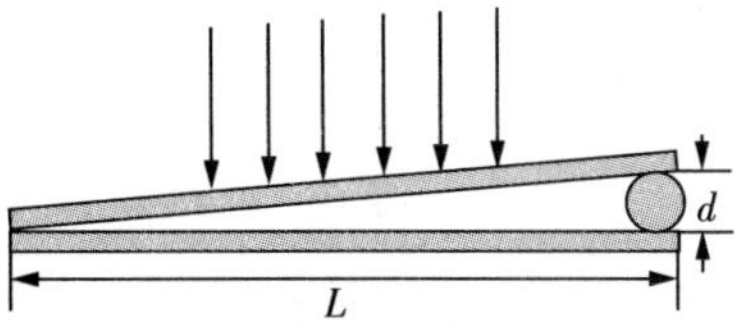

图 16－16　利用等厚干涉条纹测量细金属丝的直径

例 16－4　为了测量金属细丝的直径，把金属丝夹在两块平玻璃之间，使空气层形成劈尖（见图 16－16）。如用单色光垂直照射，就得到等厚干涉条纹，测出干涉条纹间的距离，就可以算出金属丝的直径。某次的测量结果为：单色光的波长 $A=589.3\ \text{nm}$，金属丝与劈尖顶点间的距离 $L=28.880\ \text{mm}$，30 条明纹间的距离为 $4.295\ \text{mm}$，求金属丝的直径 D。

解：相邻两条明纹之间的距离 $l=\dfrac{4.295}{29}\ \text{mm}$，其间空气层的厚度相差$\dfrac{\lambda}{2}$，于是

$$l\sin\theta=\frac{\lambda}{2}\text{，即 }\sin\theta=\frac{\lambda}{2l}$$

式中 θ 为劈尖的夹角，因为 θ 角很小，所以

$$\sin\theta\approx\frac{D}{L}$$

$$D=\frac{L}{l}\ \frac{\lambda}{2}$$

代入数据，求得金属丝的直径为

$$D=\frac{28.880\times10^{-3}}{\frac{4.295}{29}\times10^{-3}}\times\frac{1}{2}\times589.3\times10^{-9}=0.05746(\text{mm})$$

在制造光学元件时，常常需要获得十分精确的平面，所以对元件表面平整度的检测十分重要。通常检测光学元件表面平整度的方法很多，常见的劈尖干涉进行样板检验就是其中一种。如图 16－17(a) 所示，AB 为标准平板，其上下表面均为理想平面；CD 是待测平板，其上表面是待测平面。在待测平板和标准平板的一端放一张薄纸或者细丝，使之构成一个空气劈尖。用光线垂直照射劈尖就会看到相应的干涉条纹，如果待测平板是一个理想的平面，此时的干涉条纹为一系列明暗相间相互平行的直条纹，如图 16－17(b) 所示。若待测平板的表面凹凸不平，此时观察到的干涉条纹会出现弯曲或者畸变，如图 16－17(c) 所示。因为相邻两条明纹之间

的空气层厚度相差 $\lambda/2$，所以这种方法很精密，能检查出约 $\lambda/4$ 凹凸缺陷，即精密度可达 0.1 μm 左右。

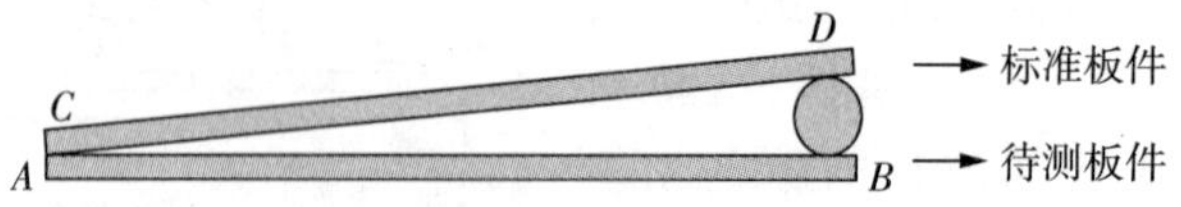

(a) 光学平面检测装置示意图

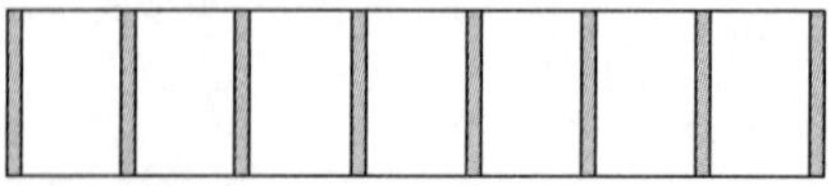
(b) 待测平面为理想平面时的干涉条纹示意图

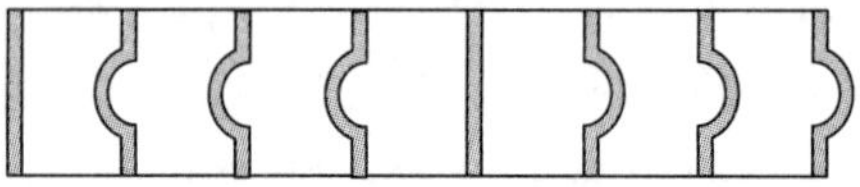
(c) 待测平面凹凸不平时的干涉条纹示意图

图 16-17　检查表面平整度

二、牛顿环

光学系统中，对光学透镜的曲率参数通常采用牛顿环装置进行测量。如图 16-18 所示，在一平面玻璃板上放置一曲率半径为 R 的凸透镜，两者之间形成一层厚度不均匀的空气薄膜，垂直入射的光线分别由空气膜上下两个表面反射，形成干涉条纹。设凸透镜与平面玻璃的接触点为 O 点，则以 O 点为中心的圆周上的点的空气薄膜的厚度都相等，所以等厚干涉形成的条纹是一系列以 O 为中心的同心圆环，因牛顿首先发现并加以研究，故称为**牛顿环**。如图 16-19 所示。

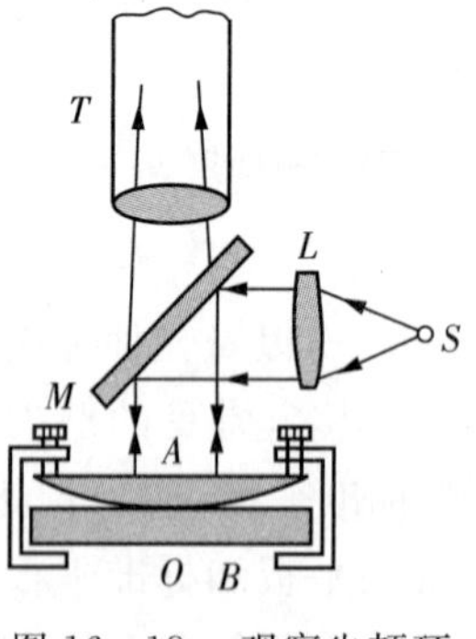

图 16-18　观察牛顿环的仪器简图

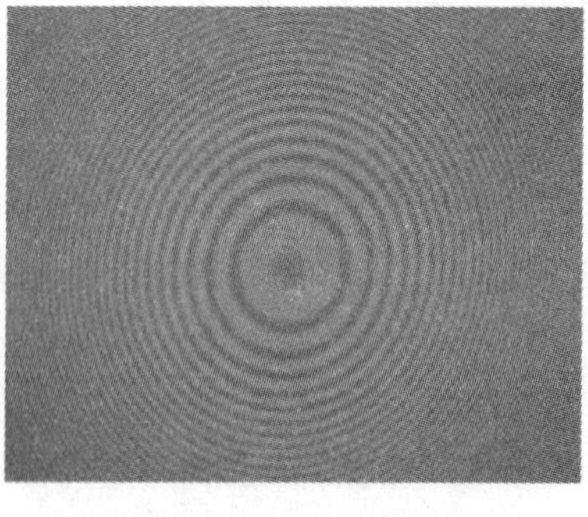
图 16-19　牛顿环

设光线垂直入射，入射角 $i=0$，空气折射率 $n=1$，对于反射光在空气薄膜上表面的干涉，因一列光在玻璃与空气界面(凸透镜下表面) 反射，存在半波损失，另一

列光在空气玻璃界面(平板玻璃上表面)反射,不存在半波损失,所以产生明暗干涉条纹条件如下:

$$2d+\frac{\lambda}{2}=\begin{cases}\pm k\lambda, & k=1,2,3,\cdots \quad 明纹\\ \pm(2k+1)\dfrac{\lambda}{2}, & k=0,1,2,\cdots \quad 暗纹\end{cases} \tag{16-35}$$

此外,根据图 16-20 所示的几何关系,有

$$r^2=R^2-(R-d)^2=2Rd-d^2 \tag{16-36}$$

一般情况下 $R\gg d$,凸透镜的半径 R 为米量级,而 d 仅有几分之一毫米,所以式(16-36)可近似表达为

$$d=\frac{r^2}{2R} \tag{16-37}$$

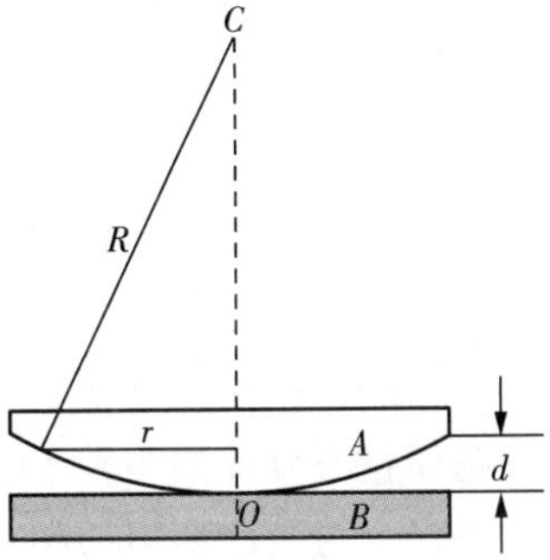

图 16-20　牛顿环的半径计算示意图

代入明暗干涉条纹条件中,可得

$$\begin{cases}r_k=\sqrt{(k-\dfrac{1}{2})R\lambda}, & k=1,2,3,\cdots \quad 明纹\\ r_k=\sqrt{kR\lambda}, & k=0,1,2,\cdots \quad 暗纹\end{cases} \tag{16-38}$$

由此可见测量第 k 级明纹或暗纹的半径就可以计算出凸透镜的曲率半径。一般情况下,由于灰尘或其他因素的存在,中心 O 点处两表面并非严格接触,为了消除这些因素带来的误差,通常是测量出 k 级条纹的半径 r_k,再测出由它向外数第 m 级条纹的半径 r_{k+m},据此算出凸透镜的曲率半径:

$$R=\frac{r_{k+m}^2-r_k^2}{m\lambda} \tag{16-39}$$

式(16-39)表明,可以通过牛顿环测量透镜的曲率半径。在光学加工工厂中,经常利用牛顿环快速检测透镜表面的曲率是否合格,即采用牛顿环装置,若某处的光圈偏离圆形,则表明工件在该处具有不规则起伏。

例 16-5　在牛顿环实验中,用紫色光照射,测得某 k 级暗环的半径 $r_k=4.0\times10^{-3}$ m,$r_{k+5}=6.0\times10^{-3}$ m,已知平凸透镜的曲率半径 $R=10$ m,空气的折射率为 1,求紫光的波长和暗环的级数 k。

解:根据牛顿环暗环公式有

$$r_k = \sqrt{kR\lambda}$$

将已知条件代入得

$$r_k = \sqrt{kR\lambda} = 4.0 \times 10^{-3}\,(\mathrm{m}),\ r_{k+5} = \sqrt{(k+5)R\lambda} = 6.0 \times 10^{-3}\,(\mathrm{m})$$

由上式可得

$$\lambda = 4.0 \times 10^{-7}\,(\mathrm{m}),\ k = 4$$

* §16－6　迈克尔逊干涉仪

迈克尔逊干涉仪是 1881 年迈克尔逊(A. A. Michelson,1852—1931)为了研究光速问题而精心设计的一种干涉仪,是典型的振幅分割法干涉仪。这个仪器在物理学发展史上为爱因斯坦的相对论的产生提供了实验基础,是很多近代干涉仪的原型,在科学生产中有着广泛的应用。

迈克尔逊干涉仪的结构和光路如图 16－21 所示。M_1,M_2 是两片精密磨光的平面反射镜,G_1 和 G_2 是厚薄和折射率均相同的玻璃板,G_1 的背面镀有一层半透明薄银膜,使光源入射的光反射和透射的强度基本相等,G_1 和 G_2 这两块平行玻璃板与 M_1 和 M_2 倾斜为45°角。反射光射到 M_1 经 M_1 反射后再穿过 G_1 向 E 传播;透射光射到 M_2 经 M_2 反射后再经过 G_1 的半镀银面反射到 E,显然,两束光是相干光,在 E 处可以看到干涉条纹。其中玻璃板 G_2 起到补偿光程的作用,有了玻璃板 G_2,两条支路的光通过玻璃板的次数均为三次,从而保证了两条支路经过玻璃板的光程相等,因此玻璃板 G_2 叫作补偿板。

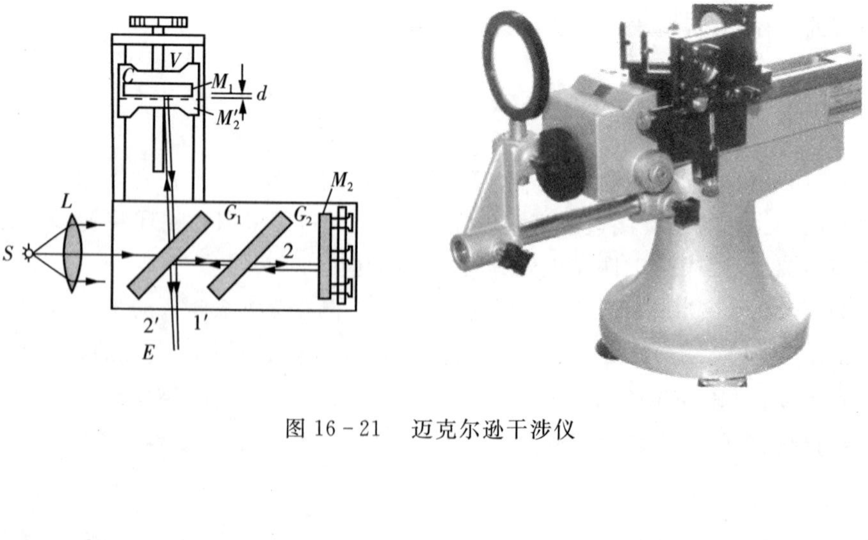

图 16－21　迈克尔逊干涉仪

根据迈克尔逊干涉仪结构可以看出，其中光的干涉就是光路分开的薄膜干涉。平面镜 M_2 对于 G_1 的半镀银层的虚像为 M'_2，所以来自 M_2 的反射线可以看作是从 M'_2 处反射的。如果 M_1 和 M_2 严格相互垂直，那么 M'_2 与 M_1 严格相互平行，因此在 E 处相互叠加的两束相干光的光程差可以看成是空气薄膜 M_1，M'_2 上下表面反射而来的，结果在 E 处形成等倾干涉，条纹为同心圆环如图 16－22(a) ～ (e) 所示；当 M_1 和 M_2 并不严格相互垂直，M_1 与 M'_2 有一定的夹角形成一空气劈尖，在 E 处形成等厚干涉，条纹如图 16－22(f) ～ (j) 所示，与各干涉条纹相对应的 M_1 和 M'_2 的位置如图 16－22 所示。

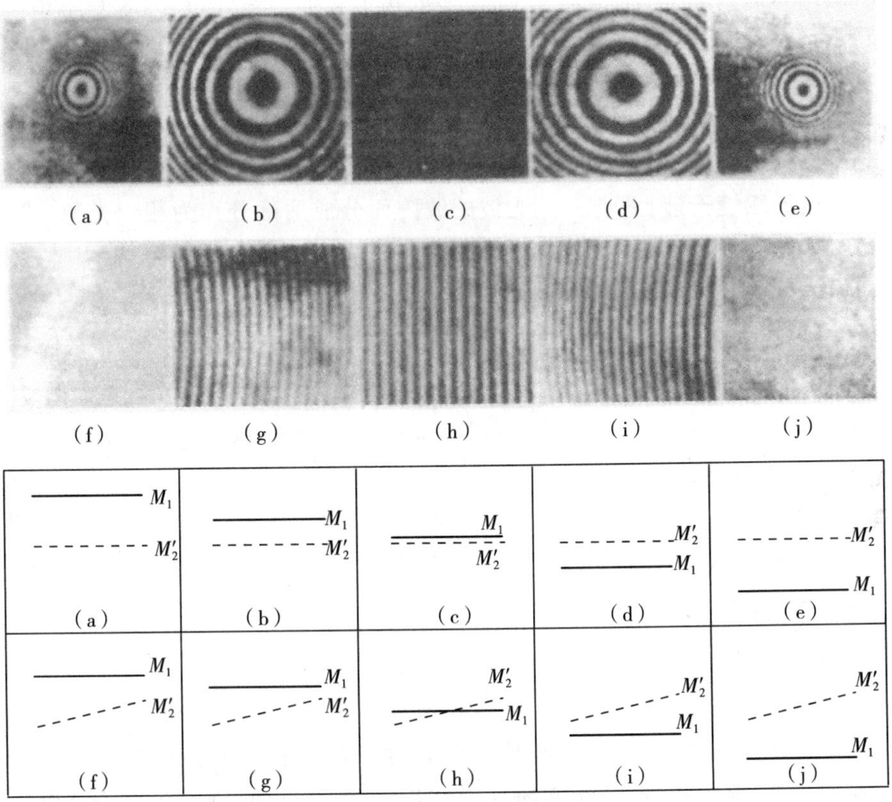

图 16－22　迈克尔逊干涉仪中观察到的几种典型的条纹

迈克尔逊干涉仪既可以用来观测各种干涉现象，也可以对相对长度以及谱线的波长进行测量，1892 年，迈克尔逊用自己的干涉仪以镉灯红色的波长为基准，表示标准尺“米”的长度，使得长度基准由原来的米原器实物基准改为光波波长这种自然基准，是计量工作的一大进步；同时，迈克尔逊干涉仪将相干光的两光路分开，因此可以在一支路中插入其他装置进行研究，是很多现代干涉仪的原型。

本章小结

1. 光源 光波的叠加

发射光波的物体称为光源。光是由物质的原子(或分子)的辐射引起的。常见的原子、分子发光物理过程主要有热辐射、荧光辐射。

光波的相干叠加。两列波叠加形成重叠区域内强度的重新分布,形成稳定的周期性分布,这种叠加称为相干叠加。形成相干叠加的条件:**两列波频率相同,两列波具有恒定的相位差,两列波振动方向相同。**

2. 获得相干光的方法 杨氏双缝干涉

相干光的获得。普通光源发光时,其中各原子或分子各自独立地发出振动方向、频率以及初相各不相同的波,这些光是非相干光。通常的相干光可采用**分波阵面法(如杨氏双缝干涉)**即把一列光波的波阵面分成两部分作为相干光源,或者**分振幅法(如薄膜干涉)**即把光振动振幅分解为两部分以获得相干光。

杨氏双缝干涉实验:用分波阵面法产生两个相干光源。

明纹位置中心位置

$$x_k=\pm k\cdot\frac{D}{d}\lambda,k=0,1,2,\cdots$$

暗纹位置中心位置

$$x_k=\pm(2k+1)\cdot\frac{D}{d}\frac{\lambda}{2},k=0,1,2,\cdots$$

干涉条纹间距

$$\Delta x=\frac{D}{d}\lambda$$

干涉条纹的特点:以单色光垂直入射时,杨氏双缝干涉条纹是以中央明纹为**中心的对称分布、等间距、明暗相间的平行直条纹,条纹越向外侧,条纹的级次越高;**当白光入射时,中央明纹为白色,其余各级明纹构成彩色条纹。

3. 光程与光程差

光程是光波在介质中传播的路程 r 和介质折射率 n 的乘积 nr。物理意义是在改变相同相位或者经过相同时间,光在介质中传播的路程折合为光在真空中相应传播的路程。

当一束光连续经过几种介质时,其光程等于 $\sum_i n_i r_i$,光程差为 $\delta=n_2r_2-n_1r_1$,

相位差和光程差的关系为 $\Delta\varphi=2\pi\delta/\lambda$。

物像之间等光程性:薄透镜物点和像点之间的光线是等光程的,透镜在光的传播过程中只改变光波传播的方向,对物像之间的各光线不会引起附加的光程差。

半波损失:光从光疏媒质入射到光密媒质界面时,其反射光有量值为 π 的相位突变,即在反射过程中损失了半个波长,这种现象称半波损失。

4. 薄膜干涉

薄膜干涉:入射光波经过薄膜两表面反射后相干叠加所形成的干涉现象。通常分为等倾干涉和等厚干涉。当平行光束照射在一均匀平行平面透明薄膜上时,入射倾角相同的光线对应同一条干涉条纹,称为等倾干涉。

产生明纹的条件

$$2d_0\sqrt{n_2^2-n_1^2\sin^2 i_1}+\lambda/2=k\lambda,k=1,2,3,\cdots$$

产生暗纹的条件

$$2d_0\sqrt{n_2^2-n_1^2\sin^2 i_1}+\lambda/2=(2k+1)\frac{\lambda}{2},k=1,2,3,\cdots$$

条纹特点:干涉条纹为一系列明暗相间的同心圆环,圆环的分布情况是里疏外密,不同圆环为不同级次的干涉条纹,圆环的级次分布是里高外低,当白光入射时,等倾干涉条纹为彩色圆环。

5. 劈尖干涉　牛顿环

劈尖干涉:当光束垂直照射在一个劈尖上时,劈尖中同一厚度对应同一级干涉条纹,这种干涉现象称为等厚干涉。

明条纹对应的劈尖厚度

$$2nd+\frac{\lambda}{2}=k\lambda,k=1,2,3,\cdots$$

暗条纹对应的劈尖厚度

$$2nd+\frac{\lambda}{2}=(2k+1)\frac{\lambda}{2},k=0,1,2,\cdots$$

明(暗)条纹间距

$$\Delta l=\frac{\lambda}{2n\sin\theta}\approx\frac{\lambda}{2n\theta}$$

条纹特点:干涉条纹是一系列平行于劈尖棱边的明暗相间的等距的平行直条纹,当复色光入射时,干涉条纹为彩色条纹。

牛顿环:由平凸透镜与平板玻璃之间形成的空气劈尖。平凸镜下表面和平板玻璃上表面反射的两束光干涉,产生明暗相间的干涉条纹。

反射光产生的明环半径

$$r_k=\sqrt{(k-1/2)R\lambda},k=0,1,2,\cdots$$

反射光产生的明环半径

$$r_k=\sqrt{kR\lambda},k=0,1,2,\cdots$$

条纹特点:牛顿环的空气薄膜厚度相同处光程差相同,干涉条纹是等厚条纹,为一系列同心圆,反射光的牛顿环整体图样分布是里疏外密,干涉圆环对应的级次变化为里低外高;当复色光入射时,反射光会产生彩色的干涉圆环。

6. 迈克尔逊干涉仪

利用分振幅法使两个相互垂直的平面镜形成一等效的空气薄膜,产生干涉条纹,若两平面镜严格垂直,则为等倾条纹;若两平面镜不严格垂直,则为等厚条纹。

思 考 题

16-1 常见光源的发光机理是什么?为什么两个常见光源或同一光源的不同部分发出的光是不相干的?

16-2 若将杨氏双缝干涉实验装置由空气移到水中,问屏上干涉图样有何变化?

16-3 在杨氏双缝实验中,若减小双缝间隔或将屏移向双缝,屏上的干涉条纹将如何变化?

16-4 为什么引入光程的概念?光程差与相位差的关系是什么?

16-5 一束单色光在空气中和在水中传播,在相同的时间内,传播的路程是否相等?光程是否相等?

16-6 为何牛顿环随着环纹的半径增大,牛顿环变得越来越密?

16-7 在迈克尔逊干涉仪中,M_1 和 M_2'的间距 d 增加或减小时,等倾干涉圆纹向中心收缩抑或向外扩展?为什么?

习 题

一、选择题

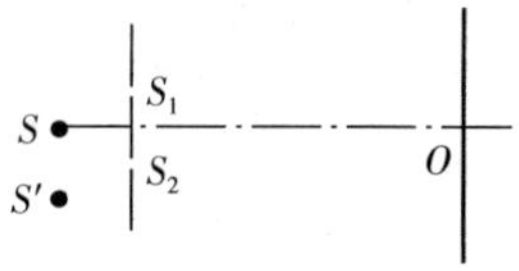

习题 16-1 图

16-1 在双缝干涉实验中,若单色光源 S 到两缝 S_1,S_2 距离相等,则观察屏上中央明纹中心位于图中 O 处,现将光源 S 向下移动到示意图中的 S' 位置,则(　　)。

(A) 中央明条纹向下移动,且条纹间距不变

(B) 中央明条纹向上移动,且条纹间距增大

(C) 中央明条纹向下移动，且条纹间距增大

(D) 中央明条纹向上移动，且条纹间距不变

16－2　如图所示，折射率为 n_2，厚度为 e 的透明介质薄膜的上方和下方的透明介质折射率分别为 n_1 和 n_3，且 $n_1 < n_2$，$n_2 > n_3$，若波长为 λ 的平行单色光垂直入射在薄膜上，则上下两个表面反射的两束光的光程差为(　　)。

(A) $2n_2e$　　(B) $2n_2e-\lambda/2$

(C) $2n_2e-\lambda$　　(D) $2n_2e-\lambda/2n_2$

16－3　两个直径相差甚微的圆柱体夹在两块平板玻璃之间构成空气劈尖，如图所示，单色光垂直照射，可看到等厚干涉条纹，如果将两个圆柱之间的距离 L 拉大，则 L 范围内的干涉条纹(　　)。

(A) 数目增加，间距不变　　(B) 数目增加，间距变小

(C) 数目不变，间距变大　　(D) 数目减小，间距变大

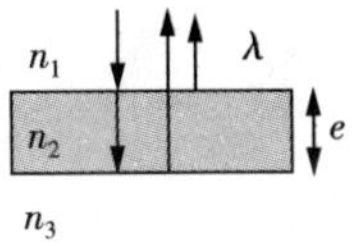

习题 16－2 图

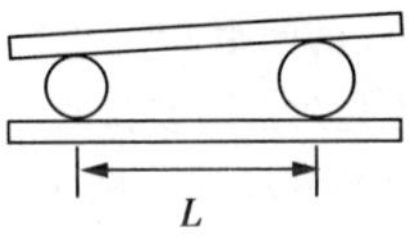

习题 16－3 图

16－4　用白光光源进行双缝试验，如果用一个纯红色的滤光片遮盖一条缝，用一个纯蓝色的滤光片遮盖另一条缝，则(　　)。

(A) 干涉条纹的宽度将发生改变　　(B) 产生红光和蓝光两套彩色干涉条纹

(C) 干涉条纹的亮度将发生改变　　(D) 不产生干涉条纹

16－5　如图所示，用波长 $\lambda = 480\ \text{nm}$ 的单色光做杨氏双缝实验，其中一条缝用折射率 $n = 1.4$ 的薄透明玻璃片盖在其上，另一条缝用折射率 $n = 1.7$ 的同样厚度的薄透明玻璃片覆盖，则覆盖玻璃片前的中央明纹极大位置现变成了第五级明纹极大，则此玻璃片厚度为(　　)。

(A) $3.4\ \mu\text{m}$　　(B) $6.0\ \mu\text{m}$

(C) $8.0\ \mu\text{m}$　　(D) $12\ \mu\text{m}$

16－6　如图所示，波长为 λ 的平行单色光垂直入射在折射率为 n_2 的薄膜上，经上下两个表面反射的两束光发生干涉。若薄膜厚度为 e，而且 $n_1 > n_2 > n_3$，则两束反射光在相遇点的相位差为(　　)。

(A) $4\pi n_2 e/\lambda$　　(B) $2\pi n_2 e/\lambda$

(C) $\pi + 4\pi n_2 e/\lambda$　　(D) $-\pi + 4\pi n_2 e/\lambda$

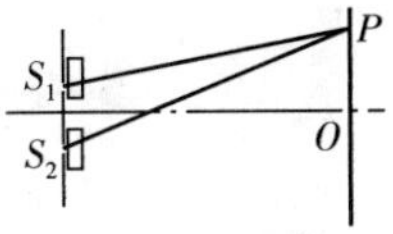

习题 16－5 图

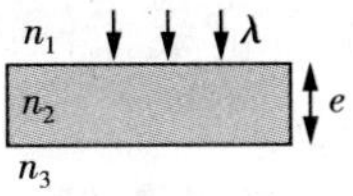

习题 16－6 图

二、填空题

16-7 若双缝干涉实验中,用单色光照射间距为0.30 mm的两缝,在离缝1.20 m屏上测得两侧第五级暗纹中心间距离为22.78 mm,则所用的单色光波长为________。

16-8 双缝干涉实验中,① 若双缝间距由d变为d',使屏上原第十级明纹中心变为第五级明纹中心,则$d':d$________;② 若在其中一缝后加一透明媒质薄片,使原光线光程增加2.5λ,则此时屏中心处为第________级________纹。

16-9 用白光垂直照射一个厚度为400 nm、折射率为1.5的空气中的薄膜表面时,反射光中被加强的可见光波长为________。

16-10 在牛顿环实验中,当用$\lambda=589.3\ \text{nm}$的单色光照射时,测得第1个暗纹与第4个暗纹距离为$\Delta r=4\times10^{-3}\ \text{m}$;当用波长未知的单色光$\lambda'$照射时,测得第1个暗纹与第4个暗纹距离为$\Delta r'=3.85\times10^{-3}\ \text{m}$;则所用单色光的波长$\lambda'=$ ________。

16-11 波长为λ的单色光垂直照射在空气劈尖上,劈尖的折射率为n,劈尖角为θ,则第k级明纹和第$k+3$级明纹的间距$l=$ ________。

16-12 如果在迈克尔逊干涉仪的一臂放入一个折射率$n=1.40$的薄膜,观察到7条条纹的移动,所用光波的波长为589 nm,则薄膜的厚度为$e=$ ________。

三、计算题

16-13 一双缝距屏幕为$D=1\ \text{m}$,双缝间距d为0.25 mm。用波长为$\lambda=589.3\ \text{nm}$的单色光(钠黄灯)垂直照射双缝,屏幕上中央最大两侧可观察到干涉明纹,试计算两相邻明纹中心之间的距离。

16-14 一钠蒸气灯发出的光($\lambda=589.3\ \text{nm}$)在距双缝0.8 m远的屏上形成干涉图样。图样上明纹之间的距离为0.35 cm,问双缝之间的间距为多少?

16-15 在一双缝干涉实验中,$D=1.00\ \text{m}$,$d=0.10\ \text{cm}$,明纹之间的距离为0.5 mm。求所用光的波长。

16-16 杨氏干涉实验中,两缝相距1 mm,屏离缝1 m,若所用光源发出波长$\lambda_1=600\ \text{nm}$,和$\lambda_2=540\ \text{nm}$的两种光波。试求:(1) 两光波分别形成的条纹间距;(2) 两组条纹之间的距离与级数之间的关系;(3) 这两组条纹有可能重合吗?

16-17 用一波长为500 nm的光源进行杨氏双缝实验,狭缝距观察者的距离为2 m。设观察者眼睛的角分辨率为0.000291 rad,若观察者恰能分辨干涉条纹,两缝间的距离为多大?

16-18 用波长分别为λ_1和λ_2的两光进行双缝实验,若一波长为$\lambda_1=430\ \text{nm}$,一光的第4级明纹与另一光的第6级明纹重合,另一光的波长为多少?

16-19 一折射率为1.5的薄玻璃片盖在双缝装置的一条缝上,发现干涉条纹向放置玻璃的狭缝一侧移动了7条明纹。若光的波长为$\lambda=600\ \text{nm}$,玻璃片的厚度为多少?

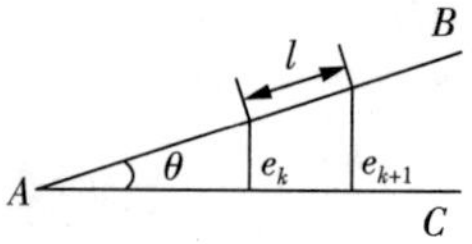

习题16-20图

16-20 利用等厚干涉可以测量微小的角度,如图所示,折射率$n=1.4$的劈尖状板,在某单色光的垂直照射下,量出两相

邻明条纹间距 $l = 0.25$ cm，已知单色光在空气中的波长 $\lambda = 700$ nm，求劈尖顶角 θ。

16-21　如图所示，一凸透镜置于一平板玻璃上，波长为 670 nm 的红光垂直从上方入射。由透镜和平面玻璃表面反射的光形成干涉条纹。透镜和平玻璃的接触点处为暗纹，周围是明暗相间的环形条纹，这就是牛顿环。测得第 12 条暗纹的半径为 11 mm，求透镜的曲率半径 R。

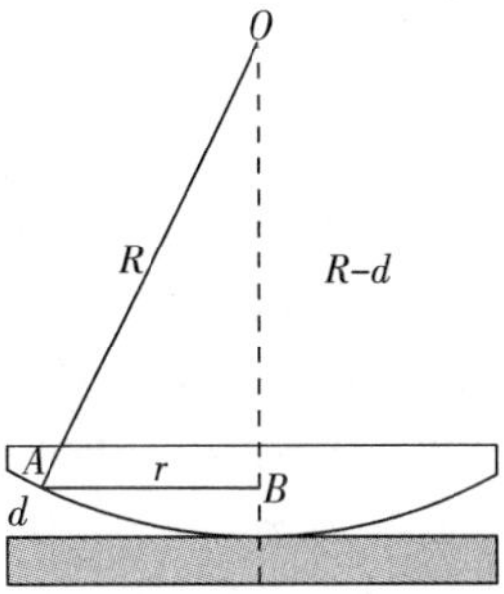

习题 16-21 图

16-22　若牛顿环所用光的波长为 $\lambda = 400$ nm，求：(1) 第 3 条和第 6 条明纹处对应的气隙厚度差，(2) 若弯曲面的曲率半径为 5.0 m，求第 3 条明纹的半径。

16-23　将迈克尔逊干涉仪的一臂稍微调长（移动镜面），观察到有 150 条暗纹移过视场。若所用光的波长为 480 nm，求镜面移动的距离。

科学家介绍

17 世纪是近代自然科学诞生的时代。把 17 世纪称为“天才的时代”的是荷兰杰出的科学家**克里斯蒂安·惠更斯**(Christian Huygens，1629—1695)。惠更斯本人就是这个时代中的一名天才。他在数学、应用力学、天文学和光学等领域不懈耕耘，取得了极其巨大的成就，为自然科学的发展作出了宝贵的贡献。

1629 年 4 月 14 日，惠更斯出生在海牙的一个名门望族。父亲是荷兰奥拉尼恩公阶的秘书，也是赫赫有名的法学教授和外交家。老惠更斯与许多科学家都有往来，例如，法国著名数学家、物理学家笛卡儿等。1645 年，16 岁的惠更斯进入荷兰著名的莱顿大学学习；根据他父亲的愿望，他选择了法律。1647 年，惠更斯转入布勒达大学继续学习法律。大学期间，他一方面刻苦攻读法学专业知识，另一方面仍念念不忘自己喜爱的数学。他曾在一个有才识的数学教师的指导下潜心研究过数学。大学毕业后，在大约两年的时间里，惠更斯继续从事法律的研究。为了增长知识，他前往丹麦、法国、英国等地进行游学。这使得他的视野进一步拓宽，观察、分析问题的能力也显著提高。同时，惠更斯对科学的兴趣也与日俱增。1651 年，惠更斯发表了一本关于二次曲线方面的论著，引起了学术界的关注，一时声名大震。之后，他又对曲线求长和曲面求积等问题进行了研究，而且他还在微积分的一些问题的研究上取得过重要成果。1655 年，惠更斯获得了法学博士学位。不过，从此以后，他就放弃了法学，专心致力于数学和天文学研究。

17 世纪后半叶，关于光的本性发生了一场激烈的争论。这场争论是物理学发展的必然产物，同时也是物理学继续发展的动力之一。争论的双方都是当时科学界的名流。一方以牛顿为代表，倡导微粒说；另一方则以惠更斯为代表，主张波动说。牛顿关于光的微粒说认为，光是由发光体发出的具有弹性的、直线前进的微粒子流；不同颜色的光有不同颜色的微粒，它们在介质中的速度各不一样，紫色微粒的速度最低，红色微粒的速度最高，所以，它们在穿越介质后，会分离为不同颜色的光谱。由于这一学说能够很容易地解释光的直线前进及反射、折射现象，而且，这种学说与当时已经建立的经典力学体系可以形成一个统一的整体，所以很容易被人们所接受。但是，牛顿的微粒说存有很多的疑点。当时，意大利物理学家格里马尔迪曾做过一个实验，他让一束光通过两个前后排列的狭缝后投射到一个空白屏幕上，发现屏幕上的光带比进入第一道缝时的光束略微宽些,他把这个现象称为衍射。衍射是光的波动性的典型表现,牛顿的微粒说不能解释衍射。由于在光的本性问题上与牛顿发生了分歧,这使得惠更斯对这一问题更感兴趣。返回巴黎后,惠更斯重复了牛顿及其他人的一些光学实验。通过这些实验,特别是"牛顿环"实验与格里马尔迪实验,惠更斯进一步认定,这些实验事实用微粒说是无法解释的。他还以生活中的光现象为例进行了分析。他认为,如果光线是微粒组成的,那么光线在彼此交叉时,它们就会互相碰撞,互相碰撞就会改变方向,但生活中并未见到过这样的光现象。在研究"牛顿环"实验与格里马尔迪实验的基础上,惠更斯提出了他的一种比较系统的光波动学说。

惠更斯认为,光是一种机械波,这种机械波是由光源的振动面发出的。可是,这随即产生了另一个问题,即如果光是一种机械波,那么它必然有相应的载体。水波的载体是水,声波的载体是空气,光波的载体是什么呢?为此惠更斯提出了他的光波动学说的第二个要点,即光波是一种靠物质载体来传播的纵向波,传播它的物质载体是"以太"。在提出上述两个要点之后,惠更斯还就光波本身的传播规律进行了研究。他认为,波面上的各点本身就是引起媒质振动的波源。他把由波源振动发出的波称为子波,而把发出子波的波称为原波,子波由原波发出后,形成新的波面,新的波面形成后又成为原波;原波又发出子波,如此持续传播下去。这就是惠更斯用以解释光的传播规律的著名的惠更斯原理。根据上述原理,惠更斯较好地解释了波在媒质中的传播规律。

运用这一原理,可以推导出光的反射定律和折射定律,可以解释光在晶体媒质中的双折射现象,可以解释光的衍射现象,也可以解释光的干涉现象。这样,一个由上述三个理论要点为基本内容的光波动学说,就由惠更斯建立起来了。光的波动说虽然不是惠更斯最先提出来的,但却是由他最先给予理论总结的。所以,惠更斯就成了光的波动说的代表人物。1678 年,惠更斯向巴黎科学院提交了他的光学论著《光论》。同年,他还以他的光的波动说为基本内容,在巴黎科学年会上作了反驳牛顿的光的微粒说的著名演讲。尽管惠更斯的光的波动说比牛顿的微粒说有着明显的优点,但是它在很长时间内却得不到承认。其部分原因是牛顿在他的同辈人中有着很大的权威;更主要的是,惠更斯没能用足够的证据和实验来证明自己的观点,使之无懈可击。这样,关于光的本性的问题就一直被搁置了下来。直到 1800 年,英国物理学家托马斯·杨才解决了这一问题。托马斯·杨用自己精心设计的实验牢固地确立了光的波动学说的正确性。两个半世纪后,爱因斯坦评论,惠更斯是"第一个提出一个完全新的光的理论的人"。

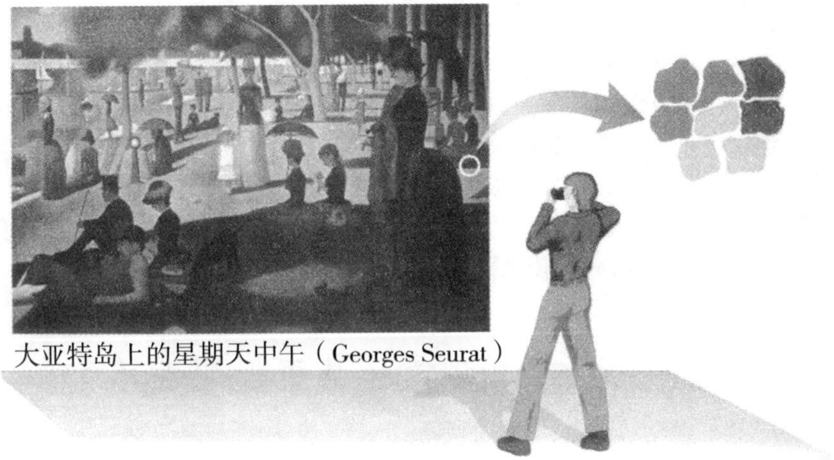

大亚特岛上的星期天中午（Georges Seurat）

Georges Seurat 画过一幅著名的画——大亚特岛上的星期天中午，他不是运用通常意义上的许多笔画这幅画的，而是运用无数的彩色小点，这种画法现在称为点画法。当你离画足够近时，可以看到这些点；当你远离这幅画时，这些彩色小点最后会混合起来而不能被分辨，同时，看到的画面上任何给定位置的颜色都会改变——这就是 Seurat 用点来作画的原因。

那么，什么使颜色发生了这种变化呢？

第十七章　光的衍射

在偏远山区能接收到电台的广播，这说明电磁波能够绕过障碍物的边缘传播，根据麦克斯韦方程组可知光是一种电磁波，所以光波也具有绕过障碍物的特性。我们把这种光波的传播遇到障碍物受到限制，发生偏离直线传播的现象，称为**光的衍射**现象。由于波的衍射现象与波长、障碍物的大小有很大的关系，波长越长，衍射越显著，而光波波长很短，所以光的衍射现象难以观察，但在障碍物的尺度接近光的波长时，这种光偏离直线传播的衍射现象将变得十分明显。

§17－1　光的衍射现象　惠更斯-菲涅耳原理

一、光的衍射现象

光的衍射现象一般分为两类：光源或接收屏距离障碍物为有限远，或者光源和接收屏距离障碍物都是有限远的衍射称为**菲涅耳衍射**[图 17－1(a)]，又称**近场衍射**。光源和接收屏距离障碍物为无限远的衍射称为**夫琅禾费衍射**[图 17－1(b)]，又称**远场衍射**。在实验室中，夫琅禾费衍射通常采用两个会聚透镜实现，如图 17－1(c) 所示。

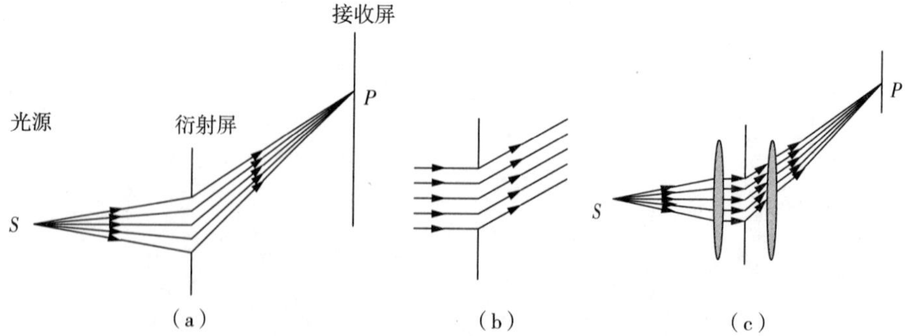

图 17－1　菲涅耳衍射和夫琅禾费衍射

二、惠更斯-菲涅耳原理

早期的惠更斯原理是建立在假设的基础上，十分粗糙，仅反映了波的振动传播特性，而反映波的空间周期性的波长概念还没有，所以惠更斯原理只能对光的直线传播、反射、折射等现象进行较好的解释，并不能准确地解释波的干涉和衍射现象，也不能说明衍射的强度分布。

菲涅耳在惠更斯次波思想上，补充了描述次波的基本特征 —— 相位和振幅的定量表达式，提出“次波”和入射波的频率相同，各个“次波”都是相干光波，加入了次波相干叠加的思想，从而发展成为惠更斯-菲涅耳原理。这个原理的内容表述如下：

惠更斯-菲涅耳原理：波面上任意一点都可以看作是新的振动中心，它们发出球面次波，空间任意一点 P 的振动是该波面上所有次波在该点的相干叠加，如图 17－2 所示。用数学公式表达则为

$$U(P)=\oiint_{\Sigma} \mathrm{d}U(P) \qquad (17-1)$$

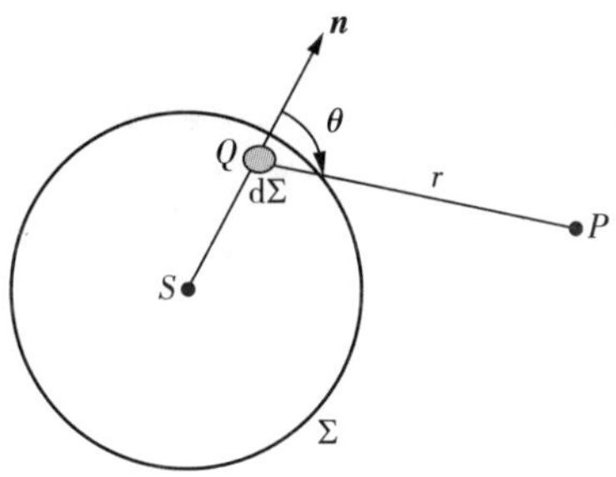

图 17－2　惠更斯原理

式中 $\mathrm{d}U(P)$ 表示波面一点发出的次波传播到 P 点引起的振动，积分表示次波的振动在该点的相干叠加。

为了定量地研究空间任意一点的振动幅度，菲涅耳对波面 S 上每个面积元 $\mathrm{d}\boldsymbol{S}$ 所发出的各次波的振幅和相位做以下假设，$\mathrm{d}U(P)$ 与光源传播到 Q 点的振动 $U_0(Q)$ 成正比，且与波面 S 上的面元 $\mathrm{d}\boldsymbol{S}$ 大小成正比；次波在 P 点处所引起的振动的振幅与 r 成反比，即 $\mathrm{d}U(P)$ 与 e^{ikr}/r 成正比，此项表示波是球面波；从面元 $\mathrm{d}\boldsymbol{S}$ 所发次波在 P 处的振幅正比于 $\mathrm{d}\boldsymbol{S}$ 的面积且与倾角 θ 有关，其中 θ 为 $\mathrm{d}\boldsymbol{S}$ 的法向 $\boldsymbol{n}$ 与 $\mathrm{d}\boldsymbol{S}$ 到 P 点的连线 r 之间的夹角，即从 $\mathrm{d}\boldsymbol{S}$ 发出的次波到达 P 点时的振幅随 θ 的增大而减小。

根据以上的假设，可知面积元 $\mathrm{d}\boldsymbol{S}$ 发出的次波在 P 点所引起的振动可表示为

$$\mathrm{d}E=C\frac{K(\theta)}{r}\cos(kr-\omega t)\mathrm{d}S \qquad (17-2)$$

式(17－2)中，$K(\theta)$ 为随着 θ 角增大而缓慢减小的函数，称为倾斜因子；C 为比例系数。

如果将波面 S 上所有面积元在 P 点的作用叠加起来，即可求得波面 S 在 P 点

所产生的合振动：

$$E=\int_S \mathrm{d}E=C\int \frac{K(\theta)}{r}\cos(kr-\omega t)\mathrm{d}S \tag{17-3}$$

式(17-3)称为惠更斯-菲涅耳原理的数学表达式，它是研究衍射问题的理论基础，利用此式可以解释和定量计算光束通过各种形状的障碍物时所产生的衍射现象，但是计算此积分相当复杂。因此，通常采用菲涅耳半波带法等近似方法来处理衍射问题。

§17-2 单缝的夫琅禾费衍射

夫琅禾费衍射是指用平行光照射衍射屏且在无穷远接收的衍射场。通常观察和研究夫琅禾费衍射现象的装置如图 17-3 所示，光源 S 位于透镜 L_1 的物方焦点上，光源 S 发出的光经凸透镜 L_1 后，形成平行光束，并垂直照射到单缝衍射屏 K 上，在衍射屏后放置一凸透镜 L_2，接收屏 H 位于透镜的像方焦平面上。由单缝发出的衍射光经凸透镜 L_2 汇聚于接收屏 H 上，屏上将出现明暗相间的衍射条纹。如果在 S 处放置一单色线光源，则接收屏上的单缝夫琅禾费衍射条纹如图 17-3 所示，中央是一条亮而宽的明条纹，两侧对称分布着明、暗相间的直条纹。

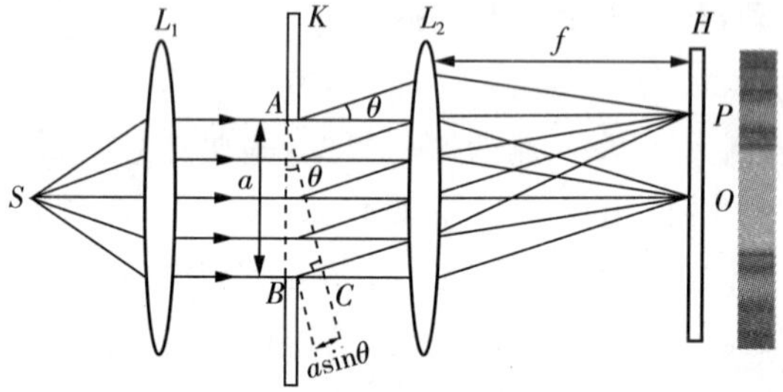

图 17-3 夫琅禾费单缝衍射装置示意图

通常对夫琅禾费衍射条纹图样的分析可采用菲涅耳积分法和菲涅耳半波带法，前者积分计算十分复杂但能精确地给出夫琅禾费衍射光强的分布公式，后者能够定性地说明各级条纹的光强的大小，计算简单，物理图像十分清晰。下面采用菲涅耳半波带法对夫琅禾费衍射条纹图样的分布进行分析。

如图 17-4 所示，一束平行单色光垂直入射宽度为 a 的狭缝，通过狭缝的光发生衍射，衍射角 θ 相同的平行光经过透镜 L_2 汇聚于放置在透镜焦平面处的屏上。根据惠更斯-菲涅耳原理，汇聚点 P 的光强是单缝开口处各点发出的次波在 P 点的相干叠加。对此我们先计算单缝上、下边缘的两条衍射光 AP 和 BP 之间的光程差，即过 A 作 BP 的垂线，垂足为 C，根据薄透镜的等光程性，AP 和 CP 之间的光程差为零，所以(在真空中)BC 就是 AP 和 BP 之间的光程差，即

$$\delta = a\sin\theta \tag{17-4}$$

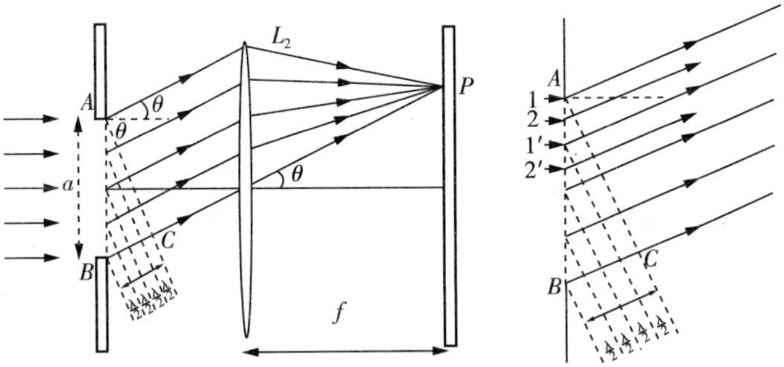

图 17-4　夫琅禾费衍射半波带法

若 δ 恰好等于半波长的偶数倍，在 BC 上每隔 $\lambda/2$ 作 AC 的平行线与 AB 相交，则狭缝处的波面也被分成等宽的偶数条波带，这些波带称为**半波带**。因邻近半波带各对应点的光线的光程差都是 $\lambda/2$，即相位差为 π，因而两两邻近半波带的各光线在 P 点都干涉相消，如图 17-4 中 1 和 1′、2 和 2′，即 P 点光强为极小值。

若 δ 恰好等于半波长的奇数倍，则狭缝处的波面被分成等宽的奇数条波带，因邻近半波带上各点发出的各光线两两干涉相消后，剩下一个半波带发出的光未被抵消，所以，P 点光强为极大值。由上述分析可知，夫琅禾费衍射形成明暗条纹位置由式(17-5)决定：

$$\begin{cases} a\sin\theta = \pm 2k\dfrac{\lambda}{2}, k=1,2,3,\cdots & \text{暗纹} \\ a\sin\theta = \pm(2k+1)\dfrac{\lambda}{2}, k=1,2,3,\cdots & \text{明纹} \\ a\sin\theta = 0 & \text{中央明纹中心} \end{cases} \tag{17-5}$$

式中 k 为衍射级数，中央明纹为零级明纹，明暗条纹以中央明纹为中心两边对称分布，依次为第一级($k=1$) 明纹和暗纹、第二级($k=2$) 明纹和暗纹 ……。明纹的亮度随着级次的增加而减小，这是因为明纹的级次越高，AB 波面处所分成的半波带的数量越多，在 P 点相互抵消的光强也就越大，所以明纹的亮度也就越低。这里需要指出的是，若 $a\sin\theta$ 为半波带的非整数倍时，P 点光强介于明暗之间，实际屏上的光强的分布是连续变化的，如图 17-5 所示。

通常把透镜光心对 $k=\pm 1$ 的两个暗点之间的张角定义为中央明纹的角宽度，透镜光心对其他两相邻暗(明) 纹中心的张角定义为其他(明) 暗条纹的角宽度。

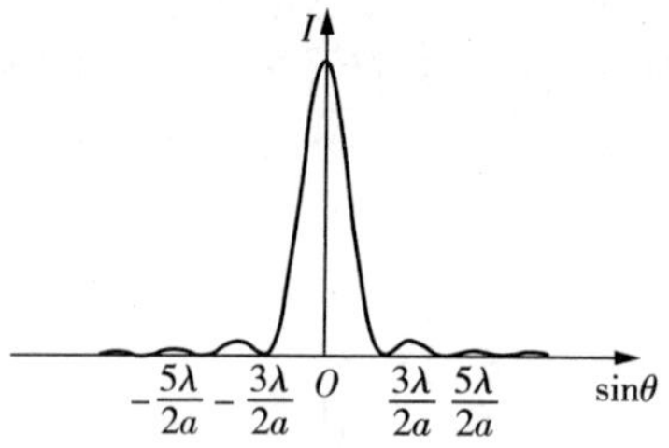

图 17－5　单缝衍射光强分布

中央明纹的角宽度为

$$\Delta\theta = 2\frac{\lambda}{a} \tag{17-6}$$

式中，λ 是入射光线的波长，a 是单缝的宽度。

其他明(暗) 纹的条纹角宽度为

$$\Delta\theta = \frac{\lambda}{a} \tag{17-7}$$

由单缝夫琅禾费衍射公式可以看出，对于一定波长的单色光，缝宽 a 愈小，各级条纹的衍射角 θ 愈大，在屏上相邻条纹的间距愈大，即衍射效果愈明显。反之，缝宽 a 愈大，各级条纹的衍射角 θ 愈小，各衍射条纹向中央明纹靠拢，即衍射效果愈不明显。当 a 大到分辨不清各级衍射条纹时，衍射现象消失，此时相当于光直线传播。

若用不同波长的复色光入射，例如用白光入射，由于各色光衍射明纹按波长逐级分开，除中央明纹中心仍为白色外，其他各级明纹按照由紫到红的顺序向两侧对称排列成彩色条纹，称之为**单缝衍射光谱**。在较高的衍射级内，还可能出现前一级光谱区与后一级光谱区重叠的现象。

例 17－1　水银灯发出的波长为 546 nm 的绿色平行光垂直入射于宽为 0.437 mm 的单缝，缝后放置一焦距为 40 cm 的透镜，试求在透镜焦面上出现的衍射条纹中中央明纹的宽度。

解：两个第一级暗纹中心间的距离即为中央明纹宽度。利用单缝行射公式，对第一级暗条纹($k=1$) 求出其相应的衍射角 θ_1。

$$a\sin\theta_1 = \lambda$$

由于衍射角 θ_1 很小，$\sin\theta_1 \approx \theta_1$，所以

$$\theta_1 \approx \sin\theta_1 = \frac{\lambda}{a}$$

中央明纹的角宽度为

$$2\theta_1 = \frac{2\lambda}{a}$$

透镜焦面上出现中央明纹的宽度为

$$\Delta x = 2D\tan\theta_1 = \frac{2\lambda D}{a} = 1.0(\mathrm{mm})$$

§17－3　衍射光栅

一、圆孔的夫琅禾费衍射

上面讨论光通过狭缝时的衍射现象，同样，光通过小圆孔也会产生衍射现象。如图17－6所示，当单色平行光垂直照射小圆孔时，在透镜 L_2 焦平面处的屏幕 P 上将出现亮圆斑，周围是一组同心的暗环和亮环，这个由第一暗环所围的中央光斑，称为艾里斑。它集中了约84%的衍射光能。

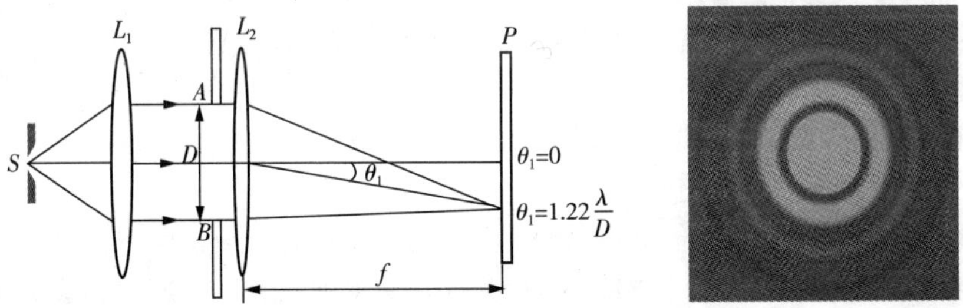

图17－6　圆孔的夫琅禾费衍射

若透镜 L_2 的焦距为 f，圆孔的直径为 D，单色光波长为 λ，则由理论计算可得，第一级暗环的衍射角 θ_1 满足下式：

$$\sin\theta_1 = 1.22\frac{\lambda}{D} \tag{17-8}$$

即艾里斑的角半径为

$$\theta_1 \approx \sin\theta_1 = 1.22\frac{\lambda}{D} \tag{17-9}$$

艾里斑半径为

$$R = f\tan\theta_1 \tag{17-10}$$

当 θ_1 很小时，

$$R = f\tan\theta_1 \approx f\sin\theta_1 = 1.22f\frac{\lambda}{D} \tag{17-11}$$

由此可见,λ 愈大或 D 愈小,衍射现象愈明显。

二、光栅衍射

由大量等宽等间距的平行狭缝构成的光学器件,称为**光栅**。光栅的种类很多,有透射光栅、平面反射光栅和凹面光栅等。光栅是光学仪器中重要的元件,如光谱仪、单色仪等许多精密仪器中都具有光栅器件。常见的透射光栅,是在一块透明的屏板上刻有大量相互平行的等宽等间距的刻痕,这样一块屏板就是一种透射光栅,其中刻痕为不透明部分。若刻痕的间距为 a,刻痕宽度为 b,则 $d=a+b$ 称为**光栅常数**。通常,光栅常数非常小,精制的光栅,在 1 cm 宽度内刻有 5000 条等宽等间距的狭缝,此时 $d=2\times10^{-3}$ mm。

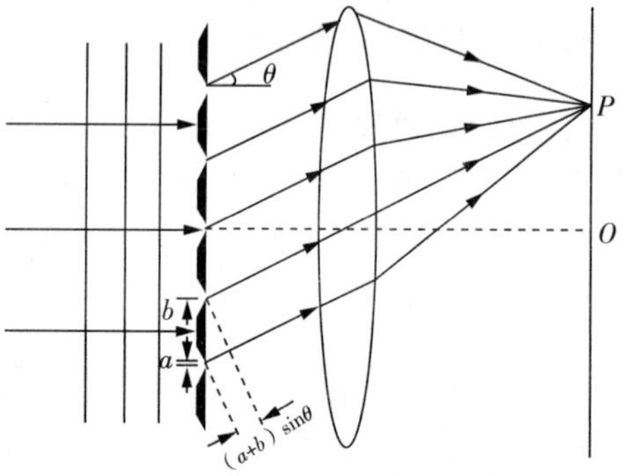

图 17-7　光栅衍射

当平行单色光垂直入射到光栅上时,如图 17-7 所示,衍射光束通过透镜汇聚在透镜的焦平面上,并在屏幕上产生明暗相间的衍射条纹。这些条纹与单缝衍射条纹有明显的差别。光栅衍射条纹的主要特点是明条纹很亮很细。明条纹之间有较暗的背景,并且随着光栅条纹数的增加,明条纹愈来愈细,也愈来愈亮,相应的明条纹之间的暗背景也愈来愈暗。如图 17-8 所示。

图 17-8　光栅衍射图样

光栅衍射条纹与单缝衍射条纹不同,原因在于光栅衍射条纹是衍射和干涉综合的结果,光栅中每一缝都按照单缝衍射的规律对入射光进行衍射,同时各单缝发出的光是相干光,此时将发生干涉,所以光栅衍射条纹是单缝衍射和多缝干涉的结果,且多缝干涉要受到单缝衍射的调制。

如图 17-7 所示,对应于衍射角 θ,光栅上任意相邻两狭缝发出的光到达 P 点的光程差都等于 $(a+b)\sin\theta$,当衍射角 θ 满足下式:

$$(a+b)\sin\theta=d\sin\theta=\pm k\lambda,\ k=0,1,2\cdots \qquad (17-12)$$

各狭缝发出的光到达 P 点时满足干涉相长条件,形成明条纹。式(17-12) 称为**光**

栅方程。

满足光栅方程的明条纹称为主极大条纹，其中 k 称为条纹极次，对应于 $k=0$ 的条纹称为中央明纹，$k=1,2,\cdots$ 的明纹分别称为第一级主级大条纹、第二级主极大条纹……式(17-12)中的正负号表示各级明条纹对称地分布在中央明纹的两侧。由式(17-12)可见，对于一定波长的入射光，光栅常数 d 愈小，各级明条纹的衍射角愈大，即明条纹分布愈稀疏。对于光栅常数一定的光栅，入射光波长愈大，各级明条纹的衍射角也愈大，所以光栅衍射具有色散分光的作用。

三、缺级

图 17-9 给出了光栅衍射图样的光强分布图，其中图 17-9(a) 是缝宽为 a 的单缝衍射图样的光强分布图，图 17-9(b) 是多缝干涉图样的光强分布图。图 17-9(c) 是光栅衍射图样的光强分布图。通过图 17-9(c) 可以看出，由于多缝干涉的光强分布受到了单缝衍射的调制，光栅的各个主明纹的强度不同。

当衍射角同时满足光栅方程和单缝衍射暗纹公式，即

$$\begin{cases} d\sin\theta = \pm k\lambda, k=0,1,2,\cdots \\ a\sin\theta = \pm k'\lambda, k'=1,2,\cdots \end{cases} \tag{17-13}$$

各狭缝射出的光都各自满足暗条纹条件，当然也就不存在缝与缝之间出射光的干涉加强，因此尽管满足光栅方程，相应于衍射角 θ 的主极大条纹并不出现，这称为光谱线的缺级。由式(17-13)可知，产生缺级现象的条件是

$$k = \frac{d}{a}k' = \frac{a+b}{a}k' \tag{17-14}$$

例如，当 $(a+b)=3a$ 时，$k=3,6,9,\cdots$ 这些级次的主明纹将会消失，出现缺级；当 $a+b=4a$ 时，$k=4,8,12,\cdots$ 这些级次的主明纹将会消失，出现缺级现象。由此可见光栅方程是产生主极大条纹的必要条件，而不是充分条件，也就是说，在研究光栅衍射图样时，除了考虑狭缝间干涉外，还必须考虑狭缝的衍射。

四、光栅光谱

由光栅方程可知，在光栅常数一定的情况下，波长对衍射条纹的分布具有很大的影响，波长愈大，衍射条纹愈稀疏。单色光经过光栅衍射后形成各级细而亮的明纹。当用白色光入射时，除中央明纹外，不同波长的同一级衍射明纹的角位置不同，并按波长由短到长(由紫到红)的次序在中央明纹的两侧依次排列，每一干涉级次都是这样的谱线，这种由光栅衍射产生的按波长排列的谱线称为**光栅光谱**。需要指出的是，随着干涉级别的增高，各级光谱会发生重叠现象。

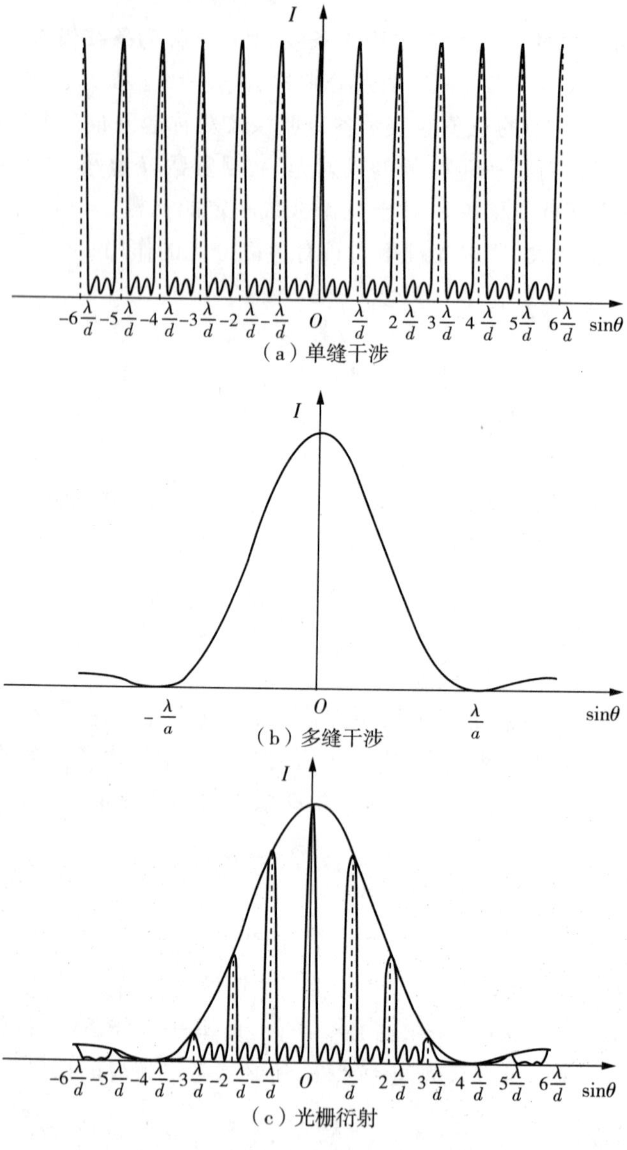

图 17-9　光栅衍射的强度分布

衍射光谱在科学研究和工程技术中有着重要的应用，由于特定元素或化合物发出的光谱是一定的，所以测定光谱中各谱线的波长和相对强度可以确定该物质的成分和含量。这种分析方法叫作**光谱分析**。

例 17-2　一平面衍射光栅，每厘米有 400 条狭缝，缝宽为 $a=1\times10^{-5}$ m，在光栅后放一焦距 $f=1$ m 的凸透镜，现以 $\lambda=500$ nm 的单色平行光垂直照射光栅，求：

(1) 单缝衍射中央明条纹宽度；

(2) 在单缝中央明纹内，有几个光栅衍射主极大？

解：(1) 由单缝衍射中央明纹宽度公式得

$$\Delta x_0 = 2\frac{\lambda}{a}f = 2\times\frac{500\times10^{-9}}{10^{-5}}\times1 = 0.1(\text{m})$$

(2) 由单缝衍射第一级暗纹公式 $a\sin\theta=\lambda$，所确定的衍射角 θ 内，包含的衍射主极大最大级数设为 $k_{\max}$，即

$$a\sin\theta = \lambda$$

$$d\sin\theta = k_{\max}\lambda$$

两式联立，得

$$k_{\max} = \frac{a+b}{a} = 2.5$$

因 $k_{\max}$ 应为整数，所以 $k_{\max}=2$，包含的主极大级数为 $k=0,\pm1,\pm2$，共有 5 个主极大值。

例 17-3　波长为 600 nm 的单色光垂直入射到平面光栅上，有两个相邻的主极大分别出现在 $\sin\theta_1=0.2$ 和 $\sin\theta_2=0.3$ 处，第四级为缺级。

(1) 求光栅常数 d；

(2) 求光栅狭缝最小宽度；

(3) 试列出(2) 条件下，光屏上呈现的全部谱线级数。

解：(1) 根据光栅方程 $d\sin\theta=k\lambda$ 有

$$d(\sin\theta_2-\sin\theta_1)=(k+1)\lambda-k\lambda$$

$$d=\frac{\lambda}{\sin\theta_2-\sin\theta_1}=6000(\text{nm})$$

(2) 由缺级条件

$$k=\pm\frac{d}{a}k',k'=1,2,3,\cdots$$

第四级为缺级时，即 $k=4$，当 $k'=1$ 时，缝宽最小，为

$$a=\frac{d}{4}=1.5\times10^{-3}(\text{mm})$$

(3) 在光栅方程中，衍射角最大取 $\pi/2$，最大衍射级数为

$$k_{max}=\frac{d}{\lambda}=\frac{6000}{600}=10$$

缺级的级数为

$$k=\pm\frac{d}{a}k'=\pm 4k',k'=1,2,3,\cdots$$

故 ± 4，± 8 缺级，由于第 10 级明纹对应的衍射角 $\theta=\pi/2$，无法被接收屏接收，因此屏上显示的谱线级数为 $k=0$，± 1，± 2，± 3，± 5，± 6，± 7，± 9，共 15 条明纹。

例 17-4 利用一个每厘米刻有 4000 条缝的光栅，在白光垂直照射下，可以产生多少完整的光谱？问哪一级光谱中的哪个波长的光开始与其他谱线重叠？

解：设紫光的波长为 $\lambda=400\ \text{nm}=4\times10^{-7}\ \text{m}$，红光的波长为 $\lambda'=760\ \text{nm}=7.6\times10^{-7}\ \text{m}$，按光方程 $(a+b)\sin\theta=k\lambda$，对第 k 级光谱，角位置从 θ_k 到 θ_k'，要产生完整的光谱，即要求 λ 的第 $(k+1)$ 级纹在 λ' 的第 k 级条纹之后，亦即

$$\theta'_k<\theta_{k+1}$$

由

$$(a+b)\sin\theta'_k=k\lambda'$$

$$(a+b)\sin\theta_{k+1}=(k+1)\lambda$$

得

$$\frac{k\lambda'}{a+b}<\frac{(k+1)\lambda}{a+b}$$

即

$$k\lambda'<(k+1)\lambda$$

$$7.6\times10^{-7}k<4\times10^{-7}(k+1)$$

因为只有 $k=1$ 才满足上式，所以只能产生一个完整的光谱，而第二级和第三级光谱即有重叠现象出现。

设第二级光谱中波长为 λ'' 的光与第三级的光谱开始重叠，即与第三级中紫光开始重叠，这样

$$k\lambda''=(k+1)\lambda'$$

$k=2$，代入得

$$\lambda''=\frac{3}{2}\lambda'=600(\text{nm})$$

§17－4　光学仪器的分辨率

近代科学发展中，望远镜和显微镜起到不可忽视的作用。根据几何光学，平行光经过透镜后，将汇聚于一像点，该像点是没有大小的几何点，所以只要选取合适焦距的透镜组合，总能将任何微小的物体或远处的物体放大到清晰可见的程度。但实际光学仪器一般包含光阑以及透镜，而透镜的边缘在光路中起到圆孔光阑的作用。从波动光学出发，根据圆孔的夫琅禾费衍射，一个物点经过成像系统后，所产生的像并不是一个点，而是由一系列同心圆环所构成的衍射斑。也就是说，任何一个物体经过一定大小的光学系统成像后，由于衍射效应，在几何像点处以**艾里斑**形成存在，如果被观测的物体十分接近或者距离光学系统非常远，则沿着不同角度投射的光形成的艾里斑很可能由于相互重合而无法分辨。

如图 17－10 所示，当两个物点 S_1 和 S_2 距离很近时，它们的衍射像 S_1'，S_2'将会发生重叠而无法分辨，通常当一个衍射像的主极大和另一个衍射像的第一极小相重合时，认为两个像恰好可以分辨。在光学中，这种分辨极限的定义叫作**瑞利判据**。

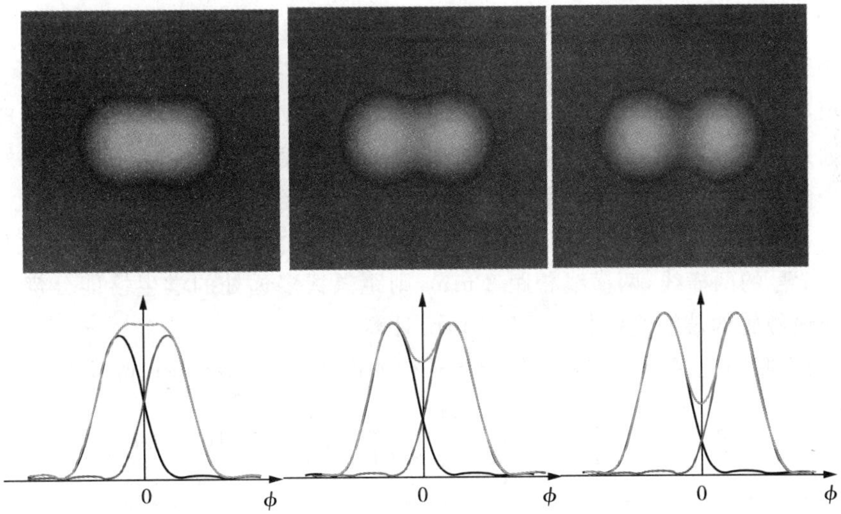

(a) 不能分辨　　(b) 恰能分辨　　(c) 能分辨

图 17－10　分辨两个衍射图像的条件

一、望远镜

根据瑞利判据的定义，在望远镜的光学孔径为 D 时，它对远处点物所成的像的

艾里斑角半径为 $\sin\theta_1 = 1.22\lambda/d$。若两点物恰好能被望远镜所分辨，根据瑞利判据，这两点物对望远镜的最小张角用 θ_R 表示(见图 17-11)：

$$\theta_R = \theta_1 = 1.22\lambda/d \tag{17-15}$$

这就是望远镜的最小分辨角。

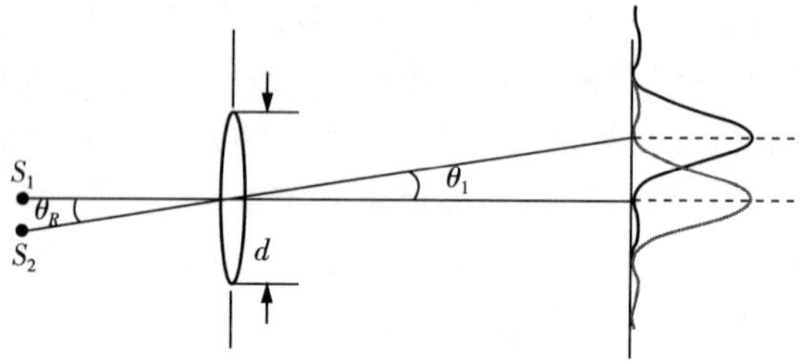

图 17-11　最小分辨角

式(17-15)表明，系统最小分辨角是由仪器的孔径 D 和光波的波长 λ 决定。在光学中，采用光学仪器最小分辨角的倒数表示该仪器的分辨本领，用 R 来表示即

$$R = 1/\theta_R \tag{17-16}$$

所以望远镜分辨能力与光学系统的孔径成正比，与所用的光波的波长成反比。为了提高望远镜的分辨能力，可以采用增大光学孔径的办法，例如位于中国贵州的射电望远镜 FAST，口径为 500 m，大大提高了望远镜的分辨率。其次，理论上可以通过减小波长的方式提高系统分辨能力，如采用紫外线和 X 射线，但紫外线在玻璃中的吸收率比较大，X 射线在介质中基本没有折射，所以都不适合成像。

例 17-5　人眼瞳孔的直径约为 3 mm，求人眼的最小分辨角。若黑板上画有表示"="号的两横线，两横线相距 2 mm，则距黑板多远处的学生恰能分辨它们？取人眼最敏感的黄绿光波长 $\lambda = 550$ mm 计算。

解：人眼瞳孔相当于一个圆形通光孔径的透镜，由 $d = 2$ mm 得最小分辨角为

$$\theta_1 = 1.22\frac{\lambda}{d} = 1.22 \times \frac{550 \times 10^{-9}}{3 \times 10^{-3}} = 2.2 \times 10^{-4}\,(\mathrm{rad})$$

设学生离黑板的距离为 s，两横线间距为 l，则它们对瞳孔中心的张角为 $\theta = \dfrac{l}{s}$，当 $\theta = \theta_1$ 时，人眼恰能分辨黑板上的"="号，因而有

$$s = \frac{l}{\theta_1} = \frac{2 \times 10^{-3}}{2.2 \times 10^{-4}} \approx 9.1\,(\mathrm{m})$$

对于显微镜，同样具有分辨率的问题。由于显微镜物镜的焦距较短，被观测的

物体经物镜放大后再由目镜放大。其分辨能力不再是分辨角度的大小，而是能分辨的最小线度，即显微镜所能分辨的两物点的最小距离。

二、显微镜

显微镜成像光路如图 17－12 所示，其中 O 为显微镜的物镜，AA' 和 BB' 分别为物平面和像平面，D 为物镜的孔径光阑的直径，AA' 上某一点 P 经过系统后成像于 BB' 上的 P'（因圆孔衍射，所以成像为一个以 P' 为中心的艾里斑），AA' 上另一点 Q 则在 BB' 上有另一以 Q' 为中心的艾里斑。如果 P' 与 Q' 距离 y' 恰好等于艾里斑中央亮斑的半径，根据瑞利判据，此时 y' 是刚能分辨的最小像间距。即

$$y' = s' \cdot \theta = s' \cdot 1.22 \cdot \frac{\lambda}{d} = 0.61 \cdot \frac{\lambda}{\sin u'} \tag{17-17}$$

其中 $\sin u' = \dfrac{d}{2s'}$。在微镜设计中，为了消除像差，物镜要满足阿贝正弦条件

$$yn\sin u = y'n'\sin u' \tag{17-18}$$

其中 n，n' 分别为物镜的物空间和像空间的折射率，u，u' 为物方和像方的孔径角。一般 $n'=1$，代入式(17－18)可得物镜所能分辨的最小物点间距为

$$y = 0.61\frac{\lambda}{n\sin u} = 0.61\frac{\lambda}{N.A.} \tag{17-19}$$

式中 $N.A. = n\sin u$ 称为显微镜的数值孔径。$N.A.$ 愈大，y 愈小，显微镜的分辨能力也高。

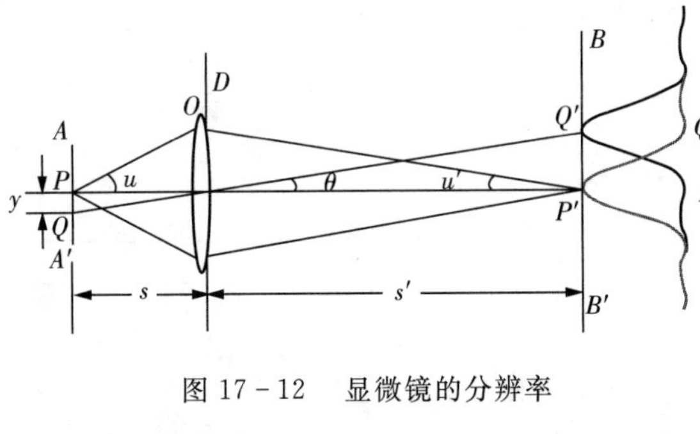

图 17－12　显微镜的分辨率

由此可见，要提高显微镜分辨本领，就要增加数值孔径或减小使用的光波波长。增大 $N.A.$ 的途径有两种，一种是增加 u 角使之接近 $90°$，另一种是增大物方的折射率 n，如在载物片与物镜之间滴上一滴油，这样数值孔径可以增大到 1.5 左右。减小使用的光波波长，如采用紫外线照明，但是波长也不能无限地短，因波长太短的光波将被玻璃吸收，并且也不能直接观察，所以进一步缩短波长也有很多困难。

近代电子显微镜利用电子束的波动性来成像,电子的波长比光波波长短,例如,加速电压为 400 kV 时,电子波长仅为 0.0016 nm,约占可见光波长的百万分之一,所以电子显微镜的分辨率可远远超过光学显微镜的分辨率极限。例如,波长为 0.0016 nm 的电子束,相应电子显微镜的可分辨间距为 0.2 nm,其放大率为 120 万倍。

瑞利判据能解释 Seurat 的画作《大亚特岛上的星期天中午》(或任何其他点画作品)。当人站在离画面足够近时,相邻点之间的夹角 θ 大于最小分辨角 θ_R,因而这些点能被一个个地看出来。它们的颜色就是 Seurat 用的颜色。然而,当站得离画面足够远时,$\theta < \theta_R$,视网膜上将产生圆孔衍射结果,各点不能被单独地看清楚。由此引起从任何一组点进入人眼的颜色混合,可以使大脑对这组点自动的"制造"一种颜色,这种颜色可能不是任何一个点的颜色。Seurat 正是利用人的视觉系统去创造艺术。

* §17-5 晶体的 X 光衍射

一、晶体点阵

晶体的特点是具有规则的几何形状,内部的原子具有周期性的排列。例如 NaCl 晶体,是由钠离子(Na^+)和氯离子(Cl^-)彼此整齐排列而成的立方点阵,如图 17-13 所示。在三维空间中,无论从哪个方向看,离子的排列都有严格的周期性,这种结构称为**晶格**。晶体的结构周期,称为**晶格常数**。晶体常数是点阵中相邻格点的间距,它通常具有 1 nm 或者 0.1 nm 数量级。如 NaCl 晶格常数为 0.5627 nm。

二、X 射线

X 射线又称伦琴射线,伦琴于 1895 年发现高速电子流轰击固体靶骤停时,会产生一种穿透能力很强的射线,它可以穿透很多对可见光不透明的物质,对感光乳胶起感光作用,由于开始不知道该射线是什么,故取名为 X **射线**。后期的研究表明 X 射线本质是一种波长很短的电磁波,波长为 0.01～0.1 nm。产生 X 射线的机器叫 X **光机**,其核心部件是 X 射线

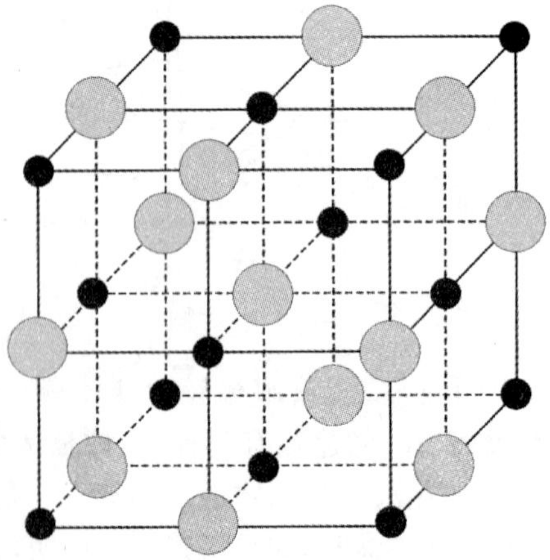

图 17-13 NaCl 晶体结构

真空管，结构如图 17－14 所示，K 是由钨丝制成的螺旋状发射电子的热阴极，A 是由钼、钨或铜等金属制成的阳极，在阳极和阴极之间加数万伏特或几十万伏特的直流高压。阴极发射的冷电子流被高电压加速，高速电子流撞击阳极靶时骤停，从能量守恒的角度，电子的动能转化为辐射能，从而产生 X 射线。

既然 X 射线是波，它也能产生衍射，但是由于它的波长极短，普通的光学光栅已经毫无用处。如波长为 0.1 nm 的 X 射线垂直射入光栅常数为 300 nm 的光学光栅，根据光栅公式计算，第一级明纹出现在 0.002° 方向，显然无法观察。但晶体内部的原子间隔为 0.1 nm 量级，与 X 射线波长具有相同的量级，所以它可以使 X 射线产生明显的衍射效果，是理想的 X 射线衍射光栅。不同的是晶体是三维光栅，衍射要复杂得多。

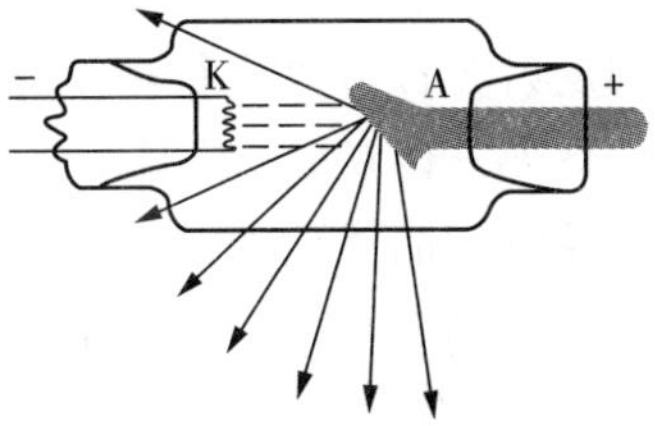

图 17－14　X 射线管

三、X 射线在晶体上的衍射

1912 年德国物理学家劳厄(M. von Laue) 将一束穿过铅板小孔的 X 射线投射到晶体薄片上，晶体片后面放置照相底片，经过较长时间曝光后，在照相底片上呈现很多规则排列的斑点，称为劳厄斑点[图 17－15(b)]。其实验装置如图 17－15(a) 所示。劳厄斑点形成的物理机制是，由于 X 射线照射到晶体上，组成晶体的点阵中的带电粒子产生受迫振动，相当于发射子波的中心，向各个方向发射散射波，这些来自晶体中很多规则排列的散射中心的次级 X 射线，会在一定的方向产生干涉加强，从而在照相底片上感光，形成有规则分布的劳厄斑点。显然这些斑点的位置和强度与晶体的结构有关，所以对劳厄斑点的位置与强度进行研究，可以推断出晶体中的原子排列规律。

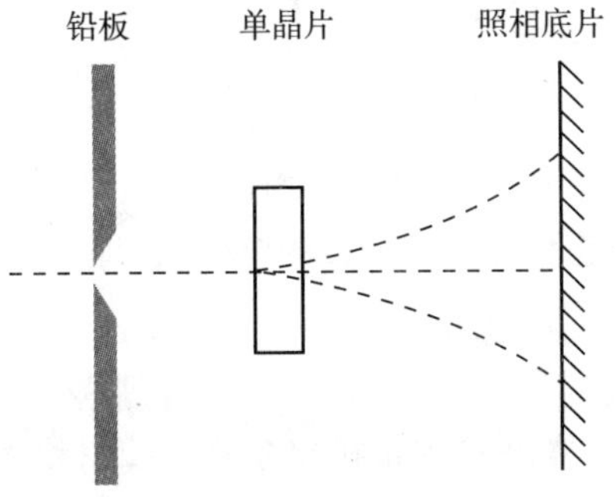

(a) 单晶片的衍射

(b) 劳厄斑点

图 17－15　劳厄实验和劳厄斑点

1913 年，英国布拉格父子对 X 射线通过晶体产生的衍射现象提出了另一种研究方法，他们把晶体的空间点阵简化，当作反射光栅处理，当 X 射线照射在晶体上，晶体中每一格点上的原子或离子成为一个散射中心，向各个方向发射子波，这种散射不仅来源于晶体的表面层，也存在于晶体的内部原子。由于晶体的三维周期结构，其对 X 射线的衍射比一维结构的光栅复杂得多。同一晶面的散射光，以及不同晶面的反射光都可以进行相干叠加。

如图 17-16 所示，考虑一个晶面上的衍射，记 X 射线相对于晶面的入射角为 θ，散射光相对于晶体面的夹角为 θ'，则相邻两散射光的光程差为

$$AD - BC = a(\cos\theta' - \cos\theta) \tag{17-20}$$

由干涉相长条件可得

$$a(\cos\theta' - \cos\theta) = k\lambda \tag{17-21}$$

散射光相干叠加会出现极大值。然而，晶格在不同方向上的散射光强度各不相同，只有在 $k=0$ 的方向上光强最强。其他方向也存在干涉相长，但强度要弱很多。因此，每一个晶面的衍射相干叠加的极大条件为

$$\theta' = \theta \tag{17-22}$$

即晶面对 X 射线的散射可以简化为晶面对 X 射线的“反射”。

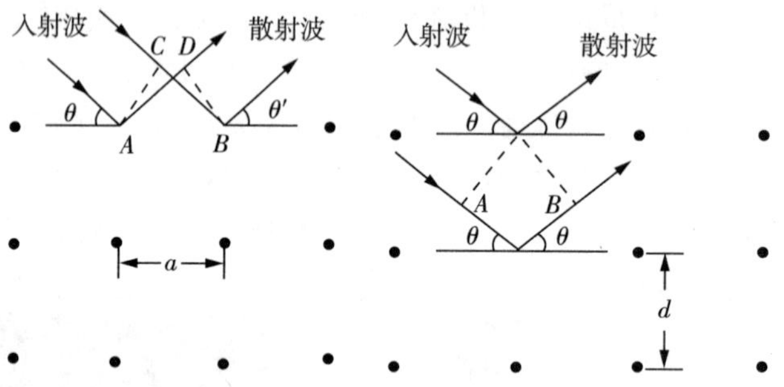

图 17-16　推导布拉格公式用图

不同晶面反射光相干叠加如图 17-16 所示。设相邻晶面间距为 d，则相邻晶面的反射光之间的光程差 $\delta = 2d\sin\theta$，当该光程差等于波长的整数倍，即

$$2d\sin\theta = k\lambda,\ k=1,2,3,\cdots \tag{17-23}$$

干涉加强，也就是晶体衍射的条件，称为**布拉格公式或布拉格条件**。X 射线的衍射已广泛用于生产、科研中，主要实验方法有劳厄照相法、德拜粉末法。对于晶格常数未知的单晶体，采用具有连续谱的 X 射线衍射，用照相底片测量记录衍射光的强

度和方位角，这就是**劳厄照相法**。由于采用的是连续谱的X射线，入射X射线具有一定的波长范围，所以总有某一特定的波长在特定的方位角上满足布拉格公式，进而确定晶格常数。德拜粉末法是根据已知波长的X射线投射到晶体粉末上，根据德拜圆环的半径，计算出发生衍射的掠入射角，进一步计算粉末样品的晶格常数，从而研究晶体的结构及性能。生物DNA双螺旋结构就是X射线衍射的结果确定的。

本章小结

1. 光的衍射现象　惠更斯-菲涅耳原理

光的衍射：当光遇到障碍物后，绕过障碍物偏离直线传播而进入其几何阴影区，并在屏幕上出现光强不均匀分布现象，叫光的衍射。

惠更斯—菲涅耳原理：波面上的任意一点都可以看作是新的振动中心，它们发出球面次波，空间任意一点 P 的振动是该波面上所有次波在该点的相干叠加。

衍射的分类：通常分为菲涅耳衍射和夫琅禾费衍射两类。

菲涅耳衍射：光源和观察屏(或二者之一)离衍射屏的距离有限远时的衍射。

夫琅禾费衍射：光源和观察屏都离衍射屏无限远时的衍射。

2. 单缝的夫琅禾费衍射

单色光垂直入射时，衍射明纹条件

$$a\sin\theta = \pm(2k+1)\cdot\frac{\lambda}{2}, k=1,2,3,\cdots$$

衍射暗纹条件

$$a\sin\theta = \pm k\lambda, k=1,2,3,\cdots$$

第 k 级衍射暗纹对应的衍射角

$$\theta_k \approx \sin\theta_k = \pm\frac{k\lambda}{a}, k=1,2,3,\cdots$$

第 k 级衍射明纹对应的衍射角

$$\theta_k \approx \sin\theta_k = \pm\frac{(2k+1)\cdot\lambda}{2a}, k=1,2,3,\cdots$$

第 k 级衍射暗纹中心在接收屏上的位置

$$x_k = \pm\frac{k\lambda}{a}f, k=1,2,3,\cdots$$

第 k 级衍射明纹中心在接收屏上的位置

$$x_k = \pm \frac{(2k+1)\lambda}{2a} f, k = 1,2,3,\cdots$$

衍射条纹中央明纹的线宽度

$$\Delta x' = \frac{2f}{a}\lambda$$

3. 衍射光栅

光栅:大量等宽等间距的平行狭缝(或反射面)构成的光学元件。

光栅常数:若透光(或反光)部分的宽度用 a 表示,不透光(或不反光)部分的宽度用 b 表示,则光栅常数 $d = a + b$,它是光栅的重要参数。

光栅方程:单色光垂直入射时,主极大值位置满足光栅方程,即

$$d\sin\theta = \pm k\lambda, k = 0,1,2,\cdots$$

缺级现象:当多光束干涉的主明纹位置恰好为单缝衍射的暗纹中心时,这些主明纹将在屏上消失,这种现象称为缺级现象。

缺级条件:

$$k = \frac{d}{a}k'$$

光栅光谱:当用白色光入射光栅,除中央明纹外,不同波长的同一级衍射明纹的角位置不同,并按波长由短到长(由紫到红)的次序在中央明纹的两侧依次排列,每一干涉级次都是这样的谱线,这种由光栅衍射产生的按波长排列的谱线称为光栅光谱。

圆孔的夫琅禾费衍射:单色光垂直入射时,中央亮斑的角半径为 θ,且

$$\theta \approx \sin\theta = 1.22\frac{\lambda}{D} = \frac{d/2}{f}$$

4. 光学仪器的分辨能力

瑞利判据:对于两个等光强的非相干物点,如果其中一个物点衍射像的主极大和另一个物点衍射像的第一极小相重合时,认为两个像恰好可以分辨。

望远镜的最小分辨角

$$\theta_0 = 1.22\frac{\lambda}{d}$$

望远镜的分辨率能力

$$R=\frac{1}{\theta_0}=\frac{d}{1.22\lambda}$$

显微镜的数值孔径

$$N.A.=n\sin u$$

显微镜的最小分辨距离

$$y=0.61\frac{\lambda}{n\sin u}=0.61\frac{\lambda}{N.A.}$$

5. 晶体的 X 光衍射

$$2d\sin\theta=k\lambda, k=1,2,3,\cdots$$

其中 θ 为掠射角，d 为晶面间距(晶格常数)。

思考题

17-1　在单缝衍射中，为什么衍射角 θ 越大的那些明条纹的光强越小？

17-2　在单缝衍射中，增大波长与增大缝宽对衍射图样分别产生什么影响？

17-3　在观察夫琅禾费衍射装置中，透镜的作用是什么？

17-4　用白光垂直入射单缝时，夫琅禾费衍射条纹分布如何？

17-5　产生衍射条纹与产生干涉条纹的根本原因有差别吗？为什么？

17-6　若放大镜的放大倍数足够高，是否能看清任何细小的物体？

17-7　为什么天文望远镜的物镜直径都很大？

17-8　光栅中主极大明条纹条件是 $(a+b)\sin\varphi=\pm k\lambda$，而单缝衍射中，暗条纹条件是 $a\sin\varphi=\pm k\lambda$，上述两公式有矛盾吗？为什么？

17-9　光栅衍射与单缝衍射有何区别？为何光栅衍射的明条纹特别明亮而暗区很宽？

17-10　如何理解光栅的衍射条纹是单缝衍射和多缝干涉的总效应？

17-11　X 射线为什么不能用一般光栅来观察其衍射现象？

习题

一、选择题

17-1　在单缝衍射实验中，缝宽 $b=0.2$ mm，透镜焦距 $f=0.4$ m，入射光波长 $\lambda=500$ nm，则在距离中央亮纹中心位置 2 mm 处是亮纹还是暗纹？从这个位置看上去可以把波阵面分为几个半波带？(　　)

(A) 亮纹，3 个半波带　　(B) 亮纹，4 个半波带

(C) 暗纹，3 个半波带　　(D) 暗纹，4 个半波带

17-2　在夫琅禾费单缝衍射实验中，对于给定的入射单色光，当缝宽度变宽，同时使单缝沿垂直于透镜光轴稍微向上平移时，则屏上中央亮纹将(　　)。

(A) 变窄,同时向上移动　　(B) 变宽,不移动

(C) 变窄,不移动　　(D) 变宽,同时向上移动

17-3　波长为500 nm的单色光垂直入射到宽为0.25 mm的单缝上,单缝后面放置一凸透镜,凸透镜的焦平面上放置一光屏,用以观测衍射条纹,今测得中央明条纹一侧第三个暗条纹与另一侧第三个暗条纹之间的距离为12 mm,则凸透镜的焦距 f 为(　　)。

(A)2 m　(B)1 m　(C)0.5 m　(D)0.2 m

17-4　波长为550 nm的单色光垂直入射到光栅常数为 $d = 1.0 \times 10^{-4}$ cm的光栅上,可能观察到的光谱线的最大级次为(　　)。

(A)4　(B)3　(C)2　(D)1

17-5　某元素的特征光谱中含有波长分别为 $\lambda_1 = 450$ nm和 $\lambda_2 = 750$ nm的光谱线,在光栅光谱中,这两种波长的谱线有重叠现象,重叠处的谱线 λ_2 主极大的级数将是(　　)。

(A)2,3,4,5,…　(B)2,5,8,11,…

(C)2,4,6,8,…　(D)3,6,9,12,…

二、填空题

17-6　在单缝夫琅禾费衍射中,若单缝两边缘点 A,B 发出的单色平行光到空间某点 P 的光程差为 1.5λ,则 A,B 间可分为________个半波带,P 点处为________(填明或暗)条纹。若光程差为 2λ,则 A、B 间可分为________个半波带,P 点处为________(填明或暗)条纹。

17-7　在单缝夫琅禾费衍射实验中,设第一级暗纹的衍射角很小。若钠黄光($\lambda_1 = 589$ nm)为入射光,中央明纹宽度为4.0 mm;若以蓝紫光($\lambda_2 = 442$ nm)为入射光,则中央明纹宽度为________。

17-8　一束单色光垂直入射在光栅上,衍射光谱中共出现5条明纹。若已知此光栅缝宽度与不透明部分宽度相等,那么在中央明纹一侧的两条明纹分别是第________级和第________级谱线。

17-9　一束平行光垂直入射在光栅上,该光束包含有两种波长的光 $\lambda_1 = 440$ nm和 $\lambda_2 = 660$ nm。实验发现,两种波长的谱线(不计中央明纹)第二次重合于衍射角 $\varphi = 60°$ 的方向上,则此光栅的光栅常数 $(a + b) =$ ________。

17-10　人的眼瞳直径约为3.0 mm,对视觉较为灵敏的光波长为550.0 nm。若在教室的黑板写一个等号,其两横线相距为4.0 mm,则教室的长度不超过________时,最后一排的人眼睛才能分辨这两横线。

三、计算题

17-11　在单缝衍射实验中,缝宽 $b = 0.6$ mm,透镜焦距 $f = 0.4$ m,单色光垂直照射狭缝,在屏上离中心 $x = 1.4$ mm处的 P 点看到了衍射明纹,求:(1) 单色光的波长 λ;(2) 点 P 条纹的级数;(3) 从 P 点看上去可以把波阵面分为几个半波带?

17-12　波长为 $\lambda = 589.0$ nm的单色平行光,垂直照射到宽度为 $a = 0.40$ mm的单缝上,紧贴缝后放一焦距为 $f = 1.0$ m的凸透镜,使衍射光射于放在透镜焦平面处的屏上。试求:(1) 第一级暗条纹离中心的距离;(2) 第二级明条纹离中心的距离。

17-13　单缝宽为 0.10 mm，透镜焦距为 50 cm，用 $\lambda = 500$ nm 的绿光垂直照射单缝。求：(1) 位于透镜焦平面处的屏幕上中央明条纹的宽度和半角宽度各为多少？

(2) 若把此装置浸入水中($n = 1.33$)，中央明条纹的半角宽度又为多少？

17-14　在单缝夫琅禾费衍射实验中，波长为 λ 的单色光的第三级亮纹与 $\lambda' = 600$ nm 的单色光的第二级亮条纹恰好重合，试计算 λ 的数值。

17-15　用波长为 500 nm 的单色平行光，垂直入射到缝宽为 1 mm 的单缝上，在缝后放焦距 $f = 50$ cm 的凸透镜，并使光聚焦在观察屏上，求衍射图样的中央到一级暗纹中心、二级明纹中心的距离各是多少？

17-16　在夫琅禾费圆孔衍射中，设圆孔半径为 0.10 mm，透镜焦距为 50 cm，所用单色光波长为 500 nm，求在透镜焦平面处屏幕上呈现的艾里斑半径。

17-17　用 $\lambda = 589.3$ nm 的钠黄光垂直入射到一个平面透射光栅上，测得第三级谱线的衍射角为 $10.18°$，而用未知波长的单色光垂直入射时，测得第二级谱线的衍射角为 $6.20°$，试求此未知波长。

17-18　以波长范围为 400 ~ 700 nm 的白光垂直入射到一块每厘米有 6000 条刻线的光栅上。试分别计算第一级和第二级光谱的角宽度，两者是否重叠？

17-19　波长为 $\lambda = 600$ nm 的单色光垂直入射在一光栅上，其第二级和第三级明条纹分别出现在 $\sin\theta_2 = 0.20$ 与 $\sin\theta_3 = 0.30$，而第四级缺级。试问：(1) 光栅常数为多大？(2) 光栅上狭缝可能的最小宽度为多大？(3) 按上选定的 a，b 值，在屏上呈现多少明条纹。

17-20　已知天空中两颗星相对于一望远镜的角距离为 4.84×10^{-6} rad，由它们发出的光波波长 $\lambda = 550$ nm。望远镜物镜的口径至少要多大，才能分辨出这两颗星？

17-21　月球距地面约 3.86×10^5 km，设月光波长可按 $\lambda = 600$ nm 计算，问月球表面距离为多远的两点才能被地面上直径 $D = 1$ m 的天文望远镜所分辨？

17-22　已知入射的 X 射线束含有从 0.095 ~ 0.130 nm 范围内的各种波长，晶体的晶格常数为 0.275 nm，当 X 射线以 $45°$ 角入射到晶体时，问对哪些波长的 X 射线能产生强反射？

17-23　已知氯化钠晶体结构是简单的立方点阵，且相邻两离子之间的平均距离(即晶格常量) $d = 0.2819$ nm。若用波长 $\lambda = 0.154$ nm 的 X 射线照射在氯化钠晶体表面上，且只考虑与表面平行的晶面系，试问当 X 射线与表面分别成多大掠射角时，可观察到第一级和第二级主极大谱线。

未加偏振片的拍摄结果

加装偏振片的拍摄结果

对比上面两张图片，你发现有什么不同吗？

在使用相机拍摄水面的景物时，为什么在镜头前加上偏振片可以消除水面的倒影，同时使得水中的景象变得更加清晰、突出？

答案就在本章中。

第十八章　光的偏振

光的干涉现象和衍射现象充分显示了光的波动性质，证明了光是以波动的形式来传播。但这些现象不涉及光是横波还是纵波，因为不管是横波还是纵波都可以产生干涉和衍射现象。光的偏振现象进一步表明光的横波性。

根据麦克斯韦电磁理论，光是电磁波，其电场分量 $\boldsymbol{E}$、磁场分量 $\boldsymbol{B}$ 都与光的传播方向垂直，所以光波是一种横波。如果光波中，光矢量 $\boldsymbol{E}$ 的振动方向在传播过程中保持不变，只是它的大小随相位改变，这种光称为**线偏振光**。我们把这种光的振动方向和传播方向组成的平面称作**振动面**，很显然通过光的传播方向可以作很多振动面。对于线性偏振光，由于其光矢量保持在固定的振动面内，所以有的振动面包含此振动方向，有的振动面不包含此振动方向。也是说，光的振动方向在振动面内不具有对称性，这就是横波具有的偏振性的问题。而对于纵波来说，由于振动方向和光的传播方向一致，如果通过波传播的方向作很多波阵面，光振动方向总是包含在这些振动面内，因此就没有偏振性的问题。所以偏振是横波区别于纵波的一个最明显的标志。

§18－1　自然光和偏振光

一、自然光

自然光是大量原子同时发出的光波集合。其中每列光波是由一个原子或分子发出的线偏振波列，具有一确定的振动方向和相位，但是各波列之间没有任何关系，也就是说这些波列的振动方向和相位是无规则、随机变化。在垂直光波传播方向的平面观测，几乎各个方向都有大小不等、变化极其迅速的光矢量振动。振动方向可以取一切可能的方向，没有一个方向较其他方向更占有优势，即光矢量的振动在各方向上的分布是对称的，振幅也可以看成是完全相等，如图 18－1(a)。这种光矢量对于光的传播方向对称而又均匀分布的光叫作**自然光**，又称非偏振光。普通光源如太阳光、烛焰直接发出的光都是自然光。

在自然光中,任意取向的一个电矢量 $\boldsymbol{E}$ 都可以分解为两个相互垂直方向上的分量。如图 18-1(b) 所示,由于大量的线偏振光具有轴对称性,所有电矢量的振幅在两相互垂直的方向上的总分量相等,所以自然光可以看成两个振幅相同、振动相互垂直的非相干线性偏振光的叠加。这两个线性偏振光强各等于自然光光强的一半。自然光可以用图 18-1(c) 所示的方向表示。

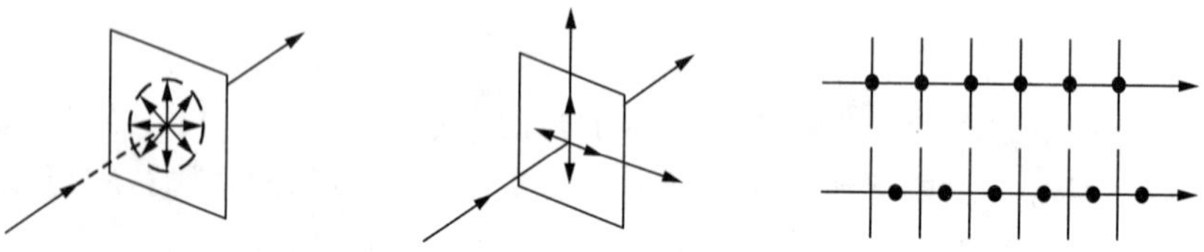

(a)　　(b)　　(c)

图 18-1　自然光

二、偏振光

1. 线偏振光

如果光在传播过程中,光矢量 $\boldsymbol{E}$ 的振动只限于某一确定的平面内(见图 18-2),则这种光称为**平面偏振光**。由于平面偏振光的光矢量 $\boldsymbol{E}$ 在与传播方向垂直的平面上的投影是一条直线,故又称为**线偏振光**。为了简明表示光的传播,用与传播方向垂直的短线表示在纸面内的光振动,而用点表示和纸面垂直的光振动,如图 18-2(a)(b) 所示分别表示振动面在纸面内和振动面与纸面垂直的线偏振光,短线和点都画成等间距分布。

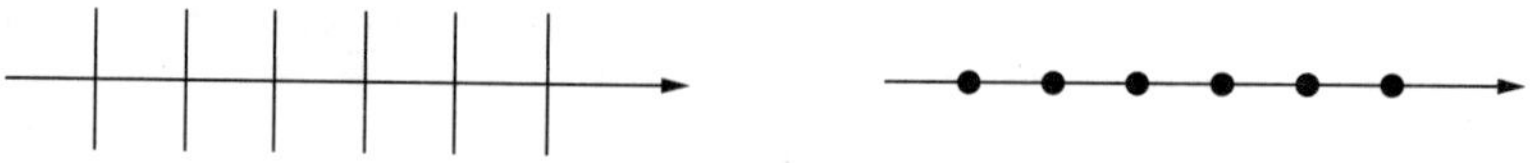

(a) 振动方向在纸面内的线偏振光　　(b) 振动方向垂直纸面的线偏振光

图 18-2　线偏振光

2. 部分偏振光

在垂直于光传播平面内,光矢量具有一切可能方向,但不同方向上的振幅不等,在两个互相垂直的方向上振幅分别具有最大值和最小值,具有这种特点的光称为**部分偏振光**。图 18-3 表示在垂直光的传播方向的平面内,光矢量的振动分布。部分偏振光可看作是由大量无固定相位关系且振幅不同的线偏振光组成的。和自然光一样,部分偏振光中任何一个方向的光矢量都可以分解成两个相互垂直方向的分量,与自然光不同的是它的光矢量振动不具有轴对称性,而在某个方向上具有优势,如图 18-4 所示,因此部分偏振光可用两个相互独立、没有固定相位关系、不等振幅且振动方向相互垂直的线偏振光表示。图 18－5 为部分偏振光的图线表示，图 18－5(a) 表示光振动平行于纸面较强的部分偏振光，图 18－5(b) 表示光振动垂直于纸面较强的部分偏振光。自然界中我们看到的光一般都是部分偏振光，例如蓝天白云、湖光山色，太阳发出的自然光经过这些景色反射后，绝大部分都已经是部分偏振光。

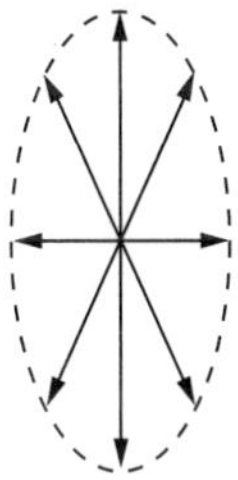

图 18－3　部分偏振光矢量分布

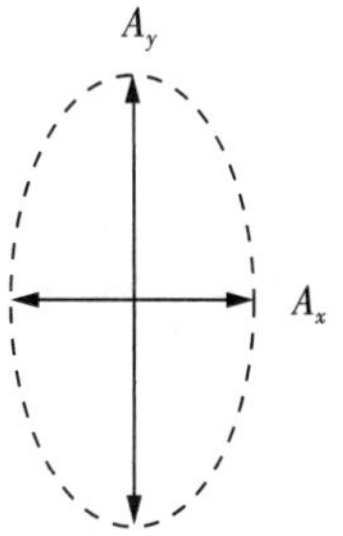

图 18－4　部分偏振光的分解

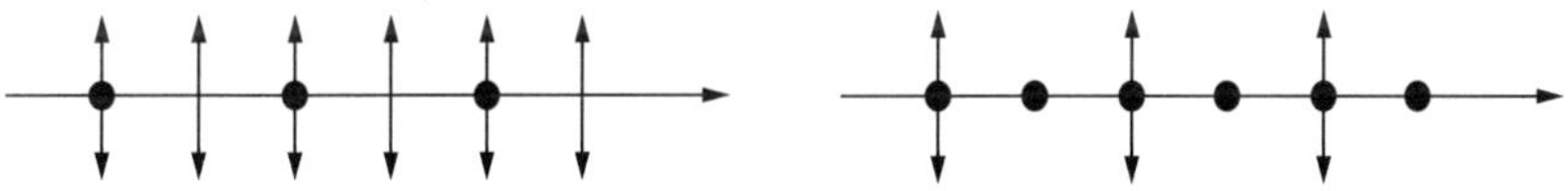

（a）平行于纸面较强的部分偏振光　（b）垂直于纸面较强的部分偏振光

图 18－5　部分偏振光表示法

3. 椭圆偏振光和圆偏振光

光在传播过程中，它的光矢量大小不变，而方向绕传播轴均匀地转动，端点的轨迹是一个圆，这样的光称为**圆偏振光**。若光在传播过程中，光矢量的大小和方向均匀变化，光矢量端点沿着一个椭圆轨迹转动，这样的光称**椭圆偏振光**。当迎着光的传播方向看时，若一个场点的光矢量端点描出的椭圆沿顺时针方向旋转，称之为**右旋椭圆偏振光**，如图 18－6(a) 所示；若沿逆时针方向旋转，称之为**左旋椭圆偏振光**，如图 18－6(b) 所示。

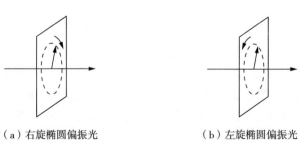

（a）右旋椭圆偏振光　（b）左旋椭圆偏振光

图 18－6　椭圆偏振光示意图

椭圆偏振光和圆偏振光可看成由两列频率相同、振动方向互相垂直、有确定的相位关系且沿同一方向传播的线偏振光叠加而得到。图 18－7 显示的是两线偏振光的相位差 $\Delta\varphi$ 与椭圆偏振光形态的关系。$\Delta\varphi$ 表示 y 方向的振动超前 x 方向的相位。当 $\Delta\varphi=\pi/2, 3\pi/2$，且两线偏振光振幅相等时，合成结果为圆偏振光；当 $\Delta\varphi=0, \pi$ 时，合成结果为线偏振光。因此，线偏振光和圆偏振光可看成是椭圆偏振光的特例。

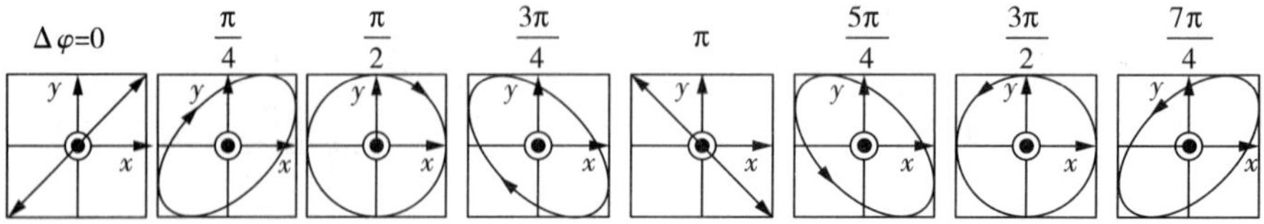

图 18－7　椭圆偏振光的形态与合成它的两线偏振光相位差的关系

§18－2　偏振片的起偏和检偏　马吕斯定理

一、偏振片的起偏和检偏

如果自然光经过某种光学元器件后出射的是偏振光，那么这一光学元器件称为**起偏器**。这种产生偏振光的过程称为**起偏**。矿物晶体电气石就是很好的起偏器，当自然光射到该晶体上，它能强烈地吸收某一方向振动的光，而对与之垂直方向上振动的光吸收很少，该方向上振动的光强度几乎不变。电气石的这种特性称为**二向色性**。二向色性晶体都存在一个特殊的方向，凡是从晶体中透射出的光，振动矢量都是沿着该方向，这个特殊的方向称为晶体的**透振方向**，也叫**透光轴**。只有振动方向与透振方向平行的光，才能从晶体透射，而振动方向与透振方向垂直的光，无法通过该晶体。除了电气石晶体外，硫酸碘奎宁晶体也是典型的二向色性晶体。

由于天然的电气石晶体较小，透光截面不大，目前广泛使用的获取偏振光器件是人造偏振片，叫作 H 偏振片。它是将聚乙烯薄膜在碘溶液中浸一段时间，然后从碘液中提出，并沿着聚乙烯分子链的方向拉伸。碘附着在长链上形成一条碘链，碘分子中的导电电子就能沿着长链流动。入射光波的电场沿着碘链方向的分量推动电子，对电子做功，因而被强烈地吸收；而垂直于碘链方向的分量不对电子做功，几乎能无损通过。这样透射光就成为线偏振光。除了 H 偏振片外，还有一种 K 偏振片，K 偏振片是将聚乙烯醇薄膜放在高温炉中通以氯化氢作催化剂，去掉聚乙烯醇分子中的若干水分子,形成聚合乙烯的细长分子,再单向拉伸而成。这种偏振片具有性能稳定、耐潮、耐高温等优点。

偏振片不仅可以用来起偏,也可以用来检测某一束光是否为偏振光。如图 18-8 所示,P_1 和 P_2 是两个平行放置的偏振片,自然光垂直入射于偏振片 P_1,透过的光将成为线偏振光,其振动方向平行于 P_1 的偏振化方向。透过 P_1 的线偏振光再入射到偏振片 P_2 上,如果偏振片 P_2 的偏振化方向与 P_1 的偏振化方向平行,该偏振光全部透过 P_2,即透过 P_2 的光强最大。如果两者的偏振化方向相互垂直,则该偏振光不能透过 P_2,即透过 P_2 的光强为零,称为**消光**。在此基础上,如果以光的传播方向为轴缓慢旋偏振片 P_2,则透过 P_2 的光由暗变明,再由明变暗,P_2 旋转一周将出现两次暗、明变化。如果射向 P_2 的光是部分偏振光,当转动 P_2 时,透射光会有明、暗的变化,但是不会出现消光现象。可见偏振片 P_2 的作用是检验入射光是否为偏振光,故称为**检偏器**。

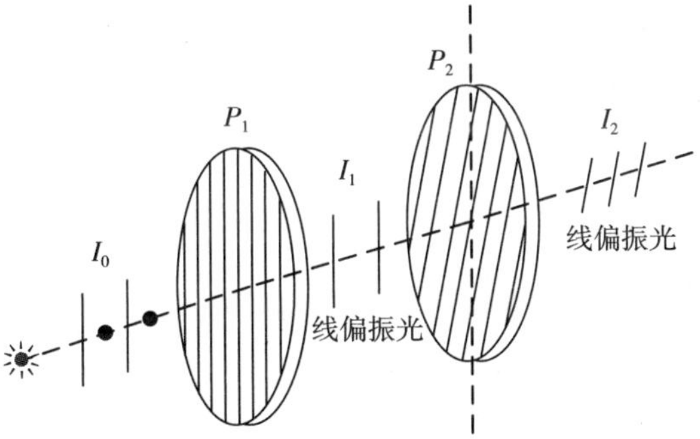

图 18-8　起偏和检偏

二、马吕斯定律

马吕斯在研究线偏振光透过检偏器后透射光的光强发现,透过的偏振光的强度满足

$$I(\theta)=I_0\cos^2\theta \tag{18-1}$$

式中 $I(\theta)$ 为透射线偏振光的强度,I_0 为入射线偏振光的强度,θ 为入射线偏振光的光矢量振动方向和偏振片的偏振化方向之间的夹角。这就是**马吕斯定律**。

马吕斯定律可以理解为,设入射线偏振光的振幅为 E_0,射到偏振片上,可将入射线偏振光按偏振片的偏振化方向和垂直偏振化方向分解,如图 18-9 所示。其中沿偏振化方向的振幅为 $E_0\cos\theta$,垂直偏振化方向的振动分量被偏振片吸收,透射光仅仅有偏振化方向的振动。由于光强与振幅平方成正比,忽略反射损失以及偏振片对平行与光轴的电矢量的少量吸收,透射线偏振光的强度由式(18-1)决定。当$\theta=90°$时,$I(90°)=0$,即入射线偏振光全部被偏振片吸收,透射光光强为零,称为消光。当$\theta=0°$时,$I(0°)=I_0$,入射线偏振光通过偏振片时强度不减。

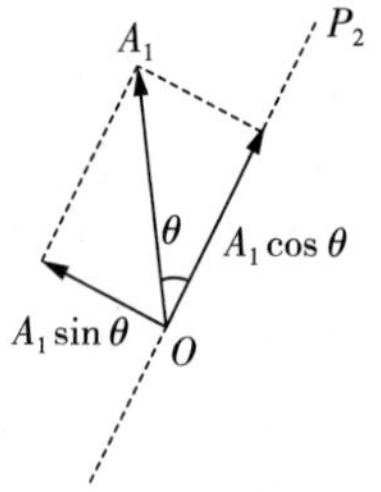

图 18-9　马吕斯定律图

例 18-1　用两偏振片平行放置作为起偏器和检偏器。在它们的偏振化方向成30°角时,观测一光源,又在成60°角时,观测同一位置处的另一光源。两次所得的强度相等,求两光源照到起偏器上的光强之比。

解:令I_1和I_2分别为两光源照到起偏器上的光强。透过起偏器后,光的强度分别为$\frac{I_1}{2}$和$\frac{I_2}{2}$。依据马吕斯定律,在先后观测两光源时,透过检偏振器的光的强度是

$$I_1'=\frac{I_1}{2}\cos^2 30°$$

$$I_2'=\frac{I_2}{2}\cos^2 60°$$

根据题意$I_1'=I_2'$,即

$$\frac{I_1}{2}\cos^2 30°=\frac{I_2}{2}\cos^2 60°$$

所以

$$\frac{I_1}{I_2}=\frac{\cos^2 60°}{\cos^2 30°}=\frac{1}{3}$$

§ 18-3　反射和折射时光的偏振　布儒斯特定律

当自然光在介质界面发生发射和折射时,可以将自然光分解成两个部分,一部分是光矢量平行于入射面的P波,另一部分是光矢量垂直于入射面的S波。由于P波和S波在界面的反射系数不一样,因此反射光和折射光一般都是部分偏振光。例如光波从空气入射玻璃介质中,在反射光束中S振动比P振动强,在折射光束中,P振动比S振动强,也就是说反射光和折射光都是部分偏振光。

由于P波和S波在界面的反射系数与入射角相关，随着入射角改变时，反射光以及折射光的偏振化程度也随之改变。当入射角等于一特定角度，使得入射光与折射光相互垂直，则P波的反射系数为零，这样，反射光线中只有S分量，即反射光为线偏振光。

这个特定的入射角叫作**起偏振角**，用 i_B 表示，如图18－10所示。折射角为 γ，则有

$$i_B + \gamma = 90^\circ \tag{18-2}$$

由折射定律，有

$$n_1 \sin i_B = n_2 \sin\gamma \tag{18-3}$$

式中 n_1，n_2 分别是入射光束和折射光束所在介质的折射率。由以上两个式子可得

$$n_1 \sin i_B = n_2 \sin\left(\frac{\pi}{2} - i_B\right) = n_2 \cos i_B \tag{18-4}$$

或者

$$\tan i_B = \frac{n_2}{n_1} \tag{18-5}$$

公式(18－5)所表示的关系称为**布儒斯特定律**，这个特殊的入射角 i_B 称为起偏振角，也称为**布儒斯特角**。如光从空气入射到玻璃界面上，$n_1 = 1$，一般玻璃折射率为1.5，则 $i_B = 57^\circ$。

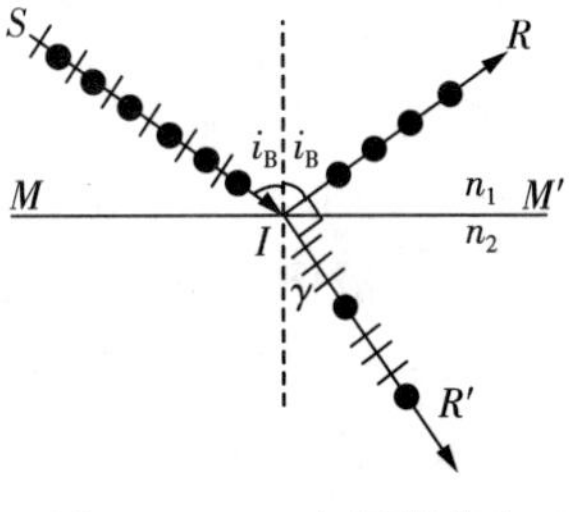

图18－10　布儒斯特角

根据布儒斯特定律，可以利用玻璃片来获得线偏振光。只要控制好入射光线的方向使入射角满足布儒斯特定律，反射光即为线性偏振光。一般情况下，若只用一片玻璃的反射和折射来获得线偏振光，尽管以布儒斯特角入射时，反射光为线偏振光，但光强很弱，折射光光强很强，但偏振程度低。为了解决这个矛盾，可以采用玻璃片堆来增强反射光的强度和折射光的偏振化程度，如图18－11所示，当自然光以布儒斯特角射向由许多玻璃片组成的玻璃片堆时，对于每一个玻璃与空气的分界面来说，入射角都相等并且等于布儒斯特角，光线每次遇到界面约有15％的S分量被反射，但P分量却是100％透过。通过多次的反射与折射，最后从玻璃片堆透射的光束中S分量很少，

几乎 100% 是 P 方向的线偏振光。

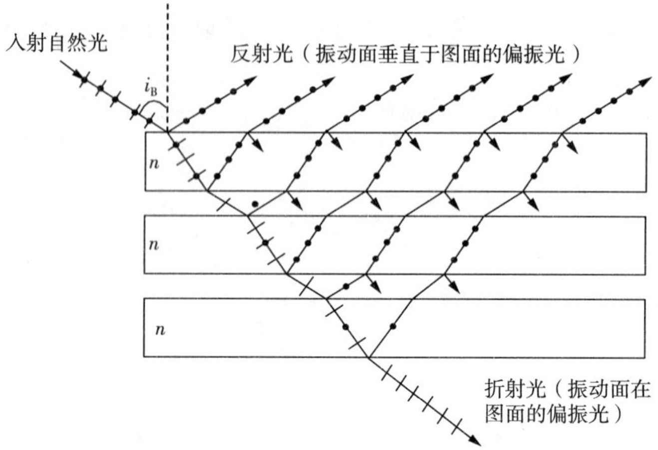

图 18-11　利用玻璃片堆产生的完全偏振光

*§18-4　光的双折射现象

一、双折射的基本概念

1. 寻常光和非常光

当一束光由一种介质进入另一介质时，在界面发生折射，它的折射光只有一束，这就是一般熟悉的折射现象。但是自然界还存在另一类物质，如方解石、石英等。当一束光射到这类物质上时，它的折射光不是一束，而是分裂成两束光线。这种一束入射光产生两束折射光的现象称作为**双折射现象**。如图 18-12 所示，将方解石晶体放在有字的纸面上，透过方解石晶体看到晶体底下的字呈现双像。当旋转方解石时，可以看到一个字不动，另外一个字绕着不动的字转动。这种现象表明折射光中一束光服从折射定律，另外一束光不服从折射定律。服从折射定律的光称为**寻常光**，通常用 o 表示；另一束不服从折射定律的光，即折射光线不一定在入射面内，而且对不同的入射角，入射角的正弦与折射角的正弦之比不是恒量，称为**非常光**，用 e 表示。应当注意所谓的 o 光和 e 光，只在双折射晶体的内部才有意义，射出晶体以后，就无所谓 o 光和 e 光。

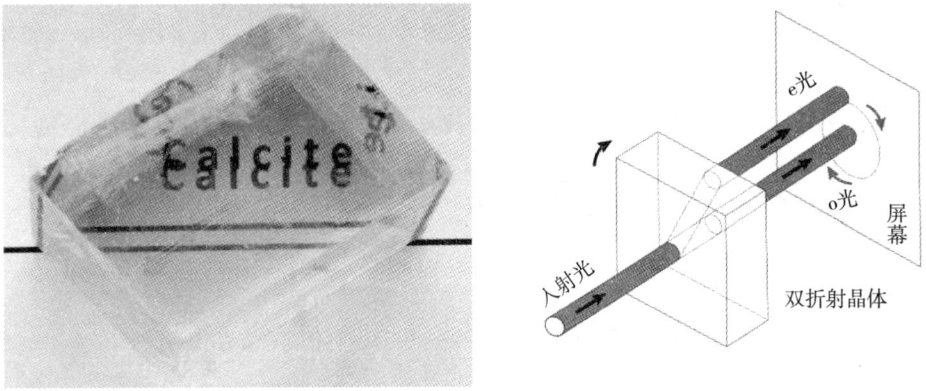

图 18-12　双折射现象

2. 光轴、主平面和主截面

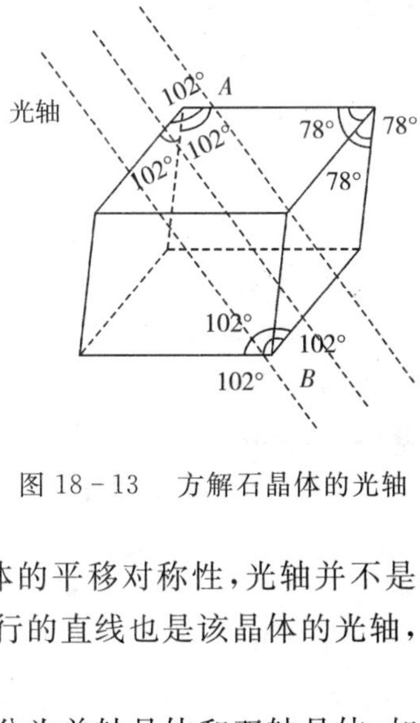

图 18-13　方解石晶体的光轴

在双折射晶体中，有一个特殊的方向，光沿着此方向入射时不发生双折射，这个方向被称为晶体的光轴。以天然方解石晶体为例，天然方解石的外形是平行六面体。如图 18-13 所示，每个表面都是钝角为 102°、锐角为 78° 的平行四边形。在方解石晶体的八个顶点中，有一对顶点是由三个 102° 的钝角面会合而成，这样的顶点成为钝顶角，其余六个顶点是由一个 102° 的钝角、两个 78° 的锐角构成。过钝顶角并且与该顶点的三条棱有相等夹角的直线为方解石的光轴。根据晶体的平移对称性，光轴并不是经过晶体的某一特定的直线，任意一条与上述光轴平行的直线也是该晶体的光轴，光轴是一个固定的方向。

双折射特性的晶体，根据其光轴的数目可以分为单轴晶体和双轴晶体，如方解石、石英、红宝石这类晶体只有一个光轴，称为**单轴晶体**，还有一类晶体如云母、蓝宝石、橄榄石、硫黄等具有两个光轴，称为**双轴晶体**。

为了说明 o 光和 e 光的偏振方向，引入主平面的概念。晶体中的光线与晶体光轴所构成的平面就是光在晶体中的**主平面**。o 光和 e 光各有一个主平面。o 光与光轴组成的平面称为 o 光主平面，e 光与光轴组成的平面称为 e 光主平面。实验研究表明，o 光和 e 光都是偏振光。o 光的振动矢量垂直于 o 光的主平面，e 光的振动矢量平行于 e 光的主平面。主截面指由光轴与晶面表面法线组成的面。一般情况下，光以任意的角度入射晶体，则入射面、主截面、o 光主平面、e 光主平面不重合。

所以o光和e光的电矢量方向一般不垂直。如果入射光线在主截面内,则o光和e光都在主截面内,因此,o光和e光主平面相互重合,o光和e光的电矢量方向垂直。单轴晶体中,一般情况下,o光和e光的主平面是不重合的,但若光线在由光轴和晶体表面法线组成的平面入射,则o光和e光都在这个平面内,这个平面也是o光和e光的共同主平面。所以,在实际应用中,选取入射面与主截面重合,即o光主平面、e光主平面和主截面重合,可以使双折射现象的研究大大简化。

二、单轴晶体中的双折射现象

惠更斯原理能够很好地说明光波的反射和折射,根据惠更斯原理可以确定单轴晶体中o光和e光的传播方向,从而说明双折射现象。

实验表明,在各向同性晶体中,光沿各个方向传播的速度都相同,即波面是球面。在各向异性的晶体中,光波的传播速度和光的传播方向、光矢量的振动方向有关。当光的振动方向与光轴垂直时,速度大小为 v_o,当光的振动方向与光轴平行时,速度大小为另一值 v_e,当光的振动方向与晶体光轴成任意角度时,光速数值介于 v_o 和 v_e 之间。凡是 $v_o > v_e$ 的晶体称为**正晶体**,如石英等,凡是 $v_o < v_e$ 的晶体称为**负晶体**,如方解石等。所以在各向异性晶体中,光波具有两个波振面,其中e光的波阵面为回转椭球面,o光的波阵面为球面,且e光的回转椭球面与o光的球面相切于光轴方向。各向异性的单轴晶体中的波面情况如图18-14所示。

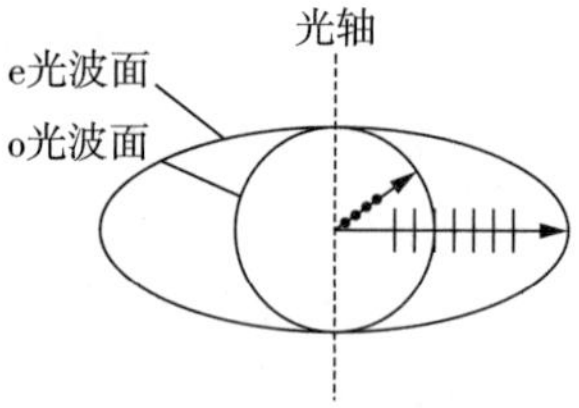

图18-14　方解石晶体内e光和o光的波面图

下面通过惠更斯原理作图法解释双折射现象。如图18-15所示,光轴在入射平面内,并与晶体的表面具有一定的斜角(图中虚线所示)。为了简化讨论,设入射光位于主截面内,则o光和e光的主平面都在主截面内。图中 AC 是入射平面波的一个波面,设入射波由 C 点传播到 D 点的时间为 t,则时间为 $t=CD/c$(c 为真空或者空气中的光速)。此时作为次波波源的 A 点已向晶体内发出次波,并形成两个次波振面分别为o光的球面次波和e光的回转椭球面次波,其中o光的子波面是以 $v_o t$ 为半径的半球面,e光的子波面为在光轴上与o光子波面相切于 G 点的半椭圆面,垂直于光轴方向的轴长为 $v_e t$。A,D 之间各点也先后发出次波面,根据惠更斯原理,这些次波波面的包络面 DE 就是o光在晶体中新波面。各回转椭球面次波波面的包络面 DF 则是e光在晶体中的新波面。AE 为一条折射光线,AF 为另一条折射光线。由此可见,o光和e光的传播方向不同,出现了双折射现象。

若光线垂直入射晶体表面时,如图18-16所示,两平行光线同时到达晶体界面

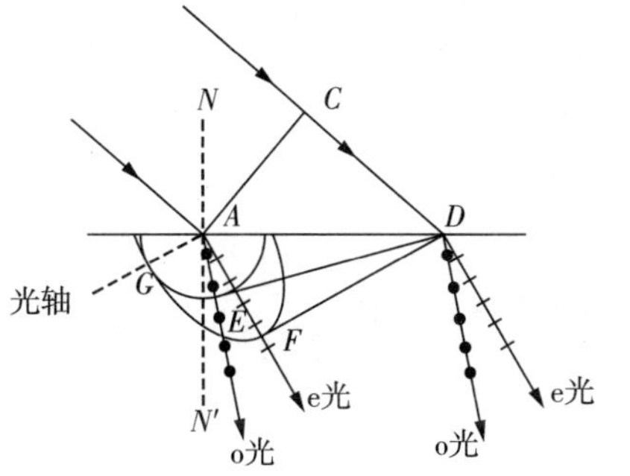

图 18－15　平面波倾斜射入方解石中的双折射

B 点和 D 点，同时作出 B，D 之间各点为次波波源，作出在晶体中传播的 o 光球面次波和 e 光回转椭球面次波波阵面，其包络面 EE' 为 o 光的新波面，其包络面 FF' 为 e 光的新波面，BE 和 BF 分别代表 o 光和 e 光的传播方向。

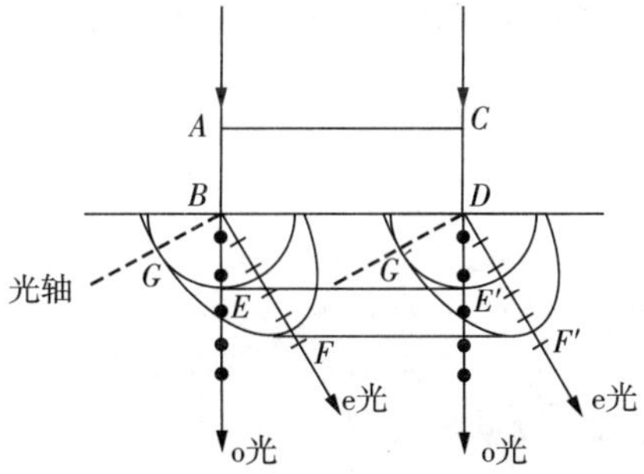

图 18－16　平面波垂直射入方解石中的双折射

晶体的双折射可以将自然光分解为两种振动方向不同的线偏振光 o 光和 e 光，且其偏振化程度很高，但两束光线分开得不大，容易混杂在一起。所以天然的双折射晶体不能直接作为起偏器使用，必须加以改造，下面简要地介绍尼科尔棱镜的工作原理。

尼科尔棱镜是用方解石晶体特殊形状加工而成。其结构如图 18－17 所示，取长宽比约为 3∶1 的透明方解石，将两个端面进行打磨，使两个端面与底面角度由 71°变成 68°，然后将晶体沿垂直于 $ACNM$ 的 $AQNR$ 面剖开，并用加拿大树胶黏合起来，此装置被称为**尼科尔棱镜**。其起偏原理如图 18－18，自然光从左端面入射晶体后，被分解为 o 光和 e 光，并以不同的入射角射到晶体与加拿大树胶的界

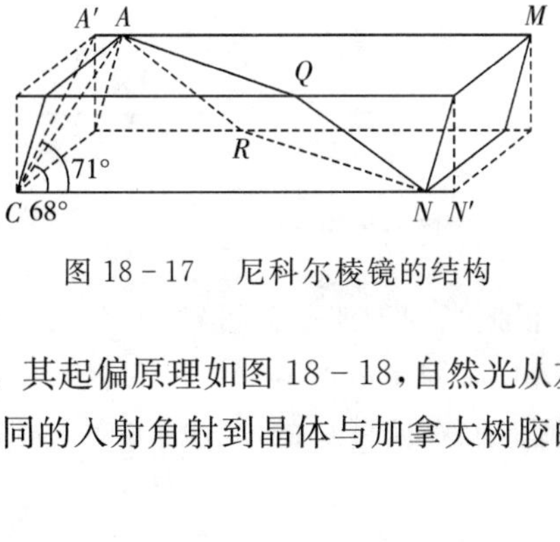

图 18－17　尼科尔棱镜的结构

面,由于加拿大树胶的折射率为1.550,小于晶体对o光的折射率($n_o = 1.658$)而大于晶体对e光的折射率($n_e = 1.486$),所以对o光而言,是由光密介质射入光疏介质,棱镜的特殊处理使得其在界面入射角大于临界角(69.2°)而发生全反射,最后被涂黑面吸收。而e光在界面上是由光疏介质射入光密介质,所以能够透过树胶层,最后从棱镜右端出射。所以从尼科尔棱镜射出的光是线偏振光,线偏振光的振动面与尼科尔棱镜的主截面相同,因此,利用尼科尔棱镜可以获得线偏振光。尼科尔棱镜射是苏格兰物理学家尼科尔(W. Nicol)于1828年发明的,是获得线偏振光的有效光学器件,至今仍有广泛的应用。

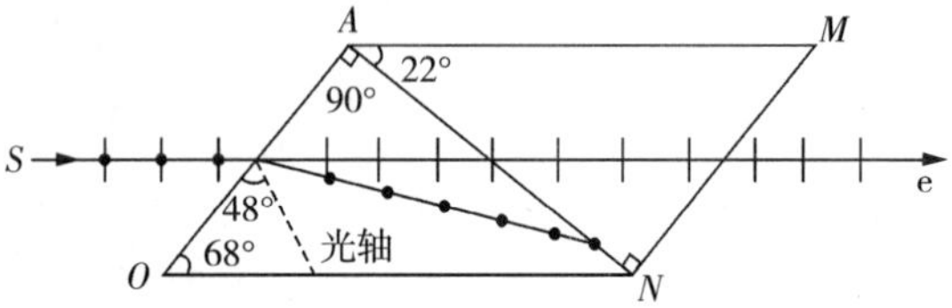

图 18-18　尼科尔棱镜的原理

除此之外,还可以利用晶体的二向色性获得偏振光。例如电气石对o光的吸收率要比e光大得多,白光通过1 mm厚的电气石薄片,o光几乎全部被吸收,而e光略微被吸收。

在科研和工业技术中广泛使用的起偏、检偏元件——人造偏振片就是利用二向色性很强的细微晶体物质的涂层制造的。例如,将碘化硫酸金鸡纳微晶浮悬在胶体中,当胶体拉成薄膜时,这些微晶随着拉伸方向整齐排列,起到一块大片二向色性晶体的作用,这样可制成大面积的偏振片。再如,把聚乙烯醇薄膜加热沿一定方向拉伸,使碳氢化合物分子沿拉伸方向排列起来,然后浸入含碘的溶液中取出烘干即制成H偏振片。将聚乙烯醇薄膜放在高温炉中,通以氯化氢,除去聚乙烯醇分子中的一些水分子,形成聚乙烯醇的细长分子,再单向拉伸即可制成K偏振片。由于偏振片具有制作成本低廉、轻便、可大量生产等优点,所以在实际工业生产中具有广泛的应用。

* §18-5　偏振光的干涉

一、偏振光的干涉

根据光的干涉条件可知,两个振动方向互相垂直的线偏振光,即使它们具有相同的频率、固定的相位差,也不能产生干涉。但是如果让这两束光再通过一偏振片,则它们在偏振片的透光轴方向上的振动分量就可以产生干涉。图18-19是观察偏振光干涉的装置图，在偏振片 P_1 和 P_2 之间放一个厚度为 d 的晶片 W，三者表面互相平行。一束平行的自然光经偏振片 P_1 后成线性偏振光，然后入射到晶片 W 上，设晶片的光轴沿 x 轴方向，偏振片 P_1 的透光轴与 x 轴的夹角为 θ，那么入射线偏振光在晶片内将分解为 o 光和 e 光。它们由晶片射出后，可以看成两束具有一定相位差的线偏振光，让它们再入射到偏振片 P_2，则只有在偏振片 P_2 透光轴方向的振动分量可以通过，因此出射的两束线偏振光在同一个方向上能产生干涉。常见的偏振光干涉实验中偏振片 P_1 和 P_2 的透光轴是互相垂直或平行的，下面对偏振片 P_1 和 P_2 的透光轴互相垂直的情况进行分析。

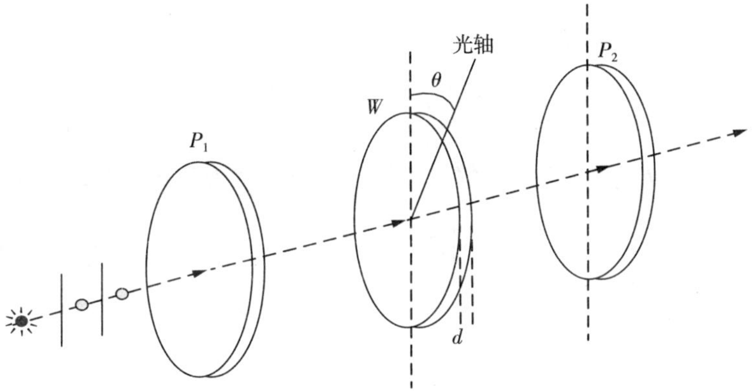

图 18－19　偏振光的干涉

偏振光干涉的振幅矢量如图 18－20 所示，取偏振片 P_1 透光轴方向为 y 方向，偏振片 P_2 透光轴方向为 x 方向，设波晶片 W 的光轴与偏振片 P_1 的偏振化方向的夹角为 θ，A 为从偏振片 P_1 射出的偏振光的振幅，则从波晶片 W 射出的 o 光和 e 光的振幅分别为

$$A_o = A\sin\theta, A_e = A\cos\theta \tag{18-6}$$

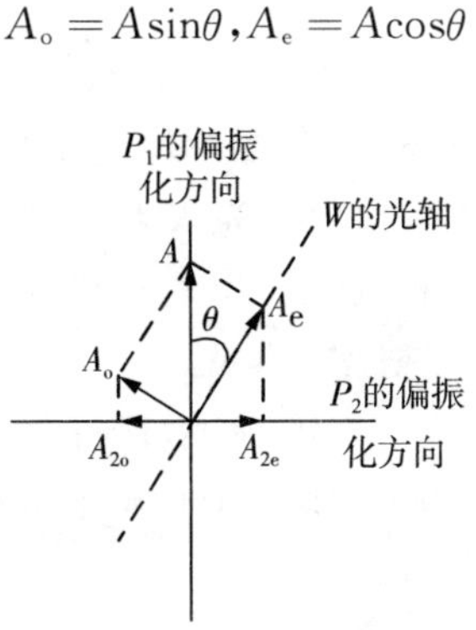

图 18－20　偏振光干涉振幅矢量图

这两束光线通过偏振片 P_2 时,只有和 P_2 偏振化方向平行的分振动可以透过,所以从偏振片 P_2 射出的两束光的振幅分别为

$$A_{2e}=A_e\sin\theta \quad A_{2o}=A_o\cos\theta \tag{18-7}$$

将式(18-6)代入式(18-7)得

$$A_{2o}=A\cos\theta\sin\theta, \quad A_{2e}=A\cos\theta\sin\theta \tag{18-8}$$

由此可知,透过偏振片 P_2 的光是由透过 P_1 的线偏振光所产生的,它们满足振动方向相同、振幅相等,有恒定相位差,因此能够产生干涉现象。它们之间的相位差为

$$\Delta\varphi=\frac{2\pi}{\lambda}(n_o-n_e)d+\pi \tag{18-9}$$

其中 $\frac{2\pi}{\lambda}(n_o-n_e)d$ 是 o 光和 e 光的在波晶片 C 中所产生的相位差;第二项 π 是由于从波晶片中出射的两束线偏振光的光矢量 A_o 和 A_e 在偏振片 P_2 的偏振化方向的投影方向恰好相反引起的,即它们之间具有 π 的投影相位差。

根据光的相干叠加条件可知,当由偏振片 P_2 中透射出来的两束线偏振光的相位差满足以下条件

$$\Delta\varphi=\frac{2\pi}{\lambda}(n_o-n_e)d+\pi=2k\pi, k=1,2,3,\cdots \tag{18-10}$$

干涉加强,视场最明亮;当由偏振片 P_2 中透射出来的两束线偏振光的相位差满足

$$\Delta\varphi=\frac{2\pi}{\lambda}(n_o-n_e)d+\pi=(2k+1)\pi, k=1,2,3,\cdots \tag{18-11}$$

此时,干涉相消,视场最暗。

若晶片厚度均匀,当用单色自然光入射,干涉加强时,P_2 后面的视场最亮;干涉减弱时,视场最暗,并无干涉条纹,若晶片厚度不均匀,各处的干涉情况不同,则视场中将会出现干涉条纹。若采用白色光入射,不同波长的光会有不同的加强减弱条件,当晶片的厚度一定时,视场中将出现一定的色彩,这种现象称**色偏振**。色偏振现象有着广泛的应用,例如根据不同晶体在起偏器和检偏器之间形成不同的干涉彩色条纹,可以精确地鉴别矿石的种类,研究晶体内部的结构,使用偏光显微镜来观察岩石样品中的矿物组成、矿物结晶的形态和分布情况。

二、人为双折射

某些各向同性的透明介质,例如玻璃、塑料、硝基苯等,在通常情况下是各向同

性的，但在受到外界的作用时，就变成各向异性而显示出双折射性质；也有一些液体和气体在受到电场或磁场作用下，介质内部结构和原有各向同性特征遭到破坏，成为各向异性介质，产生光的双折射现象。这类双折射现象都是在外界条件（或人为条件）影响下产生的，所以称为**人为双折射**。

1. 光弹性效应

玻璃、塑料、树脂等在通常情况下是各向同性的，但在机械应力的作用下，它们会变成各向异性，从而产生双折射现象，这种现象称为**光弹性效应**。观察压力作用下双折射现象所用的装置，如图 18－21 所示，P_1 和 P_2 为两块偏振化方向相互垂直的偏振片，E 为玻璃、塑料等各向同性材料制成的样品。沿 OO' 方向，对样品 E 施加压力或拉力，这时样品 E 具有以 OO' 方向为光轴的晶体的性质，故当光线入射到样品后会产生双折射现象。设样品的厚度为 d，实验表明通过样品后 o 光和 e 光的相位差为

$$\Delta\varphi=\frac{2\pi}{\lambda}C\sigma d \tag{18-12}$$

式中 C 为样品的材料系数，它与具体材料的性质有关，σ 为应力。

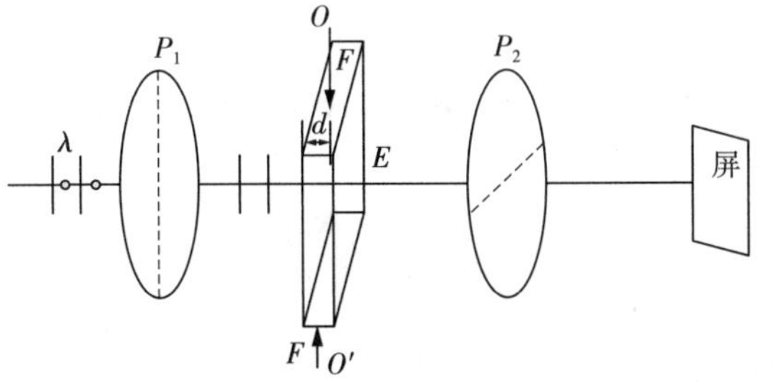

图 18－21　光弹性效应

通过式（18－12）可知，应力越集中的地方，该处介质的各向异性就越强，对应的相位差也越大，干涉条纹变密集，因此在工业上可以制成各种零件的透明模型，然后在外力的作用下，观察分析这些干涉条纹的形状，从而判断模型内部的受力情况，这就是光弹性方法。

2. 电光效应

某些各向同性的物质，在外界强大的电场作用下，会变成各向异性介质，显示出双折射现象，这种现象称为**电光效应**。电光效应是英国科学家克尔在 1875 年发现的，故又称为**克尔效应**。图 18－22 是观察克尔效应的装置图，M 是一个盛有硝基苯液体的小盒，称为克尔盒，克尔盒内装有长为 l、相距为 d 的两块平行板电极，P_1 和 P_2 为两相正交的偏振片。

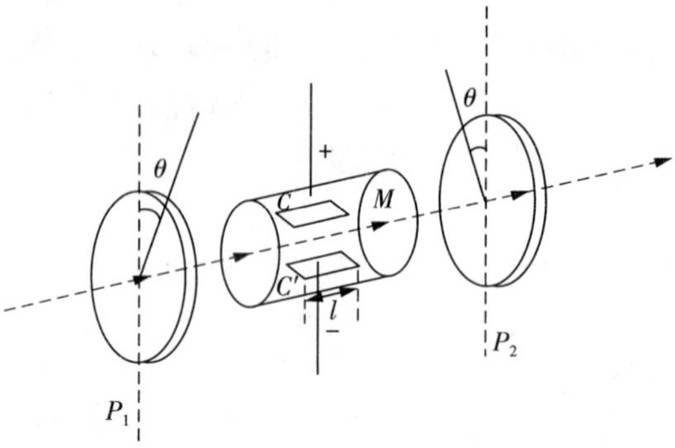

图 18 - 22　克尔电光效应

不加电场时,液体各向同性,由于 P_1 和 P_2 两偏振片正交,所以光不能通过偏振片 P_2;加上电场后,克尔盒中液体分子因电场的作用定向排列显示出各向异性,其光学性质和单轴晶体类似,光轴沿电场方向,这时存在双折射现象,有光通过偏振片 P_2,实验表明,介质对 o 光和 e 光的折射率之差与所加电场强度 E 的平方以及光在真空中的波长 λ_0 成正比,即

$$n_e - n_o = K\lambda_0 E^2 \tag{18-13}$$

若施加在两极板上的电压为 U,则通过两极板之间的液体后,o 光和 e 光的光程差为

$$\Delta = Kl\frac{U^2}{d^2}\lambda_0 \tag{18-14}$$

式中 K 为克尔常量,视液体的种类而定。

由式(18 - 14)可知,当施加在克尔盒上的电压变化时,则光程差也发生变化,从而透过 P_2 偏振片的光强也发生变化。由于克尔效应产生和消失的时间极短(约 10^{-19} s),因而可使光强的变化非常迅速,可作为高速光开关、电光调解器,已经广泛用于高速摄影、测距以及激光通信装置。

此外还有一种非常重要的电光效应,称为泡克尔斯效应。其中最典型的是 KH2PO4 晶体和 NH4H2PO4 晶体所产生的。在电场的作用下,这些晶体会变成双轴晶体,沿原来的光轴方向产生双折射现象,与克尔效应不同的是,其对 o 光和 e 光的折射率与所加的电场强度的一次方成正比,所以常称为**线性电光效应**,又称为**泡克尔斯效应**,利用晶体制成泡克尔斯盒已经被用作高速快门、激光器的 Q 开关,广泛用于科研、工业生产以及生活中。

3. *磁致双折射效应*

和电场作用下产生的双折射现象相似,在强磁场作用下,某些非晶体也能产生各向异性，因此当光通过受磁场作用的非晶体时也能产生双折射现象，这种现象称为**磁致双折射现象**。实验表明，非晶体对 o 光和 e 光的折射率之差与所加磁场强度的平方成正比，即

$$n_e - n_o = C\lambda_0 H^2 \tag{18-15}$$

其中 λ_0 是光在真空中的波长，C 是与非晶体的性质和光波波长有关的常量，一般情况下，C 都很小，所以只有在强磁场作用下才能观测到双折射现象。磁致双折射现象的成因可解释为物质分子磁矩受到磁力矩的作用，各分子对外磁场具有一定的取向，使物质在宏观上有各向异性的性质，从而获得类似晶体各向异性的双折射现象。

* §18－6　旋光现象

1811 年，法国物理学家阿喇戈(D. F. J. Arago) 发现，一束线偏振光沿石英晶体的光轴传播时，其偏振面会连续的偏转，这种现象称为**旋光现象**，如图 18－23 所示。

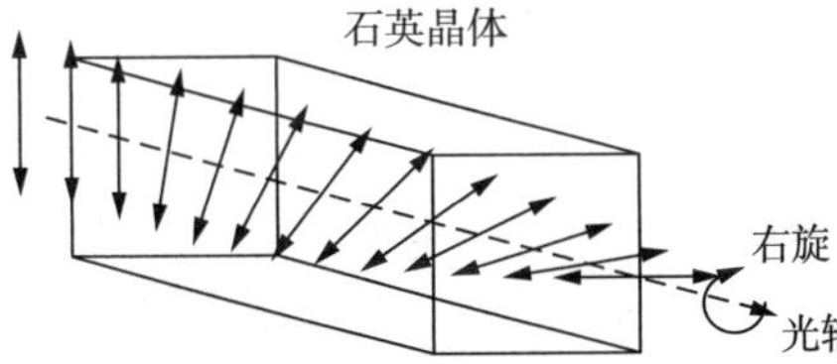

图 18－23　石英的旋光性

物理学家发现除了石英晶体，很多液体如松节油、乳酸、糖的溶液等也具有旋光性，此外，不同的旋光物质可以使偏振光的振动面向不同的方向旋转。迎着光传播方向看去，使振动面向右(顺时针方向) 旋转的物质称为**右旋物质**，使振动面向左(逆时针方向) 旋转的物质称为**左旋物质**。进一步研究发现，同一种物质也具有右旋和左旋两种类型。例如天然石英晶体有右旋石英和左旋石英。它们的分子式都是 SiO_2，但其内部分子排列的螺旋形结构绕行方向不同，不论内部结构还是天然外形，左旋和右旋晶体均互为镜像。

旋光现象的规律概述：

(1) 线偏振光的振动面旋转的角度 θ 与光线在晶体内通过的路程 l 成正比，即

$$\theta = \alpha l \tag{18-16}$$

式中 α 称为旋光率，单位为 $°/(\mathrm{dm \cdot g \cdot cm^{-3}})$。不同晶体的旋光率不同，晶体的旋光率还与入射光的波长有关。对于石英，$\alpha_{4047Å} = 48.9°/\mathrm{mm}$，$\alpha_{5461Å} = 25.5°/\mathrm{mm}$，$\alpha_{7281Å} = 13.9°/\mathrm{mm}$，所以当偏振白光通过旋光性物质后，不同色光旋转的角度不同而分散在不同的平面内，这种现象叫作**旋光色散**。

(2) 溶液中线偏振光的振动面旋转的角度 θ 和光在液体中通过的路程 l 成正

比,也和溶液的浓度 C 成正比:

$$\theta=[\alpha]Cl \tag{18-17}$$

式中 $[\alpha]$ 称为溶液的比旋光率,其单位为 $°/(\mathrm{dm}\cdot\mathrm{g}\cdot\mathrm{cm}^{-3})$,化工中可以利用式(18-17)所示的溶液旋光规律测量旋光物质的浓度。

1845 年法拉第发现,当线偏振光通过某些加有纵向磁场的介质后,振动面会发生旋转,这就是**磁致旋光效应**或**法拉第磁光效应**。如图 18-24 所示,在两个正交的偏振片之间放置某些物质(玻璃、二氧化硫、汽油等),在沿着光传播的方向加上磁场,则偏振光通过介质后振动面转过一定的角度。

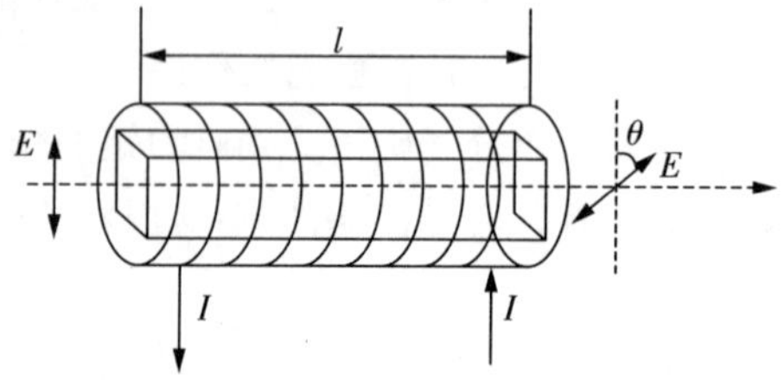

图 18-24　法拉第磁光效应

实验表明,对于给定的均匀介质,线偏振光振动面旋转的角度 φ 与样品的长度 l 以及磁感应强度 B 成正比:

$$\varphi=VlB \tag{18-18}$$

V 叫作维尔德(Verdet)常数,一般物质的维尔德常数都很小,而液体中的二氧化硫的 V 值较大,为 $0.042'/(\mathrm{cm}\cdot\mathrm{Gs})$,固体中的火石玻璃的 V 值可以达到 $0.09'/(\mathrm{cm}\cdot\mathrm{Gs})$。

在使用相机拍摄水面的景物、池中的游鱼、玻璃橱窗里的陈列物时,由于水面、玻璃面的反射光(部分偏振光),景象常常不清楚。本章开篇给大家提出了有趣问题,上、下两幅图片对比后大家能看到,下边图片水中的枯树和石子看得很清楚,水面上岸边的树枝倒影被消除了,这是因为相机镜头前装了偏振片,当旋转到合适的角度时,能有效地削弱反射光,因而可以使水中景象变得清晰。

本章小结

1. 自然光和线偏振光

自然光:光是横波。在垂直于光传播方向的平面内,光振动(即电场振动)均匀对称分布,各方向光振动的振幅相同,这样的光称为自然光。

线偏振光:如果一束光的光矢量只沿一个固定的方向振动,此时光矢量在与传播方向垂直的平面内的投影是一条直线,我们把这样的光称线偏振光。线偏振光的光矢量的振动只局限于光的传播方向和光矢量所组成的平面内(振动面),因此线偏振光又称为平面偏振光。

部分偏振光：在垂直于光传播方向的平面内，各个方向的光振动都不为零，但光强不相等的光称为部分偏振光。

椭圆偏振光：光矢量在垂直于光传播方向的平面内以一定的角速度旋转(左旋或右旋)，光矢量的端点轨迹为椭圆时，称其为椭圆偏振光。

圆偏振光：光矢量在垂直于光传播方向的平面内以一定的角速度旋转，其端点轨迹为圆时，称其为圆偏振光。

2. 偏振片的起偏和检偏　马吕斯定理

起偏器和检偏器：从自然光获得线偏振光的器件称为起偏器；用于检验光的偏振情况的器件称为检偏器。

透光轴：二向色性晶体都存在一个特殊的方向，凡是从晶体中透射出来的光，振动矢量都是沿着该方向，这个特殊的方向称为晶体的透光轴。

偏振片：用能吸收某一方向的光振动的某些物质制成的透明薄片称为偏振片，偏振片的这一特殊方向称为偏振片的“偏振化方向”或“透振方向”。

马吕斯定律：光强为 I_0 的线偏振光通过偏振片后，透射光的强度为

$$I = I_0 \cos^2\theta$$

其中，θ 为线偏振光的光振动方向和偏振片的偏振化方向之间的夹角。

3. 反射和折射时光的偏振　布儒斯特定律

自然光入射到两种介质的界面上时，反射光和折射光一般都是部分偏振光。当入射角 i_0 满足下式

$$\tan i_0 = \frac{n_2}{n_1} = n_{21}$$

反射光为振动方向垂直于入射面的线偏振光，折射光为部分偏振光。上式被称为布儒斯特定律，i_0 称为布儒斯特角或者起偏角。

4. 光的双折射现象

寻常光与非寻常光：一束自然光射入某些晶体时，会分成两束，一束遵守折射定律，折射率不随入射方向改变，叫寻常光，用 o 表示；另一束折射率随入射方向改变，叫非常光，用 e 表示。寻常光和非常光都是线偏振光，而且二者光振动方向相互垂直。

光轴：双折射晶体中存在一个或多个不发生双折射现象的方向，这些特殊方向称为晶体的光轴。

主平面：晶体中某光线与光轴构成的平面叫作该光线的主平面。

主截面：当光线入射到晶体的某一晶面上时，该晶面的法向与光轴构成的平面

称为该晶体的主截面。

5. 偏振光的干涉

通常称厚度均匀、光轴与表面平行的单轴晶体薄片为波晶片，波晶片也称为相位延迟器。

当线偏振光照射到波晶片表面时，所分解的 o 光和 e 光通过厚度为 d 的波晶片后所产生的相位差为

$$\Delta\varphi=\frac{2\pi}{\lambda}(n_o-n_e)d$$

6. 旋光现象

人为双折射：某些各向同性介质或者液体在受外界人为因素影响(如机械力、电场力等)而转变成为各向异性介质，从而产生双折射现象，这类现象称为人为双折射现象。

旋光现象：线偏振光通过某些物质后，其偏振面将以光传播方向为轴线转过一定的角度，这种现象称为旋光现象。

获得线偏振光的常用方法如下：

	偏振片	反射与透射	双折射
原理	利用晶体的二向色性	介质界面对光的反射会改变光的偏振状态，若介质透明，则透射光的偏振态也随之改变	晶体各向异性
器件	偏振片	玻璃表面、水面等光滑介质表面	尼科尔棱镜、渥拉斯顿棱镜、格兰-汤姆逊棱镜
规律	马吕斯定律：$I=I_0\cos^2\theta$	布儒斯特定律：$\tan i_0=\frac{n_2}{n_1}$	光束进入晶体后分成两束沿不同方向传播的线偏振折射光，一束遵守折射定律，一束不遵守折射定律

思 考 题

18-1　两偏振片堆叠在一起，一束自然光垂直入射时没有光线通过。当其中一偏振片以入射光线为轴慢慢转动 180° 时，透射光强度将发生怎样的变化?

18-2　什么叫椭圆偏振光? 什么叫圆偏振光? 左旋与右旋如何确定?

18-3　自然光入射到两个偏振片上，这两个偏振片的取向使得光不能透过。如果在这两个偏振片之间插入第三块偏振片后有光透过，那么，这第三块偏振片是如何放置的? 如果仍然无光透过，又是如何放置的?

18－4　如何利用反射和折射光的偏振来获得线偏振光？

18－5　一束光由空气射向玻璃，没有检测到反射光，那么这束光是怎样入射的？其偏振状态如何？

18－6　双折射晶体的光轴是否只是一条直线？

18－7　双折射晶体中的非常光，其传播速度是否可以用关系式 $v_e = c/n_e$ 来确定？（n_e 是非常光的折射率）

18－8　某束光可能是：(1) 线偏振光；(2) 圆偏振光；(3) 自然光。你如何用实验确定这束光究竟是哪一种光？

习　　题

一、选择题

18－1　自然光从空气连续射入介质 A 和 B。光的入射角为 60° 时，得到的反射光 R_A 和 R_B 都是完全偏振光（振动方向垂直入射面），由此可知，介质 A 和 B 的折射率之比为（　　）。

(A) $1/\sqrt{3}$　　(B) $\sqrt{3}$　　(C) $1/2$　　(D) $2/1$

18－2　有折射率分别为 n_1，n_2 的两种媒质，当自然光从第一种媒质（n_1）入射到第二种媒质（n_2）时起偏角为 i_0，而自然光从第二种媒质入射到第一种媒质时，起偏角为 i_0'。若 $i_0 > i_0'$，则两种媒质的折射率 n_1，n_2 的大小关系为（　　）。

(A) $n_1 > n_2$　　(B) $n_1 < n_2$　　(C) $n_1 = n_2$　　(D) 难以判断

18－3　一束光强为 I_0 的自然光，相继通过三个偏振片 P_1，P_2，P_3 后出射的光强为 $I_0/8$。已知 P_1 和 P_3 的偏振化方向相互垂直。若以入射光线为轴旋转 P_2，要使出射光强为零，P_2 至少转过的角度是（　　）。

(A) 30°　　(B) 45°　　(C) 60°　　(D) 90°

18－4　一束自然光自空气射向一块平板玻璃（如图），入射角等于布儒斯特角 i_0，则在界面 2 的反射光（　　）。

(A) 光强为零

(B) 是完全偏振光，且光矢量的振动方向垂直于入射面

(C) 是完全偏振光，且光矢量的振动方向平行于入射面

(D) 是部分偏振光

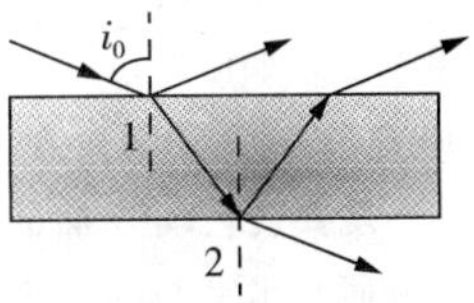

习题 18－4 图

18－5　自然光以 60° 的入射角照射到某一透明介质表面时，反射光为线偏振光，则（　　）。

(A) 折射光为线偏振光，折射角为 30°

(B) 折射光为部分偏振光，折射角为 30°

(C) 折射光为线偏振光，折射角不能确定

(D) 折射光为部分偏振光，折射角不能确定

二、填空题

18－6　光在装满水的玻璃容器底部反射时的布儒斯特角为________。（设玻璃折射率

1.50,水折射率 1.33)

18-7　一束平行的自然光,以 60° 角入射到平玻璃表面上,若反射光是完全偏振的,则折射光束的折射角为________;玻璃的折射率为________。

三、计算题

18-8　若一束偏振光透过检偏器后强度减少为原来的 1/10,入射光振动方向与检偏器偏振化方向之间的夹角为多少?

18-9　自然光强度为 I',两个偏振片偏振化方向之间的夹角为 θ,自然光穿过两偏振片后强度为多少?

18-10　(1) 自然光穿过两偏振片,它们的透光轴之间成 30° 角,设两偏振片相同,求穿出的光强占原光强的比率;(2) 若旋转第二个偏振片至出射光强为原光强的 10%,θ 已变为多少?

18-11　强度为 I_0 的线偏振光透过两偏振片。第一个偏振片的透光轴与入射偏振光振动方向成 45° 角,第二个偏振片的透光轴则与入射偏振光振动方向成 90° 角,问此系统的出射光强及振动方向如何?

18-12　起偏器和检偏器的透光轴方向成 30° 角。(1) 若强度为 I_0 的自然光入射,透射光强为多少?(2) 若偏振光入射此系统,偏振光的振动方向与起偏器成 30° 角,透射光强为多少?

18-13　平行放置两偏振片,使它们的偏振化方向成 60° 夹角。(1) 如果两偏振片对光振动平行于其偏振化方向的光线均无吸收,则让自然光垂直入射后,其透射光的光强与入射光的光强之比是多大?(2) 如果两偏振片对光振动平行于其偏振化方向的光线分别吸收了 10% 的能量,则透射光的光强与入射光的光强之比是多大?(3) 在这两偏振片之间再平行地插入另一偏振片,使它的偏振化方向与前两个偏振片均成 30° 角,此时,透射光的光强与入射光的光强之比又是多大?先按各偏振片均无吸收计算,再按各偏振片均吸收 10% 的能量计算。

18-14　一块四分之一波片对波长 $\lambda = 589$ nm 光的折射率为 $n_{\perp} = 1.732$,$n_{\parallel} = 1.45$,此波长波片的最小厚度应为多少?

18-15　如图所示,一块折射率 $n_1 = 1.50$ 的平面浸在水中,已知一束自然光入射到水面上时反射光是完全偏振光。现要使玻璃表面的反射光也是完全偏振光,试问玻璃表面与水平面的夹角 θ 应为多大?(设水的折射 $n_2 = 1.33$)

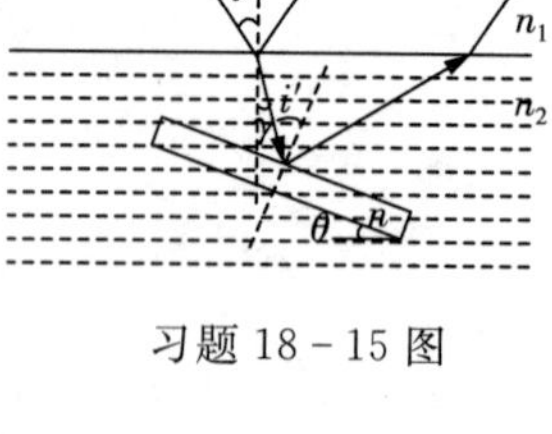

习题 18-15 图

18-16　一束太阳光,以某一入射角入射到平面玻璃上,这时反射光为完全偏振光,若透射光的折射角为 32°,试问:(1) 太阳光的入射角是多大?(2) 此种玻璃的折射率是多少?

18-17　线偏振光垂直入射到一块光轴平行于表面的方解石晶片上,光的振动方向与晶片光轴方向的夹角为 30° 角。(1) 透过晶片的 o 光和 e 光的相对强度各是多少?(2) 用 $\lambda = 589$ nm 的光入射时,如果产生 90° 的相位差,晶片厚度应为多少?(方解石的 $n_o = 1.66$,$n_e = 1.48$)

第六篇 量子物理

经典物理学发展到 19 世纪 80 年代，达到了它的“黄金时代”，建立了完整的三大理论体系：机械运动服从牛顿力学，热运动服从热力学和经典统计物理，电磁运动服从麦克斯韦经典电动力学。当时绝大多数物理学家认为运用经典理论，原则上可从电子、原子、分子在电磁场作用下的微观运动出发说明物质的结构及其各种客观性质。他们甚至认为经典物理是“最终理论”，并宣布“科学的终结”。

1900 年，著名的英国物理学家开尔文在世纪交汇之际，发表了一篇展望 20 世纪物理学的文章，写道：“在已经基本建成的科学大厦中，后辈物理学家只要做一些零碎的修补工作就行了。”这就是说，物理世界的重要规律都已发现了，今后的工作只是提高实验精度，在测量数据的小数点后面多添加几位有效数字而已。然而经典物理大厦也不是天衣无缝的，在同一篇文章中，开尔文不无担心地提道：“但是，在物理学晴朗天空的远处，还有两朵小小的令人不安的乌云。”这两朵乌云就是指当时经典物理无法解释的黑体辐射实验中的“紫外灾难”和迈克逊-莫雷实验中的“以太风”问题。开尔文的担心不无道理，也是非常有远见的。在 19 世纪、20 世纪相交之际，随着科学技术的进步、实验手段的改进，涌现出了许多新现象、新发现和新疑难。那两朵小小乌云迅速扩展，终于演变成漫天乌云、暴风骤雨，引起了物理学的第二次革命。1900 年底，为了解释黑体辐射实验，普朗克建立了量子理论。

量子力学是一门奇妙的理论学科，它的许多基本概念、规律和方法与经典力学截然不同。量子物理的很多知识已经广泛应用于物理学的各个领域，极大地促进了现代生产技术的发展，提高了人类对自然的支配地位，改变了人类的思想方法，并对哲学思想和其他社会思想产生了深远的影响。

本篇主要从量子物理的基本概念和应用出发，简单介绍量子物理。

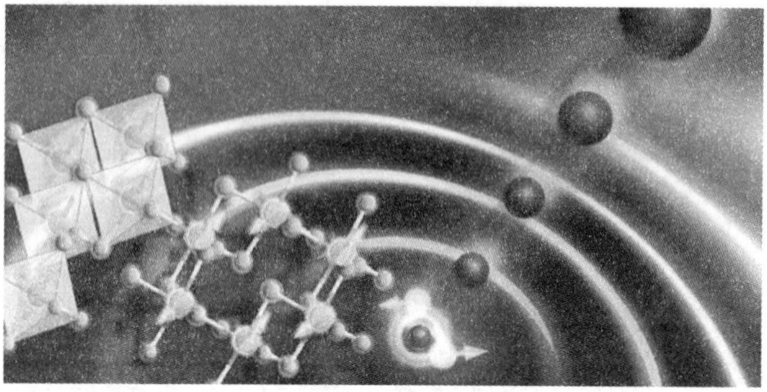

量子力学是描写原子和亚原子尺度的物理学理论。该理论形成于20世纪初期，彻底改变了人们对物质组成成分的认识。量子世界里，粒子不是台球，而是跳跃的概率云，它们不只存在于一个位置，也不会从点A通过一条单一路径到达点B。

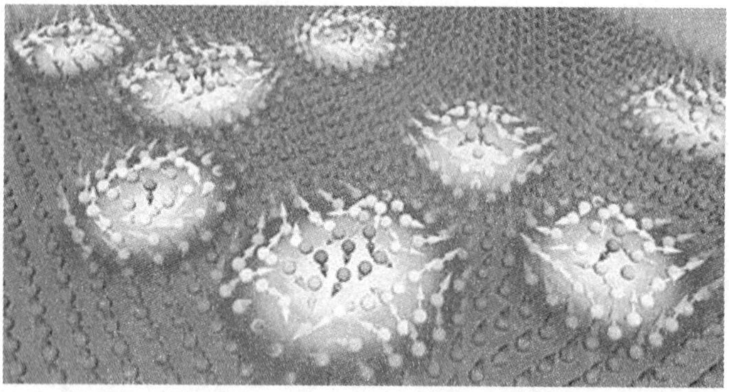

根据量子理论，粒子的行为常常像波，用于描述粒子行为的“波函数”预测一个粒子可能的特性，诸如它的位置和速度，而非确定的特性。物理学中有些怪异的概念，诸如纠缠和不确定性原理，就源于量子力学。

* 第十九章　量子物理基础

19 世纪末 20 世纪初是物理学处于新旧交替的时期。生产发展和技术提高，导致了物理实验中出现了一系列重大发现，使当时的经典物理理论大厦越发牢固，欣欣向荣，然而也有许多物理现象无法用经典物理学的理论来解释，这其中包括黑体辐射、光电效应、康普顿散射以及原子的光谱等。1900 年，普朗克为了解决黑体辐射遇到的理论困难，提出了量子的概念。1905 年，爱因斯坦为了解释光电效应实验，发展了普朗克理论，提出了光量子的假说。1923 年，康普顿的 X 射线散射实验进一步证实了光量子假说。1913 年，玻尔提出了原子的量子模型，解释了原子光谱问题。1924 年，德布罗意提出了物质波的假设，从而揭开了量子力学的大幕。随后在薛定谔、海森伯、狄拉克等人的努力下创立了量子力学这门崭新的科学。

§19－1　黑体辐射　普朗克的能量子假说

一、黑体辐射

在电磁理论比较成熟以后，人们将电磁现象的研究领域扩展到了一般电流与可见光的范围之外，由于工业上冶炼金属的需要，物质因热而发光乃至发射辐射能，开始成为人们研究的对象。能够全部吸收外来辐射的物体，称为**黑体**。实际上，黑体是一种理想化的模型。在实验中，取一个不透明材料制成的封闭空腔，在腔壁上开一个小孔，如图 19－1 所示。从小孔射进空腔的光线，在腔内壁反复地反射，能量几乎全被吸收了，以至于射入小孔的电磁辐射很少有可能从小孔逃逸出来，这样小孔的表面就可近似当作黑体。同样，当空腔处于某确定的温度时，也应有电磁辐射从小孔射出来，这些电磁辐射就可以作为黑体辐射。

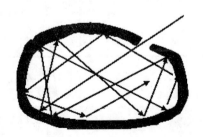

图 19－1　黑体模型

单位时间内,从热力学温度为 T 的黑体的单位面积上,在单位波长范围内所辐射的电磁波能量,称为单色辐射出射度,简称为**单色辐出度**,用 $M_{\lambda}(T)$ 表示,则辐出度为

$$M(T)=\int_{0}^{\infty} M_{\lambda}(T)\,\mathrm{d}\lambda$$

二、经典理论遇到的困难

1. 斯忒藩定律

1879 年,斯忒藩从实验中总结出黑体辐出度与黑体的热力学温度的四次方成正比,即

$$M(T)=\int_{0}^{\infty} M_{\lambda}(T)\,\mathrm{d}\lambda=\sigma T^{4} \tag{19-1}$$

其中,$\sigma=5.670\times10^{-8}\ \mathrm{W\cdot m^{-2}\cdot K^{-4}}$ 称为斯忒藩常数。

2. 维恩位移定律

如图 19-2 所示,当黑体的热力学温度升高时,$M(T)-\lambda$ 曲线上与单色辐出度 $M(T)$ 的峰值相对应的波长 λ_{m} 向短波的方向移动,即

$$\lambda_{\mathrm{m}} T=b \tag{19-2}$$

式中,b 为与温度无关的常量,其值为 $2.898\times10^{-3}\ \mathrm{m\cdot K}$,这一结论称为**维恩位移定律**。

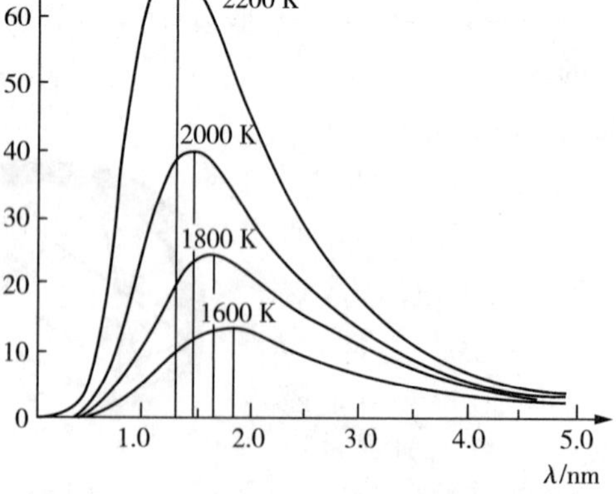

图 19-2　黑体单色辐出度

这两条定律是黑体辐射的基本定律，它们在现代科学技术中有广泛的应用，是测量高温以及遥感和红外跟踪等技术的物理基础。恒星的有效温度也是通过这种方法测量的。

3. 瑞利-金斯公式

瑞利-金斯从经典电动力学和经典统计物理出发，得出了 $M_\lambda(T)$ 的数学表达式为

$$M_\lambda(T)\mathrm{d}\lambda = \frac{2\pi c}{\lambda^4}kT\mathrm{d}\lambda \tag{19-3}$$

式中，k 为玻尔兹曼常数，c 为光速。

显然有

$$M(T) = \int_0^\infty M_\lambda(T)\mathrm{d}\lambda = 2\pi ckT\int_0^\infty \frac{1}{\lambda^4}\mathrm{d}\lambda \to \infty$$

这就是所谓的“紫外灾难”，如图 19－3 所示。

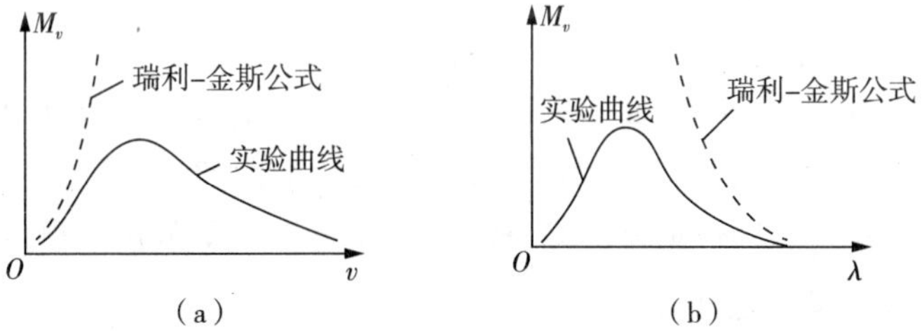

图 19－3　黑体辐射的辐出度实验曲线与瑞利-金斯公式比较

三、普朗克能量子假设

为了解决黑体辐射中经典物理所遇到的困难，普朗克提出了全新的假设：腔壁中带电谐振子的能量以及它们吸收或辐射的能量是不连续的，只能取最小能量的整数倍。频率为 ν 的振子能量最小值为 $\varepsilon = h\nu$，即

$$E = nh\nu,\ n = 0,1,2,3,\cdots \tag{19-4}$$

式中，$h = 6.6260755\times10^{-34}\ \mathrm{J\cdot s}$，称为普朗克常数，$h\nu$ 称为**能量子**，n 称为量子数。由此假设，普朗克推导出公式

$$M_\lambda(T) = \frac{2\pi h\nu^3}{c^2}\frac{1}{\mathrm{e}^{h\nu/kT}-1} \tag{19-5}$$

这就是著名的**普朗克黑体辐射公式**。由此给出的结果与实验结果十分吻合，如图

19－4所示。

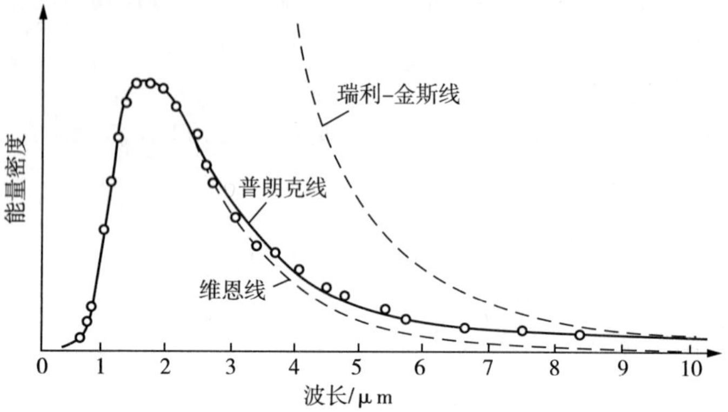

图 19－4　黑体辐射公式与实验曲线

能量量子化的概念虽然与经典物理格格不入，却能解释实验事实。普朗克开启了量子论的大门，人们尊称他为量子之父。1918年，因他对量子论的贡献被授予诺贝尔物理学奖。

例 19－1　(1) 问温度为室温(20 ℃)的物体，它的辐射能中，辐射强度的峰值所对应的波长是多少？(2) 若使一物体单色辐射强度的峰值所对应的波长在红色谱线范围内，其温度应为多少？(3) 上两题中，总辐射能的比率是多少？

解：(1) 已知在室温时，物体的绝对温度为 $T=293$ K，故由维恩位移定律，得

$$\lambda_m=\frac{b}{T}=\frac{2.898\times10^{-8}}{293}=9.89\times10^{-6}(\text{m})=9.89(\mu\text{m})$$

显然，波长 $\lambda=9.89\ \mu\text{m}$ 的光属红外光谱线范围。

(2) 取红外谱线的波长为 $6.5\times10^{-7}\ \text{m}=65.0\ \mu\text{m}$，由维恩位移定律，得

$$T=\frac{b}{\lambda_m}=\frac{2.898\times10^{-8}}{6.50\times10^{-7}}=4.46\times10^{3}(\text{K})$$

(3) 由斯特藩-玻尔兹曼定律得 $\frac{E_2}{E_1}=(\frac{T_2}{T_1})^4=(\frac{4.46\times10^3}{293})^4=5.37\times10^4$。

§ 19－2　光子理论

一、光电效应

光照射到某些物质上，引起物质的电性质发生变化，这类光致电变的现象被人

们统称为**光电效应**。与热辐射现象中热能与电磁场能量的转化不同，光电效应里涉及的是光能转化为电子的动能，并能形成电流。1887 年前后，赫兹、斯托列托夫等先后发现了光电效应，但是经典物理却无法给出解释。直到爱因斯坦提出光量子概念，从理论上成功解释了光电效应的实验规律，为此，他获得了 1921 年的诺贝尔物理学奖。

光电效应的实验装置如图 19-5 所示，真空管内的阴极 K 和阳极 A 间外加电压，当光射到 K 上时，K 便释放出电子，这样的电子称为光电子。光电子在电场作用下飞向阳极 A，形成光电流，可由电流计 G 读出电流的强弱。实验可归纳如下：

1. 饱和电流

光强一定时，光电流随外加电压的增加而增加，外加电压增加到一定值时，光电流饱和，不再增加，如图 19-6 所示。此时阴极 K 上发射的光电子全部被阳极 A 接收。如果增加光强，其饱和电流成比例增加。

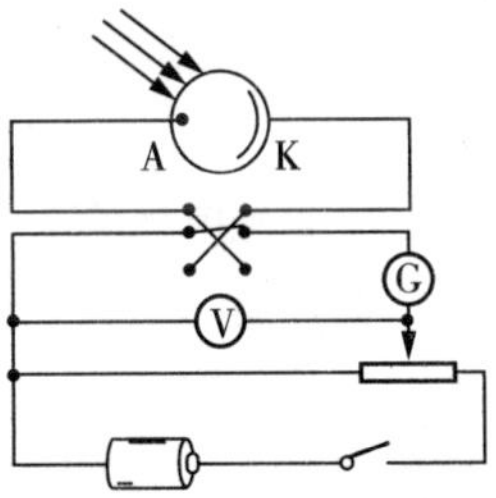

图 19-5　光电效应原理

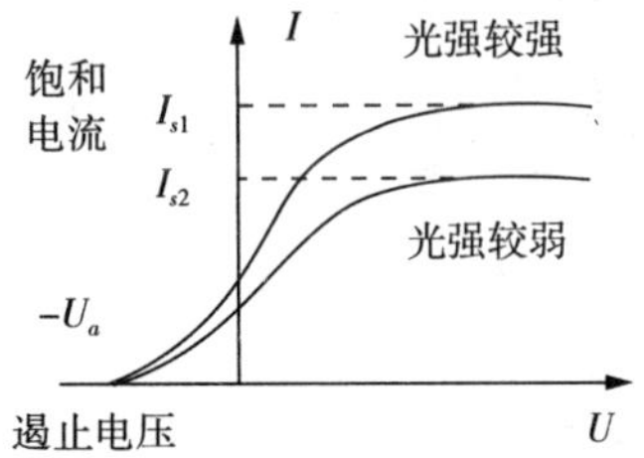

图 19-6　光电流与电压的关系

2. 遏止电压

外加电压减小为零并逐渐变负时，光电流并不为零，仅当反向电压达到某一值 U_a 时，光电流才为零，该反向电压称为**遏止电压**(或**截止电压**)。这表明光电子逸出时有最大动能，在施加遏止电压时，从 K 发出的最快的光电子也不能到达 A，即有

$$\frac{1}{2}mv_{\mathrm{m}}^2 = eU_a \tag{19-6}$$

式中，m 和 e 分别为电子的质量和电量，v_{m} 为光电子逸出金属表面时最大速率。

3. 遏止频率(又称红限)

遏止电压和入射光频率呈线性关系，满足

$$U_a = k\nu - U_0 \tag{19-7}$$

式中，k 是与金属无关的普适量，U_0 是与金属有关的恒量。代入式(19-6) 得

$$\frac{1}{2}mv_{\mathrm{m}}^{2}=e(k\nu-U_{0}) \tag{19-8}$$

因为电子的动能是大于零的,所以应有 $\nu\geqslant\frac{U_0}{k}$,令

$$\nu_0=\frac{U_0}{k} \tag{19-9}$$

ν_0 称为**遏止频率(红限)**。入射光的频率只有大于红限时,才能产生光电效应。

4. 弛豫时间

入射光开始照射到金属逸出电子,无论强度如何,这个过程几乎是瞬时的,弛豫时间小于10^{-9} s。

二、光的波动说的缺陷

(1) 按经典的波动理论,光电子的初动能应由光强决定,但实验结果表明光电子的初动能与入射光频率成正比,而与入射光强无关。

(2) 按经典理论只要光强足够大,各种频率的光都会发生光电效应。但实验结果表明,对各种金属都存在一个截止频率 ν_0,频率小于 ν_0 时不能发生光电效应。

(3) 按经典波动理论,光电效应有一定的弛豫时间。当电子吸收光波能量积累到一定量时,才会从金属中逸出。入射光越弱,所需时间就越长。实验结果证明,只要频率大于 ν_0,不管强度如何,光电子的发射是瞬时的。

三、爱因斯坦光子论

为了解释光电效应,1905 年爱因斯坦受普朗克能量子假设的启发,提出了**光量子**(简称为**光子**)假设:光在空间传播时也具有粒子性,一束光就是一束以光速运动的粒子流,这些粒子称为光子。频率为 ν 的光的每一光子具有能量 $h\nu$。由此假设,当一个电子吸收一个光子,能量增加 $h\nu$,电子从金属表面逸出的最大动能为 $\frac{1}{2}mv^2$,则

$$h\nu=\frac{1}{2}mv^2+A \tag{19-10}$$

式(19-10) 就是著名的**爱因斯坦方程**。其中,A 为逸出时所需的功,称为**逸出功**(也叫**脱出功**)。式(19-10) 与式(19-8) 对比可得

$$\nu_0=\frac{U_0}{k}=\frac{A}{h} \tag{19-11}$$

即，光电效应存在遏止频率，只有 $\nu \geqslant \frac{A}{h}$ 才能产生光电效应。当光强增大时，光子数增多，产生的电子也增多，导致饱和电流增大。这样光子论就成功地解释了光电效应，因此，爱因斯坦荣获 1921 年诺贝尔物理学奖。

例 19-2　波长为 250 nm 强度为 2 W/m² 的紫外光照射钾，钾的逸出功为 2.21 eV。求：

(1) 所发射的电子的最大动能；

(2) 每秒从钾表面单位面积所发射的最大电子数。

解：(1) 由爱因斯坦方程可得

$$E_k = \frac{1}{2}mv^2 = \frac{hc}{\lambda} - A = \frac{12.4\times 10^2}{2.5\times 10^2} - 2.21 = 2.76(\text{eV})$$

(2) 每个光子的能量

$$E = \frac{hc}{\lambda} = 4.97(\text{eV}) = 7.95\times 10^{-19}(\text{J})$$

因为每个光子最多只能产生一个光电子，所以每秒从钾表面单位面积能发射的最大光电子数为

$$N_m = \frac{2}{7.95\times 10^{-19}} = 2.52\times 10^{18}(\text{m}^{-2}\cdot\text{s}^{-1})$$

四、康普顿效应

1923 年，美国物理学家康普顿研究 X 射线通过物质的散射现象，发现散射线中除了有入射波长为 λ_0 的射线外，还有波长大于 λ_0 的射线出现，这种现象称为**康普顿效应**。故此，康普顿荣获 1927 年的诺贝尔物理学奖。实验原理如图 19-6 所示，R 为 X 射线源，D 为狭缝，C 是散射物质，S 为检测器。

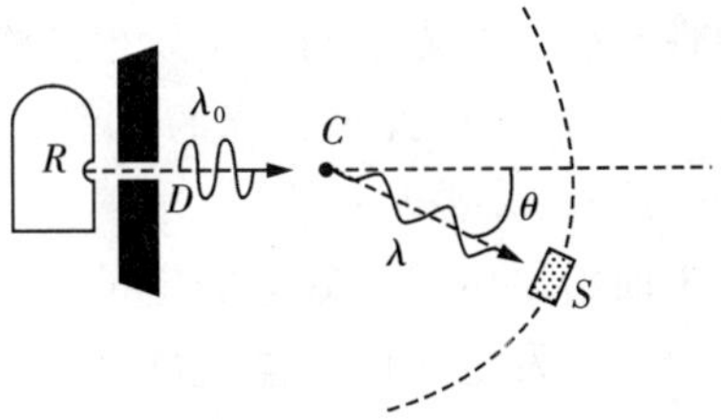

图 19-7　康普顿散射实验装置示意图

1. 实验结果

(1) $\Delta\lambda = \lambda - \lambda_0$ 随散射角 θ 增大而增大，与 λ_0 及散射物质无关；

(2) θ 增大时，原波长 λ_0 的谱线强度下降，新波长 λ 的谱线强度增大，如图 19-8 所示；

(3) 散射光中 λ_0 的谱线强度随散射物质原子序数增加而增加，λ 的谱线强度则随之减小，如图 19－9 所示。

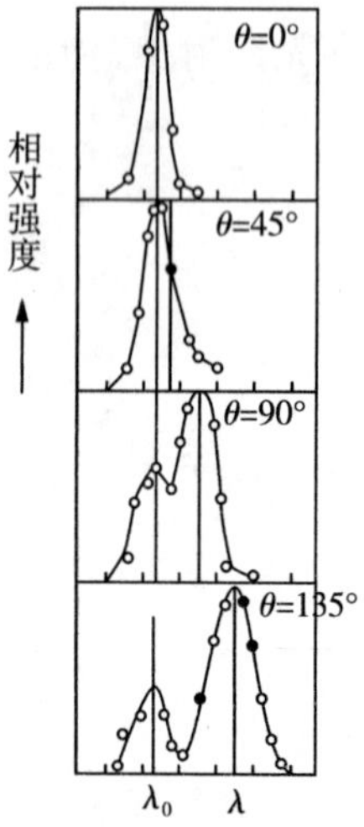

图 19－8　康普顿效应

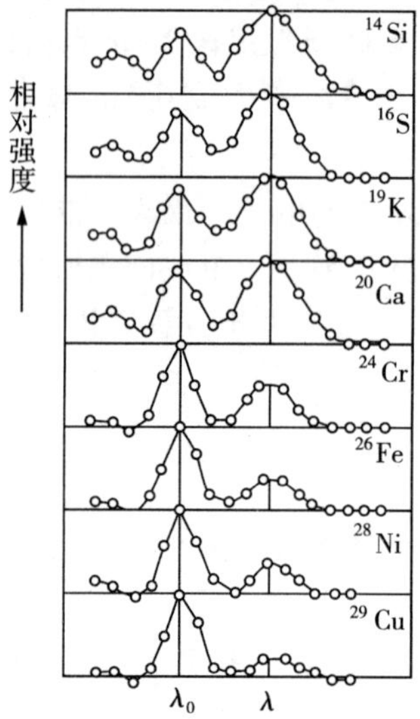

图 19－9　谱线强度与散射物质原子序数的关系

按照经典电磁理论是无法解释康普顿效应的。根据经典电磁理论，电磁波通过物质时，散射光的波长不发生改变。这显然与实验结果不符。

2. 光子理论的解释

按照爱因斯坦光量子理论，频率为 ν_0 的 X 射线可看成是由一些能量为 $\varepsilon_0 = h\nu_0$ 的光子组成。假设光子与受原子束缚较弱的电子或自由电子之间的碰撞类似于完全弹性碰撞。当光子与电子发生弹性碰撞时，电子会获得一部分能量，碰撞后光子的能量要减小，因此散射光的频率 ν 比入射光的频率 ν_0 要小，即散射光的波长比入射光的波长 λ_0 要大一些。

下面给出康普顿效应的定量计算结果。如图 19－10 所示，X 射线光子与静止的自由电子发生弹性碰撞，遵守动量守恒规律，有

$$\frac{h}{\lambda_0}\boldsymbol{e}_0 = \frac{h}{\lambda}\boldsymbol{e} + m\boldsymbol{v} \tag{19-12}$$

同时能量守恒

$$h\nu_0 + m_0 c^2 = h\nu + mc^2 \tag{19-13}$$

其中，m 和 m_0 为电子运动时的质量和电子的静止质量。考虑到电子的速度可能很

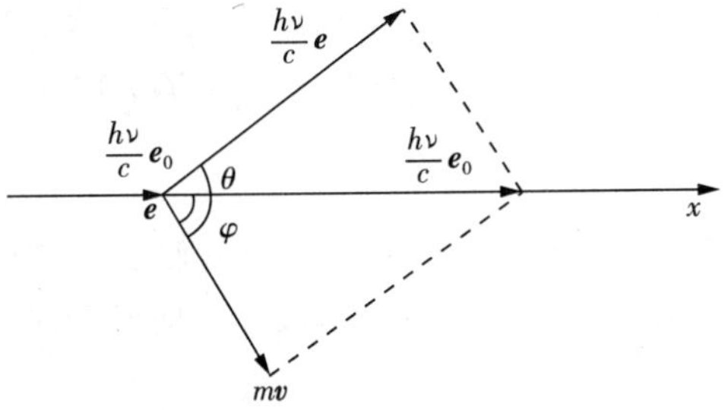

图 19－10　光子与静止电子碰撞时的动量变化

大，由相对论可知

$$m=\frac{m_0}{\sqrt{1-v^2/c^2}} \tag{19-14}$$

由式(19－12) ～ 式(19－14) 可得，X 射线与电子碰撞后，波长增量为

$$\Delta\lambda=\lambda-\lambda_0=\frac{h}{m_0c}(1-\cos\theta)=2\lambda_c\sin^2\frac{\theta}{2} \tag{19-15}$$

式中，$\lambda_c=\frac{h}{m_0c}=2.43\times10^{-12}$ m，称为康普顿波长，是与散射物质无关的普适常量。式(19－15) 和实验结果符合得很好，也证明了光子论的正确性。

应该说明，只有当入射光的波长 λ_0 与康普顿波长 λ_c 相比拟时，康普顿效应才显著。因此，要用 X 射线才能观察到康普顿散射，用可见光基本上观察不到康普顿散射。

例 19－3　设有波长 $\lambda_c=1.00\times10^{-10}$ m 的 X 射线的光子与自由电子做弹性碰撞。散射 X 射线的散射角 $\theta=90°$。问：

(1) 散射波长的改变量 $\Delta\lambda$ 为多少？

(2) 反冲电子得到多少能量？

解：(1) $\Delta\lambda=\frac{h}{m_0c}(1-\cos\theta)$

$$=\frac{6.63\times10^{-34}}{9.11\times10^{-31}\times3.00\times10^{8}}(1-\cos90°)=2.43\times10^{-12}\,(\text{m})$$

(2) $E_k=h\nu_0-h\nu=\frac{hc}{\lambda_0}-\frac{hc}{\lambda}=hc\left(\frac{1}{\lambda_0}-\frac{1}{\lambda_0+\Delta\lambda}\right)=\frac{hc\Delta\lambda}{\lambda_0(\lambda_0+\Delta\lambda)}$

$$=\frac{6.63\times10^{-34}\times3\times10^{8}\times2.43\times10^{-12}}{1.00\times10^{-10}\times(1.00\times10^{-10}+2.43\times10^{-12})}=4.72\times10^{-17}\,(\text{J})$$

§19－3 玻尔氢原子理论

关于原子结构的模型，人们曾提出多种不同的假设。1911 年卢瑟福在 α 散射实验基础上提出的核式结构模型被人们普遍认同，即原子是由带正电的原子核和核外做轨道运动的电子组成。但是在该模型中，电子绕核运动有加速度，按电磁理论电子应不断辐射能量使自身能量减少，最后要落到核上，卢瑟福核式结构的模型是不稳定的系统。

为了解决上述困难，1913 年，玻尔把量子化的概念应用到原子系统，并很好地解释了氢光谱规律。

一、玻尔理论的基本假设

1. 定态假设

原子系统只能处在一系列的不连续的能量状态，在这些状态中，虽然电子绕核做加速运动，但并不辐射电磁能量，这些状态称为原子的**稳定状态**(简称**定态**)，相应的能量分别为 $E_1, E_2, E_3, \cdots$。

2. 频率条件

当原子从一个能量为 E_n 的定态跃迁到另一个定态 E_m 时，就要发射或吸收一个频率为 ν_{mn} 的光子，此时有

$$\nu_{mn}=\frac{|E_n-E_m|}{h} \tag{19-16}$$

式中，h 为普朗克常量。当 $E_n>E_m$ 时，发射光子，当 $E_n<E_m$ 时，吸收光子。

3. 量子条件

在电子围绕核做圆周运动的轨道中，其稳定状态必须满足电子的角动量 L 等于 $\frac{h}{2\pi}$ 的整数倍，即

$$L=n\frac{h}{2\pi}=n\hbar,\ n=1,2,3,\cdots \tag{19-17}$$

式中，n 为整数，称为量子数，$\hbar=\frac{h}{2\pi}=1.0545887\times10^{-34}(\mathrm{J\cdot s})$。

二、氢原子轨道半径和能量的计算

玻尔根据上述的假设计算了氢原子稳定态中轨道半径和能量，核外电子做圆

周运动的向心力是由库仑引力提供的，即有

$$\frac{e^2}{4\pi\varepsilon_0 r^2}=m\frac{v^2}{r} \tag{19-18}$$

再考虑量子条件

$$L=mvr=n\frac{h}{2\pi},n=1,2,3,\cdots$$

在上两式中消去 v，并以 r_n 代替 r，可得

$$r_n=n^2\left(\frac{\varepsilon_0 h^2}{\pi me^2}\right),n=1,2,3,\cdots \tag{19-19}$$

这就是氢原子中第 n 个稳定态轨道的半径，其量值是不连续的。$r_1=0.529\times 10^{-10}$ m，是氢原子中电子的最小轨道半径，称为**玻尔半径**，各定态轨道如图 19-11 所示。

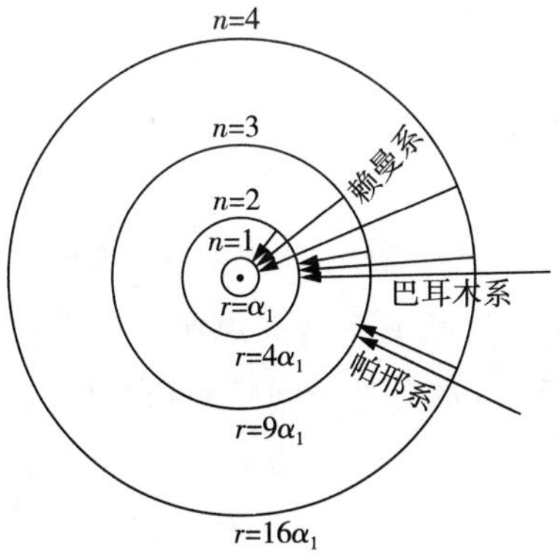

图 19-11　氢原子各定态电子轨道及跃迁图

当电子在半径为 r_n 的轨道上运动时，原子的能量 E_n 等于原子核与电子的静电能和电子的动能之和，取电子在无限远处的静电势能为零，则有

$$E_n=\frac{1}{2}mv_n^2-\frac{e^2}{4\pi\varepsilon_0 r_n}$$

由式(15-28)可知 $\frac{1}{2}mv_n^2=\frac{e^2}{8\pi\varepsilon_0 r_n}$，代入上式可得

$$E_n=-\frac{e^2}{8\pi\varepsilon_0 r_n}=-\frac{1}{n^2}\left(\frac{me^4}{8\varepsilon_0^2 h^2}\right) \tag{19-20}$$

式(19-20)表示电子在第 n 个稳定的轨道运动时氢原子系统的能量。由于 n 只取整数，所以原子系统的能量是不连续的，也就是说，能量是量子化的。这种量子化的能量称为能级。这一结论已得到弗兰克-赫兹实验的验证。

氢原子能级分布如图19-12所示。$n=1$ 时，$E_1=-13.6\ \text{eV}$ 是氢原子的最低能级，也称为基态能级。$n>1$ 的定态称为激发态。$n\to\infty$ 时，$r_n\to\infty$，$E_n\to 0$，能级趋于连续。$E>0$ 相当于电离状态，能量可连续变化。

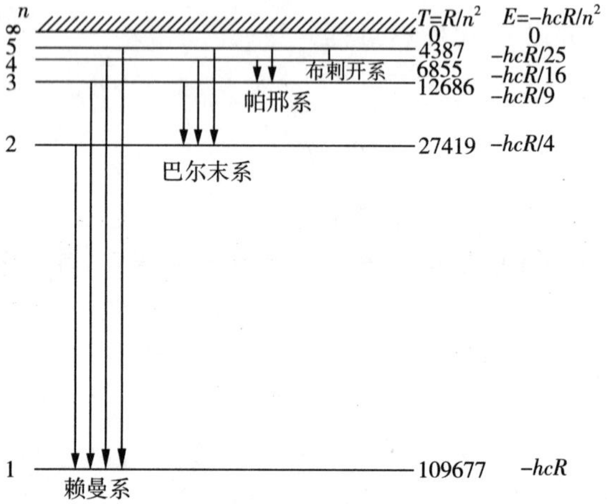

图 19-12　氢原子能级分布

下面用玻尔理论来研究氢原子光谱的规律。根据玻尔假设，当原子从较高能态 E_n 向较低能态 E_m 跃迁时，发射光子的频率和波数为

$$\nu_{nm}=\frac{E_n-E_m}{h}$$

$$\tilde{\nu}_{nm}=\frac{E_n-E_m}{hc}$$

将式(19-20)代入可得

$$\tilde{\nu}_{nm}=\frac{me^4}{8\varepsilon_0^2h^3c}\left(\frac{1}{m^2}-\frac{1}{n^2}\right) \tag{19-21}$$

显然，式(19-21)与式(19-14)是一致的。由式(19-21)可得里德堡常数的理论值为

$$R_{\text{理论}}=\frac{me^4}{8\varepsilon_0^2h^3c}=1.0973731\times10^7(\text{m}^{-1})$$

理论值与实验值比较吻合。

例 19-4　在气体放电管中，用能量为 12.5 eV 的电子通过碰撞使电子激发，问：受激发的原子向低能级跃迁时，能发射出哪些波长的光谱线？

解：设氢原子全部吸收电子的能量，最高能激发到第 n 个能级 E_n，

$$E_n=-\frac{13.6}{n^2}(\text{eV})$$

则

$$E_n-E_1=13.6-\frac{13.6}{n^2}=12.5(\text{eV})$$

可解出 $n=3.5$。

因为 n 只能取整数，所以取 $n=3$，于是能产生 3 条谱线。

(1) $n=3\to n=1$，$\tilde{\nu}_{31}=R(\frac{1}{1^2}-\frac{1}{3^2})=\frac{8}{9}R$

$$\lambda_{31}=\frac{9}{8R}=\frac{9}{8\times 1.096776\times 10^7}=1.026\times 10^{-7}(\text{m})$$

(2) $n=3\to n=2$，$\tilde{\nu}_{32}=R(\frac{1}{2^2}-\frac{1}{3^2})=\frac{5}{36}R$

$$\lambda_{32}=\frac{36}{5R}=\frac{36}{5\times 1.096776\times 10^7}=6.565\times 10^{-7}(\text{m})$$

(3) $n=2\to n=1$，$\tilde{\nu}_{21}=R(\frac{1}{1^2}-\frac{1}{2^2})=\frac{3}{4}R$

$$\lambda_{21}=\frac{4}{3R}=\frac{4}{3\times 1.096776\times 10^7}=1.216\times 10^{-7}(\text{m})$$

玻尔理论对氢原子光谱的解释获得了很大的成功，对量子理论的建立有着深远的影响。但也存在着严重的理论缺陷，处理问题没有一个完整的理论体系，一方面把微观粒子看作经典力学的质点，用经典力学的方法来计算；另一方面又加上限制稳定的轨道的量子化条件。这也反映出早期量子论的局限性，更完整的理论是量子力学。

§19-4　德布罗意波　波函数　不确定关系

一、德布罗意假设

前面我们分析了电磁辐射的量子性质，认识到光具有波粒二象性，法国年轻的

博士德布罗意从中受到启发,他认为19世纪前人们只重视光的波动性,而忽视了光的粒子性。但对实物粒子人们可能只重视它的粒子性,而忽视了它的波动性。他认为波粒二象性应是所有物质的普遍属性。1924年德布罗意提出假设,实物粒子与光一样也具有波粒二象性。

德布罗意假设:一个质量为 m 的实物粒子,做匀速运动速度时若其速度为 $\boldsymbol{v}$,那么这个粒子既具有能量 E 和动量 $\boldsymbol{p}$ 所描述的粒子性,也具有频率 ν 和波长 λ 的波动性。与光子类比,应具有以下的关系

$$E = mc^2 = h\nu \quad 或 \quad E = \hbar\omega \tag{19-22}$$

$$\boldsymbol{p} = m\boldsymbol{v} \quad 或 \quad \boldsymbol{p} = \hbar\boldsymbol{k} \tag{19-23}$$

式中,$\omega = 2\pi\nu$ 为角频率,$k = 2\pi/\lambda$,$\boldsymbol{k}$ 称为波矢。h 为普朗克常数,$\hbar = h/2\pi$。

按照德布罗意假设,以动量 $\boldsymbol{p}$ 运动的实物粒子的波长为

$$\lambda = h/p \tag{19-24}$$

这种波叫**德布罗意波**,或**物质波**。

若一个静止质量为 m 的粒子,其速率 v 较光速小得多,则粒子的动量大小可写为 $p = m_0 v$,粒子的德布罗意波长为

$$\lambda = h/m_0 v \tag{19-25}$$

若粒子的速率 v 与 c 可相比拟时,$p = \gamma m_0 v$,此处 $\gamma = 1/\sqrt{1 - v^2/c^2}$。于是,这种粒子的德布罗意波长为

$$\lambda = h/\gamma m_0 v \tag{19-26}$$

例 19-5 在一电子束中,电子的动能为200 eV,求此电子的德布罗意波长。

解:由于电子动能不大,用式(15-19)来计算即可。由 $E_k = \frac{1}{2}mv^2$ 得电子的速度为

$$v = \sqrt{\frac{2E_k}{m_0}}$$

已知电子的静止质量 $m_0 = 9.1 \times 10^{-31}$ kg,1 eV $= 1.6 \times 10^{-19}$ J,代入上式可得

$$v = \sqrt{\frac{2 \times 200 \times 1.6 \times 10^{-19}}{9.1 \times 10^{-31}}} = 8.4 \times 10^6 (\mathrm{m/s})$$

$$\lambda = \frac{h}{m_0 v} = \frac{6.63 \times 10^{-34}}{9.1 \times 10^{-31} \times 8.4 \times 10^6} = 8.67 \times 10^{-11} (\mathrm{m})$$

这个波长与X射线的数量级相当。

二、波函数

既然粒子具有波动性，应该有描述波动性的函数——波函数。奥地利物理学家薛定谔在1925年提出用波函数$\boldsymbol{\psi}(\boldsymbol{r},t)$描述粒子运动状态。按照德布罗意假设，能量为$E$、动量为$\boldsymbol{p}$的自由粒子沿$x$方向运动时，对应的物质波为单色平面波，波函数为

$$\boldsymbol{\psi}(x,t)=\boldsymbol{\psi}_0\mathrm{e}^{i(kx-\omega t)} \tag{19-27}$$

利用关系$E=\hbar\omega$和$\boldsymbol{p}=\hbar\boldsymbol{k}$，上式改写为

$$\boldsymbol{\psi}(x,t)=\boldsymbol{\psi}_0\mathrm{e}^{\frac{i}{\hbar}(px-Et)} \tag{19-28}$$

式中，$\boldsymbol{\psi}_0$为待定常数。若粒子为三维自由运动，则波函数可表示为

$$\boldsymbol{\psi}(\boldsymbol{r},t)=\boldsymbol{\psi}_0\mathrm{e}^{\frac{i}{\hbar}(\boldsymbol{p}\cdot\boldsymbol{r}-Et)} \tag{19-29}$$

波函数作为一个新概念登上历史舞台后，其本身的物理意义是什么呢？许多物理学家对此迷惑不解。爱因斯坦提出光量子概念后，把光强度解释为光子的几率密度。玻恩在这个观念的启发下，将$|\boldsymbol{\psi}|^2$看作是微观粒子的几率密度，即波函数$\boldsymbol{\psi}(\boldsymbol{r},t)$的物理意义为波函数的模平方（波强度）

$$\rho(\boldsymbol{r},t)=|\boldsymbol{\psi}(\boldsymbol{r},t)|^2=\boldsymbol{\psi}^*(\boldsymbol{r},t)\boldsymbol{\psi}(\boldsymbol{r},t) \tag{19-30}$$

代表在时刻t、空间$\boldsymbol{r}$处单位体积中微观粒子出现的概率，其中$\boldsymbol{\psi}^*(\boldsymbol{r},t)$是$\boldsymbol{\psi}(\boldsymbol{r},t)$的复共轭。此处，将德布罗意波称为几率波。玻恩给出的波函数统计解释，是量子力学的基本原理之一。

三、不确定关系

由于波函数的模平方表示几率密度，波函数的标准条件为单值、连续、有限，而且是归一化的函数，即

$$\iiint|\boldsymbol{\psi}|^2\mathrm{d}V=1 \tag{19-31}$$

式(19-31)称为归一化条件。

考虑到微观粒子的波动性，粒子的坐标和动量不能同时被精确地测量出来，即存在一个不确定关系。1927年，海森伯提出了著名的**位置-动量不确定度关系：**

$$\Delta x\cdot\Delta p_x\geqslant\frac{\hbar}{2} \tag{19-32}$$

由式(19－32)可知,对坐标测量越精确(Δx 越小),动量的不确定性 Δp_x 就越大。若不限定电子坐标(如自由电子),电子的动量可以取确定值(单色平面波)。对三维运动,不确定关系为

$$\begin{cases}\Delta x \cdot \Delta p_x \geqslant \dfrac{\hbar}{2} \\ \Delta y \cdot \Delta p_y \geqslant \dfrac{\hbar}{2} \\ \Delta z \cdot \Delta p_z \geqslant \dfrac{\hbar}{2}\end{cases} \tag{19-33}$$

不确定性与测量没有关系,是微观粒子波粒二象性的体现。不确定性的物理根源是粒子的波动性。

把不确定关系推广到能量和时间之间,可有能量和时间的不确定关系

$$\Delta E \cdot \Delta t \geqslant \frac{\hbar}{2} \tag{19-34}$$

§19－5　薛定谔方程

薛定谔方程是量子力学中的基本方程。像经典力学中的牛顿定律一样,它是不能由其他基本原理推导出来的。薛定谔方程的正确性只能靠实践来检验,下面给出建立薛定谔方程的主要思路,并不是理论推导。

一、薛定谔方程的建立

一个沿 x 方向运动、质量为 m、具有动量 $\boldsymbol{p}$ 和能量 E 的自由粒子,其波函数为

$$\boldsymbol{\psi}(x,t)=\boldsymbol{\psi}_0 e^{\frac{i}{\hbar}(px-Et)}$$

将上式对 x 求二次偏导数得

$$\frac{\partial^2 \boldsymbol{\psi}}{\partial x^2}=-\frac{p^2}{\hbar^2}\boldsymbol{\psi}$$

$$-\frac{\hbar^2}{2m}\frac{\partial^2 \boldsymbol{\psi}}{\partial x^2}=\frac{p^2}{2m}\boldsymbol{\psi} \tag{19-35}$$

对时间求一阶偏导数得

$$\frac{\partial \boldsymbol{\psi}}{\partial t}=-\frac{i}{\hbar}E\boldsymbol{\psi}$$

即

$$i\hbar \frac{\partial \boldsymbol{\psi}}{\partial t} = E\boldsymbol{\psi} \tag{19-36}$$

由自由粒子的动量和动能的非相对论关系 $E=\frac{p^2}{2m}$，有

$$-\frac{\hbar^2}{2m}\frac{\partial^2 \boldsymbol{\psi}}{\partial x^2} = i\hbar \frac{\partial \boldsymbol{\psi}}{\partial t} \tag{19-37}$$

这就是一维运动自由粒子的含时薛定谔方程。

当粒子在势场 $U(x,t)$ 中运动时，粒子的总能量为

$$E = E_k + U(x,t) = \frac{p^2}{2m} + U(x,t)$$

代入式(19－36)得

$$i\hbar \frac{\partial \boldsymbol{\psi}}{\partial t} = \left[\frac{p^2}{2m} + U(x,t)\right]\boldsymbol{\psi}$$

由式(19－35)可得

$$-\frac{\hbar^2}{2m}\frac{\partial^2 \boldsymbol{\psi}}{\partial x^2} + U(x,t) = i\hbar \frac{\partial \boldsymbol{\psi}}{\partial t} \tag{19-38}$$

这是势场中一维运动粒子的含时薛定谔方程。

推广到三维空间，有

$$-\frac{\hbar^2}{2m}\nabla^2 \boldsymbol{\psi}(\boldsymbol{r},t) + U(\boldsymbol{r},t)\boldsymbol{\psi} = i\hbar \frac{\partial \boldsymbol{\psi}}{\partial t} \tag{19-39}$$

式中，$\nabla^2=\frac{\partial^2}{\partial x^2}+\frac{\partial^2}{\partial y^2}+\frac{\partial^2}{\partial z^2}$ 为拉普拉斯算符，引入哈密顿算符

$$\hat{\boldsymbol{H}} = -\frac{\hbar^2}{2m}\nabla^2 + U(\boldsymbol{r},t)$$

则有

$$\hat{H}\boldsymbol{\psi} = i\hbar \frac{\partial \boldsymbol{\psi}}{\partial t} \tag{19-40}$$

式(19-39)和式(19-40)称为一般的薛定谔方程。一般说来，只要知道势能函数 U 的具体形式，再根据初始条件和边界条件求解，就可以得出描写粒子运动状态的波函数，其模平方就给出粒子在不同时刻不同位置处出现的概率密度。

二、定态薛定谔方程

当势能函数 U 与时间无关时,即 $U=U(\boldsymbol{r})$,令

$$\boldsymbol{\psi}(\boldsymbol{r},t)=\psi(\boldsymbol{r})f(t) \tag{19-41}$$

代入式(19-39)可得

$$-\frac{\hbar^2}{2m}\frac{\nabla^2\psi(\boldsymbol{r})}{\psi(\boldsymbol{r})}+U(\boldsymbol{r})=i\hbar\frac{1}{f(t)}\frac{\partial f(t)}{\partial t}$$

上式左边是坐标 $\boldsymbol{r}$ 的函数,而右边是时间 t 的函数。因此方程两边只能等于一常数时才能成立。设该常数为 E,于是有

$$i\hbar\frac{\partial f(t)}{\partial t}=Ef(t) \tag{19-42}$$

$$-\frac{\hbar^2}{2m}\nabla^2\psi(\boldsymbol{r})+U(\boldsymbol{r})\psi(\boldsymbol{r})=E\psi(\boldsymbol{r}) \tag{19-43}$$

式(19-42)的解为

$$f(t)=f_0\mathrm{e}^{-\frac{i}{\hbar}Et} \tag{19-44}$$

式(19-43)称为**定态薛定谔方程**。粒子的波函数可写成

$$\boldsymbol{\psi}(\boldsymbol{r},t)=\psi(\boldsymbol{r})\mathrm{e}^{-\frac{i}{\hbar}Et} \tag{19-45}$$

粒子在空间的概率密度为

$$|\boldsymbol{\psi}(\boldsymbol{r},t)|^2=|\psi(\boldsymbol{r})\mathrm{e}^{-\frac{i}{\hbar}Et}|^2=|\psi(\boldsymbol{r})|^2$$

即概率密度不随时间变化。也就是说,粒子在空间出现的概率是稳定不变的,粒子的这种状态称为**定态**。

三、一维无限深势阱

金属中的电子由于金属表面势能的束缚,被限制在一个有限的空间范围内运动,如果金属表面的势垒很高,可以将金属表面看作一个刚性盒子的壁。若只考虑电子的一维运动,其势能函数可以简化为

$$U(x)=\begin{cases}0 & (0\leqslant x\leqslant a)\\ \infty & (x<0,x>a)\end{cases} \tag{19-46}$$

称其为一维无限深势阱,如图 19-13 所示。

在势阱内,定态的薛定谔方程为

$$-\frac{\hbar^2}{2m}\frac{d^2}{dx^2}\psi_1(x)=E\psi_1(x) \tag{19-47}$$

令 $k^2=\frac{2mE}{\hbar^2}$,得

$$\frac{d^2}{dx^2}\psi_1(x)+k^2\psi_1(x)=0$$

其解为

$$\psi_1(x)=A\sin(kx+\delta) \tag{19-48}$$

式(19-48)中,待定常数 A 和 δ 由波函数的自然条件确定。

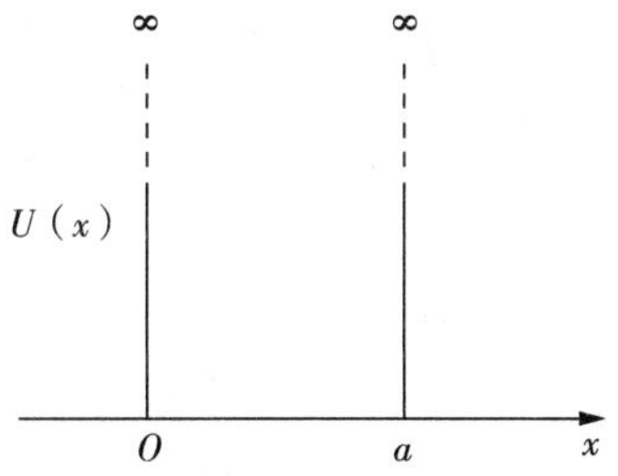

图 19-13　一维无限深势阱

在势阱外,定态薛定谔方程为

$$\left(-\frac{\hbar^2}{2m}\frac{d^2}{dx^2}+\infty\right)\psi_2(x)=E\psi_2(x)$$

按照波函数的自然条件,等式右边是有限的。在任意位置等式左边也应有限,必然要求乘积 $\infty\cdot\psi_2(x)$ 有限。这样只能取 $\psi_2(x)=0$。这表示粒子被限制在阱内,不会到达阱外。再根据波函数在阱壁上应连续的条件有

$$\psi_1(0)=\psi_2(0)=0 \tag{19-49}$$

$$\psi_1(\mathrm{a})=\psi_2(\mathrm{a})=0 \tag{19-50}$$

由式(19-49)可得

$$A\sin\delta=0$$

由于 A 不为零,所以

$$\delta = 0$$

由式(19－50)可得

$$A\sin ka = 0$$

由上式可得

$$ka = n\pi$$

或者

$$k = \frac{n\pi}{a} \tag{19-51}$$

式中,$n=1,2,3,\cdots$ 为整数,但是不能取零,否则阱内波函数处处为零。同时 n 也不能取负数,这是因为 $-n$ 和 n 所描述的状态,粒子的能量和几率分布相同。

粒子的能量(能量的本征值)为

$$E_n = \frac{k^2 \hbar^2}{2m} = n^2 \frac{\pi^2 \hbar^2}{2ma^2} = n^2 E_1 \tag{19-52}$$

$$E_1 = \frac{\pi^2 \hbar^2}{2ma^2} \tag{19-53}$$

式(19－52)说明,势阱中粒子的能量取分立值,能量是量子化的;式(19－53)表示束缚粒子的最低能量,也称为零点能。零点能不为零,这是粒子波动性的必然结果。

常数 A 由归一化条件确定

$$\int_{-\infty}^{+\infty} |\psi(x)|^2 \mathrm{d}x = \int_0^a A^2 \sin^2 \frac{n\pi x}{a} \mathrm{d}x = 1$$

由此式可得

$$A = \sqrt{\frac{2}{a}}$$

至此,我们求得粒子波函数的具体形式

$$\psi(x) = \begin{cases} \sqrt{\dfrac{2}{a}} \sin \dfrac{n\pi x}{a} & (0 \leqslant x \leqslant a) \\ 0 & (x < 0, x > a) \end{cases}$$

图 19-14 给出了势阱中粒子在各个能级上的波函数和粒子的概率密度 $|\boldsymbol{\psi}(x)|^2$ 的分布曲线，粒子出现的概率是不均匀的，其峰值的个数和量子数相同，这和经典粒子是不同的。粒子的波函数在势阱中形成驻波；在阱壁处总为波节，粒子出现的概率为零。

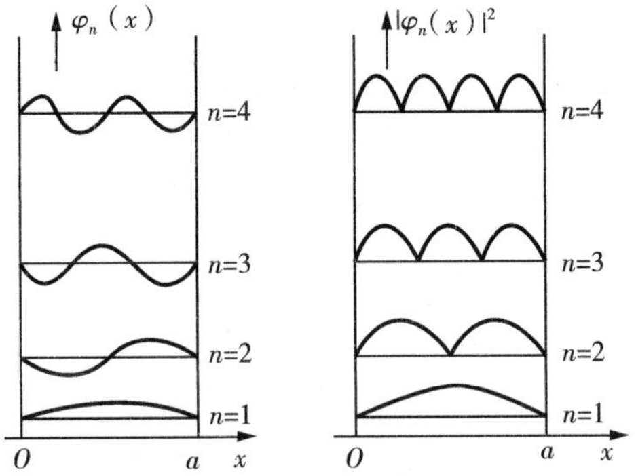

图 19-14　势阱中的波函数和概率密度

例 19-6　设有一电子在宽为 $a=0.20\ \text{nm}$ 的一维无限深势阱中。求：(1) 电子在基态时的能量；(2) 当电子处在第一激发态时，在势阱中出现概率最小的位置。

解：(1) 当 $n=1$ 时，粒子处于基态，能量最小。

$$E_1=\frac{\pi^2\hbar^2}{2ma^2}=1.51\times10^{-18}(\text{J})=9.43(\text{eV})$$

(2) 粒子在势阱中的波函数为

$$\psi(x)=\sqrt{\frac{2}{a}}\sin\frac{n\pi}{a}x\ ,n=1,2,3,\cdots$$

当电子处在第一激发态时 $n=2$，波函数为

$$\psi(x)=\sqrt{\frac{2}{a}}\sin\frac{2\pi}{a}x$$

相应的概率密度为

$$\rho(x)=|\psi(x)|^2=\frac{2}{a}\sin^2\frac{2\pi}{a}x$$

令 $\frac{\mathrm{d}\,|\psi(x)|^2}{\mathrm{d}x}=0$，得到

$$\frac{8\pi}{a^2}\sin\frac{2\pi x}{a}\cos\frac{2\pi x}{a}=0$$

在 $0 \leqslant x \leqslant a$ 范围内考虑$\frac{d^2\psi(x)}{dx^2} > 0$,则得到概率最小的位置为

$$x = 0, \frac{a}{2}, a$$

本章小结

1. 黑体辐射

普朗克公式

$$M_\lambda(T) = \frac{2\pi h\nu^3}{c^2}\frac{1}{e^{h\nu/kT} - 1}$$

斯忒藩公式

$$M(T) = \int_0^\infty M_\lambda(T)d\lambda = \sigma T^4$$

维恩位移公式

$$\lambda_m T = b$$

2. 光量子假设

爱因斯坦方程

$$hv = \frac{1}{2}mv^2 + A$$

康普顿散射公式

$$\Delta\lambda = \lambda - \lambda_0 = \frac{h}{m_0 c}(1 - \cos\theta) = 2\lambda_c \sin^2\frac{\theta}{2}$$

3. 氢原子

(1) 巴尔末公式

$$\tilde{\nu}_{nm} = R(\frac{1}{m^2} - \frac{1}{n^2})$$

(2) 玻尔假设

(3) 能级公式

$$E_n = -\frac{e^2}{8\pi\varepsilon_0 r_n} = -\frac{1}{n^2}\left(\frac{me^2}{8\varepsilon_0^2 h^2}\right)$$

4. 德布罗意假设

以动量 $\boldsymbol{p}$ 运动的实物粒子的波长为 $\lambda=h/p$，这种波叫德布罗意波，或物质波。

5. 薛定谔方程

$$-\frac{\hbar^2}{2m}\nabla^2\psi(\boldsymbol{r})+U(\boldsymbol{r})\psi(\boldsymbol{r})=E\psi(\boldsymbol{r})$$

思　考　题

19-1　在光电效应实验中，如果：(1) 入射光强度增加一倍；(2) 入射光频率增加一倍，各对实验结果有什么影响？

19-2　若一个电子和一个质子具有同样的动能，哪个粒子的德布罗意波长较大？

19-3　$n=3$ 的壳层内有几个次壳层，各次壳层都可容纳多少个电子？

19-4　完成下列核衰变方程。

(1) $^{238}\mathrm{U}\longrightarrow{}^{234}\mathrm{Th}+$ ________

(2) $^{90}\mathrm{Sr}\longrightarrow{}^{90}\mathrm{Y}+$ ________

(3) $^{29}\mathrm{Cu}\longrightarrow{}^{29}\mathrm{Ni}+$ ________

(4) $^{29}\mathrm{Cu}+$ ________ $\longrightarrow{}^{29}\mathrm{Zn}$

习　　题

19-1　试计算氢原子各线系的长波极限波长 λ_{lm} 和短波极限波长 λ_{sm}。

19-2　已知氦原子第二激发态与基态的能量差为 20.6 eV。为了将氦原子从基态激发到第二激发态，用一加速电子与氦原子相碰。问电子的速率至少应多大？

19-3　计算电子经过 $U=10000$ V 的电压加速后的德布罗意波长。

19-4　电子在铝箔上散射时，第一级最大($k=1$)的偏转角 θ 为 2°，铝的晶格常数 d 为 4.05×10^{-10} m，求电子速度。

19-5　一束带电粒子经 206 V 电压加速后，测得其德布罗意波长为 2.0×10^{-3} nm，已知该粒子所带的电荷量与电子电荷量相等，求该粒子的质量。

19-6　若一个电子的动能等于它的静能，试求该电子的速率和德布罗意波长。

19-7　氦氖激光器所发红光波长为 $\lambda=6328\times10^{-10}$ m，谱线宽度 $\Delta\lambda=10^{-18}$ m，求当这种光子沿 x 方向传播时，它的 x 坐标的不确定量为多大？

19-8　一电子的速率为 $v=200$ m/s，其动量不确定范围为动量的 0.01%，则该电子的位置不确定范围多大？

19-9　如果钠原子所发出的黄色光谱线($\lambda=589$ nm)的自然宽度为 $\frac{\Delta\nu}{\nu}=1.6\times10^{8}$，计算钠原子相应的波长态的平均寿命。

19-10　设粒子的波函数为 $\psi(x)=A\mathrm{e}^{-\frac{1}{2}a^2x^2}$，$a$ 为常数。求归一化常数 A。

19-11　一维无限深势阱中粒子的定态波函数为 $\psi(x)=\sqrt{\frac{2}{a}}\sin\frac{n\pi}{a}x$，$n=1,2,3,\cdots$，

试求：

(1) 粒子处于基态和 $n=2$ 状态时，在 $x=0$ 和 $x=\frac{a}{3}$ 之间找到粒子的概率；

(2) 概率密度最大处和最大值。

19-12　一维运动的粒子处于如下波函数所描述的状态：

$$\psi(x)=\begin{cases}Ax\mathrm{e}^{-\lambda x} & (x\geqslant 0)\\ 0 & (x<0)\end{cases}$$

其中 $\lambda>0$。求

(1) 归一化常数 A；

(2) 粒子的概率分布函数；

(3) 在何处发现粒子的概率最大。

阅读材料

量子论

量子论是现代物理学的两大基石之一。量子论提供了新的关于自然界的表述方法和思考方法。量子论揭示了微观物质世界的基本规律，为原子物理学、固体物理学、核物理学和粒子物理学奠定了理论基础。它能很好地解释原子结构、原子光谱的规律性、化学元素周期性等一系列问题。

1. 量子论的初期

1900 年，普朗克为了克服经典理论解释黑体辐射规律的困难，引入了能量子概念，为量子理论奠定了基石。随后，爱因斯坦针对光电效应实验与经典理论的矛盾，提出了光量子假说，并在固体比热问题上成功地运用了能量子概念，为量子理论的发展打开了局面。

1913 年，玻尔在卢瑟福有核模型的基础上运用量子化概念，提出玻尔的原子理论，对氢光谱做出了满意的解释，使量子论取得了初步胜利。随后，玻尔、索末菲和其他物理学家为发展量子理论花了很大力气，却遇到了严重困难，旧量子论的研究陷入困境。

2. 量子论的建立

1923 年，德布罗意提出了物质波假说，将波粒二象性运用于电子之类的粒子束，把量子论发展到一个新的高度。

1925—1926 年，薛定谔率先沿着物质波概念成功地确立了电子的波动方程，为量子理论找到了一个基本公式，并由此创建了波动力学。

几乎与薛定谔同时，海森伯写出了以“关于运动学和力学关系的量子论的重新解释”为题的论文，创立了解决量子波动理论的矩阵方法。

1925 年 9 月，玻恩与另一位物理学家约丹合作，将海森伯的思想发展成为系统的矩阵力学理论。不久，狄拉克改进了矩阵力学的数学形式，使其成为一个概念完整、逻辑自洽的理论体系。

1926 年，薛定谔发现波动力学和矩阵力学从数学上是完全等价的，由此统称为量子力学，而薛定谔的波动方程由于比海森伯的矩阵更易理解，成为量子力学的基本方程。

3. 悖论与量子论

悖论与量子论是如何联系到一起的呢？我们先看看古希腊有名的“芝诺悖论”(之一)——“阿喀琉斯追不上乌龟”：阿喀琉斯(《荷马史诗》中的善跑英雄)永远也无法超过在他前面慢慢爬行的乌龟。因为他必须首先到达乌龟的出发点，而当他到达那一点时，乌龟已向前爬到了一个新位置；当他到达乌龟的新位置时，乌龟又向前爬了……这样，乌龟必定总是跑在前头，阿喀琉斯只能离乌龟越来越近，却永远追不上乌龟。

按照直觉和常识，哪怕阿喀琉斯跟乌龟离得再远，追上乌龟也不成问题，因为他比乌龟跑得快；但按照芝诺给我们设下的思维圈套，却又分明追不上。那么问题到底出在什么地方呢？其实，这里面就隐含了量子论。其实，量子论的一些基本论点显得并不“玄乎”(倒是它的许多推论显得很“玄”)，如空间不是连续的(事实上“量子”这个词也就是来源于“不连续”，普朗克将能量量子化，被认为是量子论的诞生，普朗克本人也就成为量子论的创始人)，也就是说空间不可能无限地被分割。联系上述悖论，当阿喀琉斯跟乌龟的距离近到所允许的最小距离(即一个“量子”距离，这个值非常小，这里假定为 s 了)便不能再小了(也就是说，它们之间的距离不可能再为 $s/2, s/3, \cdots$)，那么，基于无限分割空间的芝诺悖论也就站不住脚。似乎量子论理解起来并不难。其实，如果多想一下，问题就来了：假设这最小距离的两个端点是 A 和 B，按照量子论，物体从 A 不经过 A 和 B 中的任何一个点而直接到达 B，打个比方说，这个物体就像一个魔术演员，从舞台的左边上场，接着突然出现在舞台的右边。物体的运动轨迹不再是连续的一条线，而是一个个的点。除了神话和社会上的种种“伪科学”“特异功能”，无法在现实的宏观世界上找到一个这样的例子。量子论中类似这样匪夷所思的论点可谓比比皆是，它把人们在宏观世界里建立起来的“常识”和“直觉”打个了七零八落。

4. 哲学与量子论

哲学是社会科学的范畴，量子论是自然科学的范畴。以前无论教科书上怎么强调哲学与自然科学的关系，我们都不以为然，甚至觉得它们风马牛不相及。随着对量子论了解的增多，发现量子论跟哲学居然那么紧密地联系在一起。爱因斯坦创造奇迹就源于深刻的哲学思考。他本人就曾说过，与其说他是个物理学家，不如说他是个哲学家。相对论是革命性的，但量子论显得更具革命性，它需要有更大的勇气，更超越的思维。量子论的发展，也必然引发对哲学的思考。量子论给传统的时空观、物质观等带来了革命性的冲击，一个旧的世界在它的冲击下分崩离析，一个新的世界在逐渐形成。它跟人们的直觉和常识那么格格不入，如电子不是粒子，而是波函数。根据目前较为流行的弦理论，(组成质子的)微观粒子实际上是震动的弦，弦的大小和方向的不同就形成了不同的“粒子”。粒子变得像音符一样。尤其是“波函数”弥漫整个空间，甚至整个宇宙，两个纠缠态即便相距千里，仍然可以以一种不可思议的方式进行超距合作！更有一个听起来胜似“天方夜谭”的宇宙创造论：整个宇宙是由一个奇点开始的，这个奇点瞬间爆炸，产生了巨大的能量，于是有了时间，有了空间，进而演变成宇宙。宇宙竟能无中生有！那个奇点没有质量也没有大小，跟数学上的点能有什么不同？而那些波、那些弦，也无法将它们看作具有实形的东西。“除了几何关系之外一无所有。空间不再是一个客体(如粒子)振动和相互碰撞的场所,而变成了一个永远在变换样式和过程的万花筒。”数学似乎成了宇宙唯一通用的语言。道教的“一生二,二生三,三生万物”似乎在自然界也找到了诠释。所罗门在《传道书》中说,“虚空的虚空,虚空的虚空,凡事都是虚空”,他的本意当然不是指什么“宇宙的本质”,但按照上述的宇宙创造论,对于宇宙倒是“一语道的”了。既然量子论都这么说,那么哲学出现什么“形而上学”,就不足为奇了。宇宙可以从“无”中创造出来,甚至超出唯心主义和唯物主义的想象。

5. 相对论与量子论

提到这个问题,至少我们有一些误解,把一些量子论的东西当成了相对论。目前,尽管量子论已经得到了广泛的应用,但相对于赫赫声名的相对论,量子论似乎还是显得“默默无闻”。量子论是凭着它神奇的力量和越来越多、越来越神奇的应用赢得人们的“青睐”的,尽管如此,我们还是对量子论知之甚少。而相对论就不同了,什么时空扭曲,时间变慢,长度收缩,质量和能量可以相互转换,诸如此类,虽说到不了妇孺皆知的地步,但稍有科普知识的人均有所了解,也常常是我们津津乐道的话题。其实,我们把量子论的一些“功劳”加到了相对论上,甚至把量子论的一些东西当成了相对论的东西。针对量子论中的“不确性原理”,爱因斯坦设计了一个被称为EPR的佯谬,并有句广为人知的名言:“上帝不会掷骰子”。“上帝会不会掷骰子”这个问题早在1997年的实验中就已经盖棺定论,实验结果与量子论的预言相符,爱因斯坦输了。赫赫有名的霍金在谈到“黑洞”吞噬一切的特性时,还拿这句话开涮:“上帝不仅掷骰子,还会把骰子投到人看不到的地方。”相对论带给我们奇异的结论确实不少,但相比量子论却还是显得逊色多了(当然,并不是指相对论比量子论逊色)。量子传输,一台量子计算机甚至可以相当于多少万台普通计算机并行运算……这样的例子会越来越多。相对论与量子论看起来“水火不相容”,但物理学家们正试图将这两种理论统一起来,形成一个“大统一”。

量子论如今已经经过了百年的风风雨雨,但它的发展还远没有终结,路途如此坎坷,甚至让人觉得到了一种“山重水复疑无路”的地步。量子论的发展也不像牛顿力学、相对论那样,很快就得到了认可并成为一个相对完善的理论。量子论在发展的道路上虽然奇景不断,但从它曲折的发展历史上看,量子论的每一个分支总是越走越艰难。至今,新的流派和分支还在不断地出现。也许“上帝”为人类设置了最后一道不可逾越的机关,这是人类认识的极限,是认识中的“量子”,最终人类无法超越它,人类也就最终不能穷尽大自然的奥秘,永远无法看到“上帝”的真实面孔。

6. 疑问

量子力学虽然建立了,但关于它的物理解释却总是很抽象,大家的说法也不一致。波动方程中的所谓波究竟是什么?

波是一种几率。玻恩认为,量子力学中的波实际上是一种几率,波函数表示的是电子在某时某地出现的几率。1927年,海森伯提出了微观领域里的不确定性关系,他认为任何一个粒子的位置和动量不可能同时准确测量,要准确测量其中的一个,另一个就将是不确定的,这就是所谓的“不确定性原理”。它和玻恩的波函数几率解释一起,奠定了量子力学诠释的物理基础。玻尔敏锐地意识到不确定性原理表征了经典概念的局限性,因此在此基础上提出了“互补原理”(并协原理)。玻尔的互补原理被人们看成是正统的哥本哈根解释,但爱因斯坦不同意不确定性原理,认为自然界各种事物都应有其确定的因果关系,而量子力学是统计性的,因此是不完备的,而互补原理更是一种权宜之计。于是在爱因斯坦与玻尔之间进行了长达三四十年的争论，直到他们去世也没有作出定论。

7. 轮盘赌

如果说光在空间的传播是相对论的关键，那么光的发射和吸收则带来了量子论的革命。我们知道物体加热时会放出辐射，科学家们想知道这是为什么。为了研究的方便，他们假设了一种本身不发光、能吸收所有照射其上的光线的完美辐射体，称为“黑体”。研究过程中，科学家发现按麦克斯韦电磁波理论计算出的黑体光谱紫外部分的能量是无限的，显然这里发生了谬误，它为“紫外线灾难”提供了依据。1900 年，德国物理学家普朗克提出了物质中振动原子的新模型，他从物质的分子结构理论中借用不连续性的概念，提出了辐射的量子论。关于量子论中的不连续性，可以这样理解：如温度的增加或降低是连续的，从 1 度升到 2 度中间必须经过 0.1 度，0.1 度之前必定有 0.01 度。但是量子论认为在某两个数值之间，例如 1 度和 3 度之间可以没有 2 度。他认为各种频率的电磁波，包括光只能以各自确定分量的能量从振子射出，这种能量微粒(能量基本单位)称为量子，光的量子称为光量子，简称光子。根据这个模型计算出的黑体光谱与实际观测到的相一致。这翻开了物理学上崭新的一页。量子论不仅很自然地解释了灼热体辐射能量按波长分布的规律，而且以全新的方式提出了光与物质相互作用的整个问题。量子论不仅给光学，也给整个物理学提供了新的概念，故通常把它的诞生视为近代物理学的起点。

量子的纠缠，是量子通信和量子计算的基础。我国在多光子纠缠领域，一直在国际上保持领先地位，目前，我国已经实现了18个光量子的纠缠。利用国际一路领先的多光子纠缠和干涉技术，我国团队在2017年实现了第一台在“波色取样”这个特定任务上能够超越最早期两台经典计算机的光量子计算原型机。

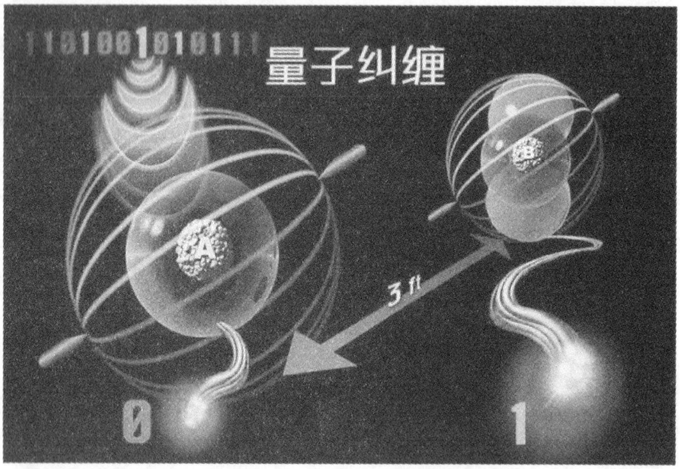

量子密码 —— 战无不胜！

想知道什么是真正的瞬时通信吗？

* 第二十章　量子力学的应用

与量子力学的经历相似，激光在早期曾经也被认为是“理论上的巨人，实际应用上的侏儒”。但今天，无论是家用 CD 播放器，还是“导弹防御系统”，激光已经在当代人类的社会生活中占据了核心地位。不过，如果不是量子力学，我们与激光的故事，很可能是以“擦身而过”收场。

§20－1　激光

组成物质的原子中，有不同数量的粒子（电子）分布在不同的能级上，在高能级上的粒子受到某种光子的激发，会从高能级跳到（跃迁）到低能级上，这时将辐射出与激发它的光相同性质的光，而且在某种状态下，会出现一个弱光激发出强光的现象，叫作**“受激辐射的光放大”，简称激光**。激光最初的中文名叫作“镭射”“莱塞”，是它的英文名称 LASER 的音译，取自英文全名 Light Amplification by Stimulated Emission of Radiation 各单词头一个字母，意思是“通过受激发射光扩大”。1964 年按照我国著名科学家钱学森的建议将“光受激发射”改称“激光”。激光的英文全名完全表达了制造激光的主要过程。

一、自发辐射受激辐射

1. 自发辐射

如图 20－1 所示，原子在没有外界干预的情况下，电子会由处于激发态的高能级 E_2 自动跃迁到低能级 E_1，这种跃迁叫自发跃迁。由自发跃迁而引起的光辐射称为**自发辐射**。自发辐射所发出光子的频率为

$$\nu=\frac{E_2-E_1}{h}$$

2. 光吸收

当原子中的电子处于低能级 E_1 时，若外来光子的能量 $h\nu$ 恰好等于激发态 E_2 与低能态 E_1 的能量差，即 $h\nu=E_2-E_1$，那么原子就会吸收光子的能量，并从低能态

E_1 跃迁到高能态 E_2，这个过程称为光吸收。如图 20－2 所示。

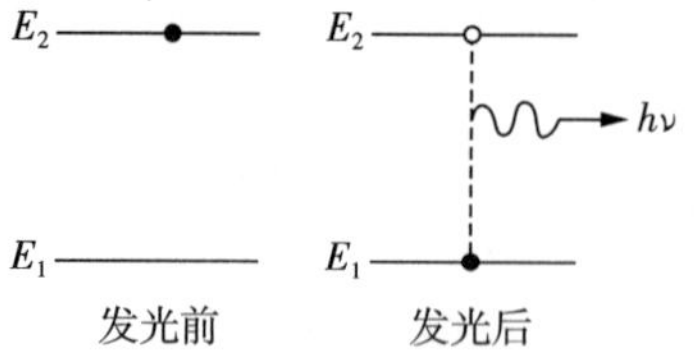

图 20－1　自发辐射

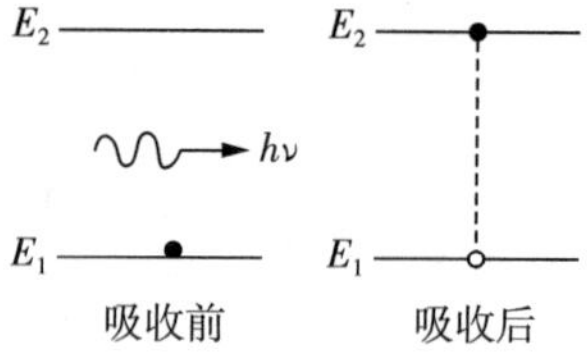

图 20－2　光吸收

3. 受激辐射

1916 年，爱因斯坦在研究光辐射与原子间的相互作用时指出，原子除吸收光辐射和自发辐射外，还会有受激辐射。他认为，当原子中的电子处于高能级 E_2 时，若外来入射光子的频率恰好满足 $h\nu=E_2-E_1$，原子中处于高能级 E_2 的电子会在外来光子的激发下向低能级 E_1 跃迁，并发出与外来光子一样特征的光子，这就是受激辐射，如图 20－3 所示。实验表明，受激辐射产生的光子与入射光子具有相同的频率、相位和偏振方向，是相干光，如果用这两个光子再入射其他原子会得到更多的相同的光子，这种现象称为**光放大**，如图 20－4 所示。

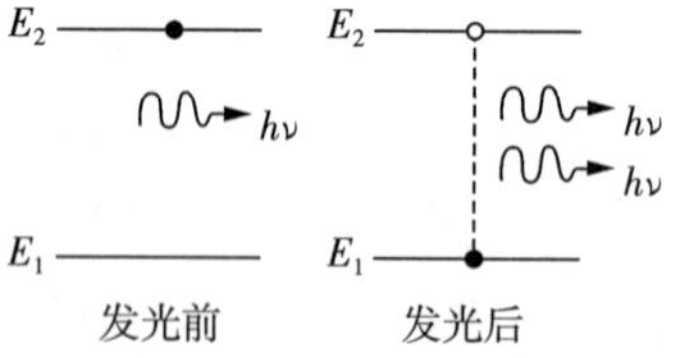

图 20－3　受激辐射

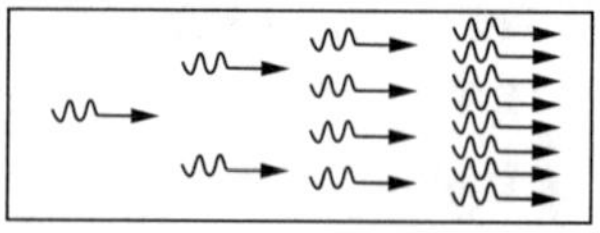

图 20－4　受激辐射的光放大

二、激光原理

1. 粒子数正常分布和粒子数布居反转分布

在一般情况下，处于低能级的电子数要比处于高能级的电子数多。在平衡时，处于能级 E_i 上的电子数 N_i 为

$$N_i=ce^{-E_i/kT} \tag{20-1}$$

式中，T 为热力学温度，k 为波尔兹曼常数。由此可知电子处于 E_1 和 E_2 的数目之比为

$$\frac{N_1}{N_2}=e^{-(E_2-E_1)/kT} \tag{20-2}$$

已知 $E_2>E_1$，则 $N_1>N_2$，即处于低能级的电子数大于处于高能级的电子数，这种分布叫作粒子数的正常分布。此时光吸收过程较光受激过程要占优势。不能产生连续受激辐射，即不能产生光放大。若处于高能级的电子数 N_2 大于处于低能级的电子数 N_1，这种分布叫作粒子数反转分布，简称粒子数反转或称布居反转。此时就能使光通过物质后获得光放大。因此，使粒子数反转是实现受激辐射得到光放大的必要条件。

为了使工作物质实现粒子数反转，可以从外界输入能量(如光照，放电等)，把低能级上的电子激发到高能级，这个过程叫作**激励**(也叫**泵浦**)。但是，仅仅从外界进行激励是不够的，还必须选取能实现粒子数反转的工作物质。我们知道，原子可长时间处于基态，而处于激发态的时间(寿命)很短，约为10^{-8} s，所以激发态不稳定。除基态和激发态外，有些原子还具有亚稳态，它不如基态稳定，但比激发态的寿命要长得多，如氦原子、氖原子、氩原子、铷原子、二氧化碳等都存在亚稳态。有亚稳态的工作物质，就能实现粒子反转。下面以红宝石为例加以说明。

红宝石是在人工制造的刚玉(Al_2O_3)中，掺入少量的铬离子(C_r^{3+})而构成的晶体。红宝石中起发光作用的是铬离子，当红宝石受到强光照射时，铬离子被激励，大量的铬离子吸收光能而跃迁到激发态 E_3，如图 20-5 所示。被激发的铬离子在能级 E_3 上停留的时间很短，约10^{-8} s，它很快地以无辐射跃迁的方式转移到亚稳态 E_2 上，这一跃迁放出的能量只使红宝石发热。铬离子在亚稳态 E_2 上停留的时间较长，约10^{-3} s，不能以自发辐射的形式返回基态。当外界强光不断激励，E_2 上粒子数不断积累，使得 E_2 上粒子数 N_2 大于 E_1 上的粒子数 N_1，从而使得两者间的粒子数反转，达到光放大的目的。

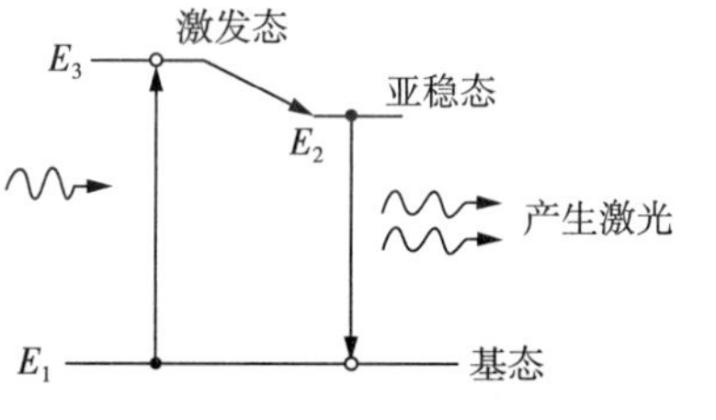

图 20-5　红宝石中铬离子能级示意图

2. 光学谐振腔与激光的形成

仅仅使工作物质处于翻转分布，产生光放大，虽然可以获得激光，但这时激光的寿命比较短，强度也较弱，使用价值不大。为获得一定寿命和强度的激光，还必须加上一个光学谐振腔，它是两个放置在工作物质两端的平面反射镜组成，如图 20-6 所示。这两个平面反射镜严格平行，其中一个是全反射镜，另一个是部分透光的反射镜，谐振腔的作用主要是产生和维持光振荡。光在粒子数反转的物质中传播时得到光放大，放大的光经反射镜反射回来穿过工作物质又得到进一步放大。如此这般光往返传播，使谐振腔内的光子数达到很大，从而获得很强的光。当光的放大作用与损耗(包括光输出、工作物质的吸收等)达到动态平衡时，就形成了光振荡。此时,从部分透光反射镜中透出的光很强,这就是输出的激光。

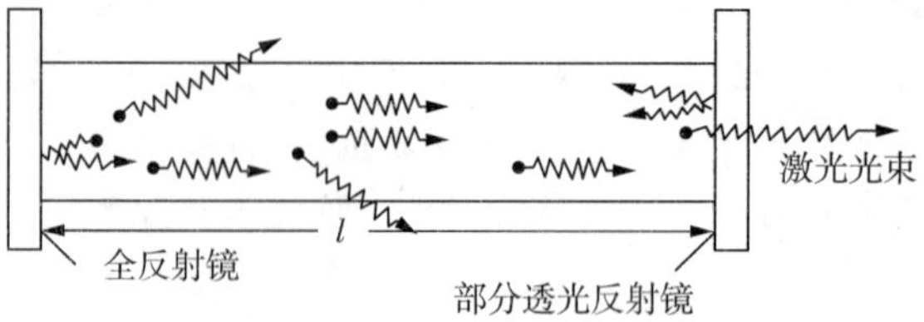

图 20-6　光学谐振腔示意图

此外,谐振腔的作用,一是使只有沿着轴线传播的光才能来回传播,从部分透光的反射镜中透出,方向性很好;二是光传播时在反射镜间形成驻波。若谐振腔长为 l,光的波长为 λ,应有

$$l=k\frac{\lambda}{2}$$

式中,k 为整数。波长不满足上式条件的光会很快衰减淘汰掉,即谐振腔起到选频作用,输出激光的单色性很好。

激光器的种类很多,应用也非常广泛。感兴趣的读者可自己查阅相关书籍和文献。

三、激光的特性及其应用

1. 激光的特性

激光技术的发展之所以如此迅猛,主要是激光具有许多特殊的性能。

(1) 方向性好

因为激光是受激辐射光放大的特殊发光机理和光学谐振腔对光传播方向的限制等因素共同作用而形成的,所以激光光束的方向性很好,发散角很小。激光几乎是一束定向发射的平行光。例如从地球上发射一束激光到 38 万千米的月球上,整个光束扩散的直径只有几百米。激光的方向性好的特性,已被广泛应用于定位、导向、激光测距、激光雷达等多方面。用激光测定月地距离,精度可达 ± 15 cm。大型舰船、飞机的装配用激光准直中心线,安装精度可准确到 0.5 mm。

(2) 单色性好

由于激光器中工作物质粒子数反转只能在一定的能级之间发生,光学谐振腔的选频作用使得激光的谱线宽度很窄,颜色很纯,即单色性很好。例如,一般的氦氖激光,波长为 632.8 nm,对应的频率为 4.74×10^{14} Hz,它的频率宽度只有 9×10^{-2} Hz。与非激光光源中单色性最好的氪灯相比,激光要优于氪灯 4 个数量级以上。因此可以利用激光去精度测量、激光通信、等离子测试等。

(3) 能量集中

普通光源发出的光，射向四面八方，能量分散，即使通过透镜也只能汇聚它的一部分光，而且还不能将这部分光汇聚在一个很小的范围内。而激光，由于方向性好，几乎是一束平行光，通过透镜可以汇聚在一个很小的范围内，即激光具有能量在空间高度集中的特性。有些激光的亮度可以达到太阳的一百万倍以上。如果用透镜将其聚焦，可以得到每平方厘米一万亿瓦的功率密度，以至在极小的局部范围内产生几百万度的高温，几百万个大气压，每米几十亿伏的强电场，足以溶化以致汽化各种金属和非金属。利用激光的能量集中的特点，可以应用于打孔、焊接、切割、手术、激光核聚变等方面。

(4) 相干性好

普通光源的发光过程是自发辐射，发出的光是不相干的，而激光的发光过程是受激辐射，发出的光是相干光。激光的线宽窄，相位在空间的分布也不随时间变化，故具有良好的时间相干性和空间相干性。激光的相干性来源于激光的高单色性和高方向性。可应用于激光干涉仪、全息照相和现代光学等诸多研究领域。

2. 激光的应用

激光是 20 世纪四项重大发明之一(原子能、半导体、计算机和激光)。1960 年，美国的西奥多·梅曼(T. H. Maimann) 在实验室研制成功第一台红宝石激光器，激光的出现带动了一批新兴的学科 —— 全息光学、非线性光学、光通信、光存储(光驱、激光唱机) 和光信息处理等。

激光的四个基本特性从应用角度还可以进一步概括为两个方面：一方面它是定向的强光光束，能量集中，功率密度很大；另一方面它是单色的相干光(时间相干性和空间相干性)。激光在各个技术领域中的广泛应用，都是利用了这两个方面的特性。

(1) 激光检测：长度检测、激光雷达、准之导向、无损伤检测等；

(2) 信息处理：光通信、信息存储与读写、光计算等；

(3) 激光加工：激光钻孔、激光切割、激光焊接；

(4) 激光在军事上的应用：激光制导，激光陀螺，激光武器 —— 战术、战略、致盲；

(5) 激光在生命科学中的应用：激光生物效应：热、光化、电磁场等。激光生物技术：用弱激光刺激动植物，可改善其生理机能，提高农作物产量，改善家畜、家禽的品质，选育优良新品种。激光医学：激光诊断，激光医疗，激光角膜矫正技术就是利用准分子激光(ArF，KrF) 发出的激光，利用光化学反应对角膜组织进行放射性切割和消融，从而改变角膜的曲率以达到治疗近视的目的。

§20－2　半导体

当半导体中少数电子从满带跃迁到导带中，那么在满带中会留下一些空的状态，通常称为**空穴**，这一近满带电子系统的行为，可等价地用空穴的运动行为代替。在近满带中，由于电子几乎全部充满能级，只留下少数的空穴，当电子逆着外加电场移动时，电子将跃入相邻的空穴，而在它原先的位置留下新的空穴，相当于空穴顺着电场的方向移动。根据是否以空穴导电为主的情况，可将半导体分为本征半导体、n型半导体和p型半导体。

不含杂质的纯净的半导体称为**本征半导体**。当本征半导体价带电子被激发到导带上时，导带上出现电子，且导带上的电子与价带上的空穴总是成对出现的。在外电场下，既有发生在导带上的电子定向移动，又有发生在价带上的空穴的定向移动，它兼具有电子导电和空穴导电两种的类型，这类导电性称为本征导电。温度升高，价带上会有更多的电子被激发到导带上，所以本征半导体的导电性随温度的升高而迅速增大。

在纯净的半导体中掺入杂质原子，其导电性和导电机理将有明显的改变，称为杂质半导体，杂质半导体又分为n型和p型半导体两类。在四价本征半导体（如硅）中掺入五价杂质（如砷）形成电子型半导体，称为n型半导体，如图20－7所示。掺入的五价砷原子在晶体中替代硅的位置构成与硅相同的电子结构，结果多出一个电子在杂质离子的电场范围内运动。这个电子相应的杂质能级是在禁带中的，且靠近导带，能量差远小于禁带宽度。因在硅晶体内，砷原子只是极小数，其能级如图20－8所示，图中不相连续的线段表示这个杂质能级，每个短线代表一个杂质原子的能级。杂质价电子在杂质能级上时，并不参与导电，但受到热激发时，由于它的能级靠近导带，它极易跃迁到导带，供给导带电子，所以这种杂质能级又称为施主能级。即使掺入少量的杂质，也可使半导体导带上自由电子浓度比同温度下纯净半导体导带上的自由电子浓度大很多倍，这就大大增强了半导体的导电性能，它的导电主要以电子导电为主。

在四价的本征半导体硅中掺杂有三价杂质（如镓）后形成p型半导体，如图20－9所示。这时杂质能级离满带顶极近，如图20－10所示，满带中的电子只要接受很小的能量，就可以跃入这个杂质能级，使满带产生空穴。

由于这种杂质能级是接受电子的，所以称为**受主能级**。这种掺杂使半导体满带中空穴浓度较纯净半导体空穴浓度增加了很多倍，从而使半导体导电性能增强。它的导电主要以空穴导电为主。

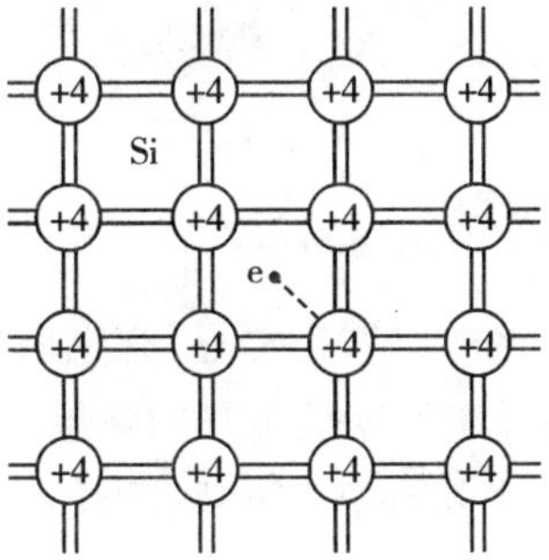

图 20－7　n 型半导体

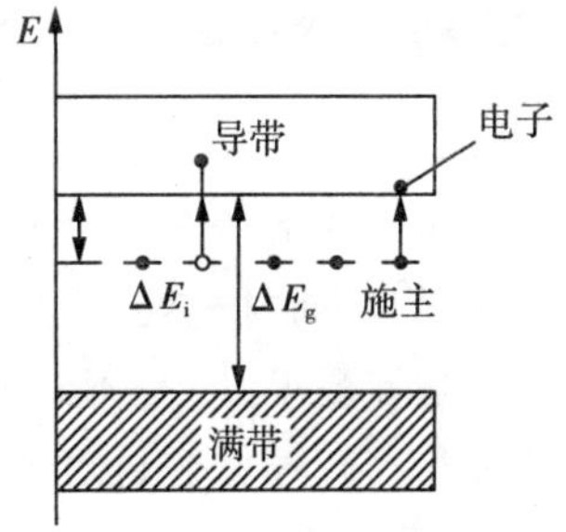

图 20－8　n 型半导体能带结构

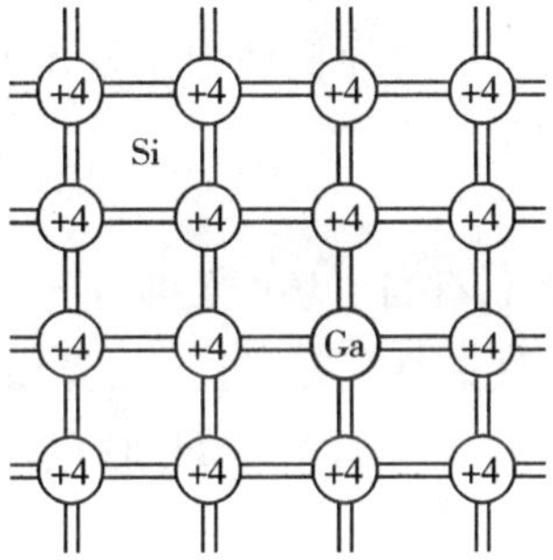

图 20－9　p 型半导体

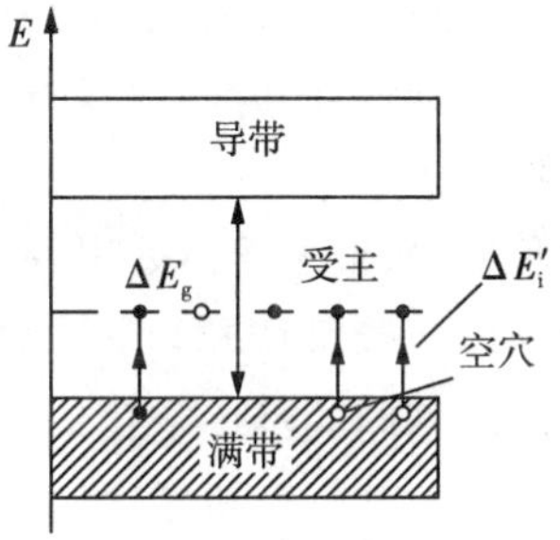

图 20－10　p 型半导体能带结构

半导体的导电性随温度的升高而增大，其电阻率与导体电阻率随温度的变化特性是相反的，这一性质具有极大的应用价值。若将 p 型半导体和 n 型半导体相互接触，n 区的电子将向 p 区扩散，p 区的空穴也将向 n 区扩散，形成 p－n 结，具有单向导电性，这就是所谓的二极管。

§20－3　超导现象

1911 年，荷兰物理学家昂尼斯在研究固态汞在低温下的电阻变化时，发现当温度降到 4.2 K 时，汞的电阻几乎下降到零，如图 20－11 所示。昂尼斯将这种电阻变为零的状态称为“**超导态**”，或称为**超导电性**。电阻发生突变的温度称为临界温度 T_c，具有超导电性的材料称为**超导材料**或**超导体**。

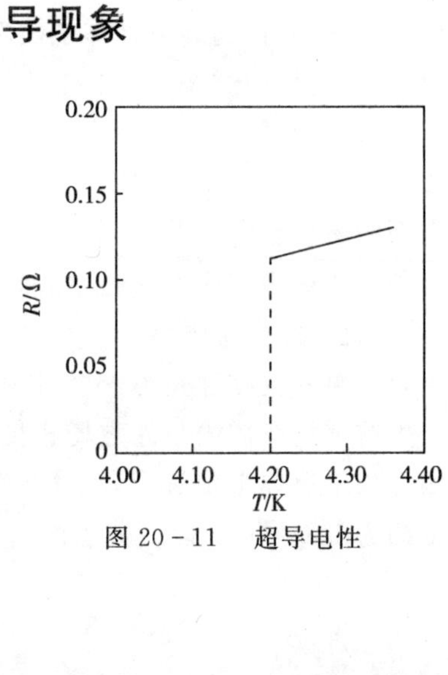

图 20－11　超导电性

一、超导体的主要特性

1."零电阻"特性

零电阻是超导体的一个重要特性。实验发现,当温度下降到 T_c 时,超导体的电阻突然降为零,从而材料处于超导态。每种超导物质从正常态(有电阻现象)转变为超导态的临界温度 T_c 是不同的。每种材料只有温度低于它的临界温度时,才会出现超导现象。超导转变是可逆的,加热已处于超导态的样品,当温度高于 T_c 后,样品恢复正常电阻率。

在超导态时,由于电阻为零,一旦内部产生电流后,只要保持超导状态不变,其电流就不会衰减,这种电流称为持续电流。有人曾在超导铅环中激发出几百安培的电流,在持续两年的时间内没有发现可观察到的电流变化。

2. 临界磁场

研究发现,如果超导体处于一个外磁场中,则只有当磁场的强度小于某一量值 H_c 时,超导体才能保持其超导态,否则超导态即被破坏。H_c 称为**临界磁场**,它随不同的材料和不同的温度变化。可见,只有满足 $T < T_c$ 和 $H < H_c$ 时,超导材料才能处在超导态。对所有超导体的经验公式为

$$H_c = H_0\left[1-\left(\frac{T}{T_c}\right)^2\right]$$

式中,H_0 为绝对零度时的临界磁场。当 $T=T_c$ 时,$H_c=0$,即在临界温度时,只有在无磁场的情况下,才会进入超导态。

由于超导态的电阻为零,因而在超导环中可以有很大的电流。但临界磁场的存在又限制了超导体中能通过的电流,因而当超导体中的电流在自身中产生的磁场大于临界磁场时,超导电性即被破坏。例如,在 0 K 附近,直径为 0.2 cm 的汞超导线,最大只允许通过 200 A 的电流,电流再大,它就会失去超导电性。

3. 迈斯纳效应

1933 年,迈斯纳在实验室中发现,超导体具有完全抗磁性,即进入超导态时,超导体内部的磁场被完全排出体外。磁力线不能进入超导体内,体内的磁场恒为零。这种现象称为**完全抗磁性**,也称为**迈斯纳效应**。所以超导体不仅具有零电阻的特性,而且是完全抗磁体。

超导材料的抗磁性是由于材料中感应出超导电流以屏蔽外磁场,即这一感应电流产生的磁场在体内与外磁场相抵消。显然这一电流为面电流(称为迈斯纳电流),因为如果有体电流存在,则体内的磁场不可能恒为零。迈斯纳电流存在于一个厚度约为 10^{-5} cm 的表面薄层内。

二、BCS 理论简介

用经典理论无法解释材料产生超导电性的原因。1957年巴丁(J. Bardeen)、库珀(L. N. Cooper)和史雷弗(J. R. Schrieffer)一起提出了解释超导电性机制的理论,通常称为 BCS 理论,成功地解释了超导现象和实验事实。因此 3 人同获了 1972 年诺贝尔物理学奖。

BCS 理论中一个关键的思想是认为超导体中的电子形成电子对,称作库珀对。正常情况下,金属中的电子是十分自由的,它们都通过点阵离子而发生相互作用。每个电子的负电荷都要吸引晶格离子的正电荷,因此邻近的离子要向电子微微靠拢。这些稍微聚拢的正电荷又反过来吸引其他电子,总的效果是一个电子对另一个电子产生了微小的引力。在室温下,这种吸引力非常弱,不会引起任何结果,但当温度低到接近绝对零度时,电子的热运动几乎完全消失了,这种吸引力就大得足以使两个电子结成对。组成库珀对的两个电子具有完全相反的动量。当其中一个电子受到晶格作用而改变动量时,另一个电子同时受到晶格的作用而发生相反的动量改变。这样库珀对的总动量不变,即晶格不能减慢或加快库珀对的运动,宏观上表现为超导体对电流的电阻为零。

由于超导体具有零电阻特性,使之具有十分广泛、极其诱人的应用前景。如电力传输、超导量子干涉仪、超导磁共振成像仪、超导磁悬浮列车、超导计算机等。

§20－4　量子信息论基础

近 20 年来,量子力学的新进展为信息科学的发展注入了新的活力,量子力学的奇妙特性为信息科学提供了崭新的原理和方法,提供了突破经典信息科学极限的途径。有科学家预言,21 世纪人类将从经典信息时代跨越到量子信息时代。

一、EPR 对和隐形传态

所谓 EPR(Einstein Podolsky Rose) 对就是一对自旋1/2的粒子或一对偏振光子的叠加态。设有两个电子或质子等自旋为 1/2 粒子体系构成一个总自旋为 0 的量子态,则体系的波函数可写成两个粒子的朝上 $|\uparrow\rangle$、朝下 $|\downarrow\rangle$ 两种自旋态的纠缠态

$$|s=0\rangle=\frac{1}{\sqrt{2}}[|\uparrow\rangle_1|\downarrow\rangle_2-|\downarrow\rangle_1|\uparrow\rangle_2] \qquad (20-3)$$

设相互远离的 Alice 和 Bob 在两处各自观测这一总自旋为 0 的状态,当 Alice 观

测到粒子1自旋朝上或朝下各以1/2的几率出现,Bob观测粒子2的自旋取向也是同样的结果。但是量子力学标准解释,当Alice测得粒子1自旋向上时,Bob测得粒子2自旋肯定朝下。这为信息通信提供了一种崭新的手段和方法,这种方法叫量子通信或量子隐形传态,即利用两个纠缠在一起的粒子瞬间传送信息的方法。

量子隐形状态的原理如图20-12所示,假定Alice有粒子1处于未知量子态$|\varphi>$,她想将此态传给Bob,但粒子1本身不被传送。粒子2和3事先制备成EPR对处于$\psi_{23}^{(-)}$,然后粒子2传给Alice,粒子3传送Bob。由于这两个粒子处于纠缠态,对粒子2的任何操作必然导致粒子3发生相应的演变,这个EPR对构成Alice和Bob间的量子通道。Alice对粒子1和2实施Bell态联合测量,对应于Alice的不同测量结果,Bob的粒子3将塌缩到相应的量子态上,当Alice由经典通道将她实测的结果告诉Bob之后,Bob便可选择适当的幺正变换将粒子3制备到粒子1原先的态$|\varphi>_3$上,粒子1的量子态在Alice实施测量之后已不处于$|\varphi>_1$上了。这便将粒子1的未知量子态$|\varphi>_1$隐形传送给粒子3。

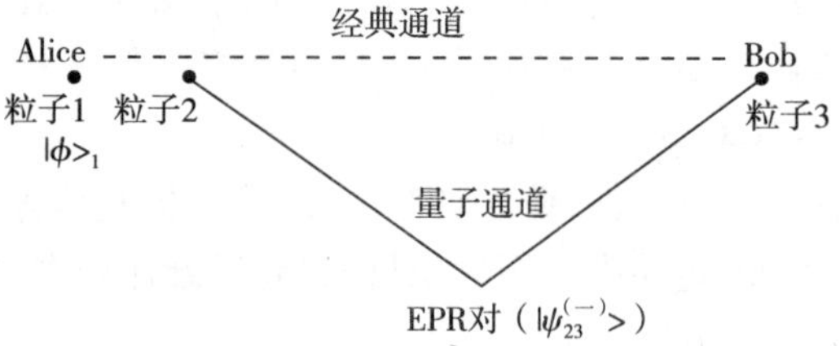

图20-12　量子隐形传态原理图

二、量子密集编码

量子纠缠态具有奇妙的特性,量子密集编码就是其中的一种应用,其原理如图20-13所示。设想我们有一个能产生纠缠光子对的光源,将一个光子传给Alice,另一个传给Bob。在理想的场合下Alice和Bob保持着各自的光子,他们共享纠缠态$|\Phi^+>_{AB}$,从而他们之间构成一个量子通道。一旦他们有紧急事情需要尽快传递信息时,便可以使用这个通道。

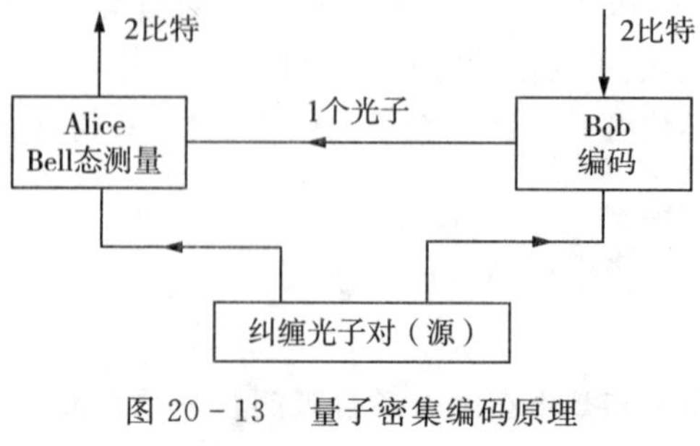

图20-13　量子密集编码原理

Alice 对她的纠缠粒子 A 可以施加四种可能的幺正变换：

(1)I(她什么都做)；

(2)σ_1(绕 x 轴旋转 180°)；

(3)σ_2(绕 y 轴旋转 180°)；

(4)σ_3(绕 z 轴旋转 180°)。

她选择其中之一进行操作，其作用是编码进 2 个比特经典信息，这个操作实际上是将 A－B 量子通道 $|\Phi^+>_{AB}$ 变换成下列四种正交态中一个上：

(1) $|\Phi^+>_{AB}$(偶宇称，正相位)(0,0)；

(2) $|\psi^+>_{AB}$(奇宇称，正相位)(1,0)；

(3) $|\psi^->_{AB}$(奇宇称，负相位)(1,1)；

(4) $|\Phi^->_{AB}$(偶宇称，负相位)(0,1)。

现在 Alice 将她的粒子 A 发送给 Bob，Bob 对两个粒子实行 Bell 基测量(集合联合测量)，测量结果可使 Bob 确认 Alice 所做的变换，于是他获得由 Alice 传给他的两个比特的经典信息，这就是所谓的**密集编码**，其优点如下：

(1) 保密性强。所传的量子比特不携带任何的信息，窃听者即使截获此量子比特，也无法破译。所有信息均编制在 A、B 之间的关联上，局域测量无法提取。

(2) 量子通道可以在使用前就制备好，在紧急时使用，可以更有效地传递信息。当前量子信息无论在理论上，还是在实验上都取得了突破性的进展。然而，实用的量子信息系统是宏观尺度上的量子体系。人们要有效地制备和操作这种量子体系的量子态，仍是一件十分艰巨和困难的事情。相信量子技术的发展将进一步推动科学技术的创新，我们没有理由不相信未来是量子信息时期。

三、量子计算机

量子计算机(见图 20－14)以新型网络量子纠缠理论为基础。由于量子纠缠对能够扰乱信号的环境干扰高度敏感，因此量子计算机的研发屡屡受挫。但英国苏塞克斯大学的研究人员认为，可以用微波技术将设备与外界“隔绝”开来，从而保护设备免受外来干扰。

量子计算机的运算速度可达现有超级计算机的数十亿倍。此外，量子计算机还能建立无法被黑客攻破的数字连接、寻找痴呆症的疗法、发明新药品、研制更高效的化肥等。

量子纠缠是指，一对相互纠缠的粒子中的一个若发生某种变化，另一个也会同时发生变化。这种联系被爱因斯坦称作“幽灵般的远距行为”。从理论上来说，量子纠缠几乎不受距离的限制，这使得量子连接极为安全。利用量子纠缠实现的任何网络连接一旦受到黑客入侵，数据便会立即被摧毁，并留下清晰的入侵证据。

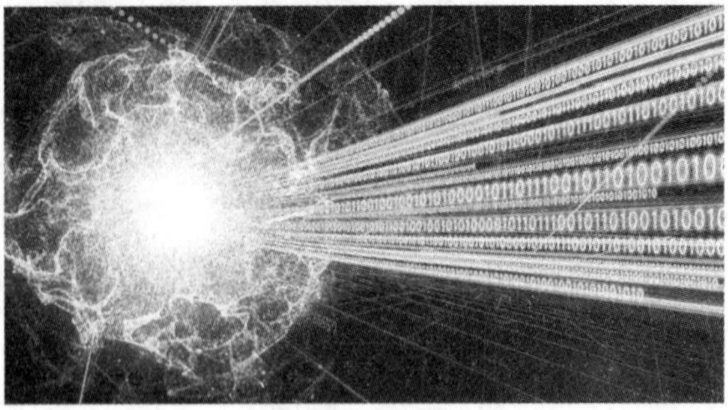

图 20-14 量子超快计算机

这里的纠缠是指创造一对“量子比特”,即一个同时占据二进制“1”或“0”两种状态的粒子。传统计算机比特只能要么是1,要么是0,通过特殊的二进制代码排序存储数据。而一旦试图观察量子比特,量子比特就会立刻坍缩,同时朝两个方向发射出去。

目前已有的小规模量子计算机只拥有少量量子比特,因此可以在专业实验室内部的高度受控环境中运行。但也因为量子比特数量太少,这种小型量子计算机的处理能力过低,远远达不到解决复杂问题的需求。

量子计算机强大的计算功能引人入胜,虽然当前还有许多理论和实际问题需要探索和解决,但是科学家预言,在未来几十年内量子计算机有望进入工程阶段,那时,量子力学进入大众生活的新时代就将到来。

本章小结

1. 激光

激光是光与原子(或分子、离子)相互作用而产生的受激辐射放大的光。

光和原子的相互作用可使原子中的电子产生三种跃迁过程:受激吸收、自发辐射和受激辐射。

实现粒子数反转是产生激光的必要条件。

激光器的组成:激光工作物质、光学谐振腔和激励系统。

激光的特点:方向性好、单色性好、能量集中、相干性好。

2. 半导体

本征半导体:满带与空带之间的禁带较窄,有少量电子和空穴参与导电。

杂质半导体:n 型半导体;p 型半导体。

n 型半导体:有施主能级。参与导电的载流子是电子。

p 型半导体：有受主能级。参与导电的载流子是空穴。

p－n 结是在 p 型半导体和 n 型半导体的交界处由于空穴和电子扩散而形成的偶电层，具有单向导电性。

3. 超导现象和超导特性

在临界温度下，电阻突然降为零的现象称为超导现象。

超导体的特征："零电阻"特性、临界磁场、迈斯纳效应。

4. 量子信息

EPR 纠缠态、隐形传态原理和量子密集编码。

量子计算机。

思考题

20－1　试比较受激辐射与自发辐射的特点。

20－2　什么叫粒子数反转分布？实现粒子数反转分布需要具备什么条件？

20－3　二能级的工作物质能否实现粒子数反转分布？试说明理由。

20－4　激光谐振腔在激光形成的过程中起哪些作用？

20－5　激光有哪些特性？为什么会有这些特性？

20－6　在红宝石激光器中，当铬离子在两个能级间跃迁时发射波长为 694.3 nm 的激光，试计算在 $T = 300$ K 时，在热平衡条件下处于两能级上的离子数之比。

习题

20－1　氦氖激光器发出波长 $\lambda = 623.8$ nm 的激光，与此相应的能级差是多少？

20－2　设激光束的发散角 $\Omega = 10^{-3}$ rad，从地球射到月球上时，在月球上形成的光斑直径有多大？（地球到月球的距离为 3.8×10^{8} m）

习题答案

第十一章

一、选择题

11－1(B)　11－2(B)　11－3(D)　11－4(B)　11－5(C)　11－6(A)
11－7(A)　11－8(D)

二、填空题

11－9　单位正试验电荷置于该点时所受到的

11－10　2 N/C,向下

11－11　$-\frac{2}{3}\varepsilon_0 E_0$，$-\frac{4}{3}\varepsilon_0 E_0$

11－12　$-\frac{qQ}{4\pi\varepsilon_0 R}$

11－13　-3.2×10^{-15} J,2×10^{4} V

11－14　-140 V

11－15　$Q=\frac{9}{16}q$,负电荷

三、判断题

11－16×　11－17√　11－18√　11－19×

四、计算题

11－20　当 $r=5$ cm 时,$E=0$

$r=8$ cm 时,$E\approx3.48\times10^{4}$ N/C,方向沿半径向外

$r=12$ cm 时,$E\approx4.10\times10^{4}$ N/C,方向沿半径向外

11 - 21 (1)$r < R_1, E = 0$;

(2)$R_1 < r < R_2, E = \frac{\lambda}{2\pi\varepsilon_0 r}$,沿径向向外;

(3)$r > R_2, E = 0$

11 - 22 两面间,$\boldsymbol{E} = \frac{1}{2\varepsilon_0}(\sigma_1 - \sigma_2)\boldsymbol{n}$

σ_1 面外,$\boldsymbol{E} = -\frac{1}{2\varepsilon_0}(\sigma_1 + \sigma_2)\boldsymbol{n}$

σ_2 面外,$\boldsymbol{E} = \frac{1}{2\varepsilon_0}(\sigma_1 + \sigma_2)\boldsymbol{n}$

$\boldsymbol{n}$:垂直于两平面,由 σ_1 面指向 σ_2 面

11 - 23 $M_{\max} = 2.0 \times 10^{-4}$ N · m

11 - 24 $A = 6.55 \times 10^{-6}$ J

11 - 25 $A = \frac{q_o q}{6\pi\varepsilon_0 R}$

11 - 26 (1)$\boldsymbol{E} = \frac{q}{4\pi\varepsilon_0 r^2}\boldsymbol{r}_0$,$\boldsymbol{r}_0$ 为 $\boldsymbol{r}$ 方向单位矢量;

(2)$\boldsymbol{E} = \frac{qx}{4\pi\varepsilon_0 (R^2 + x^2)^{3/2}}\boldsymbol{i}$;

(3)$E_\theta = \frac{p\sin\theta}{4\pi\varepsilon_0 r^3}$

11 - 27 (1)$U_{12} = \frac{\lambda}{2\pi\varepsilon_0}\ln\frac{r_2}{r_1}$;(2) 不能。严格地讲,电场强度 $\boldsymbol{E} = \frac{\lambda}{2\pi\varepsilon_0 r}\boldsymbol{e}_r$ 只适用于无限长的均匀带电直线,而此时电荷分布在无限空间,$r \to \infty$ 处的电势应与直线上的电势相等

11 - 28 (1) 若 $\theta = 0°$,$V_P = 2.23 \times 10^{-3}$ V;

(2) 若 $\theta = 45°$,$V_P = 1.58 \times 10^{-3}$ V;

(3) 若 $\theta = 90°$,$V_P = 0$

11 - 29 $V_1 = 36$ V;$V_2 = 57$ V

11 - 30 (1)$V = \frac{\sigma}{2\varepsilon_0}\left(\sqrt{R^2 + x^2} - x\right)$;

(2)$\boldsymbol{E} = \frac{\sigma}{2\varepsilon_0}\left[1 - \frac{x}{\sqrt{R^2 + x^2}}\right]\boldsymbol{i}$;

(3)$V = 1695$ V $E = 5649$ V/m

11 - 31 (1)$m = 8.98 \times 10^4$ kg,即可融化约 90 吨冰;

(2)$n = 2.8$,约可维持 3 个家庭一年消耗的电能

11 - 32 $E = \frac{-\lambda}{2\pi\varepsilon_0 R}$,$U_O = \frac{\lambda}{2\pi\varepsilon_0}\ln 2 + \frac{\lambda}{4\varepsilon_0}$

第十二章

一、选择题

12-1(A)　12-2(A)　12-3(A)　12-4(B)　12-5(D)　12-6(A)
12-7(C)

二、填空题

12-8　无极分子,有极分子,电偶极子

12-9　$-\frac{\sigma}{2},\frac{\sigma}{2}$

12-10　$2C_0$

12-11　$R/r, r/R$

12-12　$\frac{\varepsilon S}{2d}U^2, \frac{\varepsilon S}{4d}U^2$

三、计算题

12-13　(1)$q_B = 1.0 \times 10^{-7}$ C,$q_C = 2.0 \times 10^{-7}$ C;
(2)A 板的电势为 $V_A = 2.26 \times 10^3$ V

12-14　$\frac{U_1'}{U_1} = \frac{2}{(1+1/\varepsilon_r)} = 1.75$

12-15　$U' = \frac{2U}{\varepsilon_r + 1}$

12-16　(1)$r_1 = 0.05$ m,$D_{r_1} = 0$,$E_{r_1} = 0$;$r_2 = 0.15$ m,$D_{r_2} = 3.5 \times 10^{-8}$ C/m²,$E_{r_2} = 8.0 \times 10^2$ V/m,$r_3 = 0.25$ m,$D_{r_3} = 1.3 \times 10^{-8}$ C/m²,$E_{r_3} = 1.4 \times 10^2$ V/m;

(2) 取无穷远处电势为零:$r_3 = 0.25$ m,$V_3 = 360$ V;$r_2 = 0.15$ m,$V_2 = 480$ V;$r_1 = 0.05$ m,$V_1 = 540$ V;

(3) 在介质外表面:$\sigma = 1.6 \times 10^{-8}$ C/m²,在介质内表面:$\sigma' = -6.4 \times 10^{-8}$ C/m²

12-17　$\boldsymbol{D} = \frac{\lambda}{2\pi r}\boldsymbol{e}_r, \boldsymbol{E} = \frac{\boldsymbol{D}}{\varepsilon_0\varepsilon_r} = \frac{\lambda}{2\pi\varepsilon_0\varepsilon_r}\boldsymbol{e}_r, \boldsymbol{P} = \boldsymbol{D} - \varepsilon_0\boldsymbol{E} = (1-\frac{1}{\varepsilon_r})\frac{\lambda}{2\pi r}\boldsymbol{e}_r$

12-18　(1)$E = 1.05 \times 10^{-4}$ V/m;(2)$Q_0 = 5.0 \times 10^{-9}$ C;(3)$Q_2' = 4.07 \times 10^{-9}$ C

12-19　(1)$\varepsilon_r = 7.18$;(2)$|Q'| = 7.66 \times 10^{-7}$ C

12-20 (1) $\frac{C}{C_0}=\frac{3\varepsilon_r}{2\varepsilon_r+1}$;(2) $\frac{C}{C_0}=\frac{3}{2}$

12-21 (1)$C=\frac{2\varepsilon_r}{1+\varepsilon_r}C_0$;(2)$C=\frac{\varepsilon_0 S}{d/2}=2C_0$;(3)$C=\frac{\varepsilon_0 S[2\varepsilon_r d-(1-\varepsilon_r)t]}{2d[\varepsilon_r d+(1-\varepsilon_r)t]}$

12-22 (1)$C_{AB}=4\ \mu\text{F}$;(2)$U_{AC}=4\ \text{V}$,$U_{CD}=6\ \text{V}$,$U_{DB}=2\ \text{V}$

12-23 (1)$E_0=\frac{U}{d}$,$C_0=\frac{\varepsilon_0 S}{d}$,$Q_0=C_0U=\frac{\varepsilon_0 S}{d}U$;

(2)$Q_1=\frac{\varepsilon_0\varepsilon_r SU}{\varepsilon_r(d-\delta)+\delta}$,$E_1=\frac{U}{\varepsilon_r(d-\delta)+\delta}$,$C_1=\frac{Q_1}{U}=\frac{\varepsilon_0\varepsilon_r S}{\varepsilon_r(d-\delta)+\delta}$;

(3)$E_2=0$,$C_2=\frac{\varepsilon_0 S}{d-\delta}$,$Q_2=C_2U=\frac{\varepsilon_0 SU}{d-\delta}$

12-24 (1)$\Delta W_e=w_e\Delta V=\frac{Q^2 d}{2\varepsilon_0 S}$;(2)$A=-F_e\cdot\Delta r=QEd=\frac{Q^2 d}{2\varepsilon_0 S}$

12-25 $A_2=\varepsilon_0 SU^2/(4d)$

12-26 $W=1.82\times10^{-4}\ \text{J}$

12-27 (1)$C=\frac{Q}{U}=\frac{2\pi\varepsilon_0\varepsilon_{r_1}\varepsilon_{r_2}L}{\varepsilon_{r_2}\ln(R/R_1)+\varepsilon_{r_1}\ln(R_2/R)}$;

(2) 电场能量 $W=\frac{Q^2}{2C}=\frac{\lambda^2 L[\varepsilon_{r_2}\ln(R/R_1)+\varepsilon_{r_1}\ln(R_2/R)]}{4\pi\varepsilon_0\varepsilon_{r_1}\varepsilon_{r_2}}$

第十三章

一、选择题

13-1(A) 13-2(D) 13-3(D) 13-4(C) 13-5(D) 13-6(D)
13-7(C) 13-8(C) 13-9(C) 13-10(C) 13-11(B)

二、填空题

13-12 $4\times10^{-6}\ \text{T}$

13-13 5 A

13-14 $\frac{\mu_0 I l}{2\pi}\ln\frac{d+b}{d}$

13-15 $\frac{\mu_0 I}{2\pi R}+\frac{\mu_0 I}{4R}$,垂直于纸面向里;$\frac{\mu_0 I}{8R}$,垂直于纸面向外

三、判断题

13-16 × 13-17 √ 13-18 × 13-19 √ 13-20 ×

四、计算题

13-21 (1) $v_d = 4.46 \times 10^{-4}$ m/s

(2) $\frac{\bar{v}}{v_d} \approx 2.42 \times 10^8$

13-22 (1) 通过 $abcd$ 面积 S_1 的磁通是 $\Phi_1 = B \cdot S_1 = 2.0 \times 0.3 \times 0.4 = 0.24$ Wb;

(2) 通过 $befc$ 面积 S_2 的磁通量 $\Phi_2 = \boldsymbol{B} \cdot \boldsymbol{S}_2 = 0$;

(3) 通过 $aefd$ 面积 S_3 的磁通量 $\Phi_3 = \boldsymbol{B} \cdot \boldsymbol{S}_3 = 0.24$ Wb 或者 -0.24 Wb

13-23 $I = \frac{4\sqrt{2}RB}{\mu_0} = 1.73 \times 10^9$ A

电流应该是由东向西流,与地球自转方向相反

13-24 $B = 0$

13-25 在图(a)中:$\boldsymbol{B}_O = -\frac{\mu_0 I}{4R}\boldsymbol{i} - \frac{\mu_0 I}{4\pi R}\boldsymbol{k} - \frac{\mu_0 I}{4\pi R}\boldsymbol{k} = -\frac{\mu_0 I}{4R}\boldsymbol{i} - \frac{\mu_0 I}{2\pi R}\boldsymbol{k}$;

在图(b)中:$\boldsymbol{B}_O = -\frac{\mu_0 I}{4\pi R}\boldsymbol{i} - \frac{\mu_0 I}{4R}\boldsymbol{i} - \frac{\mu_0 I}{4\pi R}\boldsymbol{k} = -\frac{\mu_0 I}{4R}\left(\frac{1}{\pi} + 1\right)\boldsymbol{i} - \frac{\mu_0 I}{4\pi R}\boldsymbol{k}$;

在图(c)中:$\boldsymbol{B}_O = -\frac{3\mu_0 I}{8R}\boldsymbol{i} - \frac{\mu_0 I}{4\pi R}\boldsymbol{j} - \frac{\mu_0 I}{4\pi R}\boldsymbol{k}$

第十四章

一、选择题

14-1(B) 14-2(B) 14-3(D) 14-4(B) 14-5(C) 14-6(D)
14-7(B) 14-8(C) 14-9(C)

二、填空题

14-10 $R_H = \frac{U_H d}{IB}$ 14-11 $\frac{\sqrt{3}NIa^2B}{4}$ 14-12 $x = a/3$ 14-13 398

三、判断题

14-14 × 14-15 × 14-16 ×

四、计算题

14－17 (1) 在导线内，$r>R$，$B=\frac{\mu_0 Ir}{2\pi R^2}$；

在导线外，$r>R$，$B=\frac{\mu_0 I}{2\pi r}$；

磁感强度分布曲线如图所示：

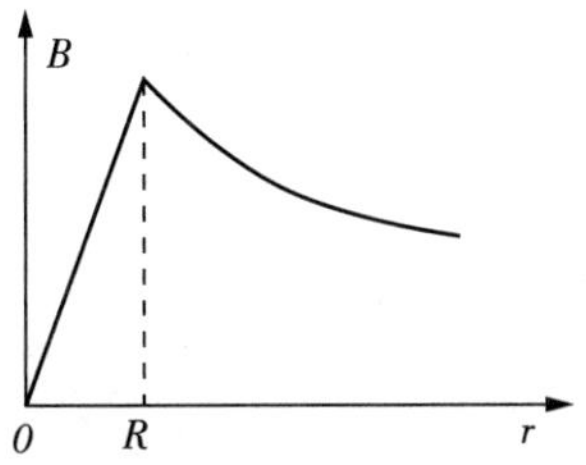

题 14－17 图

(2)$B_0=5.6\times10^{-3}$ T

14－18 $F=1.28\times10^{-3}$ N，合力的方向朝左，指向直导线

14－19 (1) 在第一种情况下，$\mu=2.69\times10^{-3}$ H/m；

(2) 在第二种情况下，$\mu=6.88\times10^{-4}$ H/m

14－20 (1)$H=nI=\frac{N}{l}I=2\times10^4$ A/m；

(2)$M=\frac{B}{\mu_0}-H\approx7.76\times10^5$ A/m；

(3)$x_m=\frac{M}{H}\approx38.8$；

(4)$\mu_r=1+x_m=39.8$

第十五章

一、选择题

15－1(A) 15－2(C) 15－3(B) 15－4(A) 15－5(D) 15－6(B)

15－7(A) 15－8(B) 15－9(D)

二、填空题

15－10 $\frac{\mu_0 N_1 N_2 S}{2R}$

15－11 $2p_m B$

15－12 $\frac{N_1 N_2 \mu_0 R^2 \pi r^2}{2\sqrt{(R^2+d^2)^3}}$

15－13 $L=L_1+L_2+2\sqrt{L_1 L_2}$，$L=L_1+L_2-2\sqrt{L_1 L_2}$

15－14 高

15－15 3.18×10^4 T/s

三、判断题

15－16× 15－17× 15－18√ 15－19√ 15－20×

四、计算题

15－21 $\varepsilon=2RvB$，点 P 的电势较高

15－22 $\varepsilon_{OA}=\frac{1}{2}B\omega L^2$，方向由 A 指向 O，即 O 电势高

15－23 $\varepsilon=K\tan\alpha v^3\left(\frac{1}{3}\omega t^3\sin\omega t-t^2\cos\omega t\right)$

15－24 $\varepsilon=-\frac{N\mu I_0\omega l}{2\pi}\ln\frac{d+a}{d}\cos\omega t$

15－25 $\varepsilon_{AB}=\frac{\mathrm{d}B}{\mathrm{d}t}\cdot\frac{L}{2}\sqrt{R^2-\left(\frac{L}{2}\right)^2}$，方向由 A 指向 B，即 B 电势高

15－26 $L=\frac{\mu_0 N^2 h}{2\pi}\ln\frac{R_2}{R_1}$

15－27 $w_m=3.98\times10^{21}$ J/m^3，$E=1.51\times10^8$ V/m

15－28 $j_d=15.9$ A/m^2

第十六章

一、选择题

16－1(D) 16－2(B) 16－3(C) 16－4(D) 16－5(C) 16－6(A)

二、填空题

16-7 633 nm

16-8 1∶2,3,暗纹

16-9 480 nm

16-10 546 nm

16-11 $\frac{3\lambda}{2n\sin\theta}$

16-12 5154 nm

三、计算题

16-13 $y=2.36$ mm

16-14 $d=0.135$ mm

16-15 $\lambda=500$ nm

16-16 (1)$\Delta x_1=0.54$ mm,$\Delta x_2=0.60$ mm;

(2)$\Delta x_k=6k\times10^{-2}$ mm,Δx_k 随着干涉级数 k 的增加而增加;

(3)$k=\frac{\lambda_1}{\lambda_2-\lambda_1}=9$,即从 $\lambda_2=600$ nm 得的 $k=9$ 级开始,两组条纹重合

16-17 $d_{max}=1.72$ mm

16-18 若 $\lambda_2=430$ nm,则 $\lambda_1=645$ nm;若 $\lambda_1=430$ nm,则 $\lambda_2=287$ nm

16-19 $t=8400$ nm

16-20 $\theta=1.0\times10^{-4}$ rad

16-21 $R=16.4$ m

16-22 (1)$3\lambda/2=600$ nm (2)$r_3=2.2$ mm

16-23 0.036 mm

第十七章

一、选择题

17-1(D) 17-2(C) 17-3(B) 17-4(D) 17-5(D)

二、填空题

17-6 3,明,4,暗

17-7　3 mm

17-8　1,3

17-9　3.05 μm

17-10　17.88 m

三、计算题

17-11　(1)取 $k=\begin{cases}2\\3\\4\\5\end{cases}\Rightarrow\lambda=\begin{cases}840\ \text{nm}\\600\ \text{nm}\\467\ \text{nm}\\381\ \text{nm}\end{cases}$;(2)点 P 条纹的级数随波长而定,当波长为 600 nm 时,P 明纹为第 3 级;波长为 467 nm 时,P 明纹为第 4 级;(3)波长为 600 nm时,从 P 点看上去可以把波阵面分为$(2k+1)=7$ 个半波带;波长为 467 nm 时,从 P 点看上去可以把波阵面分为$(2k+1)=9$ 个半波带

17-12　(1)$x_1=1.47\times10^{-3}$ m

(2)$x_2=3.68\times10^{-3}$ m

17-13　(1)$\Delta x=5.0\times10^{-3}$ m　$\theta=5.0\times10^{-3}$ rad

(2)$\Delta x=3.76\times10^{-3}$ m　$\theta=3.76\times10^{-3}$ rad

17-14　$\lambda=\frac{5}{7}\lambda'=428.6$ nm

17-15　(1)$x_1\approx0.25$ mm　(2)$x_2\approx0.63$ mm

17-16　$\frac{d}{2}=f\tan\theta\approx1.5\times10^{-3}$ m

17-17　$\lambda_2=540.15$ nm

17-18　白光的一级衍射光谱的角范围为 0.24～0.43 rad,二级衍射光谱的角范围为 0.50～1.00 rad,一级衍射光谱的角宽度为 0.19 rad,二级衍射光谱的角宽度为 0.50 rad。显然,白光的第一级和第二级光谱的不会重叠

17-19　(1)$(a+b)=6\times10^{-4}$ m;(2)$a=1.5\times10^{-4}$ m;(3)15 条

17-20　$d=1.22\frac{\lambda}{\theta_R}=13.9$cm

17-21　$\Delta x=L\theta_R=1.22\frac{\lambda}{d}L=281$ m

17-22　只有 $\lambda_3=0.130$ nm 和 $\lambda_4=0.0972$ nm 的 X 射线能产生强反射

17-23　$\theta_1=\arcsin\frac{\lambda}{2d}\approx15.85^\circ$,$\theta_2=\arcsin\frac{2\lambda}{2d}\approx33.11^\circ$

第十八章

一、选择题

18 - 1(B)　18 - 2(B)　18 - 3(B)　18 - 4(B)　18 - 5(B)

二、填空题

18 - 6　$i_b=48.4°$

18 - 7　$\gamma=30°, n=\sqrt{3}$

三、计算题

18 - 8　$\theta=71.6°$

18 - 9　$I_2=I_1\cos^2\theta=I'\cos^2\theta/2$

18 - 10　(1)$I_2=I'\cos^2\theta/2$；(2)$\theta=63.4°$

18 - 11　$I=0.25I_0$，末振幅矢量 $\mathbf{A}$ 与初振幅矢量 $\mathbf{A}_0$ 之间的夹角为 90°

18 - 12　(1)$I'=0.375I_0$；(2)$I'=0.563I_0$

18 - 13　(1)$I_2/I_1=0.125$；(2)$I_2/I_1=0.10$；(3)$I_2/I_0=0.28, I_2/I_0=0.21$

18 - 14　$l=534$ nm

18 - 15　$\theta=11.5°$

18 - 16　(1)$i_b=\pi/2-\gamma=58°$；(2)$n_2=\tan i_b=1.6$

18 - 17　(1)透过晶片的 o 光光强 $I_o=I_1\sin 30°=\frac{I_1}{4}$，透过晶片的 e 光光强 $I_e=I_1\cos 30°=\frac{3I_1}{4}$；

(2)$d=8.56\times10^{-7}$ m

第十九章

19 - 1　赖曼系：$k=1, \lambda_{sm}=91.17$ nm，$\lambda_{lm}=121.5$ nm；

巴尔末系：$k=2, \lambda_{sm}=364.7$ nm，$\lambda_{lm}=656.4$ nm；

帕邢系：$k=3, \lambda_{sm}=820.6$ nm，$\lambda_{lm}=1876$ nm；

布拉开系：$k=4, \lambda_{sm}=1459$ nm，$\lambda_{lm}=4053$ nm

19-2 $v=2.69\times10^{6}$ m/s

19-3 $\lambda=0.127\times10^{-10}$ m

19-4 $v=5.07\times10^{7}$ m/s

19-5 $m_0=1.67\times10^{-27}$ kg

19-6 $\lambda=1.4\times10^{-3}$ nm

19-7 $\Delta x=4\times10^{5}$ m

19-8 $\Delta x=3.7\times10^{-2}$ m

19-9 $\Delta t\geqslant9.77\times10^{-9}$ s

19-10 $A=\left(\frac{a^2}{\pi}\right)^{\frac{1}{4}}$

19-11 (1)基态时,约为 0.196;当 $n=2$ 时,约为 0.402

(2)$n=2,k=0,1,x=(2k+1)\frac{a}{2n}=\frac{a}{4}$ 和 $\frac{3a}{4}$ 处概率密度最大,最大值为 $|\psi|^2=\frac{2}{a}$

19-12 (1)$A=2\lambda^{\frac{3}{2}}$;

(2)$|\psi(x)^2|=\begin{cases}4\lambda^3x^2e^{-2\lambda x}, & x\geqslant0,\\ 0, & x<0;\end{cases}$

(3)在 $x_1=0$ 和 $x_2=\infty$ 处为极小值,在 $x_3=\frac{1}{\lambda}$ 处有极大值

第二十章

20-1 $\Delta E=1.96$ eV

20-2 $d=380$ km

参考文献

[1] 程守洙,江之永．普通物理学:下册[M]．7版．北京:高等教育出版社,2016.

[2] 胡盘新,钟季康．当代大学物理教程:简明版[M]. 北京:高等教育出版社,2017.

[3] 毛骏健．大学物理学:简明版．下册[M]. 北京:高等教育出版社,2014.

[4] 张三慧．大学物理学简程:K2版[M]. 北京:清华大学出版社,2016.

[5] 李义宝,张清．大学物理:下册[M]. 合肥:安徽教育出版社,2011.